历史与未来——北京老城南可持续之路

——2011建筑类三院校城市规划专业联合毕业设计作品集

丁奇　张忠国　刘临安
郑皓　王雨村　杨新海
赵亮　陈有川　张军民
编

中国建筑工业出版社

图书在版编目（CIP）数据

历史与未来——北京老城南可持续之路——2011建筑类三院校城市规划专业联合毕业设计作品集/丁奇等编．—北京：中国建筑工业出版社，2011.10
ISBN 978-7-112-13635-3

Ⅰ.①历… Ⅱ.①丁… Ⅲ.①建筑设计-作品集-中国-现代 Ⅳ.①TU206

中国版本图书馆CIP数据核字（2011）第197608号

责任编辑：杨　虹
责任校对：刘梦然　王雪竹

历史与未来——北京老城南可持续之路
——2011 建筑类三院校城市规划专业联合毕业设计作品集
丁奇　张忠国　刘临安
郑皓　王雨村　杨新海　编
赵亮　陈有川　张军民
*
中国建筑工业出版社出版、发行（北京西郊百万庄）
各地新华书店、建筑书店经销
北京嘉泰利德公司制版
北京画中画印刷有限公司印刷
*
开本：880×1230毫米　1/16　印张：6¼　字数：300千字
2011年10月第一版　2011年10月第一次印刷
定价：68.00元
ISBN 978-7-112-13635-3
(21415)

序　言

城市，在近千年的历史发展中，从旧时以军事和居住功能为主的防御之城逐渐演变成现在的融合了多种物质元素、承载着各种各样的人类活动的综合有机体。在历史发展的长河中，城市每天都在承担着其各自不同的角色，上演着一出出剧目。

城市设计作为城市内部空间环境的指导性规划，它帮助改善城市建设环境中未如人意的部分，并保存和巩固城市的特色。在日渐提倡人居环境的今天，“以人为本”成为新时代城市规划设计的共识。

受建筑学专业八校联合毕业设计的启发，在深冬的北京，由我校牵头，我们聚首在一起，准备筹划首届城市规划专业联合毕业设计。随后，这一提议得到众多高水平大学城市规划专业的响应，最终确定由北京建筑工程学院、山东建筑大学、苏州科技学院三所院校的城市规划专业五年级学生组织联合毕业设计，开启了中国城市规划专业联合毕业设计的先河。

此次联合毕业设计选题由牵头院校北京建筑工程学院确定了一处位于北京的设计地块，经过商讨，选择北京南城宣武门外、旧城内最后一片开发地块作为同学们研究探索的课题，作出区域的概念规划和核心区的城市设计。选题的初衷是让同学们通过调研，能够近距离接触北京这座既是中国的首都又有着近千年的历史文化的城市，了解人们的生活状态和物质空间环境要素，通过分析较落后的南城地区在城市中普遍存在的城市发展与城市形态、历史文化、社会环境构成等各种问题，在场地深度的研究和感知的基础上，激发同学们的灵感，提出城市设计、历史文脉保护与城市规划学科的问题及解决对策，最终表达出同学们所期望的北京这座历史城市中最后一片开发地块的设计愿景。

在同一个毕业设计选题中，本次联合毕业设计的三所学校体现出了各自不同的办学方法和教学特色，我们于 4 月中和 6 月初相聚在一起，进行中期和末期的交流活动，将学生的成果作品展出，目的在于使同学和老师们得到一个交流设计思想、学习方法的平台，互取所长，接触和体验不同学校的教学风格和特色，并且通过这次活动加深了各校彼此的了解与沟通，教学效果显著。

值得一提的是，我校在今年 5 月刚刚通过全国城市规划专业评估委员会的专业评估。此次联合毕业设计不仅成为我校在通过专业评估中可圈可点的一笔，同时对于我校城市规划专业的发展来说是一个新的契机，我们尝试新的教学模式，探索新的办学途径，在新时代教育体制改革中更加合理地安排教学。

所有同学在完成本次联合毕业设计之后，即将投入新的工作、学习生涯。此次联合毕业设计作为同学们在本科学习中最后一站，同学和老师们倾注大量时间和心血，同时也为高等院校城市规划专业的学科发展和建设立下了汗马功劳。最后，我想对参与此次城市规划联合毕业设计的所有师生所作出的贡献表示衷心的感谢，祝同学们在今后的学习工作中一帆风顺、前程似锦！

北京建筑工程学院建筑与城市规划学院院长、教授、博士生导师：刘临安

2011 年 8 月

2011年城市规划专业联合毕业设计
编委会成员

北京建筑工程学院

山东建筑大学

苏州科技学院

目　录

毕业设计教师感言

在“联合”中展示差异、发现差异、理解差异 苏州科技学院副校长 杨新海 教授

时间如白驹过隙，从北京皑皑瑞雪中开题外调，到苏州盈盈柳絮间中期检查，再到泉城炎炎夏日下答辩交流，历时半年的全国首届城市规划专业联合毕业设计圆满落幕。就像三个阶段所经历的季节差异一样，三座城市有着各自不同的地域文化；三所学校有着各自不同的办学历程和理念定位；专业教学方面有着各自不同的风格与特色；对同样的问题会有不同的价值认识、解决途径、操作模式和结果方案，这也是本次联合毕业设计的价值和期待所在。——在“联合”中展示差异、发现差异、理解差异，在“差异”中交流、思考、判别、学习与提高，让我们更好得存同、求异！

新的尝试，新的跨越 山东建筑大学副校长 刘甦 教授

近几年，伴随着中国城市化进程的加快，城市规划专业迅速发展，院校数量和师生规模都在不断扩大，为中国的城乡建设输送了大批优秀的规划人才。十年树木，百年树人，人才的培养需要一个好的平台和环境。本次规划专业三校联合毕业设计的开展，正是给我们的教学提供了好的平台，给同学们提供了一个好的环境。

这次全国首届城市规划专业联合毕业设计，在北京建筑工程学院的倡导下，山东建筑大学和苏州科技学院的大力配合下顺利开展实施，这次联合毕业设计的教学模式，是当今城市规划专业教学思路的创新。从学期伊始的开题仪式，4 月下旬的中期答辩，到 6 月中旬的毕业答辩，各院校结合各自的办学特色，从不同角度对城市规划教育进行了多层次探索。这种教学模式有利于院校之间的紧密合作和师生间广泛且深度地沟通与交流，从而达到相互学习、相互启发、激发灵感、共同提高的目的。通过联合毕业设计教学，能进一步增强师生们的团队精神、合作意识，有效开发、利用和整合教学资源，是一次很有意义的教学模式的尝试。

本书是对这次联合毕业设计的完整展示，汇集了这次三校师生联合毕业设计的共同成果，并提交 11 份完整的设计文本，师生们勇于探索、锐意创新的精神和激情跃然纸上，这些成果是对我们师生共同努力的肯定，更是联合毕业设计之路开拓进取的基石。路漫漫其修远兮，时代赋予了我们更高的要求，机遇和挑战并存，我们也将秉承联合毕业设计的章程精神，开拓进取、不断创新；我们也期待着来年的联合毕业设计完成新的跨越、实现新的目标，更好的规划美好未来。

交流与碰撞，拓展与提高 北京建筑工程学院建筑与城市规划学院院长 刘临安 教授

中国正处在快速城市化的巨变之中，城市与乡村、传统与现代、保护与发展都存在着冲突与矛盾，如何面对这些新的问题，给城市规划专业教学提出了巨大挑战。正是在这样的语境下，北京建筑工程学院与苏州科技学院、山东建筑大学三所建筑类院校发起了“全国建筑类院校城市规划专业联合毕业设计”，希望来自不同地域，有着不同办学理念的建筑类院校的同学与教师在针对同一题目的设计中，通过开题、中期检查、毕业答辩等环节，在交流与碰撞中相互启发，拓展对城市问题的认识，提高解决规划设计问题的能力。

首届全国建筑类院校城市规划专业联合毕业设计圆满成功只是个开始，期待能持续办下去，越办越好！

增进了友谊，开拓了视野，树立了榜样　　山东建筑大学建筑城规学院副院长　张军民　教授

首届全国地方院校城市规划专业联合毕业设计成果结集出版之际，作为参加本次活动的一名教育工作者，感触颇深。首先，通过本次地方院校城市规划专业联合毕业设计，加深了地方院校师生的交流，增进了友谊；其次，提高了教育教学水平，开拓了师生视野；第三，可能为地方院校的城市规划专业毕业教学树立了榜样，以便使我们共同进步。

特别感谢北京建筑工程学院张忠国教授及其同事，倡议发起了本次活动，并组织了联合毕业设计的开题工作，使联合毕业设计顺利开始；特别感谢苏州科技学院杨新海教授及其同事，组织了联合毕业设计的中期检查工作，并安排我们参观了美丽的苏州，领略了人间天堂的美景；特别感谢我的同事们，组织了联合毕业设计答辩工作，布置了联合毕业设计展览，圆满完成了本次联合毕业设计。期待明年的联合毕业设计有更多的院校参加，为中国城市规划教育事业贡献一份力量。

“他山之石，可以攻玉”，期待交流向深度和广度发展　　北京建筑工程学院建筑与城市规划学院副院长　张忠国　教授

近年来，随着我国城市化进程的加快，城市规划建设不断出现新的问题，这迫使我们城市规划专业教学要不断改革以适应新的发展。“他山之石，可以攻玉”，为何不通过学校间的设计交流，学习和借鉴不同的办学特色、教学方法与经验，从而促进自身的城市规划教学改革与发展呢？在近几次的全国城市规划专指委会上与兄弟院校委员的交流过程中，逐渐萌发了兄弟院校间举办联合毕业设计的想法。于是在苏州科技学院、山东建筑大学的大力支持下，有了首届全国建筑类院校城市规划专业联合毕业设计的成功举办。通过这次联合毕业设计，我想三个院校的教师与学生都有不小的收获，期待着更多院校的关注与加入，推动城市规划专业的交流与发展朝着更深远的方向走下去。

联合毕业设计，本科学习的最后“疯狂”　　苏州科技学院建筑与城市规划学院副院长　王雨村　副教授

北京建筑工程学院、山东建筑大学和苏州科技学院地处三地，各自有着不同的地域文化背景，专业教学方面有着各自不同的风格与特色。三校首次举办联合毕业设计，搭建了一个各校师生交流和互相学习的平台。各校基于自拟的业态规划和各自的设计策略，对相同课题的用地和空间进行规划，对课题进行再解读，提出最终的设计目标，设计成果充分体现出各校的特色，也推动了各校教学中规划设计指导方法、规划思想表达等层面的交流。这是此次活动的期待和价值所在。无论是开题阶段、中期检查还是最终成果都体现了这种价值。

经历这次联合毕设，我校同学倍感压力和收获同在。中期成果检查时，其他学校教师们的认真严格和直指要害的评图带来的压力；面对不同学校学生之间同台竞技的动力，促使学生全情投入到本科学习最后“疯狂”中，其表现出来的自主性和能力的提升及最终成果都超过了老师们的预期。相信其他学校也会有同感。

去除“同根性”，差异产生了价值　　苏州科技学院建筑与城市规划学院城乡规划系主任　郑皓　副教授

“孕育土壤已成型，就待开花结果期”，全国首届建筑类院校城市规划专业本科生联合毕业设计终于在2011年的初春揭开了面纱，在经历了“北京开题”——“苏州中期”——“济南答辩”的历程后，本次联合毕业设计在醉人的大明湖畔完美谢幕。通过这次联合毕业设计，我深深地感受到教学领域开展校际交流与合作的重要性，以往各校的教学虽说也不乏特色，但终究拘泥于各自的办学理念，受限于所处的地域文化，培养的学生存在着一定程度的“同根性”；而在联合毕业设计过程中，教师的教学思路拓宽了、学生的专业视野拓展了，交流产生了火花，差异产生了价值，这对教师和学生来说都是莫大的收益，也是此次联合毕业设计的期望所在。

开放办学平台，应制度化和常态化　　山东建筑大学建筑城规学院城市规划系副主任　陈有川　教授

转瞬间，由北京建筑工程学院倡导，山东建筑大学和苏州科技学院参加的城市规划专业首届联合毕业设计圆满结束了。回想设计开题、中期检查和毕业答辩的各个环节，同学们得体的介绍、老师们精彩的点评、师生间平等的讨论还历历在目。作为参与全程的一名指导教师，我深深地认识到联合毕业设计是地方院校开放办学、加强交流、共同提高的重要平台，应该制度化、常态化并不断壮大队伍，以便培养出更多优秀的、奋斗在祖国各地城市建设一线的规划人才。另外，衷心地祝愿参加首届联合毕业设计的同学们工作顺利、学业有成！

“君子和而不同”，碰撞产生火花　　北京建筑工程学院建筑与城市规划学院城市规划系副主任　丁奇　副教授

首届全国建筑院校城市规划专业联合毕业设计在夏日的骄阳中落下了帷幕，三个院校师生在设计过程中讨论的激情与思想碰撞的火花依然闪现在我的脑海，苏州科技学院的灵秀与热情、山东建筑大学的豪爽都给我留下了深刻的印象。通过联合毕业设计，我们得到的不仅是兄弟院校的友情，更有对城市问题的不同认识和对规划设计方法的不同理解。孔子说：“君子和而不同”，正是在这样和谐又充满了思想碰撞的氛围中，同学们开阔了眼界，拓展了思路，也树立了城市规划师的社会责任感。

有了好的开端，更期待着下一届联合毕业设计的重逢。

记忆本身就是一本书　　山东建筑大学建筑城规学院　赵亮　讲师

时光荏苒，从拿起电话与张忠国教授的第一次对接，到最终三校毕业成果的布展展示，半年的时间，仿若昨天一般。很幸运能够作为一名指导老师参与到全国首届城市规划专业联合毕业设计当中，并相知相识了很多朋友，在整个设计过程中的碰撞也给了我们很多的交流，设计过程中老师们的激情点评和同学们的给力表现，都给我留下了深刻的印象。

记忆本身就是一本书，书中留下了我们师生的共同成果，首届联合毕业设计的完成更是代表了新的一个开始，老师们还要继续指导来年的毕业设计，同学们也要规划一个新的开始，我们的联合毕业设计队伍也将继续发展壮大下去，衷心祝愿这一切都好！

从“突破和尝试”到“规范和创新”　　苏州科技学院建筑与城市规划学院城市规划教研室主任　彭锐　讲师

篇幅所限，诸如总结、感言等“继往”的内容就不多说了，这里只讲“开来”的工作。在本次联合毕业设计过程中，除了常规教学外我还重点负责关注联合毕设的组织工作以及组织在我校举行的中期答辩。原因很简单，第二届联合毕业设计将在明年由我校承办，作为摸着石头过河的人，在过同一条河流的时候至少可以踩着石头过河，以此解放摸着石头的双手并拥有更好的视野。如果说第一届的重点在于突破和尝试，那么第二届则应强调规范和创新，一方面规范章程和过程，另一方面创新形式和内容。为此，在这里特别借用传统的纸媒平台发布全国第二届城市规划专业联合毕业设计的开放性微薄——“苏州欢迎你”（http://weibo.com/2314792550#）——为了更好的规范也为了更好的创新，今天，你关注了木有？

2011年城市规划专业联合毕业设计任务书

题目：北京市广安产业园概念规划与核心区城市设计

Concept plan for Beijing Guang' an industrial park & Urban design for core area

一、教学目标

《毕业设计（论文）》课，适用于城市规划专业五年制本科教学，是学生必修的专业实习课群课程。本课程主要分为四个基本部分：毕业设计、毕业实习、毕业展览和毕业答辩。每个部分的教学内容有其各自的侧重点，并相互连贯共同构成本课程完整的教学环节。

教学总体目标——使每个学生了解并掌握通过景观规划设计手段从宏观、中观、微观等层面解决复杂城市景观问题的全过程。

1.《毕业设计》部分的教学目标——培养学生独立承担城市设计的能力。《毕业设计》阶段的课内参考总时数为320学时。课内外学时比例控制在1：2以内。

2.《毕业实习》部分的教学目标——通过现场调研与分析培养学生对城市更新与城市发展之间的关系的认知能力、剖析场地系统存在问题与发展潜力等的能力。《毕业实习》阶段的课内参考时数为60学时，课内外学时比例控制在1：1以内。

3.《毕业展览》部分的教学目标——培养学生掌握规划毕业设计过程的全面展示，通过毕业设计的成果展示突出和强调规划分析、构思与方法的重点。《毕业展览》阶段的课内参考总学时数20学时，课内外学时比例控制在1：1以内。

4.《毕业答辩》部分的教学目标——培养学生掌握对规划毕业设计成果的独立表达能力，通过介绍所承担规划毕业设计，使学生掌握规划设计的构思表述及应对问题的逻辑思维能力。课内参考总学时数为20学时，课内外学时比例控制在1：1以内。

二、练习内容

1. 资料检索

对国内外城市旧城更新、城市格局演变、城市发展动力等已有相关设计研究成果的文献、设计实例、规范、标准等进行系统检索，每人不少于20篇。翻译相关英文文献，编写《文献翻译》；依据资料检索结果编写《文献综述》。

2. 调研

（1）通过现场踏勘等手段，对场地进行详细的调研，同时对场地存在问题及其与城市发展之间的关系进行分析。

（2）对调研分析的结果加以整理，编写出《调研报告》。

3. 设计研究与表达

（1）技术图示

通过概念设计和规划设计两个阶段，完成展览、答辩用《技术图示》。其中包括：规划方案图、城市设计的各项规划设计图（含分析图）、支撑性技术设计图以及相关设计导则等。

（2）设计说明

对设计研究结果进行综合论述，编写概念设计的规划设计说明；按照城市设计的要求编写文本与说明书、指标图表等。

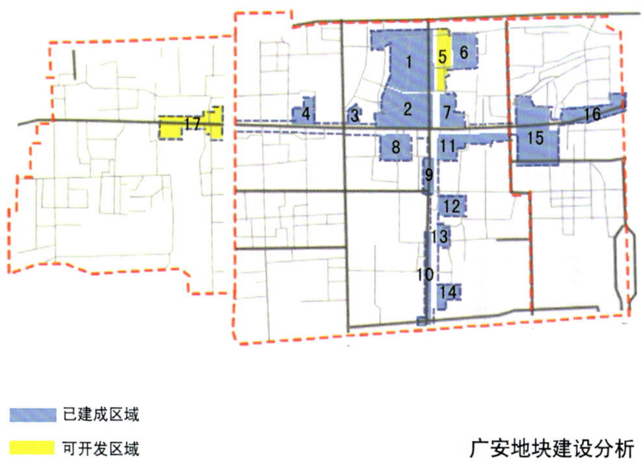

广安地块建设分析

三、教学方式

在指导教师的组织和指导下，进行毕业设计（科研类课题）各阶段教学。

单元一 检索与规划前期准备

国内外相关文献资料的翻译和综述。通过对现有场地现状资料及相关文献资料的研究与分析形成粗略的规划研究思路与技术路线。

单元二 调研与分析（《毕业实习》）

详细现场调研，整理现场资料并通过分析寻找场地存在的一系列问题，并研究这些问题之间的逻辑联系，完成调研报告。

单元三 规划设计研究

通过宏观、中观、微观三个层面寻求解决场地自身问题以及现状场地与城市发展之间的矛盾的概念性构思，并进行构思深化，完成场地的城市设计、支撑性技术设计和局部节点详细设计。

单元四 设计文件编辑

完成相应规划设计图纸和文本等文字编辑成果工作。

单元五 成果展示（《毕业展览》）

对前阶段的成果进行展览

单元六 成果汇报（《毕业答辩》）

在展示规划毕业设计成果的基础上表达规划毕业设计思想，就规划设计成果和论文回答评委的相关问题。

四、成果要求

原则依据《北京建筑工程学院毕业设计（论文）成果基本规范》和（城市规划）专业相应的“毕业设计”课程教学大纲的要求。

1. 文本文件

（1）《文献翻译》1 篇，不少于 2000 字（中文），附原文复印件或下载打印件；

（2）《文献综述》1 篇，不少于 4000 字；

（3）《调研报告》1 篇，不少于 6000 字，含图表。文后附调研原始资料。

《调研报告》的统一标题层次为：序言、1 调研目的与方法、2 调研结果、3 讨论、4 调研结论、参考文献。

配合《调研报告》的编制工作，学生在“毕业实习”期间须认真、独立填写学校统一印制的《实习日志》，并与《调研报告》一同提交（不装入A3文件册）。“毕业实习”时间累计不少于3周(或累计不少于21天）。学生以班级为单位到学校教材科统一申领《实习日志》。

（4）《设计说明》（城市规划专业《规划设计本文》，不少于 15000 字），含插图、指标或参数分析、图表等。文前附不少于 150 词的英文摘要，并有对应的中文摘要；

（5）各文本文件后附所引用的参考文献目录。其著录格式符合科技文献写作规范。以上文本文件要求用 Word 文档格式编辑，以 A3 纸排版打印，每页排版的上、下边距为 2.8cm，左、右边距为 2.3cm，栏间距为 2.0cm（相当于小四号字的 4.73 字符），装订线间距 0.5cm，每页 36 行，采取横向左侧装订。文本正文的主标题为粗黑体小二号字，其他各级标题为粗黑体小四号字，正文字体为宋体小四号字，表格为宋体五号字，表格标题为黑体五号字。

2. 设计图纸文件

（1）每人的全部毕业设计图纸文件单独编印成 A3 规格（大图可采取 A3 加长或加宽规格打印后再折装为 A3 规格），并装入的本册。设计图纸文件中须有一定量的手绘图示和借助计算机完成的数字化设计图示。

（2）A1设计图纸为每人参加“毕业展览”和“毕业答辩”用的图纸，是对全部毕业设计成果文件有代表性的展示，内容应含方案设计主要表达图示、模型照片（按选题要求）、分析图表、说明等，其余过程图纸可缩印装入上述的A3本册中。

A1（594mm×841mm）设计图纸总张数不少于 4 张（含 4 张，采用计算机排版打印。为便于批阅和存档，图纸不附膜，不装裱展板，不加装封边条。），横竖构图不限。各图纸标题：课题标题（与任务书相同）字体为 20mm×20mm 粗黑体字。如有副标题字体为 10mm×10mm 粗黑体字。每张图纸须加注序号或序标。

（3）图示内容、要求和比例

1）概念规划图纸（A1 图幅）

2）支撑性技术规划设计图纸（A1 图幅与 A3 文件）

3）城市设计方案图纸及技术导则（A3）

4）局部详细设计图示（A1 图幅）

5）图纸名签

使用资料室统一提供的图纸名签，贴在图纸的背面右下角处。

3. 电子文件

学生每人须提交包含毕业设计各个过程、各文本文件、最终图示展板（A1）、成果本册（A3）等的电子（光盘）。提交电子文件使用毕业设计存档文件统一电子模板。

Green Way
TO 2049

学校：山东建筑大学
指导教师：陈有川 赵亮　　小组成员：崔开 张宇

1.走进广安

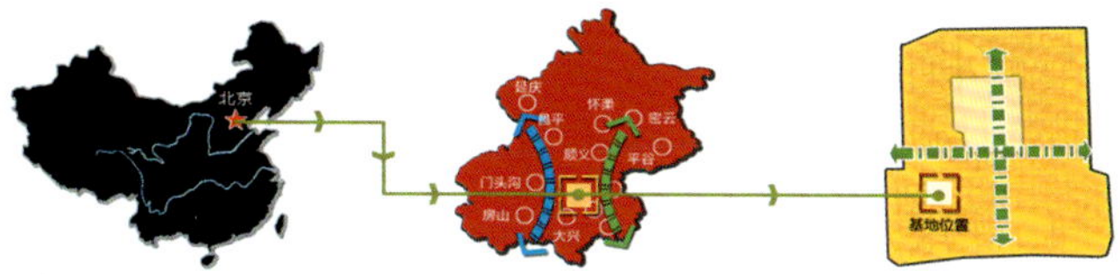

广安产业园位于北京市，北起宣武门西大街，东到宣武门外大街，西邻广安胡同，南至广安门内大街。规划面积56.3公顷。

北京总体规划提出在市域范围内构建“两轴-多带-多中心”的城市空间格局，广安产业园位于中心城区，这将为地块的设计提供指导依据。

基地位于北京二环以内，位于古代皇城脚下。地块传统受宣南文化影响较深，其东北方向的紫禁城对城市建设的要求也对地块规划设计提供了部分导向。

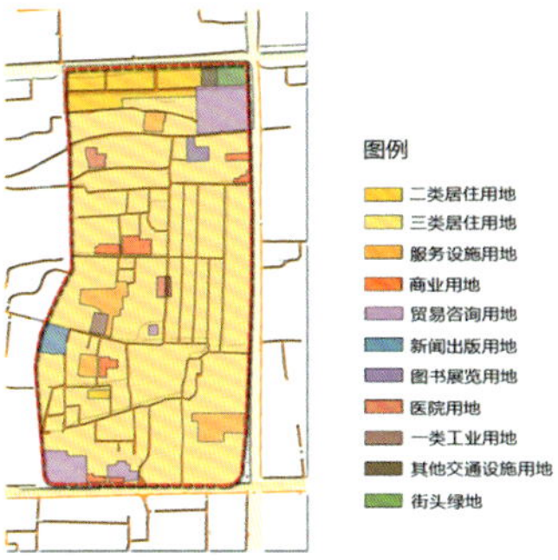

现状用地性质

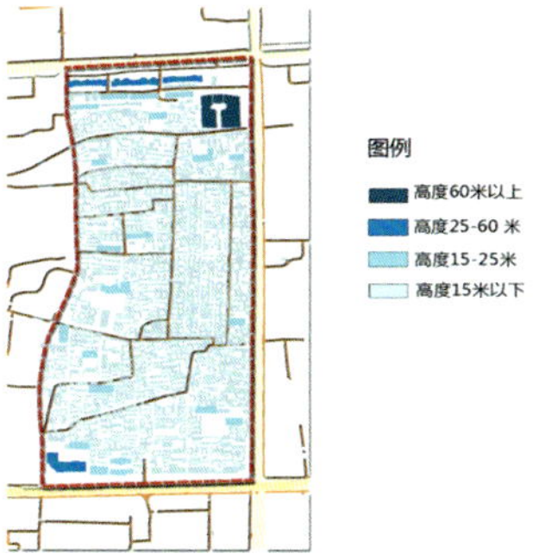

现状高度分布

现状建筑质量

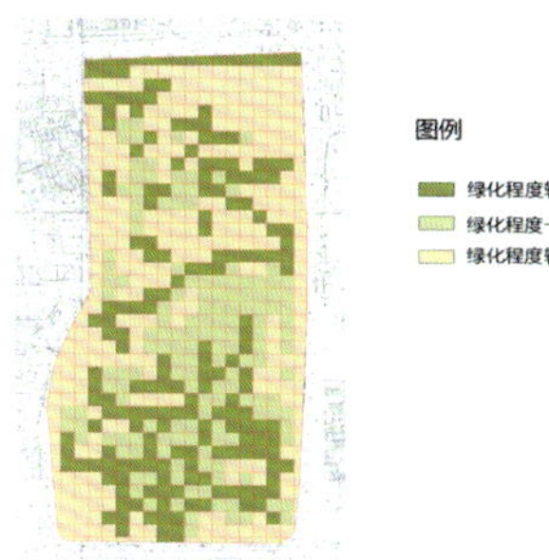

现状绿化分布

基地建筑体量

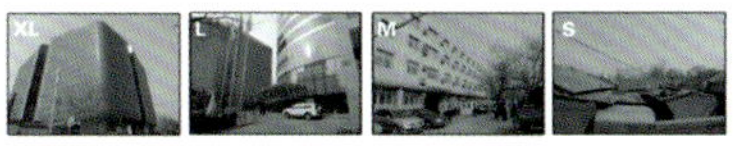

XL 巨型建筑

基地内建筑长度超过80米，宽度超过60米的建筑为大体量建筑。建筑主要类别为传媒建筑，即基地东北角的新建新闻传媒大厦，作为将来基地传媒业发展的主要基地。

L 大型建筑

基地内建筑长度超过60米，宽度超过40米的建筑为二级体量建筑。建筑主要类别为酒店建筑，即基地西南角的酒店，建筑质量较好，在后续设计中可以予以保留。

M 一般建筑

基地内建筑长度超过40米（居住建筑按照单元计算），宽度超过20米的建筑为三级体量建筑。建筑主要类别为基地北侧的居住建筑以及其他文化、商业等建筑，其中公共建筑分布于基地的各个位置，主要承担基地内部的基础服务功能。

S 小型建筑

基地内建筑长度超过20米（居住建筑按照单元计算），宽度超过4米的建筑为四级体量建筑。建筑主要类别为基地大部分的四合院建筑与商住结合的底层建筑，其中建筑质量大部分较差，在后续设计中应当予以拆除或改建。

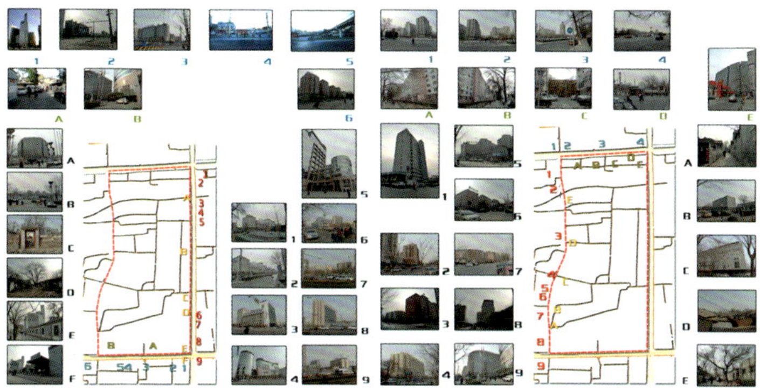

基地周边环境介绍

现状用地平衡一览表

二类居住用地 3.84ha　　三类居住用地 40.11ha　　服务设施用地 2.18ha
商业用地 1.05ha　　贸易咨询用地 3.08ha　　新闻出版用地 0.53ha
图书展览用地 0.27ha　　医院用地 0.41ha　　一类工业用地 0.21ha
其他交通设施用地 0.27ha　　街头绿地 0.60ha　　道路用地 3.70ha
建设用地 56.3 ha

北京地铁网络

基地周边现有2号、4号地铁线在北侧东侧通过，未来两年内还将有7号线在南侧通过。该地块将成为若干地铁线的换乘中心。基地周边轨道交通站点与公交站点已成簇布局，根据北京轨道交通规划远景可知基地在未来将处于多个站点的服务中心。根据TOD经验，适于未来高强度开发。

北京道路网络

基地周围北东南三面临城市主干路，可以承担较大的交通流量，并保证一定的交通运行速度，方便基地与外界进行沟通。

现状道路分析

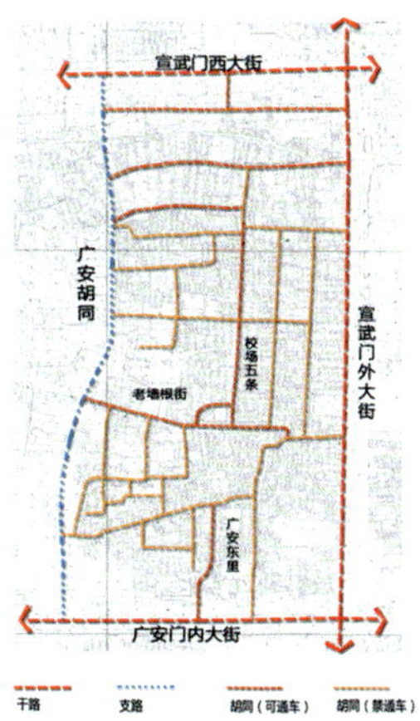

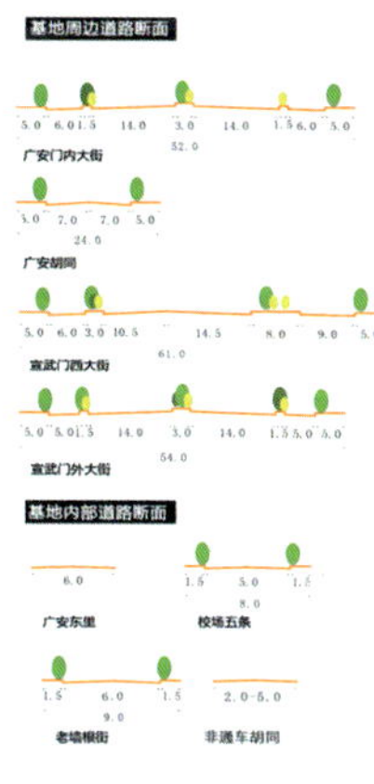

基地周边道路分析

基地北东南三侧均为6-8车道城市干路，通行能力较强且公共交通较发达，穿越交通量较大。西侧为4车道城市支路，无公共交通，主要交通量为基地及周边地块居民区产生的尽端式交通，路面质量较差，部分路段与东侧基地有2米左右高差。

基地内部道路分析

内部道路以胡同主。大部分保留历史街区的传统布局。但由于道路尺度较窄、道路线型较曲折，并不适合机动交通，且多断头路，因此与外部交通联系不便，形成内向封闭的“大街坊”。由于如今机动交通较多，从基地所属的片区来看，原本可以通过基地的交通流只能从基地周边绕行，加重了片区交通的压力。

基地交通设施分析

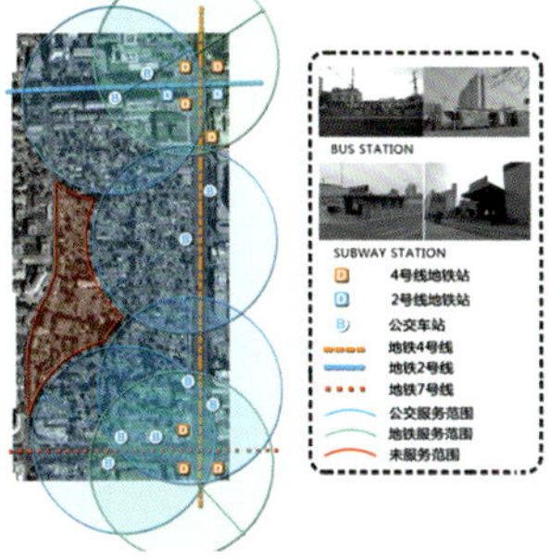

基地周边现有2号、4号地铁线通过，设有多处地铁站。同时南北东三侧有多路公交线路通过，公交站点密集，周边公共交通较为发达。但以300米为服务半径测算基地周边公交服务覆盖范围，可知西侧属于公共交通服务“盲区”，公共交通换乘环境的适宜度仍有待提高。

基地内用地主要为低层住宅用地、生活服务性商业用地和少量办公用地，除办公用地内部停车场外无集中停车场。停车主要采取路边停车的方式，这使本来就非常不便的地块内部交通更加拥堵。

交通出行分布

性质	交通周期	服务范围	出行方式 小汽车(%)	出租车(%)	轨道交通(%)	公共汽车(%)	自行车(%)	其他(%)
居住	每日	全市	35	10	10	20	15	10
商业	每周	城区/全市	15	10	10	30	20	15
办公	每日	全市	20	10	10	25	20	15
学校	每日/每周	城区	15	10	10	30	20	15
基础设施	随时	全市						

通过对基地周围交通吸引点的定性分析，可知基地周边交通压力较大，但由于公共交通基础较好，未来东南北三侧的公共交通问题均可得到解决；未来宣武门外大街及广安胡同所面临的机动车交通压力将较大。

基地内部所产生的交通量相对周边地块的平均水平较少，且主要为公共交通量。机动交通量的主要来自为办公、酒店、高层小区及学校，其中除学校外其他交通吸引点均分布在基地外沿，对基地内部道路及交通设施产生的压力不大，主要交通问题还是由于内部道路通行能力所产生的。

GREEN WAY TO 2049

北京广安产业园核心区城市设计

2.现状解读

我们的城市由许多功能纯化的片区组成，我们把太多交流与运动的时间浪费在拥堵的汽车里，并排放出大量的CO_2 ……

上位规划解读

▌在广安产业园功能定位中，本基地属于高端产业发展带，主要承担商业金融及办公功能。

▌根据上位规划的地块划分方案，该地块以老墙根街为界分为宣西片区（北）和广安片区（南）。上位规划的拟定方案中，两大片区都将减少大部分居住用地，转换为公建用地，其中广安片区拟全部拟定为商业金融用地，并承接部分西城区金融街的功能。

▌《北京城市总体规划（2004-2020年）》对宣武区的功能定位是：宣武区是国家新闻媒体聚集地之一，有一定的产业基础。并且在宣武区近期土地开发中，本基地为面积最大的地块且布局集中，便于开发。因此考虑引入新闻传媒等产业，协同原定的商业金融产业，逐步形成已写字楼经济为主体的高端产业带。在带动经济发展的同时，改变原有地块破败的景象，地块建设新建为主、改造为辅，形成具有办公、商业、文化等综合功能的地标性城市片区。

功能&肌理研究

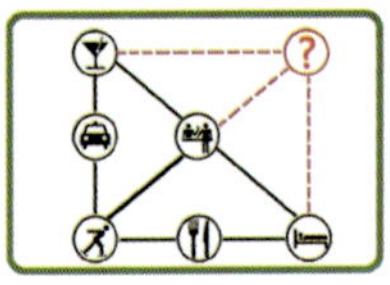

老居住区多与周边产业息息相关，随着社会的发展，旧区生活水平与周边日新月异的服务功能逐渐脱节，使片区产业链断裂。

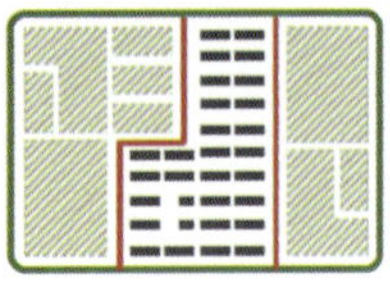

由于城市化的向前推进，原本在城市中心的老住区周边被发展为以商贸为主的其他功能，住区肌理与周边城市肌理不相符。

绿色城市 有氧城市

开发强度研究

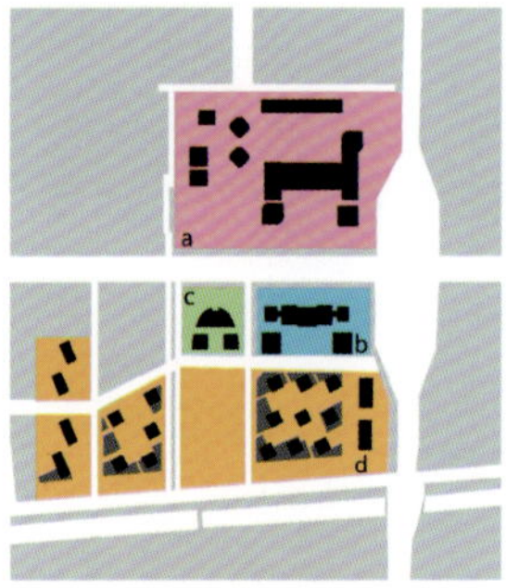

a.国贸中心（一二期）占地8万平方米建筑面积56万平方米，容积率6.98。停车位1500个。

b.银泰中心基地面积3.1万平方米，建筑总面积35万平方米。容积率8。停车位1600个。

c.SK大厦占地面积1.9万平方米，建筑总面积10.7万平方米，容积率为5.65。停车位300个。
停车位300个。

d.建外SOHO总占地面积为16.9万平方米，总建筑面积约70万平米，容积率3.38。停车位3000个。

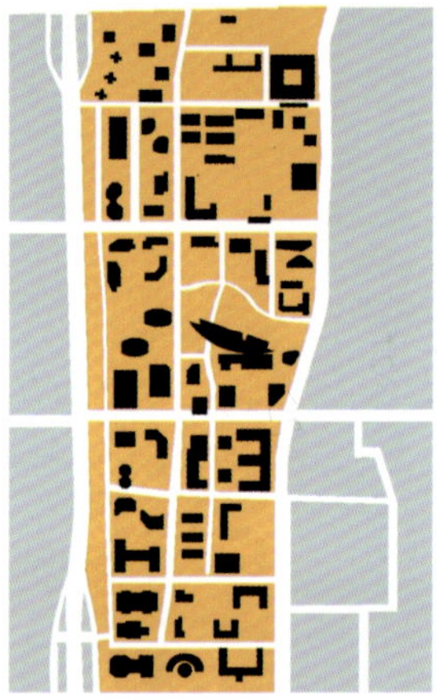

金融街区域总体规划建筑面积为402万平米，其中，写字楼面积达74%，公寓占3%，酒店占4%。综合容积率为3.9。

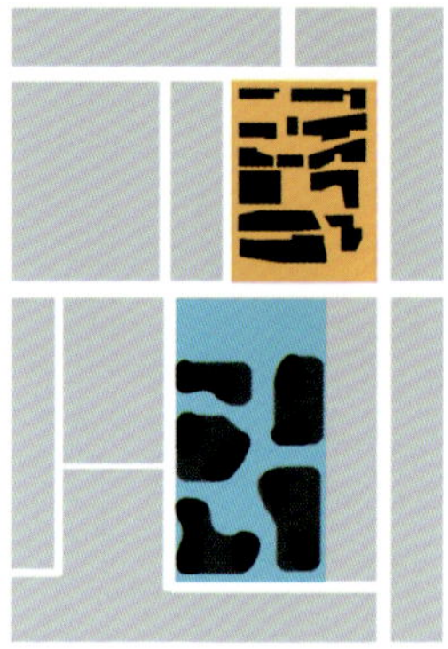

三里屯VILLAGE南区7.2万平方米。总容积率3.25。停车位北区410个，南区450个。

三里屯SOHO占地面积5.1万平方米，建筑面积46.6万平方米。容积率6.2。停车位2000个。

综合分析，根据金融与媒体等产业相混合布置的设计思路，可将此类功能用地容积率控制在4.5左右，SOHO区容积率3.5左右。根据设计各类功能比例，将规划范围内总容积率控制在4左右。

功能单纯及吸引点的缺乏，导致内外功能无法接轨，造成功能的裂痕。

现状研究总结

基地现状主要为一层民房，肌理较为自然，难以行车，无力为周边交通分担压力，反而有不少周边公建无力承担的停车在此处占用胡同空间，使原本狭窄的交通空间更显局促；同时由于乱搭建现象严重，仅存的历史传统也摇摇欲坠。本基地在空间和功能上已与城市整体相异，周边功能无法在此找到触媒点。

金融街占地1.18平方公里，聚集了中国人民银行和中国银监会、中国证监会、中国保监会等金融监管部门及众多国内外大型金融机构和国企总部。

位于基地东侧的北京sogo崇光百货，营业面积达8万多平方米，是北京市目前单店面积最大的集购物、饮食、休闲于一体的百货商场，与基地有天桥、人行道相连。

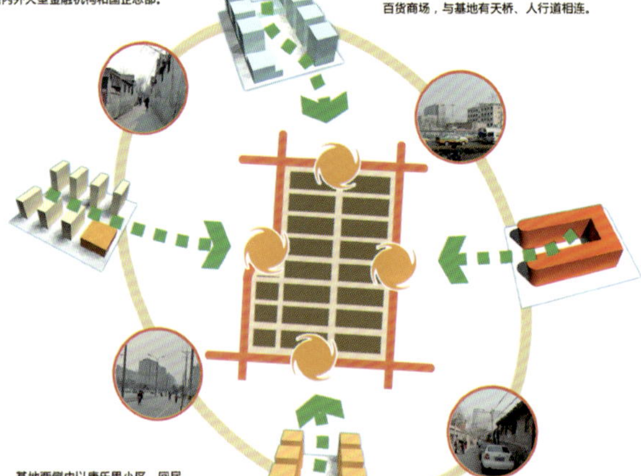

基地西侧由以康乐里小区、回民学校、方舟培训学校为主的居住区以及相关配套设施组成。与基地有城市支路相隔，互通性较强。

基地南侧以北京移动公司大楼为标志性建筑，集中了星海乐器城、开元名都大酒店、牛街等服务设施，与基地有城市主干路相隔，互通性低。

建筑形体研究

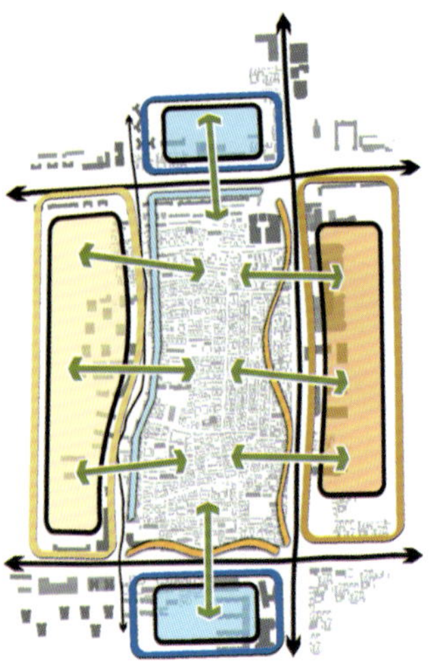

建筑退后

本基地周边东南北侧三条道路（广安门内大街、宣武门西大街、宣武门外大街）红线宽度为50-65米，西侧道路（广安胡同）红线宽度为24米，应综合考虑现有街道两侧建筑所形成的街道尺度及街道界面，同时保证市政管线的合理布置。东南北三条路侧建筑，高度不足20米的建筑退后红线不小于5米，高度超过20米的建筑退后红线不小于8米。沿西侧道路已经地块内新建红线少于30米道路两侧的建筑，建筑退后不小于8米，且高层主体宜做退台处理。

建筑限高

参考周边地块，建筑主体高度都控制在70米之内，总高控制在100米之内，大部分居住建筑控制在60米之内。考虑到本地块更接近北京传统城市中轴线，因此本基地建筑限高标准不超过金融街建筑限高标准（100米）。同时考虑到本基地内已建有环球财讯中心（主体67米，局部82米），因此将建筑平均限高标准定为70米，总体不超过100米，部分标志性建筑可稍有突破。

建筑形体

基地周边依据建筑形制及其形体可分为：南北为大体量办公建筑群，东侧为以崇光SOHO为标志的商业特色建筑群，西侧为尺度宜人的居住建筑群。以此为依据，为城市设计提供了两类建筑风格界面。

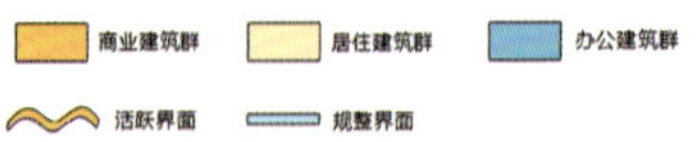

GREEN WAY TO 2049

北京广安产业园核心区城市设计

3.规划策略

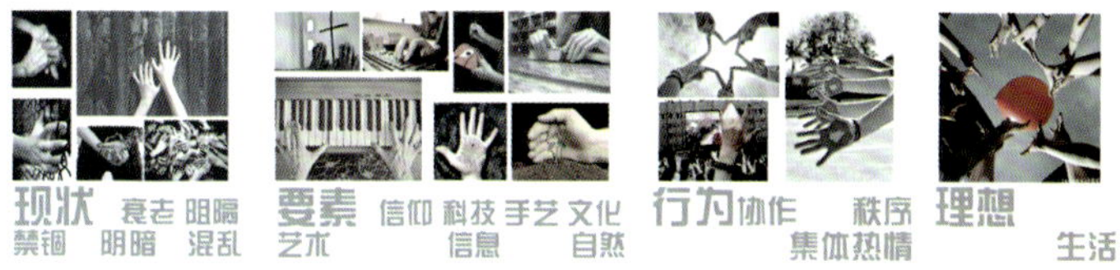

公共空间策略

公共空间往往是一个地块内，最能被整个城市所了解的部分，它既是一个地块的城市名片也是与周边城市环境进行交流的主要场所。公共空间往往决定地块空间结构的主要框架，并构成地块的活力之源。

广场
提供了多种空间活动的可能性
空间内向封闭 A

街道
可在多种空间层次上运行
空间活动单一化 C

街头公园
环境宜人，对周边吸引力较强
活动参与性较差 E

步行街
交通与街道生活的综合体
只能在小范围内运行 B

下沉庭院 D
空间富有趣味性
与周围环境联系不便

A+B+C+D+E
=?

现存的任一公共空间在解决某些问题的同时又都有自身的局限性，真正适合多元化要求的公共空间其自身构成也必然是多元化的。同时，作为同一地块内部的整体，不同的公共空间又需要方便的联系，形成完整的空间框架。或者直接创造出一种新的流动空间，打破的各个空间类型间的界限，形成多种空间类型的混搭，使某一区域内具有多种空间功能和特性。

历史保护策略

绿道作为功能复合的非机动空间，除连接各大办公组团、组织商业空间之外，应具有其基地传统特色，因此考虑植入历史建筑，丰富功能链。

鉴于基地内建筑质量普遍较差，仅有少数祠堂具有历史价值，因此选择保护要素性遗存，采取平移策略，作为步行流线上的文化展示空间，绿道跨越其上，通过底层镂空的方式留出视线通道。

交通方式策略

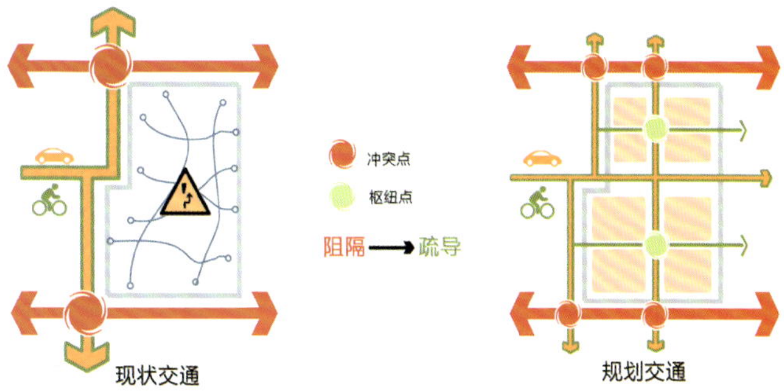

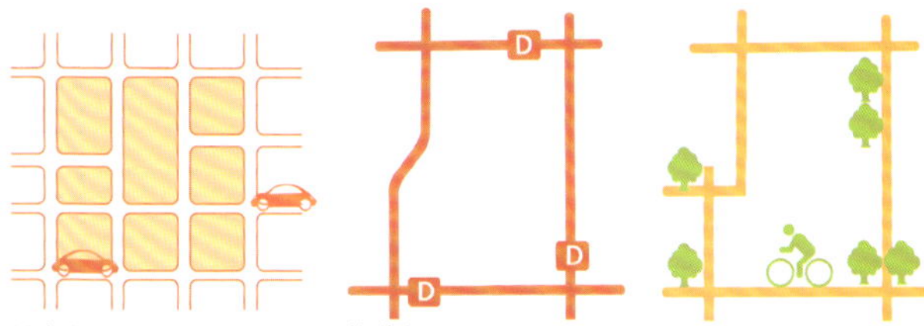

城市道路 URBAN STREET　轨道交通 RAILWAY　绿道 GREEN WAY

优劣分析

	城市道路	轨道交通	绿道
优	到达性好，运输速度快，污染程度高	运载量大，运输速度快，相对环保	环保性好，到达性、便利性较好
劣	对交通设施要求较高，运载量较小，环保性差	到达性较差，便利性不足，换乘较不方便	通勤范围较小，对交通设施要求较高

运行空间

+F　0　-F　　+F　-F　　+F　0

功能定位

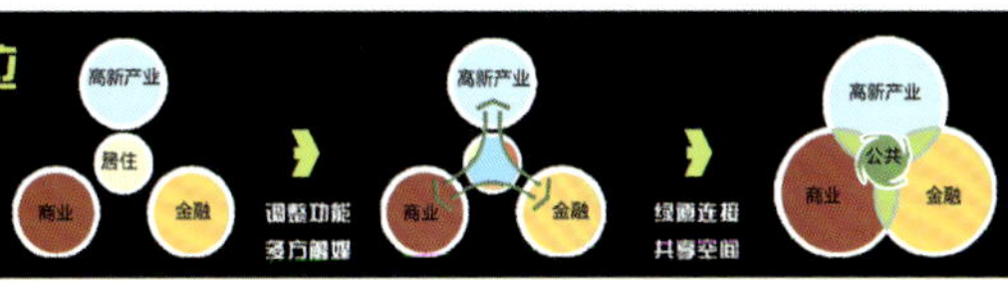

媒体出版业的发展呈现出多元化的趋势，类似的文化产业的发展往往需要交流与展示空间。因此引入一定的文化创意、展览空间。

由于单纯的办公区易造成昼夜活力差距悬殊的现象，因此应配合办公引入部分居住以及相应配套。

通过对上位规划的解读和现实具体情况的分析，借鉴相关案例，确定改地块的主要功能为新闻资讯、媒体出版、创意文化、金融服务，兼顾部分休闲购物和居住功能。

相关案例研究

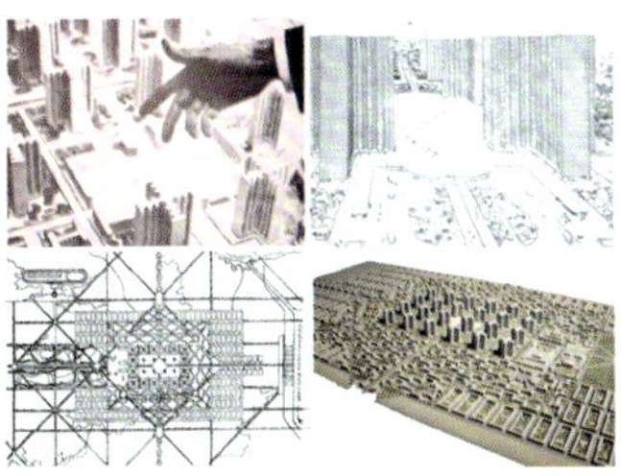

Le Corbusier明日城市—绿色高效

在1920s提出的明日城市中柯布的思想主要体现在以下方面：

1.摩天大楼底层全部架空，从而解放出地面以容纳更多的绿地，提供更多的步行活动空间；

2.交通根据不同的性质进行垂直分层—重型交通在地下层，小汽车架空，步行在地面层。中央广场整体架空，为直升机停机坪；

3.所有摩天大楼都有屋顶花园，进行立体绿化。

在这个方案中，立体交通与立体绿化为后人的城市设计提供了范例，是本次城市设计的重要启发。

巴黎德方斯新区—贯通便捷

德方斯新区是在香榭丽舍大道这条城市生长轴上发展起来的，使城市的多种功能可随着生长育的发展而不断产生。

德方斯新区规划在交通组织，空间安排方面借鉴了柯布西耶的伏瓦生规划理念，城市空间垂直安排在三个层面，将地面解放为步行。

通过立体交通，将各大建筑空间组合为连贯整体，为本次设计提供了借鉴。

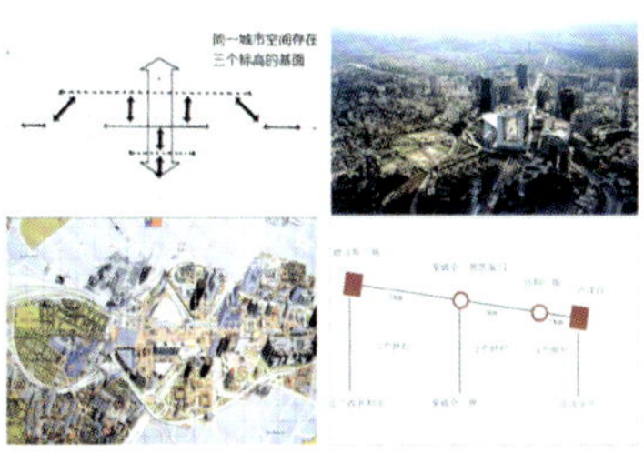

福冈的博多水城—多元共存

本案利用流水中庭将几个小型迷宫似的行径路线组织起来，增强了环游趣味。

博多水城属于典型的空间消费型设施，尽管它是商业集中地，有丰富的零售业和餐饮店，但设计之本是此处不仅提供物质消费，更要提供消费的过程乐趣和体验。以水为背景，融合舞台、戏水场地，博多水城创造出物、人、信息交融的都市剧场空间。

本设计中应借鉴博多水城趣味性中心的塑造手段，将多元功能组织为一体，增加公共空间的趣味性。

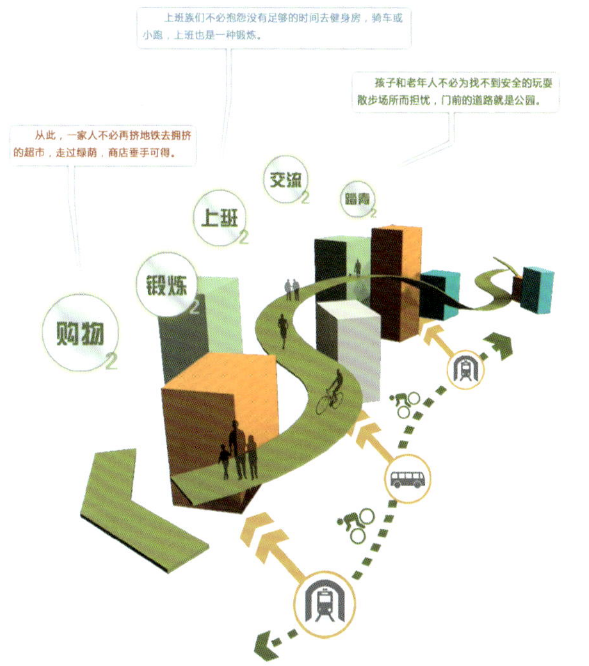

多元　便捷　低碳

本设计可看作一种模式，若将绿廊因地制宜延伸至整个城市，形成城市范围的绿色网络，有助于营造低碳、健康的城市生活。

GREEN WAY TO 2049

北京广安产业园核心区城市设计

4.设计启动

现状 EXIST　　策略 STRAGEDY　　意向 INTENT

功能

水平走向垂直

规划主体功能有三类—西北侧SOHO，东北、南部媒体及高新产业办公，中部为绿地及商业混合用地。功能混合用地有利于降低通勤交通量，形成具有活力的生活氛围。为提高地块活力并避免引起过多干扰，在整体功能原则性分区的基础上，将功能相关的用地在垂直方向穿插排布，以一条集交通、景观、公众活动为一体的廊道串联。

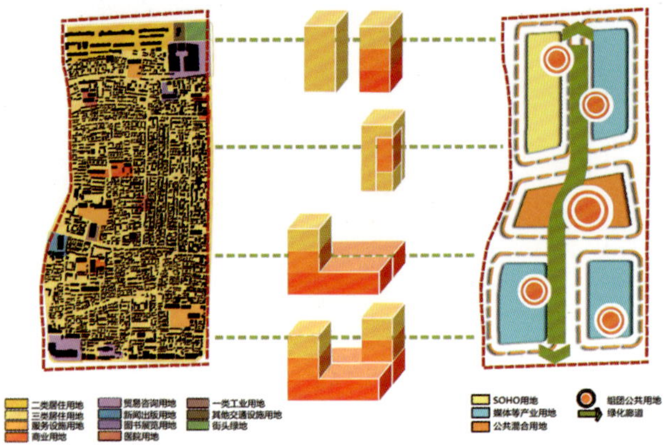

交通

并行走向穿插

规划交通形式在垂直方向分流，机动车置于底层，非机动车及步行在部分地段通过绿道提升至二至三层。其中，机动车与步行交叉点处设置交通换乘枢纽，如公交站点；非机动车与步行系统之间可用平缓的坡道连接，部分地段可重叠。交通枢纽与坡道均由绿廊组织，与重要公共建筑的中庭或架空平台相结合。同时，功能相关联的建筑之间应通过架空廊道连接。

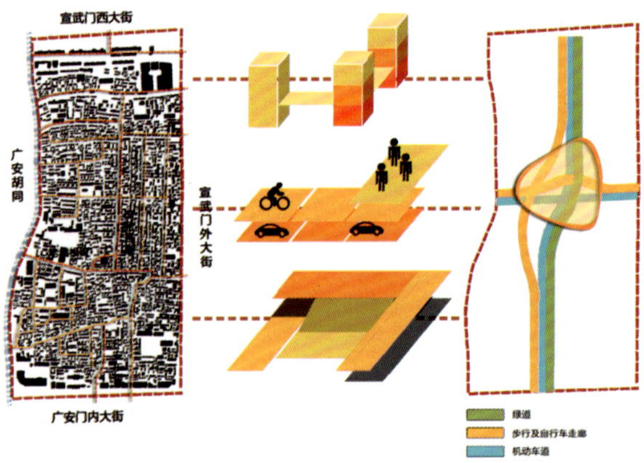

空间

单纯走向多元

根据基地形状及周边沿街人流聚集情况，确定以十字为基本形状的绿廊和东侧主要开敞空间位置。确定在以绿色走廊为主要骨架，各点状空间镶嵌其上的空间结构。各类公共空间均与建筑物相结合，分为以下形式：建筑底层架空，与公共空间相渗透；线性空间与建筑中庭或架空平台相交叉；半下沉空间、二层平台与地面层空间相结合形成错层空间。

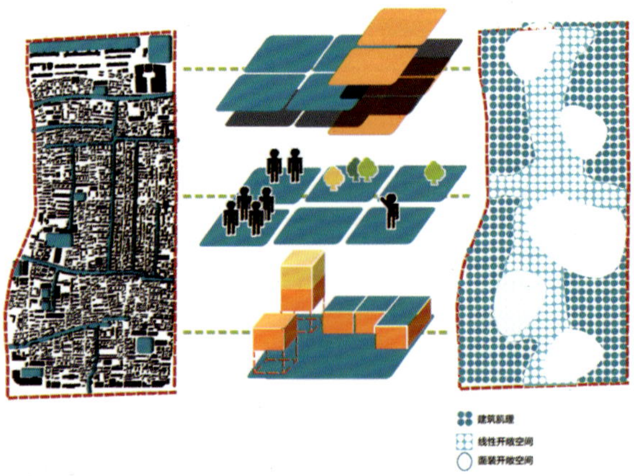

景观

贯通走向分解

设计中将现状绿化抽象为脉络，结合主要公共空间与组团院落空间，形成以绿廊景观为主体的"一廊一心四点"结构。设计中摒弃完全贯通的视觉通廊或景观轴线，将生成的绿廊进行分解，呈离心状态的绿廊片段成为不同组团的连接体。所有串联的公共空间均由绿化与建筑围合，且具有活力中心。

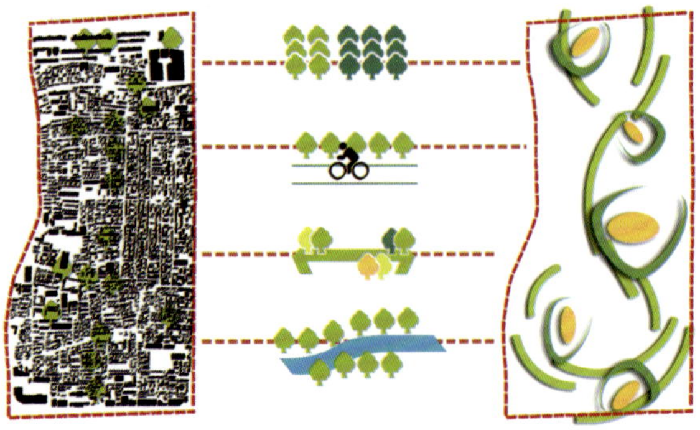

初期方案

在第一轮方案中，我们提出了Green Way概念和初步形体——通过一条承载着步行、自行车的"S"型绿化走廊将各大组团的院落、建筑综合体中庭串联起来,组织在标志性中心周围，并提出了设计目标，为后续设计提供了基本轮廓。

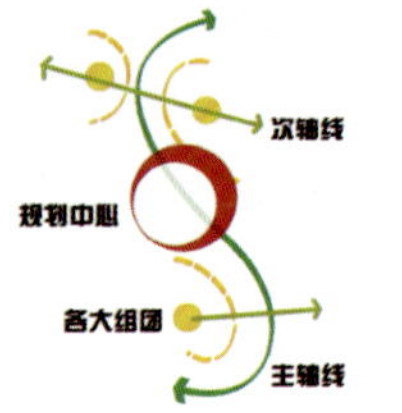

方案反思

1.融合性弱——初步方案的建筑布局过于自由，从肌理上与北京方正的城市格局有较大的冲突。

2.绿道单薄——初步方案的绿色走廊在空间形态和功能上都较为单一，在空间的垂直变化与功能多元方面差强人意。

3.中心不明——基地面积不大，宜采取单中心或一心多核的组织结构，单一的S型轴线与曲线布局的组团咬合较差，导致较多的空闲用地，密度偏低，并使结构略显散乱。

方案推敲

总平面意象

设计目标

办公生态化

设计中应充分考虑建筑绿化及建筑形态与交通组织、绿化布置的统一，充分发挥高新产业园技术及创新优势，创造新颖且富有吸引力的城市形象。

交通立体化

为解决基地内停车难问题，促进对周边地块的交通疏解，设计中应建立立体化交通模式，减少人车干扰、机非干扰，并增强各公共建筑的可达性。

行动趣味化

在立体化交通的基础上，设计中应考虑增强各类非机动车交通的趣味性，应建立一条充满趣味性的廊道组织各类公共空间，使空间多变并有序。

活动多元化

功能单纯的的区域已不适合城市文化日益多元的发展趋势，借鉴日本博多水城经验，应在避免干扰的基础上，提供一个容纳多种公共活动发生的平台。

交流健康化

设计中应考虑交流空间的安排，避免对交通空间的占用，防止不安全因素的产生，并未空间提供丰富的绿化，保证交流环境健康安全。慢行交通空间亦应提供良好的交流环境。

方案调整

A、整体布局：调整为以曲线为轴，直线从周边插入的枝状结构式，规划从整体形态曲直结合。利于基地外层组团与周边的肌理相融合。

B、绿色走廊形态：水平构成上，由单一S型调整为双反向曲线相切的形式，更有利于分片区组织空间；垂直方向上连接多个水平面，空间变化更加丰富。

C、组团形式：借鉴传统院落构成形式，抽象出绿轴周边组团布局形式，替代原有的曲线结构。有利于突出总体中心，并提高了开发强度。

总平面意象

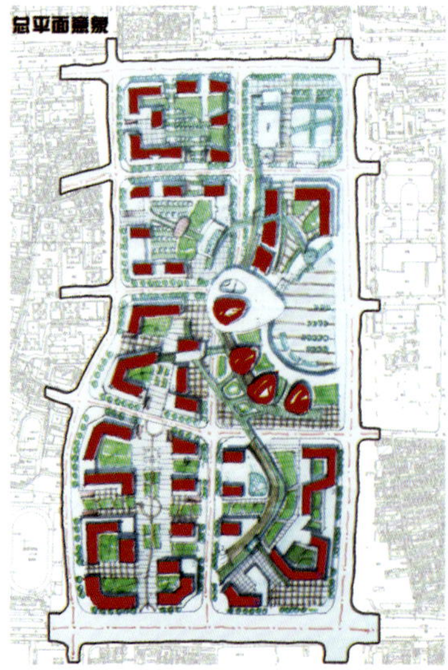

N

0 40m 120m 200m

功能分配

A 金融办公写字楼
B 传媒写字楼
C 停车楼
D 全球财讯中心
E 办公写字楼
F SOHO
G 商业裙房
H 休闲步行广场
I 地下停车库入口
J 翔达商务酒店（现状）
K 综合商业写字楼
L 会展中心
M 绿色骑步行走廊
N 综合办公楼
O 广安塔
P 广安商业交通综合体
Q 广安商业广场
R 文化剧院
S 文化馆
T 步行展廊
U 地铁站入口

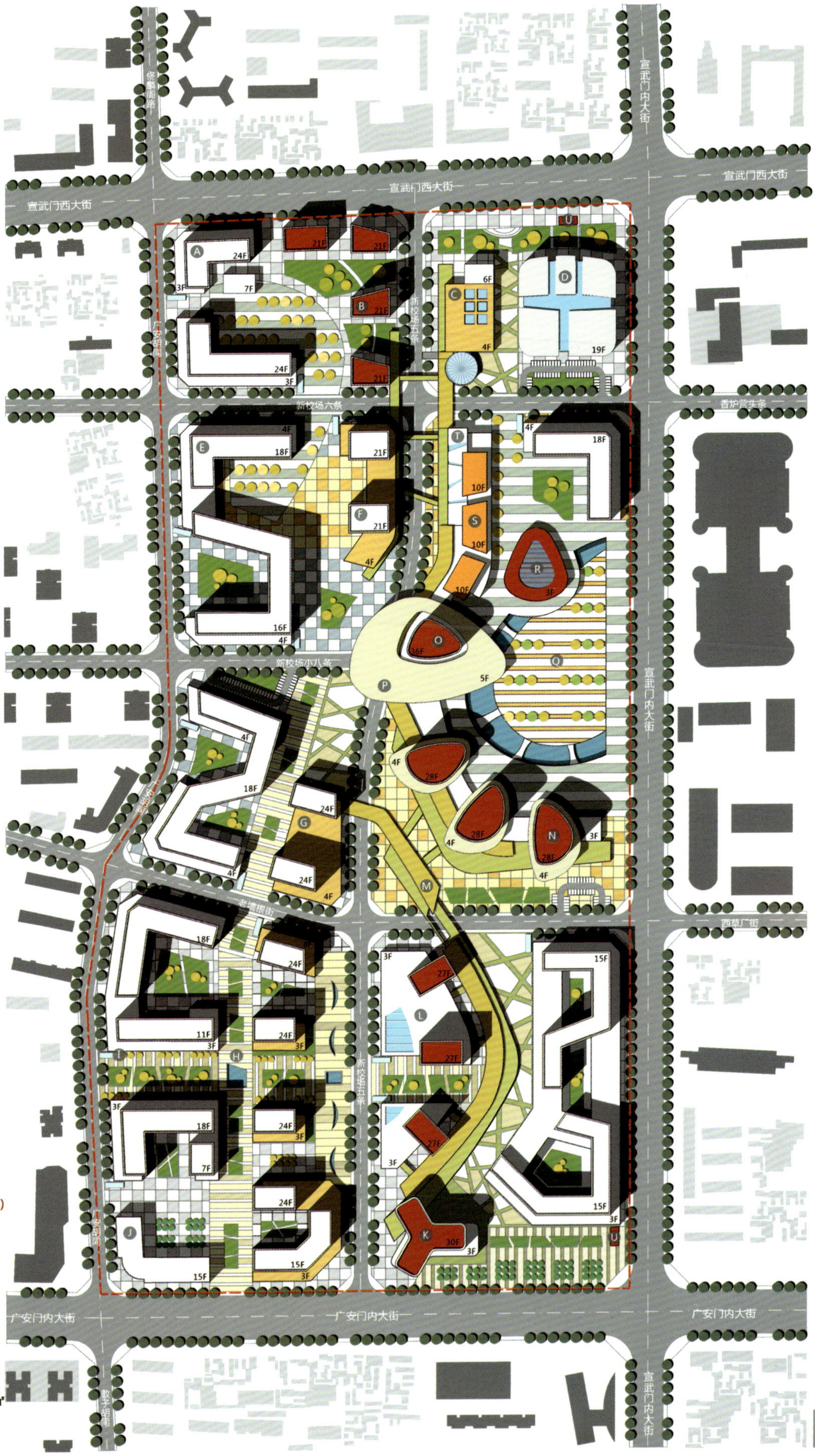

用地平衡表

序号	用地性质	面积（ha）	比例(%)
1	居住用地	2.2	3.9
2	公共设施用地	16.3	29.0
3	道路广场用地	21.2	37.6
4	绿化用地	16.6	29.5
合计	城市建设用地	56.3	100

技术经济指标

用地面积：56.3ha　　建筑密度：32.9%
平均层数：13　　建筑面积：2410000m²
容积率：4.3　　绿地率：　32.0%

GREEN WAY TO 2049

北京广安产业园核心区城市设计

规划结构——两带三区，多元向心。

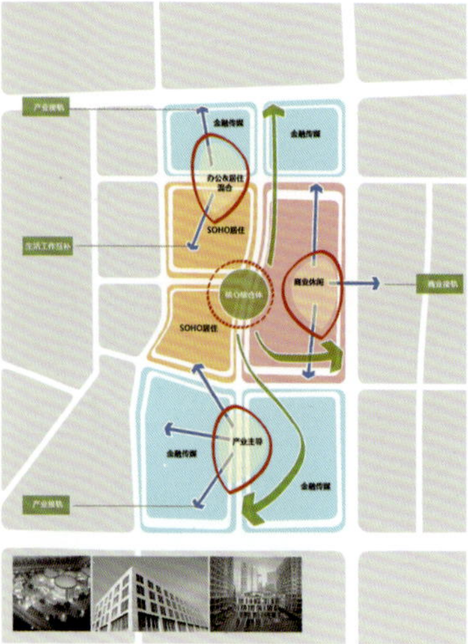

本设计受到新城市主义的多元混合影响，考虑与周边居住、商业及现有高新产业的接轨，本地块的功能不能局限于传媒及金融，应引入围绕各类公共空间的商业及SOHO居住功能，实现功能安排上的多边主义，从而塑造具有活力的产业园核心区。

两带——两条绿道，即是本设计的核心"Green Way"。产业园的功能分区由绿道串联起来，并为空间安排和建筑布局提供空间的控制。绿道不仅是公共活动的线性空间，也是机动车与非机动车、步行换乘枢纽的载体。

三区——地块南北侧为以传媒、金融为主的产业园，通过功能复合的绿道串联，作为金融街的延续与承接；地块中部西侧为SOHO居住，与基地西侧的居住区相呼应，从城市片区的层面寻求功能的延续；中部东侧为以商业、休闲为主的公共活动区，不仅为地块内部提供活动空间，也可满足基地以东商业区消费者的活动需求，起到吸引人气增添活力的作用。此类划分旨在为功能的分配提供框架，落实在单体建筑或建筑综合体上可沿垂直方向相关联功能混合布置。

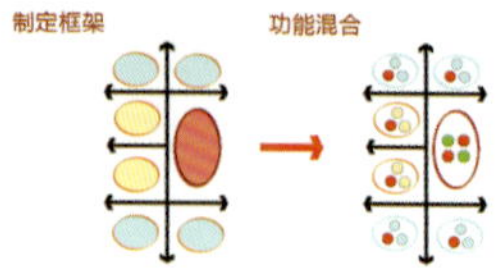

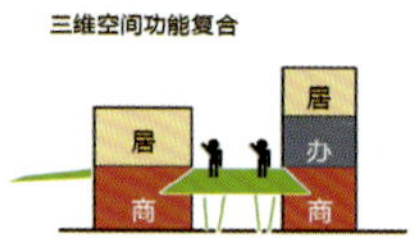

多元向心——规划设计在空间布局上以基地中部的公共活动区为中心。公共活动区是整个地块的空间焦点、绿道的交汇点，由大体量建筑综合体及东部广场等构成，在功能及空间布局上起到统领全局之效果。

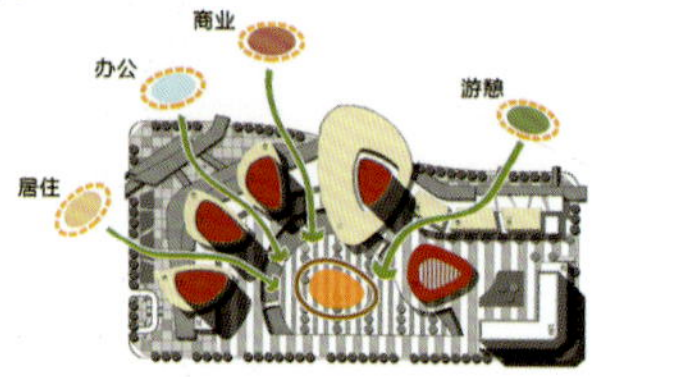

空间分析——三维层面上的多样衔接。

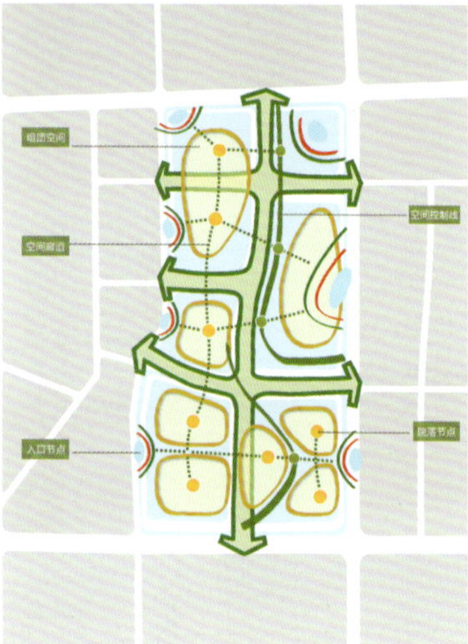

1．平面——点轴交映。

基地以内部道路为主要空间分界线，各组团间的地面步行空间为线性廊道，将各个院落、节点连成一个系统，形成收放结合的空间序列。两条绿道通过次级绿道或步行通道与各大组团内部建筑的裙房、中庭相连接，使得绿道成为贯穿整个产业园的空间轴线。

2．竖向——立体多样。

绿道将各大院落与建筑二层平台、中庭相串联，空间的变化不只存在于一层平面，而是伴随绿道的绵延起伏贯穿整个基地。

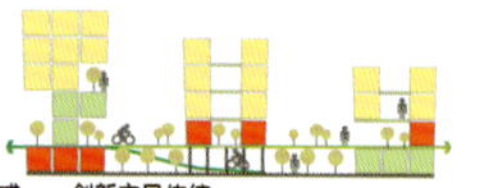

3．空间形式——创新立足传统。

设计中空间围合形式考虑与周边城市肌理相符合，通过对院落空间的分析，抽象出本设计中空间的基本形式。

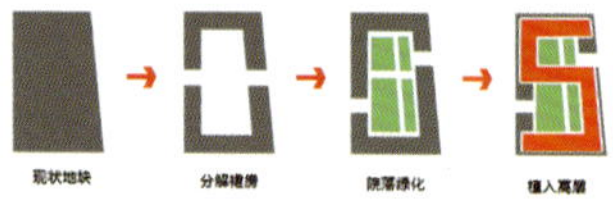

组团空间示意

院落空间示意

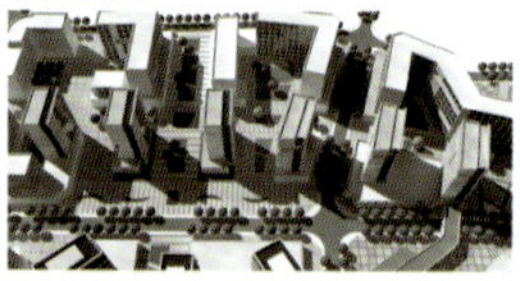

核心空间示意

景观分析——众星捧月，外连内透，两面双城。

动感界面

安宁界面

计试图塑造基地东西两侧为两类不同风貌的城市界面，东侧毗邻城市主干道与人流密集的大型商业设施，因此应展示充满活力的城市景象，空间布局收放结合，建筑风格自由新颖；西侧毗邻城市支路及居住区、学校，空间布局与建筑风格遵循有序，统一后退及退台处理，形成安静宜人的街道景观。

A动感城市界面

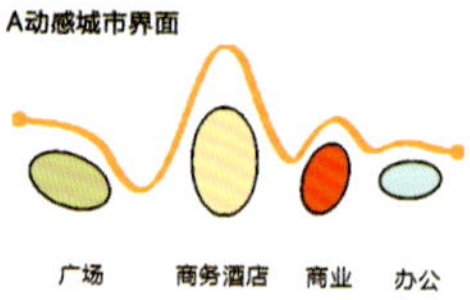

B安宁城市界面

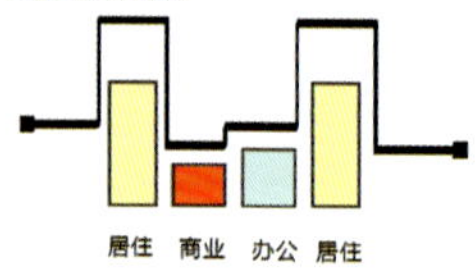

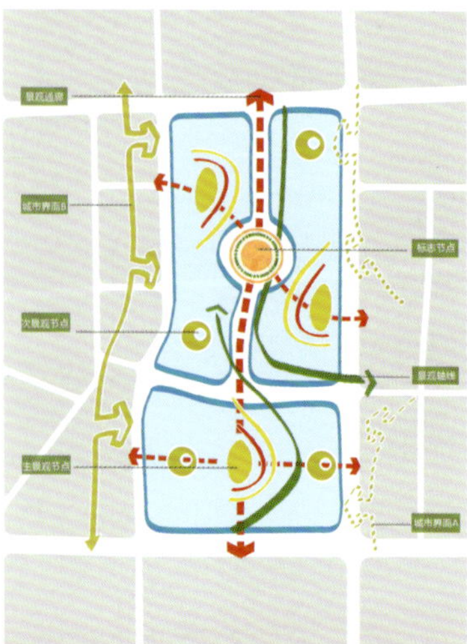

本设计的景观规划以中央综合体积广场为中心，各组团空间由绿廊及步行系统联系围绕中央节点依次展开。各个组团景观节点均为半封闭式，通过道路、层高及开口的控制，形成对中央广场建筑群的借景。整个景观分配呈现"众星拱月"的形态。

众星捧月

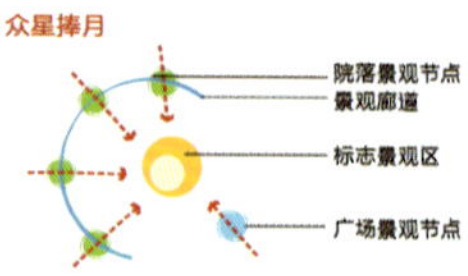

沿基地外部道路以板式建筑为主，外部景观连续；沿基地内部南北主路两侧多为点式建筑，内部空间通透。形成"外连内透"的景观结构。

外连内透

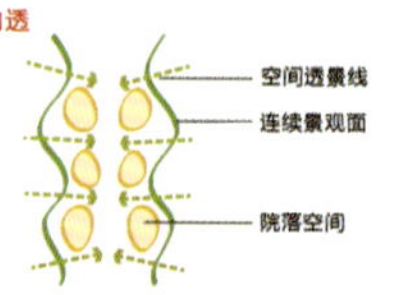

交通分析——平面双分离，纵向双结合。

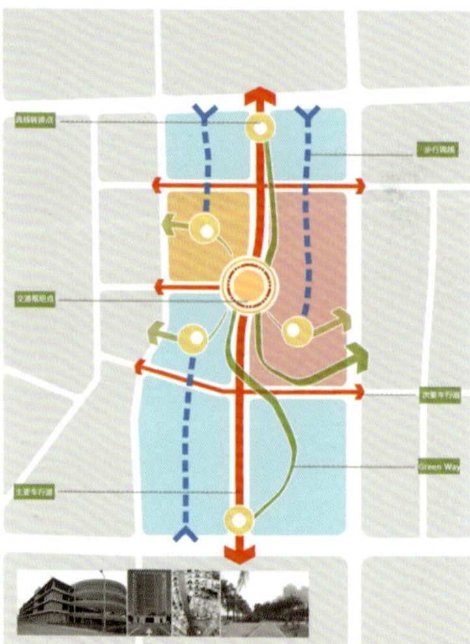

1、基地内部交通从平面分配上遵循机非分离，动静分离的原则。

a．机动车运行载体为规划一纵三横道路网络，道路等级均为城市支路，非机动交通主要为步行和自行车交通，载体为连接各组团院落间的步行廊道和绿道系统，从而形成机非交通流分离；

b．基地北侧入口处设置停车楼，市民停车后可沿绿道或一层步行空间进入各功能区，同时各组团均于入口处设地下停车通道，保证内部院落空间不受机动车影响。

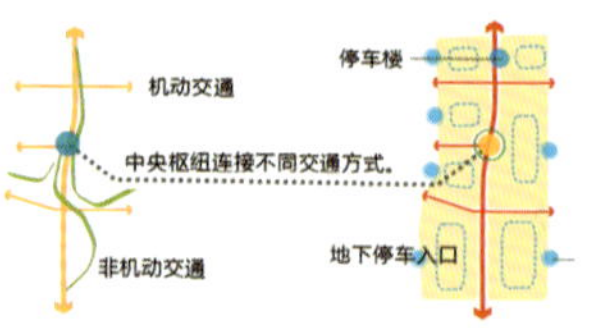

2、垂直方向上，交通的设置遵循建筑单体与步行廊道结合，交通与观光结合的原则。绿道将各单体建筑和综合体相串联，在建筑组团院落或综合体的中庭内设交通转换点,同时，它游离于室内室外、地面屋顶之间，方便不同功能区内的市民在丰富的空间变化中交流活动。

GREEN WAY TO 2049

7.成果展示

北京广安产业园核心区城市设计

本设计有三大核心节点，分别是中部广安文化广场、南部新校场五条广场以及西北林荫广场。三大核心节点顺应两段Green Way的走势，与之结合作为周边组团布局的控制要素。以老墙根街、新校场六条划分基地为南北中北三大地块，三大核心将分别为其提供开敞空间与景观焦点。三者均以空间设计为出发点，各有自身特色，整体统一且不失变化。

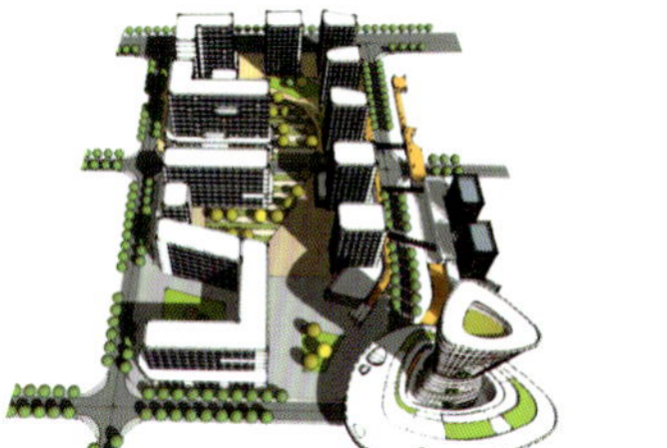

1.林荫广场

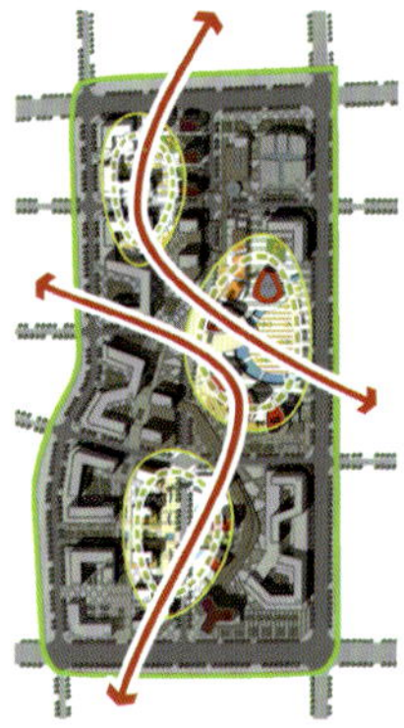

方圆相嵌的院落空间

林荫广场是贯穿南北的步行广场的北端点，由板式结合点式写字楼围合而成。

设计中打破固有的点轴直线串联的空间组织模式，嵌入曲线形树阵广场，面向入口及东西向道路，背向东侧点式高层，在小尺度空间中展现较为开阔的人造景观。

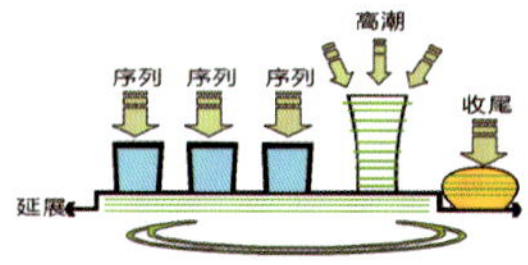

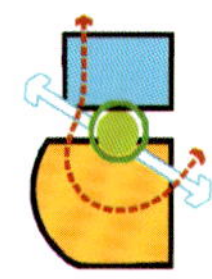

A.动静链接，通而不畅

本节点核心空间为广安文化广场，将剧院至于广场中央偏北，一方面把场划分为动静二区，南部服务为人市民提供丰富活动，北部则成为旗舰店与文化馆的内部院落；另一方面，剧院的弧形平面不至于造成生硬的空间分割，并提供了视觉焦点，整个空间通而不畅。

B.形似乐章，拥抱城市

广安文化广场具有三大功能，其一通过空间下沉及商业裙房提供丰富有趣的活动场所，其二展示充满活力的城市界面，其三为宣武门内大街对侧的崇光百货的巨大体量提供了缓冲空间。广场的标志建筑群坐落于多层裙房之上，加强了纵横双向的对比，由前奏至高潮，收尾于剧院，如同乐曲一般。

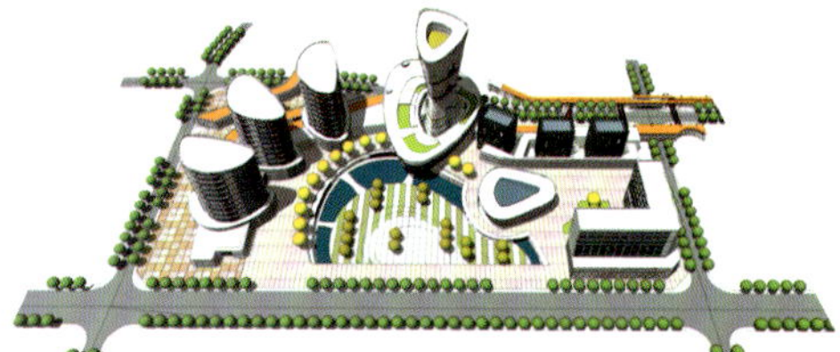

2.广安文化广场

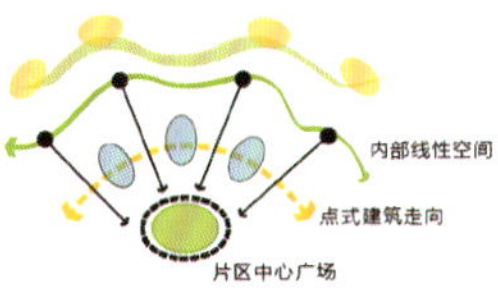

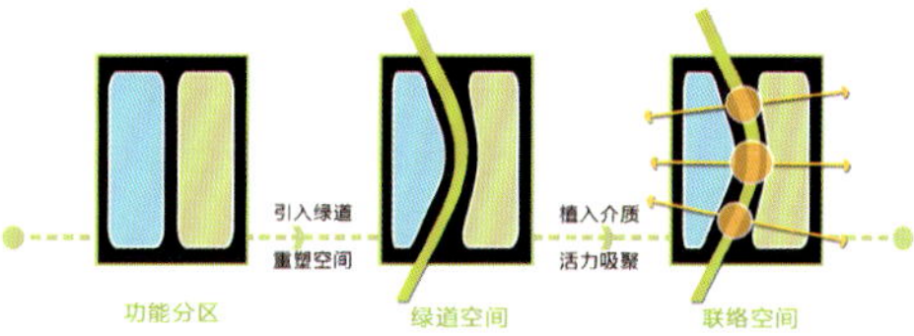

A.空间向心渗透

本节点以Green Way为空间控制线，偏移出新校场五条东侧点式建筑的走向。三座点式建筑量弧形排列，建筑之间向道路西侧的广场留出视线走廊，联系东侧步行街以及沿宣武门内大街板式建筑向内所形成的的院落，达到同时为两个对象提供借景的效果。

B.绿道活力激活

单纯的办公功能与绿化开敞空间的划分，难免造成缺乏活力的空间界面，因此设计中将Green Way嵌入二者之间，并在绿色步行的基础功能上引入商业、历史建筑观光、小型展示功能介质，配合会展中心（裙房），加强空间界面吸聚力，提升地块活力。

3.新校场五条广场

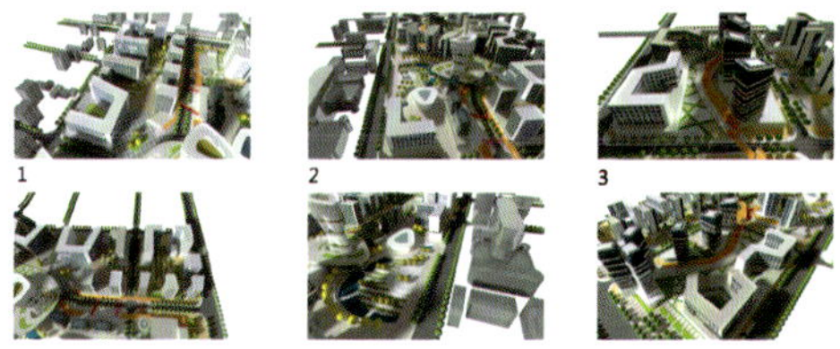

GREEN WAY TO 2049

8.细部展示

北京广安产业园核心区城市设计

结构分析

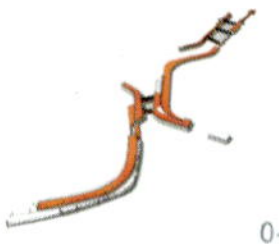

绿道
GREEN WAY
0-15m
引起空间的变化、分割、交流，引导、激发更丰富的行为，成为整个基地内主要的激活源。

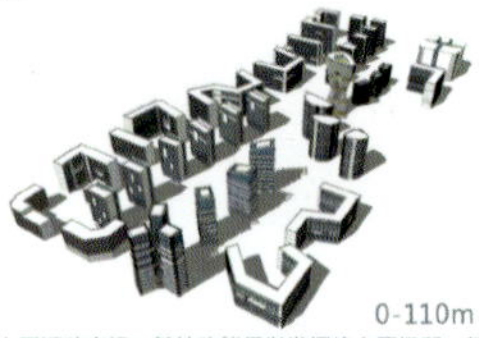

高层建筑
HIGH RISE
0-110m
基地内部使用者的主要活动空间，基地功能得以发挥的主要场所。基地所形成的最突出的的城市印象。

低层建筑
LOW-RISE
-10-20m
对城市开放性最高的区域，公众行为的主要产生空间，活动最集中的的范围。

生态环境
ENVIRONMENT
-10-110m
调剂空间质量，激发行为活动的产生。建筑物及构筑物所依附的基底。

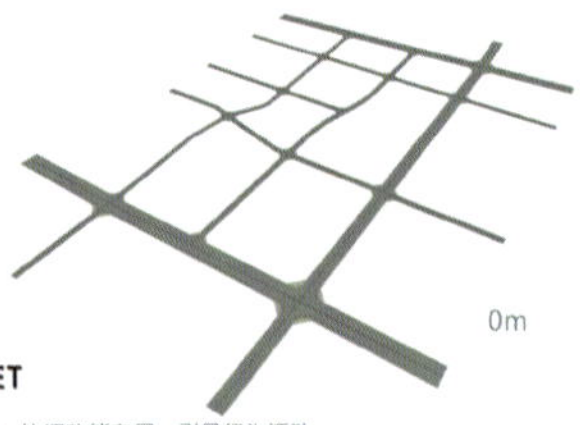

路网
ROAD NET
0m
组织空间结构，协调功能布局，引导行为活动。

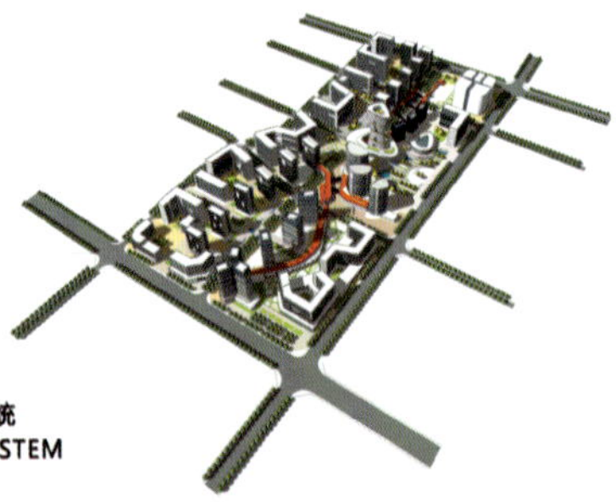

系统
SYSTEM

绿道生成

01 初现雏形

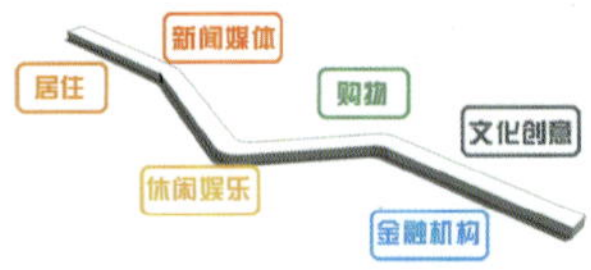

根据地块内部功能分区，确定绿道的位置、线型及连接对象。

02 形体异化

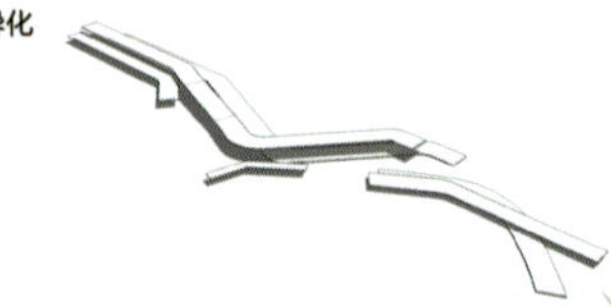

对绿道进行拓展、延伸，使其连接不同功能用地、串联整个基地。同时对形体进行扭曲、交错，使其形成基地内标志性建筑，构成整体空间的支撑框架。并形成基地所形成城市意象的重要组成部分。

03 功能植入

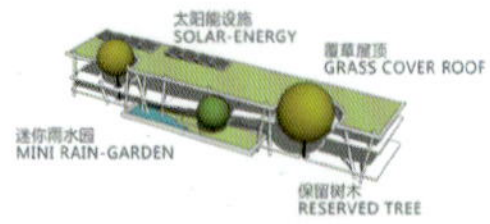

绿道本身虽然是构筑物与建筑物的结合，但其具有多种可能性的立体空间，通过沿地面层建设雨水花园避免了传统建筑物影响地表生态的弊端，利用屋顶覆土栽植、屋顶花园可使其达到同等面积的绿化用地的生态价值。

利用廊道本身轻巧易建的特点，可以灵活改变外表或架空于土地之上，有利于保持原有的生态系统。

廊道本身建造过程中尽量使用轻质可回收材料，使用过程中利用可持续能源，达到从制作、维护到终结的整个寿命期内的环保。

绿道利用其具有不同层高空间这一特点，可以将不同流量、不同速度的交通合理组织在一起，同时还可避免相互之间的干扰。

一般，速度快、流量大的交通方式组织在绿道下层，方便与其他交通方式对接；速度慢、流量小的交通方式组织在绿道上层，避免与地面机动交通相互干扰。

对于通勤较多、交通量较大的不同建筑之间，还可以设置“点对点”式的快速步行廊道，利用机械设施帮助缓解交通压力。

意象 DISPOSITION

意象 DISPOSITION

绿道形体的变化使其在不同层高上有着不同的平面形式，使其可以有多种利用方式。既可以作为单纯的交通空间，也可作为室外、半室外开敞空间。通过植入不同模块还可以赋予其商业、休息、休闲、展览等的功能，利用轻质隔板对空间进行灵活划分还可以满足一些商业展览、演出、露天聚会等临时性功能。同时廊道本身的跃层流动的设计也可以形成不同尺度的空间以适应不同行为的要求。

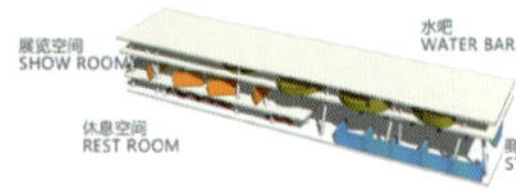

绿道由于其空间以及本身表皮的的多种利用性，可以充当起多种艺术宣传方式的载体，用以举办临时性室外的画展、雕塑展、街头表演等多种艺术宣传。使其成为剧院、博物馆、展览馆的综合体，通过不同的点缀，可以使其在作为文化载体的同时本身也具有了不同的文化意义。

绿道本身在构建出时尚现代形象的同时，其本身也融入一些永久性的传统文化展示，作为部分传统建筑、街巷的室外展示台，在保留整体街道结构性遗存几乎不可能的同时，通过保留原有地块传统文化的要素性遗存，使得原有的城市意象得以延续，也不失为留住“老北京”城市记忆的方法之一。

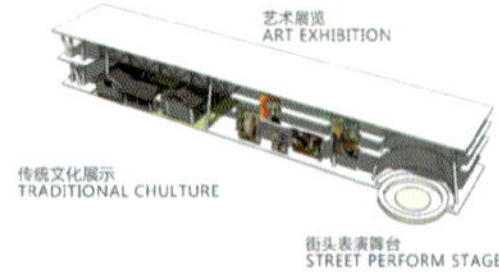

意象 DISPOSITION

意象 DISPOSITION

04 融入环境

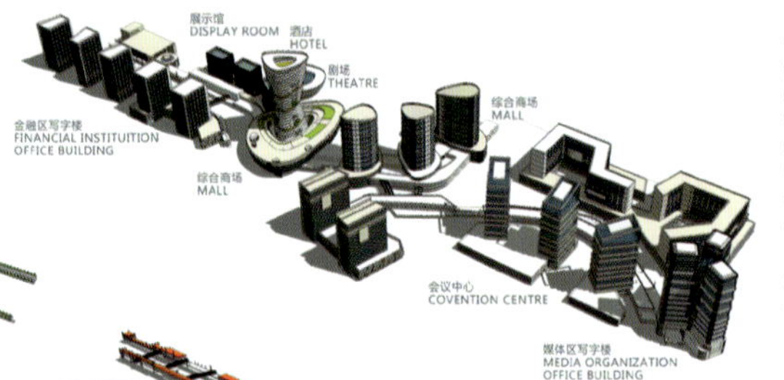

与绿道周围的建筑进行综合设计。

交通：使绿道与建筑出入口进行对接，在不影响传统的建筑交通疏散的同时，利用绿道本身的交通优势，创立更高效、更多元的交通通行体系。

功能：根据绿道周围建筑的功能，植入不同的功能模块，并对绿道空间进行处理以适应特定功能的要求。使绿道成为建筑主体对外的延伸，增加建筑对周围行为的影响力。

空间：绿道局部与建筑无缝对接，使绿道成为建筑与外部空间之间的混沌空间，使人在通行过程中即可产生随机性行为。同时使整个基地的空间不再明显划分为室内室外对立的两部分，而成为一个具有流动性的整体，加强了基地的整体性和可感知性。

景观：利用绿道本身强烈的视觉引导性，以及其本身内部空间与外在表皮的多样性。与基地内各个要素取得视觉上的协调，加强个要素间的统一与联系。既整合现有元素，又提升各个元素的景观视觉质量。

05 最终章

对绿道进行进一步细化设计，使其成为功能复合、生态多元、形体自由、空间多变的城市综合体。

城市规划 是一把钥匙，
它是思考的方式，
是行动的方式。
这把钥匙将为人类事业开启美好的前景。

空间蒙太奇

学校：山东建筑大学
指导教师：陈有川 赵亮　　小组成员：宋丽 韩冰

北京，这座千年古城，像其他欧美大城市一样，在城市发展和建设的过程中面临着各种各样的难题和挑战。

而在这些问题中尤为突出的正是旧城区的机理保护，文化传承与新城区新城建设平面分割和对建筑密度高度容积率之间不可调和的矛盾。

NO.1——SEEK 规划背景与依据

本次城市设计选取广安产业园核心地段，北起宣武门西大街，东到宣武门外大街，西邻广安胡同，南至广安门内大街。用地东西长约1170米，南北最大宽度约580米，总面积约56.25公顷。

■区位分析

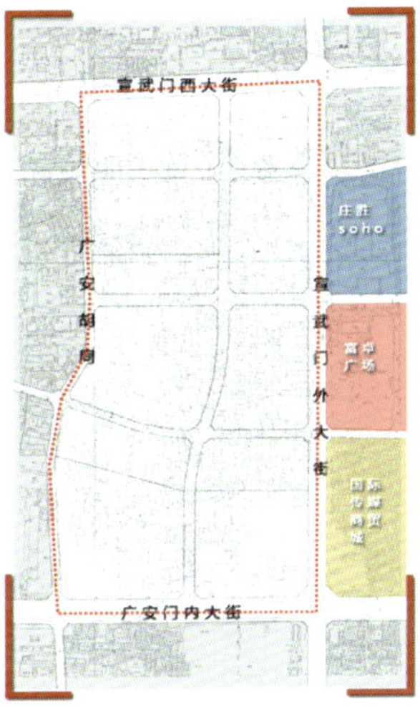

基地位于北京旧城范围内，是西城区的组成部分。北京市作为全国的政治、经济、文化、交通中心，为基地发展提供了便利的条件。

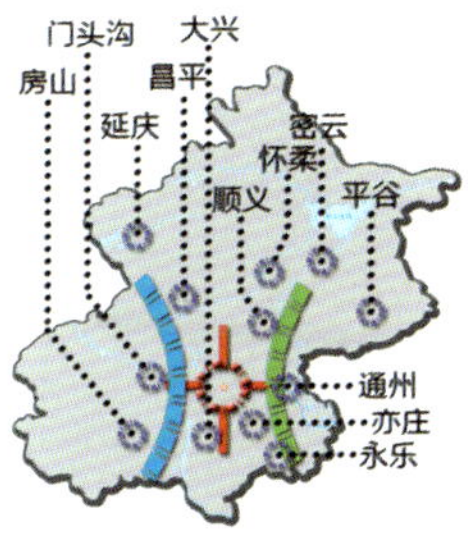

北京总体规划提出在市域范围内构建”两轴——多带——多中心”的城市空间格局，广安产业园位于中心城区，这将为地块的规划设计提供指导依据。

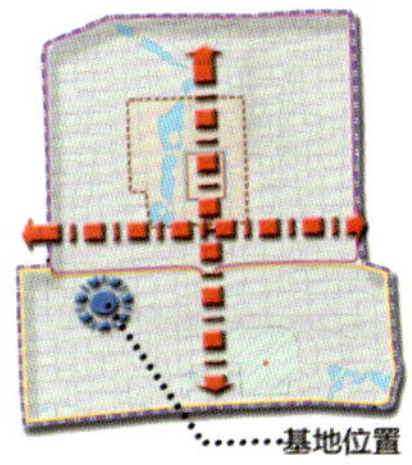

基地位于北京二环以内，优越的地理位置便于基地与城市其他中心取得联系，便利的交通也为基地的文化经济交流发展提供较好的条件

■总体规划对宣武区的功能定位

《北京城市总体规划（2004-2020年）》对宣武区的功能定位——宣武区是国家新闻媒体聚集地之一，宣南文化发祥地和传统商业区.规划调整——增加公建用地、混合用地及绿地减少居住及相关配套用地。

■振兴南城计划

《促进城南加快发展行动计划》中提出，加快推动城市南部地区产业调整升级，构建“一轴一带多园区”的城市南部地区产业空间布局，其中“多园区”中的广安产业园区是宣武区对接的重点和亮点。

规划指出促进主导产业形成和特色产业发展壮大。大力发展金融、文化创意、旅游、物流等现代高端服务业。在重要交通节点建设若干“金十字”产业集聚区。

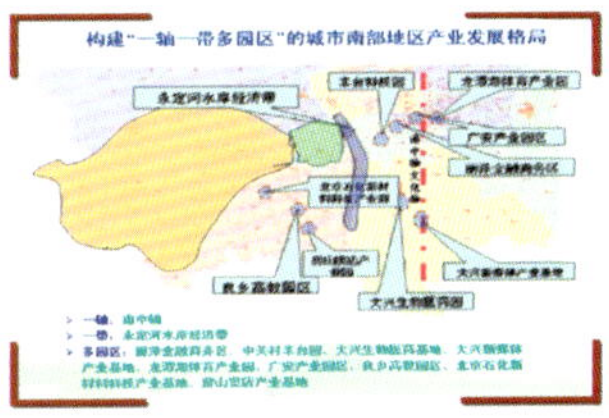

■广安产业园

广安产业园位于宣武区核心位置，拥有空间、交通便利的优势，借助中关村国家自主创新示范区辐射带动作用，促进产业聚集和生产要素流动，增强城南地区自主创新能力。

广安产业园核心区位于高端产业发展带内，承担着产业创新与带动南城经济活力的重任。参照北京市支持高端功能区产业发展的政策意见，支持金融机构地区性总部、出版、传媒等企业入驻。

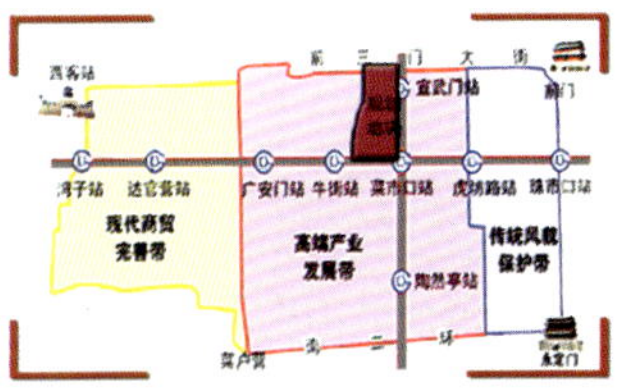

■国际传媒大道

定义——2001年，北京市宣武区提出打造国际传媒大道规划将其打造成为中国传媒业标志性品牌门户地。

国际传媒大道——北起宣武门,南至南二环滨河路，北起宣武门，南至南二环滨河路，全长3.2公里，道路规划宽度70米，东西纵深开发宽度为500至1000米，总占地面积约220公顷，总建筑面积约560万平方米。

建成项目——国际传媒商住园区的富卓广场、作为传媒人公寓的枫桦豪景;中国网通指挥调度中心北京通信大厦;北京移动通讯枢纽楼中国国际新闻中心，以及街区门户标志——环球财讯中心。

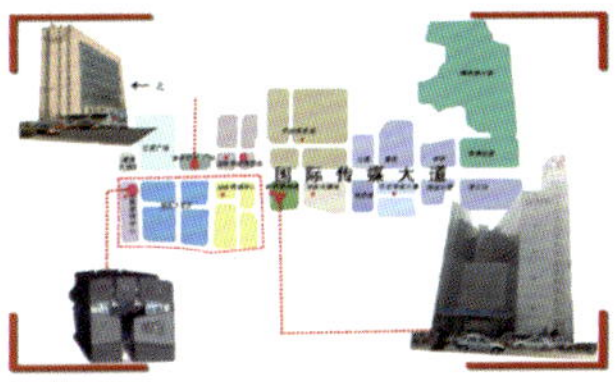

NO.2——ACTUALITY
现状分析

基地位于北京旧城范围内，是西城区的组成部分。基地内现存十余座文物保护建筑，是宣南文化的重要发源地。

■用地现状及周边环境

A 人口概况

广安门内街道辖区内户籍总数31907户，户籍人口86332人，暂住人口14114人，人口密度3.5万人/平方公里，为全市人口最密集地区之一。广安街道现有老年人口2.3万人，占户籍人口的23.75%，为全市老龄化最高地区。基地开发面临巨大压力。

B 业态分布

基地周边金融业及文化产业的发展已初具规模，庄圣soho等商业服务业也较为完善，且多集中于基地东侧。基地内部现有零星个体商户，多为自发形成的以日用百货几副食品为主，效益低，布局无序。

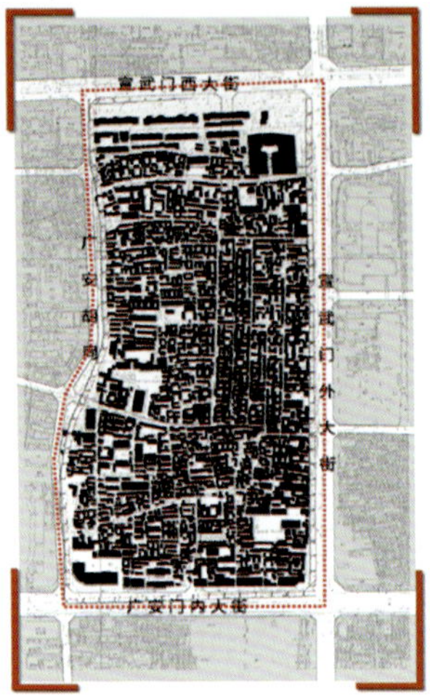

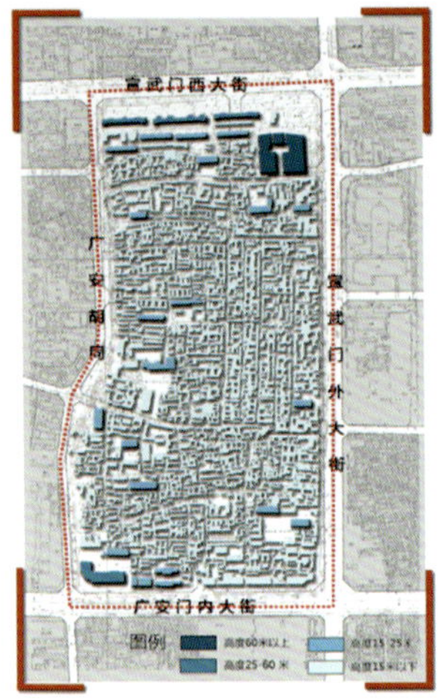

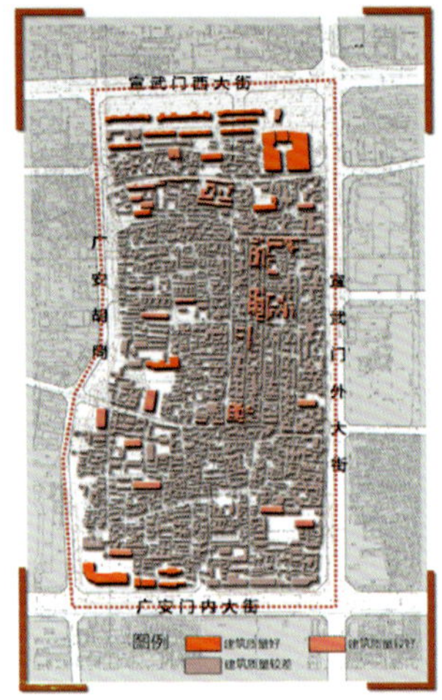

C 现状用地性质

基地以居住用地为主，少量办公和文娱用地集中于基地东北部及西南沿街，商业沿宣武门外大街及广安门内大街分布。基地内现有幼儿园一处、小学一处、中学一处、职业学校一处。

基地内用地已不符合城市发展需求，无大面积改造利用的可能。

D 基地肌理

基地道路多为自发形成，建筑肌理基本保持北京传统的四合院形式，基地北部由于老护城河影响呈曲线型，建筑顺应道路而建；东部肌理较为整齐，多为一进院或二进院；南部混杂搭建建筑，肌理凌乱。

基地周边，建筑肌理保护较好，但部分开敞空间过大，缺乏连续性。

E 建筑高度分析

基地内大部分建筑低矮，高度多为4m以下，街道与建筑高度比为1:1.2—1:2。

基地内建筑多为民居，已使用百年以上，建筑质量较差。正进行拆迁，基地南部已拆除部分建筑。

F 建筑质量分析

基地东北已建成环球财讯中心，其主体建筑高65米，建筑体量巨大；

基地北侧邻宣武门西大街为两栋11层公寓，建筑质量较好；

基地西南现为高层酒店，建筑质量较好。以上三处建筑，考虑保留。

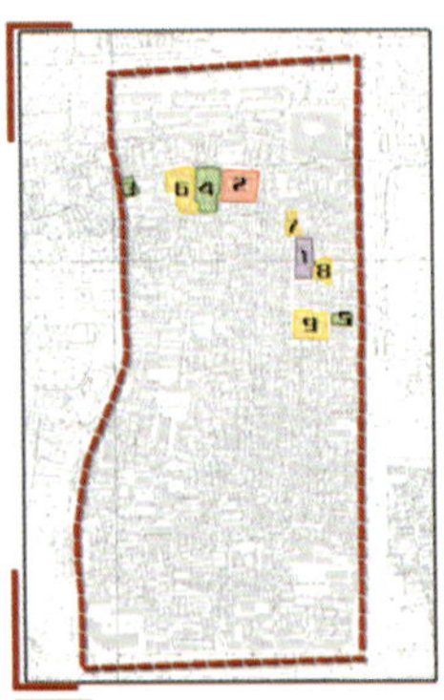

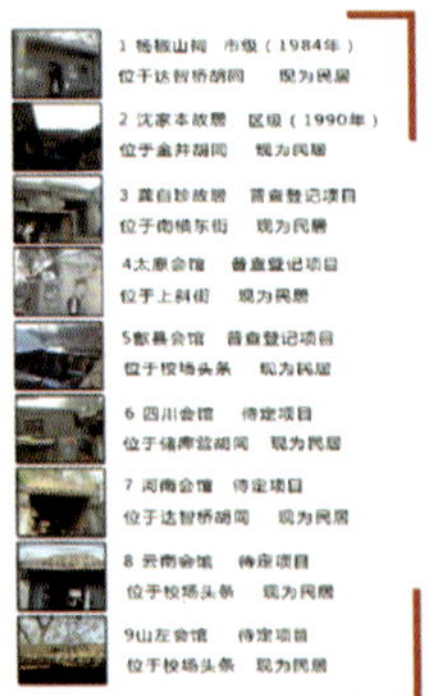

G 文保建筑

基地历史悠久，是传统市民文化、商业文化发祥地。基地内现有9处文物保护建筑，大多位于基地北侧，

文物等级按照北京市文物保护标准定义为市级与区级保护建筑。

基地南侧少量文保建筑已拆除或迁移至基地外。

H 开敞空间

基地内公共空间较少，公共空间结合高大乔木树荫而自发形成，秩序混乱。

基地内建筑前庭院多被停车或商贩占用，另有部分空间搭建临时建筑。基地内部基本无公共生活可言。

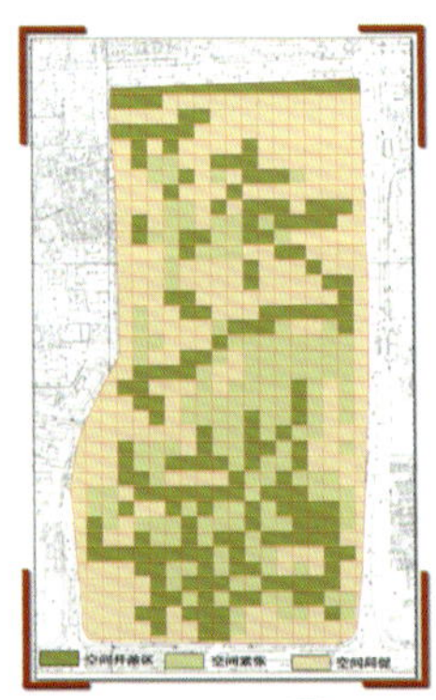

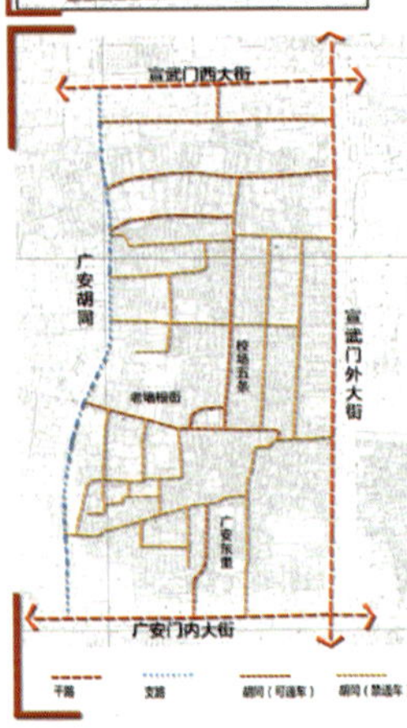

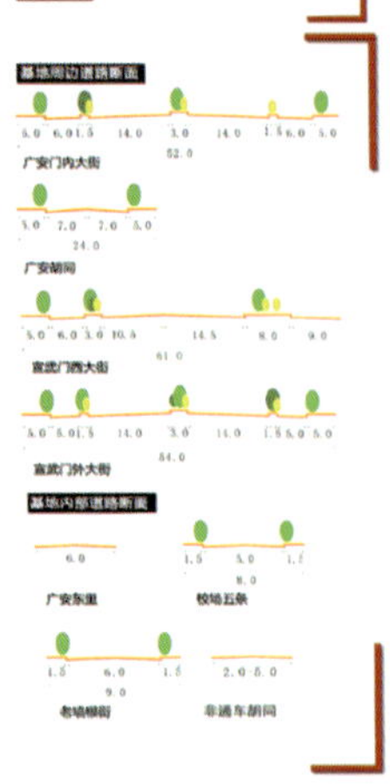

I道路交通分析

基地北侧、东侧有地铁2号、4号线经过，并设有换乘点。基地南侧有规划中的地铁7号线经过。公共交通发达，至北京各城区换乘方便。

基地北东南三侧均为城市主干路，通达性好，公共交通发达，但穿越交通量较大。西侧为4车道城市支路，无公共交通，主要交通量为基地及周边地块居民区产生的尽端式交通，路面质量较好，部分路段与西侧基地存在约2米高差。

基地内部道路以东西向胡同为主，大部分保留历史街区的传统布局。由于道路较窄、线形曲折，且多为断头路，不适合机动交通。因此基地内外交通联系不通畅，形成向内封闭的大街坊。此外，基地内无公共停车场。

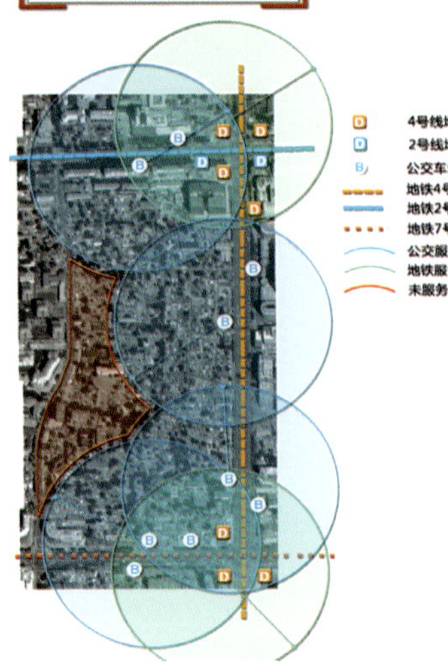

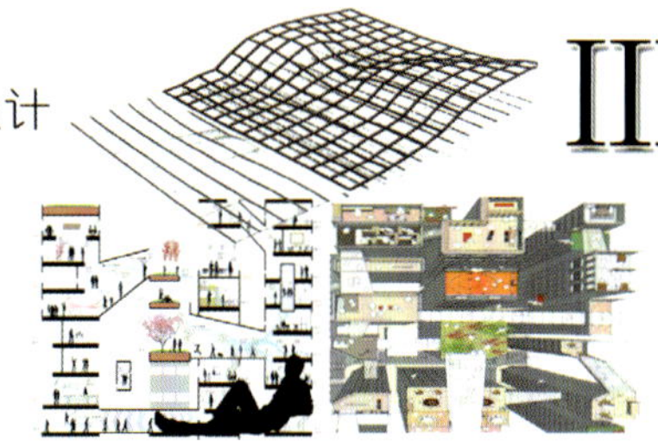

[NO.3——CONCEPT 规划定位]

A 规划目标

通过本次规划，对广安产业园核心区进行准确合理的功能定位，对各类用地布局和开发建设提出明确要求，合理配置各项基础设施，为该地区一级土地开发和分步实施提供依据。

规划旨在创造一种有较高城市形象和城市品位，以金融和传媒产业为主体，有着宜人环境的集商业商务、文化娱乐、历史风貌、住宅办公和交通集散为一体的综合性中央活力区——CAZ。

B 规划设计重点

激发社会活力——

要使城市街区永葆青春活力,仅有物质环境还远远不够。社会环境的自由、公正、经济的持续繁荣是至关重要的保障。 此地段在设计中要充分利用北京经济发展优势，改进设施，注入新文化、新信息，使该地区成为城市格局中全新的代表。

发掘文化特色——

地方特色是体现人类文化丰富性和多样性的所在，发掘文化特色是城市规划设计中不可忽视的重要方面。 文化特色与空间形态密切相关，同时文化特色的体现又是在艺术手法的基础上进一步延伸到"场所感受文脉"等文化性要求，因而有着更为深入和丰富的内涵。

■n.EXPLAIN

金融—— 资金的融通。货币流通与信用活动以及与之相关联系的经济活动。

传媒产业——新闻业、出版业、电影电视业、网络业、会展业、演出娱乐业、影像出版业等。

今日的传媒主体转变为信息 传播和提供内容资讯。

■REFLECT

" 过去+现在 ≥ 未来 " ?

正解：信息爆炸时代，产业信息丰富

但缺少对内容的梳理和整合，

缺少一个中枢。内容服务商，

即资讯产业

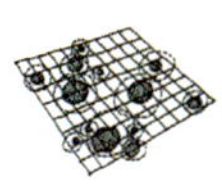

借助触媒效应的形象变化，将来绝不只是单纯的复制过去，拷贝现在。而是借助新的发展激发灵感，从而获得最优解的将来。

" 金 融 & 传 媒 产 业 " ?

正解：狭义——货币 与 信息 ??

广义——交易 与 事件

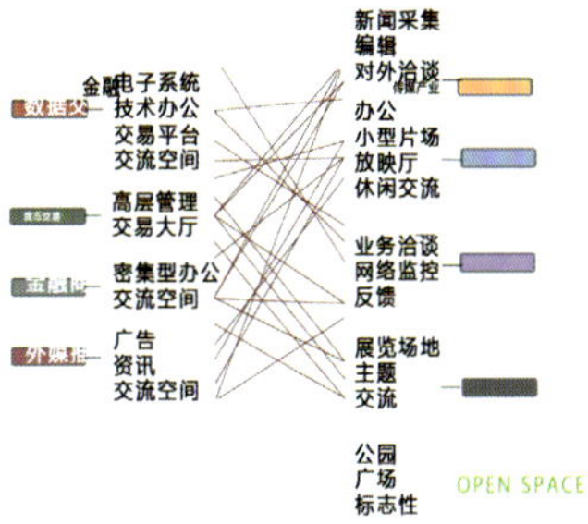

"Turn to be ······" ?

正解：金融——电子数据交换；电子商务；电子货币；电子金融——"CBD"

传媒——平衡的用地规划与多重选择，便利的交通，绿化景观系统。相对传统的办公，增加商场、文化娱乐、架空文艺走廊、展览——"CAZ"

■图解基地事件

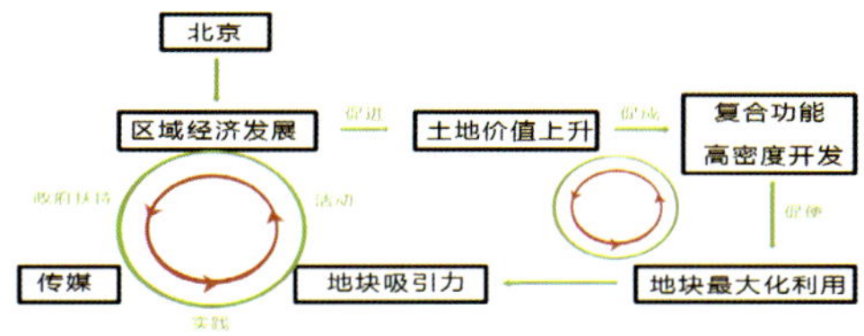

■复合功能共生模型

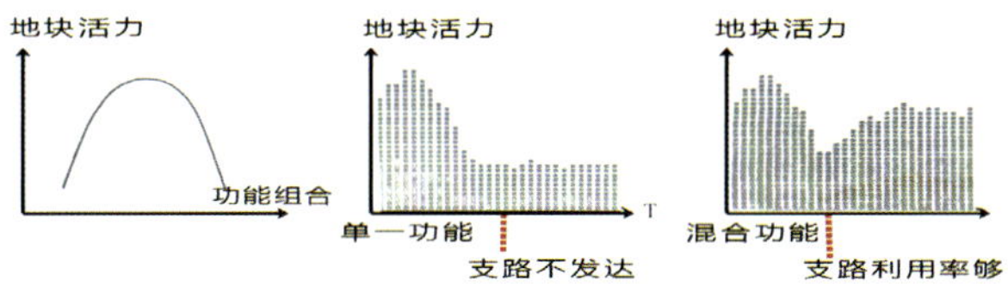

历史告诉我们，单一的集中功能区难以为继，加入混合功能，激发场地持续活力。混合地块的交通处理成为首要问题，除了立体交通，加密支路网也是行之有效的解决方法。 T

因而，接下的工作中不再讨论地块存在什么，而是着手规划道路，创造多变空间，以讨论特定地块在可变的组合方式中的最优解。

[NO.8——PRINCIPLE 城市设计原则]

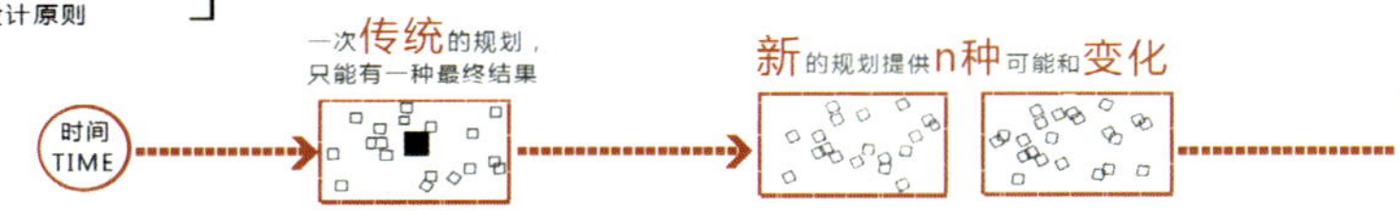

适应性的框架+开放性的可能 丢弃基于形态的规划设计

提供适应可变的系统的选项

以创造空间montage的意向。

1 **原则1 montage：鼓励更多的参与者**

众多的参与者，政府，融资家，企业，传媒人，参观者等在不同时期共同完成E——CAZ城市设计

空间：丰富的主题，互动的设计

代表不同利益的个体设计参与每个部分都有独立的主题和个性

原则2 montage：由非公益曲，公益区，缓冲区组成

非公益去支持公益区建设，同时得到奖励，非公益区与公益区共同建设缓冲区.

2 公益区指公共的道路和广场，是各个企业参与的区域，最大限度的私有性分区规定了不同参与者的权限，用缓冲区作为弹性边界支持和奖励的关系成为参与动力。

空间：活跃的企业展示区，宜人的公共区和高负荷的缓冲服务区。

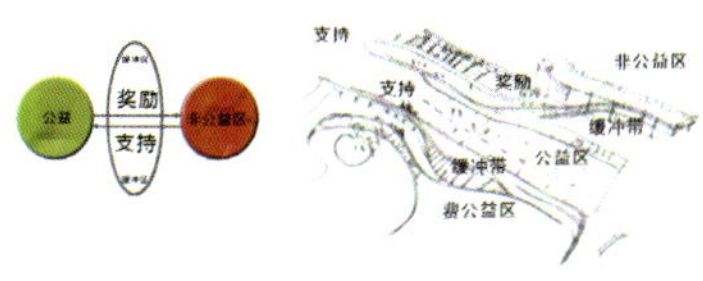

原则3 montage：更多的联系空间

3 非中断性的空间与吸引点的完美结合，会吸引人流的继续前进。如此以来，便于基地长向轴线处理。

空间：连续前行的宜人空间

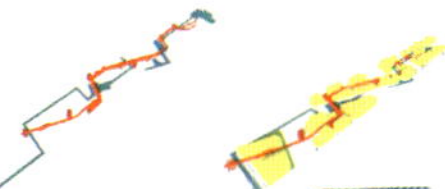

原则4： montage：非均质空间的处理

4 尺度的对比，两种功能的叠加对比，在体量和外部空间构成上，而非在高度上形成城市地标。

空间：极具视觉冲击力的形态韵律的变化

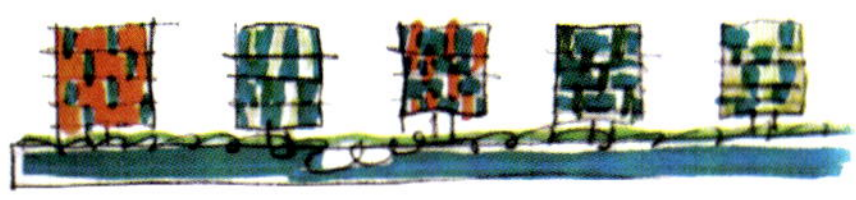

原则5 monta：更多的视廊连接

不同部门共同构成视廊，并作用于公共空间。尤其在重要视线节点之间。

5 在重要节点之间建立更多的视线交流，有利于对空间的感知。应鼓励有利于实现开场的空间形式。

原则6： montage：绿地空间的不稳定变化

将整体的绿化任务分解为不同个人完善形成的结果，这样的方式导致了绿地的印象频繁出现在场地的更多部分。

6 除了集中的绿化，点状分散的绿化也无处不在。

空间：大面积的集中绿地是人气锐减，只有合理的分隔，才能使每一块绿地都发挥他最大的效用。

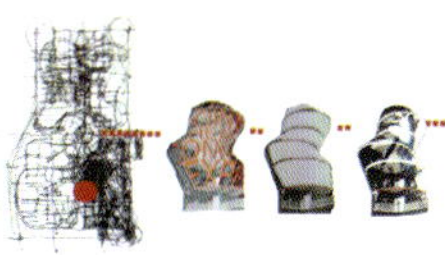

中心塔，可随场地主题不同而灵活变化

7 **原则7 montage：开放边界——底层架空**

开放式的企业门户有利于形成欢乐畅快的氛围，架空的底层增加基地覆土率。开场的底层直接连通基地内外，使之成为真正的自由流通的空间。

[NO.4——CONCEPT 规划定位]

"E-CAZ" —— "媒体工厂".

■DERIVE FROM

活力——阳光——让规划沐浴在阳光下
区——中心、基地——聚集——媒体谷
金融——高端产业——气势
传媒——大众产业——氛围
差异碰撞——意识流——蒙太奇

兼容——突变——库里肖夫效应
节奏——比波普
共生——空间——打通——"树屋"
向往天空——空中花园
衔接——步道——连贯

■n.EXPLAIN

蒙太奇——（Montage）原为建筑学术语，意为构成、装配。可解释为有意涵的时空人地拼贴剪辑手法。通过快速切换场景，形成强烈对比。

库里肖夫效应——为了弄清蒙太奇的并列作用，做的一项镜头剪接实验。表明造成情绪反应的，不是单个镜头的内容，而是几个画面之间的并列，是镜头组接和剪辑的作用。

比波普——一种激进的爵士乐风格，演奏者参与即兴演奏，强调自由．富于冒险性。

■ CONCEPT

基地设计遵循以CZA为功能主体的原则，与城市的功能布局安排相协调，与周边区域的用地功能相对接。此外，规划还应当体现未来以传媒产业为带动的发展趋势和构建活力空间、增加人际交流的空间需求。我们认为广安产业园核心区在规划设计上应当体现以下理念：

A 营造优质公共空间，激活地块活力

作为重要的区域综合服务中心，广安产业园核心区建设需要同时借助内部和外部的推动力量。以传媒产业开发为例，定位为北京市乃至全国的传媒产业中心，外部需求将成为基地发展的重要动力。为对接外部需求，规划将构建中央活力带，用以连接基地内外并串联基地各地块。中央活力带所提供的公共空间将激发各地块活力，以提高地块之间的联动效益。

外环——基地定位为以外向型产业为主。包括传媒、金融和soho公寓。以便捷的交通和开敞性的用地边界，完善城市中心区的核心功能。

中央活力带——围绕基地构建活力中心带的设想，规划突出公共空间要素对城市生活的吸引力和重要性。未来高质量的城市社区不仅需要便捷的交通和齐全的配套设施，更需要良好的环境和丰富多样的公共活动空间。因此规划以中央活力带作载体，营造极具吸引力的区域绿色核心，这一核心将是未来广安产业园核心区吸引力的重要保证。

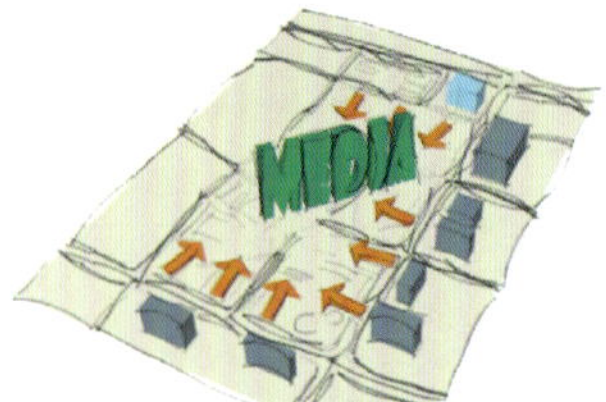

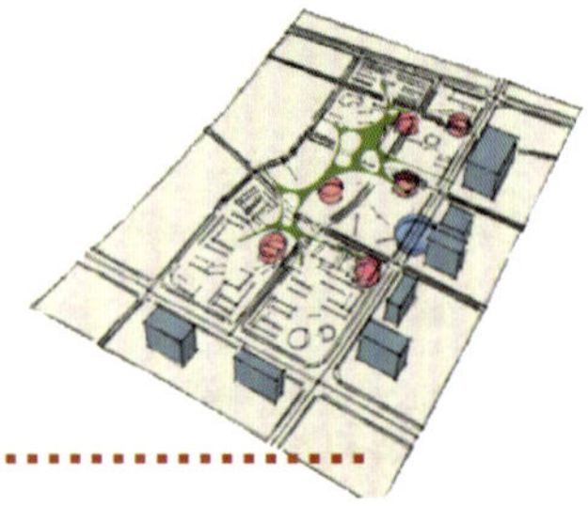

B 空间突变，营造montage式非同质空间

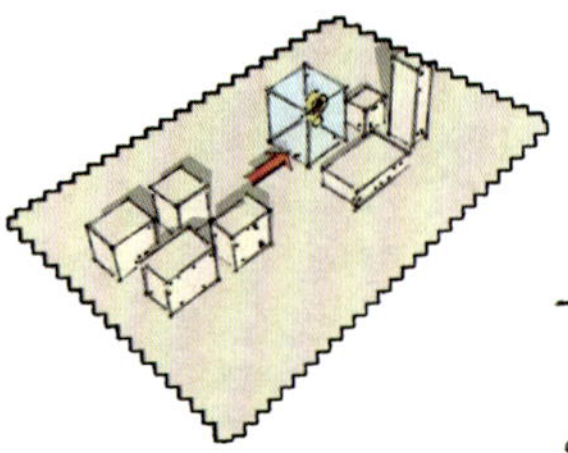

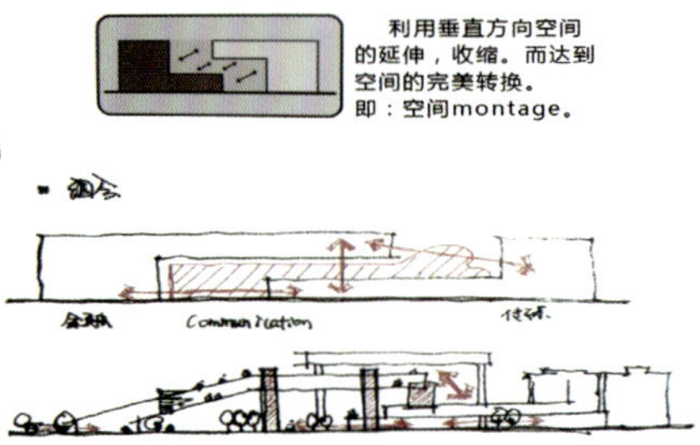

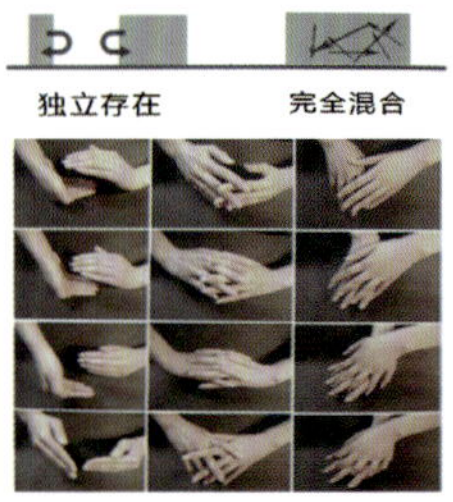

非同质空间的用地性质差别、建筑尺度差别、空间意向差别是此次规划设计中亟需协调的重要内容。

面对纷繁的建筑景象，大小空间的穿插进行，我们希望营造一种蒙太奇式的空间，即穿行于基地各功能区之间，呈现的空间将形成非连续的、快速切换的场景，避免单调与重复，永远好奇下一处空间将以何种形式呈现。基于这种强烈的视觉碰撞及对比的空间感受，基地将成为北京新的活力地带，并不断聚集人气。

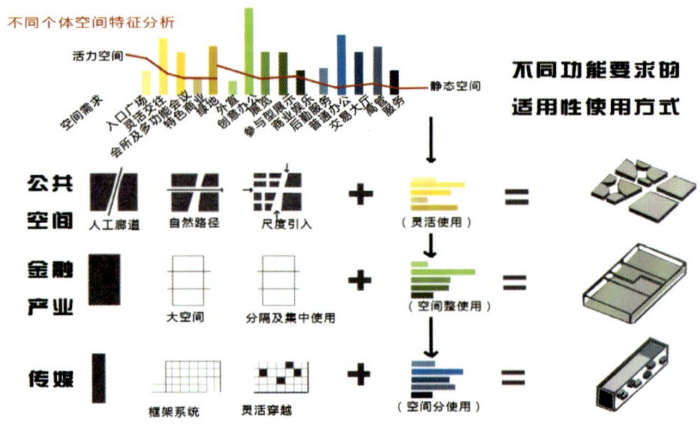

城市的精华在于空（void），虚空中包含巨大的活力。
空间——（活动/事件）场所
——有一个场所，让媒体人的智慧迸发，
——有一个场所，让来访者融入，从而让媒体人得以获取生动的灵感。

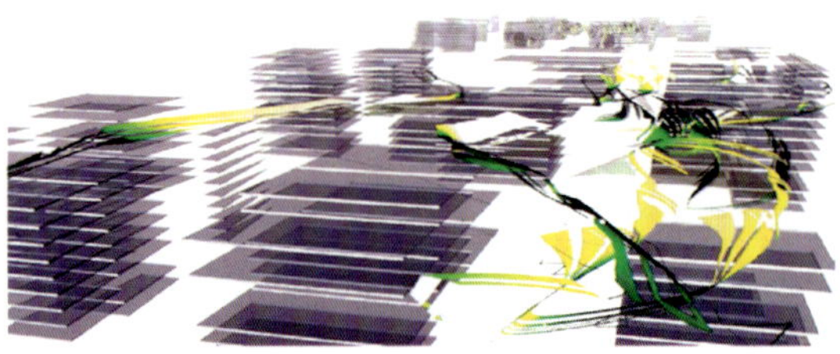
Mongtage 空间意向

C 保护城市肌理，延续历史文脉

历史文化是形成城市特色的重要因素之一。基地位于北京南城，是北京历史遗产的集聚区，基地内分散着十余所保护建筑。我们希望以建筑群体的形式对历史文物进行保护，在历史建筑的生存环境改变后，我们通过建筑平移的方式，对文物保护建筑进行保护。

一部分保护建筑集中于中央活力区的廊道周围，结合公共绿地，形成主题广场。穿行于中央活力带，犹如经历不同时代建筑的洗礼。

另外，规划在基地的南北两侧分别设置两条功能渗透带，将部分保护建筑平移至此，并结合建设部分仿古建筑，用以缓冲不同功能区交接处的空间压力，同时服务于不同功能区。以此，对已有肌理以及历史文化符号进行保护和延续，提升基地的文化价值。

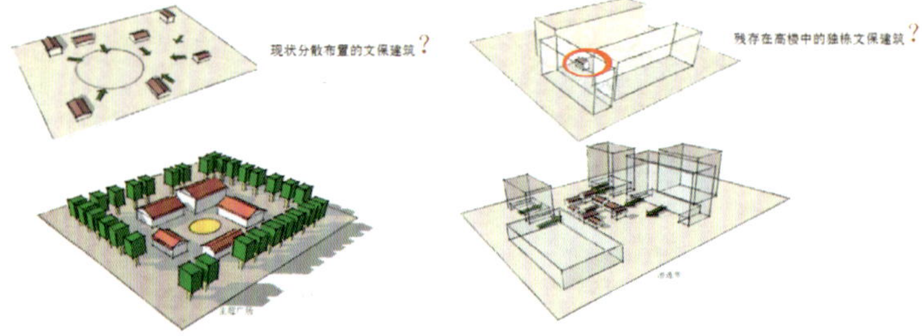

NO.5——CAPABILITY 开发强度

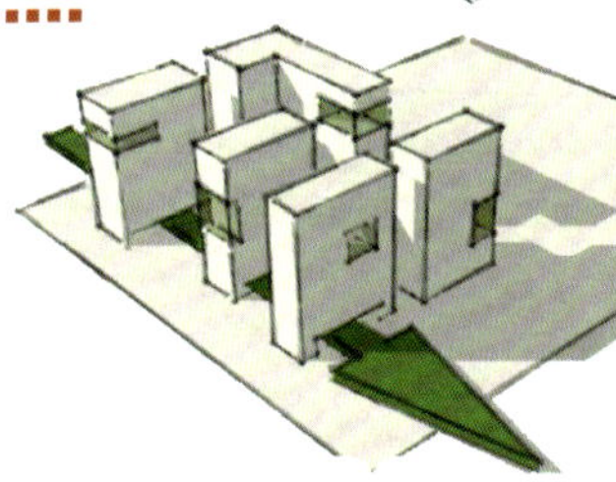

通过对北京市相关案例的研究，确定地块开发容积率为3.4—3.7，建筑密度30%，绿地率50%。

高开发强度势必导致高建筑密度，产生令人窒息的空间和非阳光的绿化。
然而我们城市设计的目的并不仅仅在于完成容积率的目标，去换来大尺度人烟稀少的钢筋水泥混凝土森林。
因此，我们提出将一部分建筑底层架空，从而解决建筑密度较高而带来的交通及拥挤问题。
规划中，将架空的地面层作为步行交通及停车，并进行绿化。因此，基地拥有如此高开发强度的同时，也达到较高的绿地率。

NO.6——SCHEME DERIVATIVE 方案衍生

■ AXIS——轴线衍生

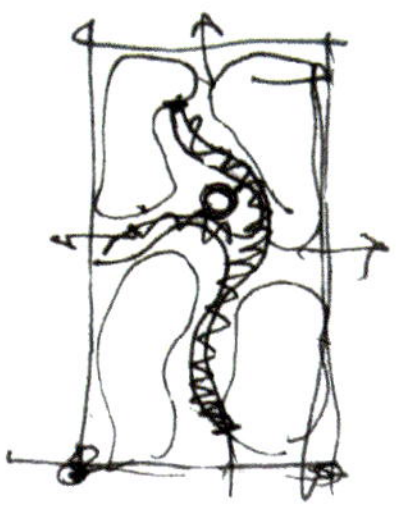

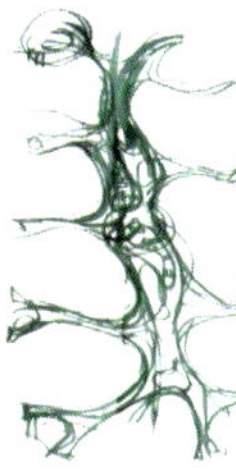

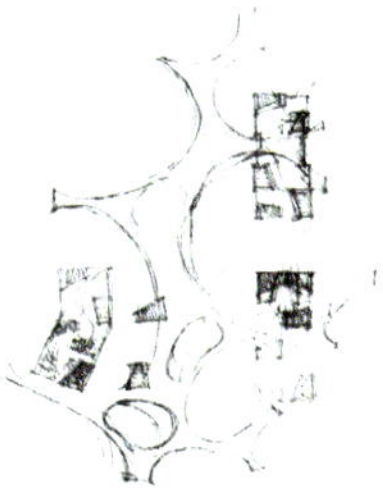

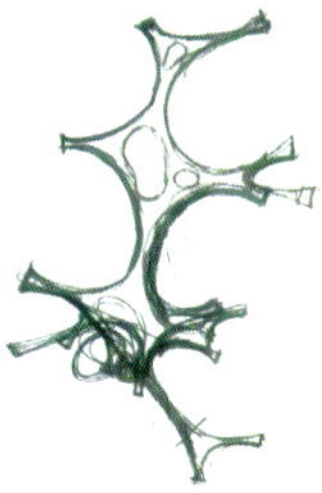

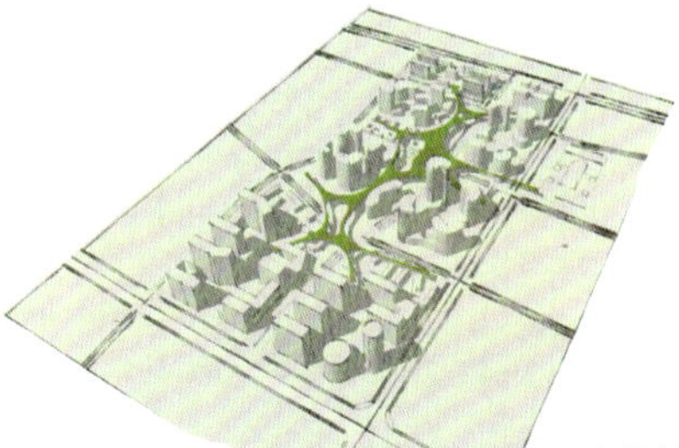

坡道连接的步行体验

曲线型衍生空间界面

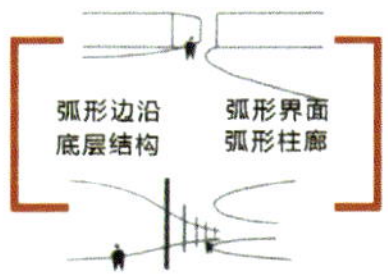

均质围合的界定空间

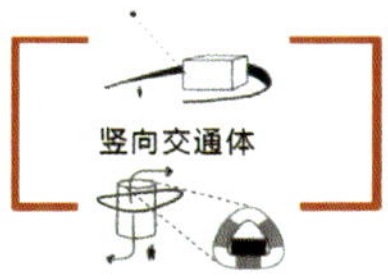

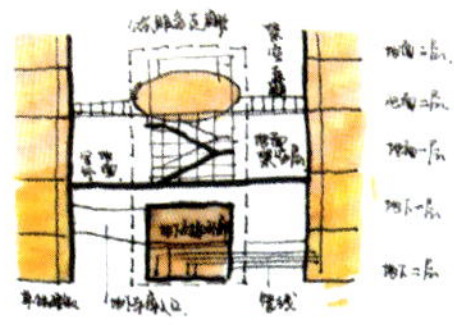

为达到montage效果，完成不同功能区之间的连接与过度，创造拥有尽可能多的凝聚力的城市空间，在基地内设计一条足以串联整个基地的构筑物，并以此为轴线，展开整个城市设计工作。

轴线的生成则完全借助波普效益，通过分析基地周边情况，掌握主要的人流及车流信息，以此为依据，划分轴线区域，设置轴线的起止点。轴线大部分为架空廊道，一部分廊道与底层建筑结合，设计为底层商业。

■ 平面草图

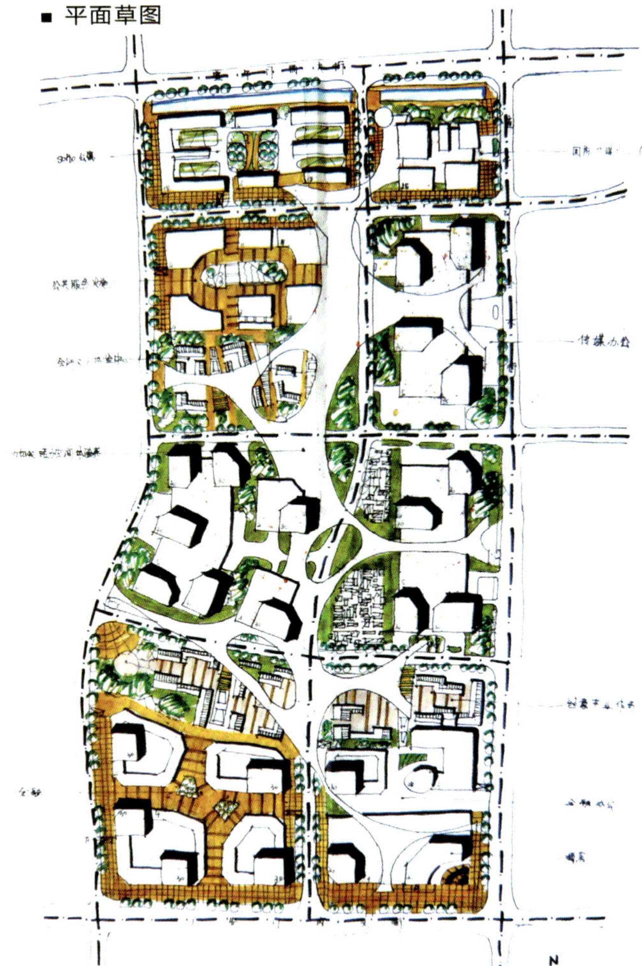

总平面图 1:2000

■ 建筑群体布局形式推敲

建筑布局形式应尊重基地构建的自由曲线型的廊道，由于廊道的弯曲而形成的自然内向型空间，廊道周边建筑应成组出现，并统一于自由线型的曲线廊道。

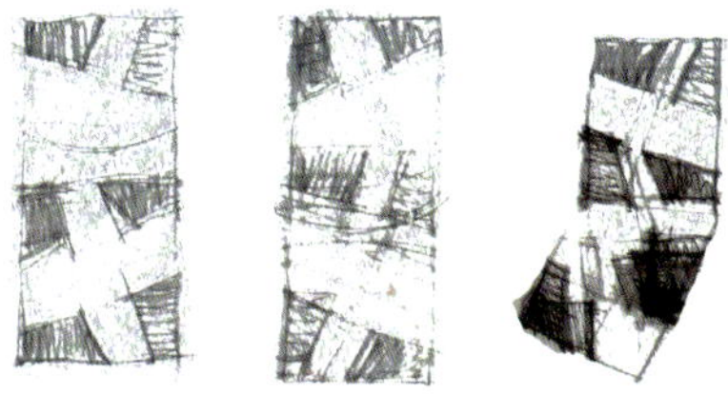

简单的体块式建筑，仅赋以以高层的变化，这是当代城市设计的主流趋势。

然而，平直的建筑线条与自由的廊道线条形成鲜明对比，不利于廊道空间与建构筑物的联系。而且，巨大的完整建筑体块，反而减弱建筑群体的组合关系。

因此，规划尝试顺应廊道的自由曲线，形成自由曲线型建筑群体，点式高层之间的裙房也顺应曲折线形，围合出极富活力的外向型空间。

■方案概况分析

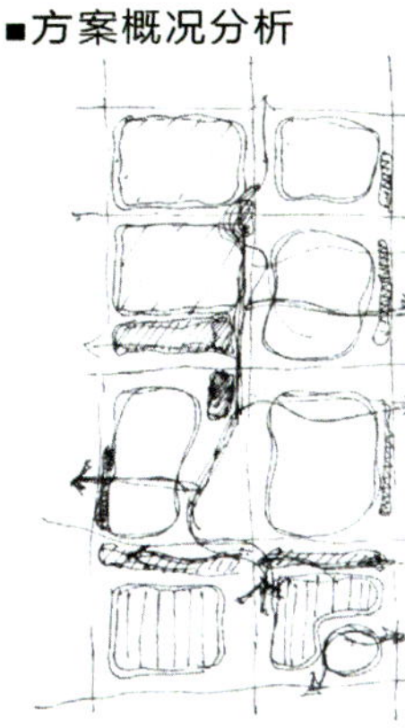

规划布局示意图

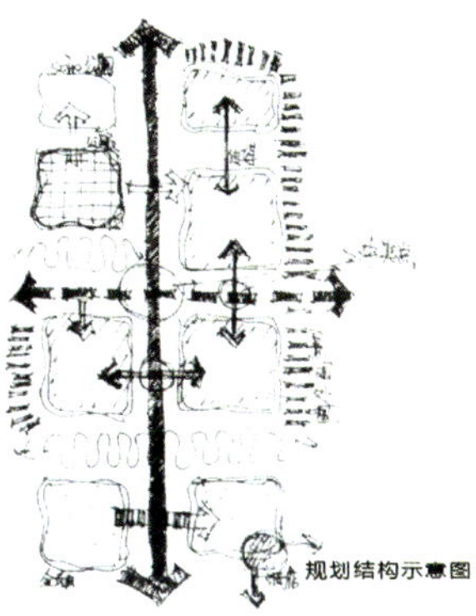

规划结构示意图

■ 总平面图

通过综合分析基地现状条件，结合周边道路及用地，在现有肌理上疏通基地内部道路。并对各地块进行功能分区，完善各功能区之间的公共空间系统。

为连接不能功能区所构成的非同质空间，形成一条极具张力的中央活力带，并以此为轴，布置建筑，串联不同等级的公共空间。

■ 技术经济指标

规划用地面积：56.25公顷

总建筑面积: 1957800平方米

容积率: 3.5

建筑密度: 35%

绿地率: 50%

名称	建筑面积（平方米）	比例
soho公寓建筑	177400	9.1%
公共服务设施建筑	286400	14.6%
传媒建筑面积	840000	43%
金融建筑面积	654000	33.3%

■ 规划结构

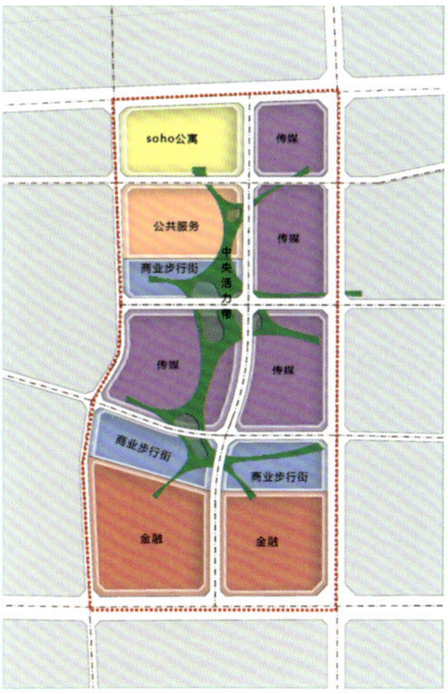

一心——

以传媒区西南侧、区内两条主干道交汇处的中央活力体验区作为基地核心，统摄和带动整个基地；

一轴——

以基地内南北向区内主干路沿线的二层廊道为中心的南北轴线，串联基地各功能区，串联以保留建筑为中心的公共空间，以展示基地特色风貌。

两带——

传媒区两侧以仿古建筑为主的步行渗透带，将基地联系成一个有机整体。

■ 绿地景观分析

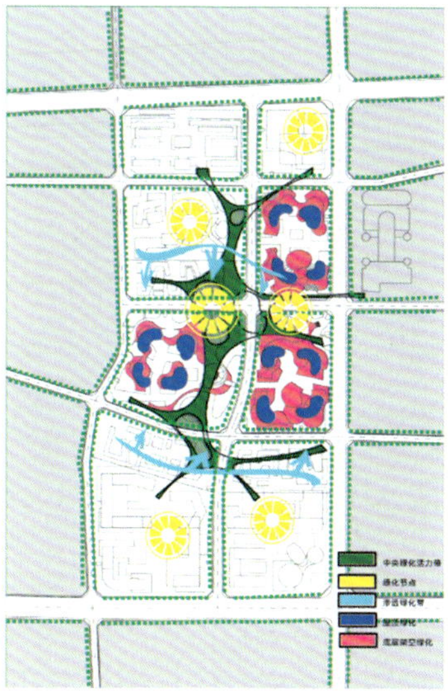

绿化和景观的组织没有采用集中布置的形式，而是结合交通系统使绿化分布在基地各处

■ 开敞空间分析

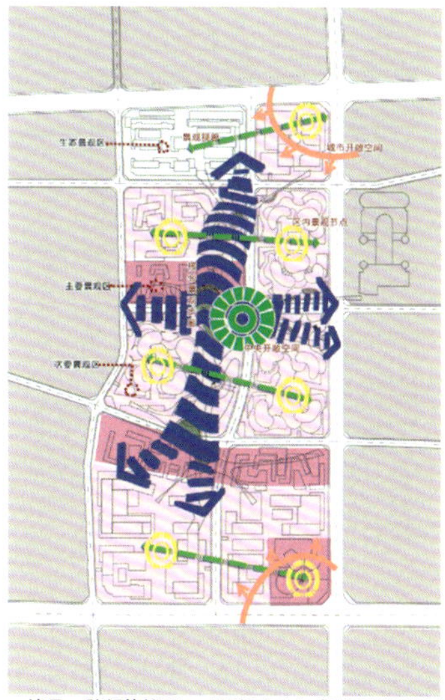

这是一种新的境界，"拥挤文化"在此可以使城市公共生活获得新的期望。为避免功能区的开发强度高低悬殊的尴尬，在功能区之间设置平缓的渗透地带。结合基地中央活力带，形成便于交往的非拥挤活动空间。

■ 用地布局

广安产业园是面向北京市的城市公共中心，金融和传媒产业为主体的电子化中央活力区——CAZ。

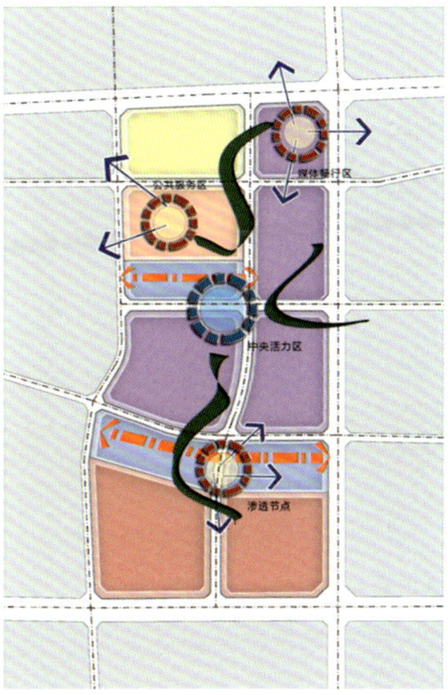

水平层面的空间划分

Soho公寓区

保留宣武门西大街沿街两座建筑质量较好的公寓，将其改造，并规划建设现代化soho公寓。

传媒区

基地东侧沿宣武门外大街，延承传媒大道的功能定位，布置成为综合传媒区。基地内构建三座大体量城市综合体，并采用底层架空的形式增强基地与宣武门外大街的渗透性。传媒办公以高层建筑形式穿插于大型综合体之中。

公共服务区

基地西北沿广安胡同地段，服务于基地内部及周边居民，规划为公共服务设施用地。并注重其外向性。

金融区

基地南侧，发挥交通优势及结合广安门内大街沿线已开发的金融产业，规划此地块为金融用地。

其中，宣武门外大街与广安门内大街的交叉口西北侧地段规划为五星级酒店，以华丽的建筑构建城市黄金十字交叉口。

商业步行街

老城墙根街沿线地段及校场八条胡同沿线地段，为留存基地传统街区特色，缓解高密度建筑压力，规划为以仿古建筑为主的商业步行街，形成金融区与传媒区之间的渗透带。

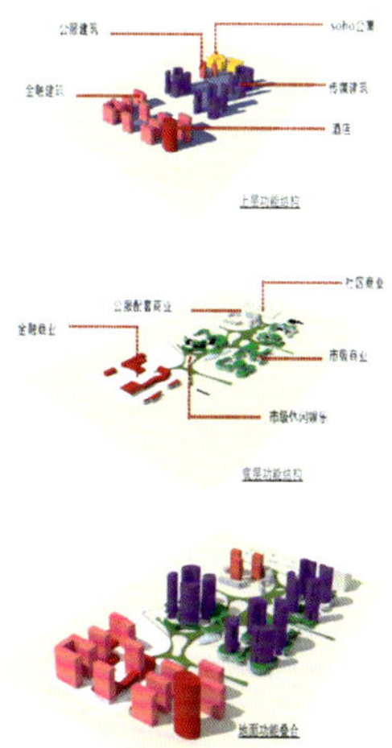

垂直层面的空间划分

功能复合化立体开发——竖向空间叠加。

1. 商业和传媒——组成一系列内向型围合的商业办公综合楼，达到较高的容积率。

2. 为缓解传媒与金融用地集中区的高密度开发，将裙房建筑底层进行架空处理。架空区域绿化，以此将形成20多公顷的绿化延绵区，提高环境品质。

3. "中央活力带"——立体的商业休闲步行街道贯穿其中。包括地面、地上二层、三层、地下一层（与地铁站相连）三个层次的步行商业休闲空间，可开发为集购物、休闲、娱乐、观演为一体的综合性场所，增强基地吸引力。

4. 基地西北商住混合组团，可开发为酒店式公寓、SOHO或高档商品住宅；底层沿街布置社区型商业服务设施，这将为其注入人气和生活氛围。

■ 道路交通

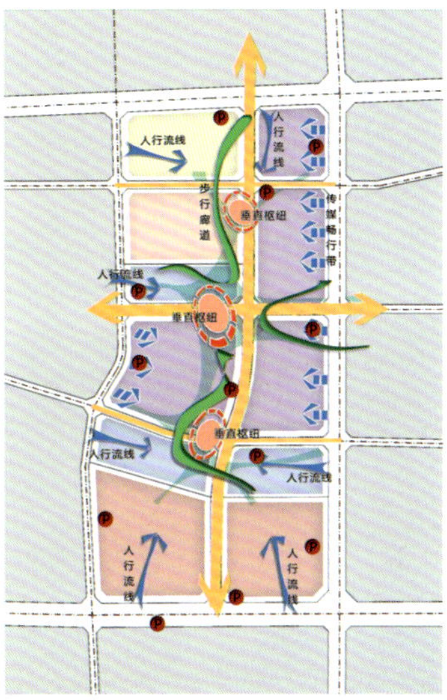

交通连接方式选择

梳理基地内部道路，保留校场八条、校场五条和老城墙根街等胡同传统肌理，并相应扩宽。形成十字交叉的区内主路及东西穿插的区内辅路。

基地车辆静态交通主要依靠二层廊道解决，并与城市绿化景观统一设计，同时在其周边与部分用房设置地面停车位或地下新建停车库。

车行交通组织

根据基地狭长的特点，南北向交通空间拥堵将相对更不利于基地内的正常交通流。因此基地加密东西向道路，内部停车出入口主要沿东西向机动车道路组织，采用出入口分流的措施防止社会车辆与传媒办公车辆之间的干扰。

基地道路采用方格网式布局，分级明确。并通过加密的支路网缓解基地内部交通压力，使车流分散于基地各处而不至拥堵。基地各地块大致形成围合型的空间布局，机动车流与临时停车设施均环绕基地周边组织，尽可能减少机动车对基地内部的干扰。

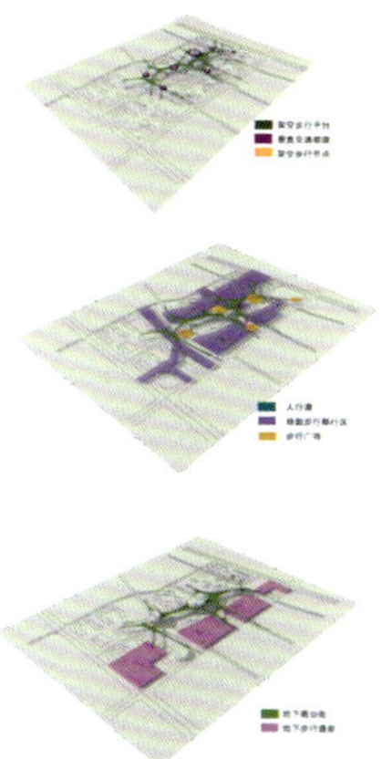

步行交通组织

基地交通强化系统

——与广场、绿化形成完整的组织网络。

地面人车分流，保证基地周围城市道路的有效步行空间。基地内部，将车行及人行道路分离，人行道路结合公共空间及绿化布置。其中，基地中部，利用架空的二层廊道将人行及车行交通进行垂直分离。

公交车枢纽对接

——无缝衔接，合理利用交通资源。

基地北、东、南三侧均有地铁站及公交车站，将公交车以及公交车与机动车之间的换乘通道，与商业设施、景观环境等设计结合考虑，创造人性化的换乘系统。

停车场设置

规划共需配置大约4000个机动车停车位，停车总面积大约为13-14公顷。社会公共停车场：在传媒畅行区下布置两层地下车库，其余分散布置。另外沿道路和商业建筑入口处布置一些临时性车位。

NO.8——PLANNING RENDERING
规划方案效果

■ 鸟瞰图

商业步行街——历史文脉的传承，设计保留传统空间尺度与氛围，采用现代技术，赋予建筑新的生命。

montage广场——下沉广场与超高层酒店回旋廊道的完美结合，实现立体空间的无缝衔接。超高层酒店作为门户的标志性建筑，引领基地的向上生长。

中央活力带及传媒广场——架空廊道与传媒群房的有机衔接，增加了空间层次，使传媒广场真正成为思维迸发的基地。

传媒区——不规则形体向内围合，与弧形架空廊道相配合，实现不同角度空间体验的转换。非等高的传媒区高层建筑，构建非同质空间，使其有韵律的变化。

■ 景观形象分析

规划建筑以高层、多层为主，以大体量裙房相连接。建筑采用梯级式高度分区，于不同高度建筑间取得协调。其中传媒区，建筑高度进行富有韵律感的变化，金融区采用较为统一的高层建筑，从而形成中心区域突出、层次丰富，错落有致，富有韵律变化。

建筑群体高度分为五个层次，其中高层建筑大都不超过100米，由此减弱过多高层建筑集聚所带来的对城市空间的负效应。

规划基地东南为一栋150米的超高层酒店建筑，作为基地黄金十字交叉口的地标建筑，同时与整体建筑群共同形成优美的城市天际线。该建筑采用曲线形设计，强调生态建筑特色，减低能耗，减少对四周环境的负面影响。

传媒区高层建筑略低于酒店建筑，为100米，弧形建筑层层错落，丰富城市界面。

具有强烈地域代表意义的中央活力带是另一地标。连续界面贯穿基地南北。

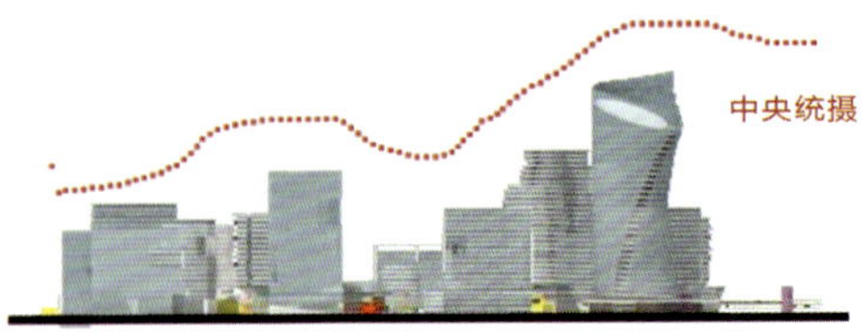

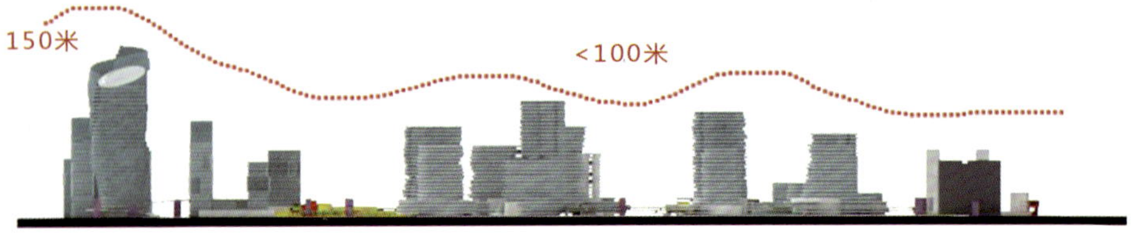

嵌合

学校：山东建筑大学

指导教师：陈有川 赵亮　　小组成员：崔益健 李子波

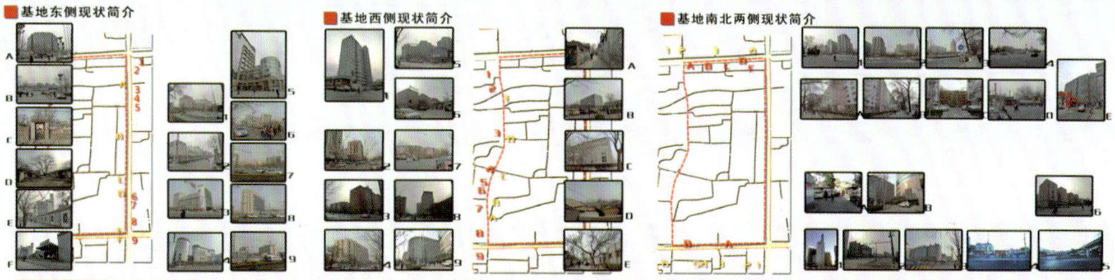

初到基地，感受到了北京传统的“街、巷、院”的魅力，但是走访周边地块后发现，基地的发展已经远远跟不上城市的步伐了，差距也是在越拉越大，带着这样的困惑开始了我们的设计·······

区位分析

广安产业园位于北京，中国的首都，经济、文化、政治中心。

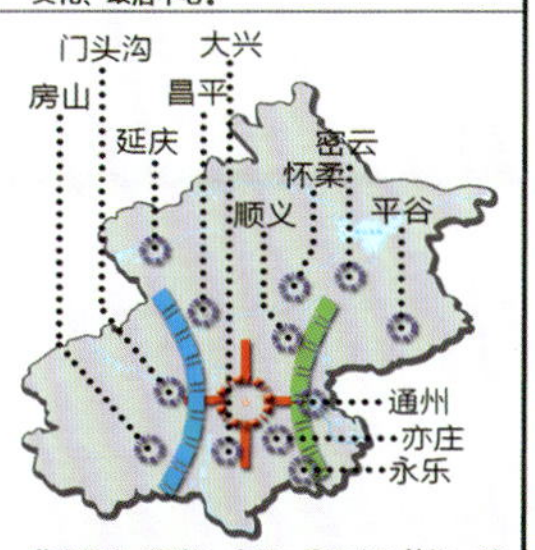

北京提出“两轴、多带、多中心”结构，基地位于北京城市中心区内。

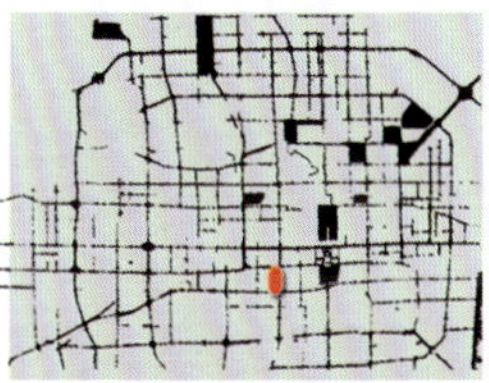

广安产业园自元朝历来一直位于北京城的外城，以菜市口为中心。

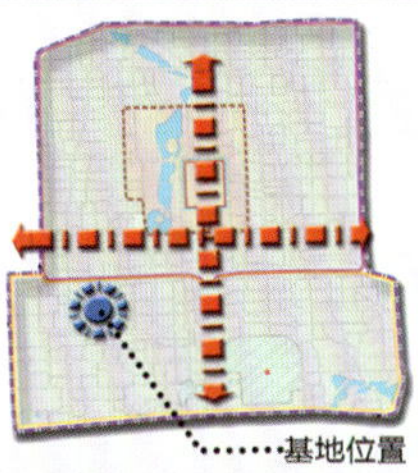

基地位于城市中心区，与北京轴线和城市中心-天安门都在4千米内

从城市的角度看，广安产业园核心区位于城市中心区内，距作为北京二环（传统城区范围）以内最大的一块待开发地块，是体现北京传统与现代相结合的重要体现地区，也是带动周边协作发展的重要节点。

在城市中心区内，开发地块位于原宣武区，后被调整至西城区，现作为西城区的重点开发对象。

基地简介

北京西城区全力推进科技园区建设，抓住中关村国家自主创新示范区先行先试改革的重要契机，加快广安产业园建设进度，打造首都创新驱动重要承载区和区域经济新的增长极。

本次设计选取广安产业园核心地段，也是产业园内最大最完整的地块，北起宣武门西大街，东到宣武门外大街，西邻广安胡同，南至广安门内大街，规划面积56.7公顷。

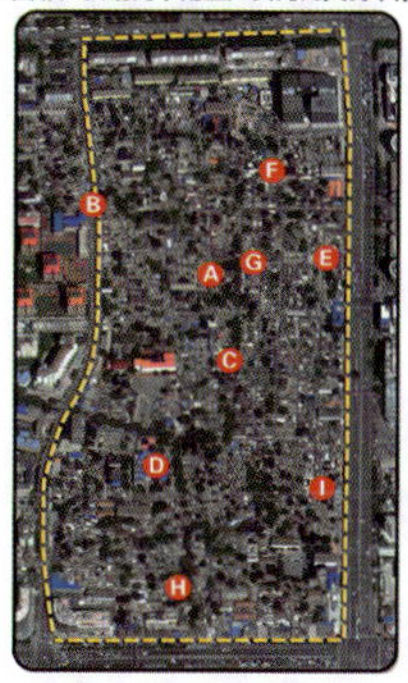

- A 校场大六条
- B 上斜街
- C 校场四条
- D 法源寺
- E 庄胜百货
- F 环球财讯中心
- G 杨椒山祠
- H 广安东里
- I 宣武门外大街

基地内的基本结构是保持了北京传统住区肌理，其中不乏一些特色之处，与周边大体量建筑行车了强烈的对比，凸显出了一定的不协调，这也是设计思路开始的初衷。

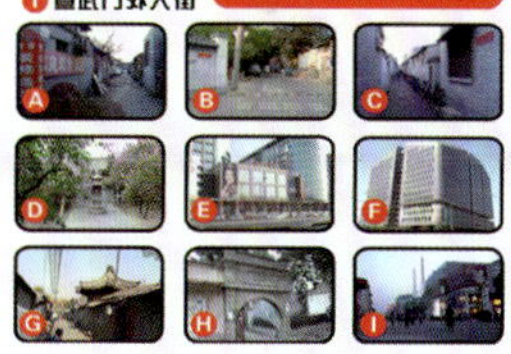

现状用地评价

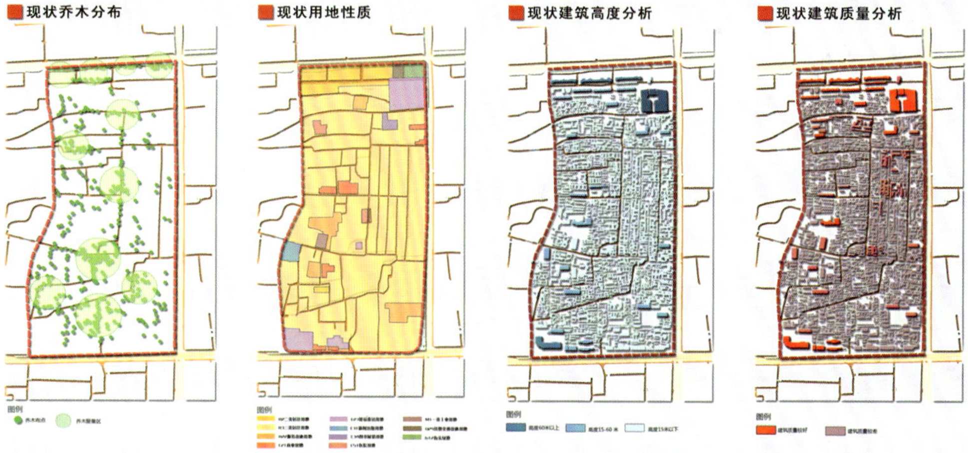

现状用地平衡一览表

建设用地	56.25 ha	二类居住用地	3.84ha
三类居住用地	40.11ha	服务设施用地	2.18ha
商业用地	1.05ha	贸易咨询用地	3.08ha
新闻出版用地	0.53ha	图书展览用地	0.27ha
医院用地	0.41ha	一类工业用地	0.21ha
其他交通设施用地	0.27ha	街头绿地	0.60ha
道路用地	3.70ha		

A.周边用地性质--用地性质杂乱，缺少核心主导功能。

B.基地用地现状--用地性质单一，以居住为主，公用设施和绿地开敞空间缺乏。

C.交通现状--交通基础设施水平低，不能支撑使用功能。

D.传统风貌--有价值的文物古迹稀少，且保护力度不够。

E.现状建筑质量--传统居住建筑质量差，新建筑启用不久。

F.建筑密度与容积率--建筑密度高，容积率低（约为0.8），公共开敞空间狭窄。

现状文保分析

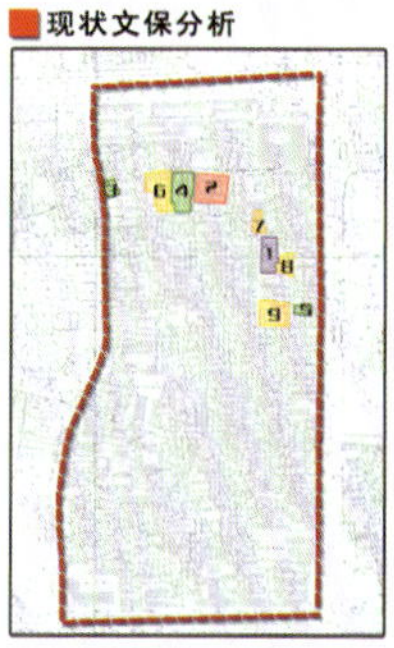

1 杨椒山祠　市保（1984年）现为民居

2 沈家本故居 区保（1990年）现为民居

3 龚自珍故居　普查登记项目 现为民居

4 太原会馆　普查登记项目 现为民居

5 歙县会馆　普查登记项目 现为民居

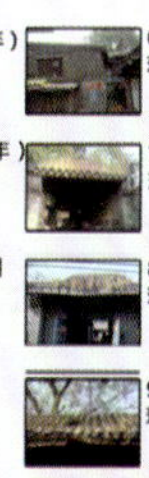

6 四川会馆　待定项目 现为民居

7 河南会馆　待定项目 现为民居

8 云南会馆　待定项目 现为民居

9 山东会馆　待定项目 现为民居

会馆专指历史上旅居异地的同乡人共同设立的，供同乡、同业聚会或寄居的馆舍。会馆文化是北京宣南文化的一部分。

机遇 1.得天独厚的地理区位。2.优越的外部公共交通体系。3.丰富的文化资源环境。4.周边成熟产业的外溢

挑战 1.如何与城市建成区相协调。2.如何保持改造后基地内的活力。3.如何契合传统元素。4.如何优化基地内部交通组织

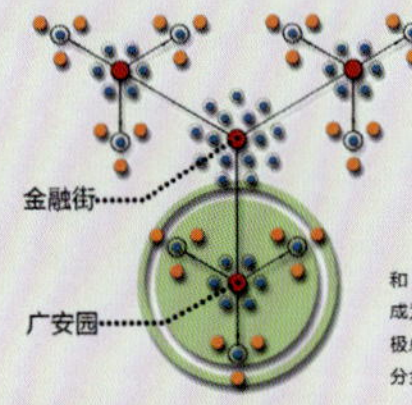

金融街发展饱和，广安产业园将成为金融街扩散的极点之一，吸纳部分金融街功能。

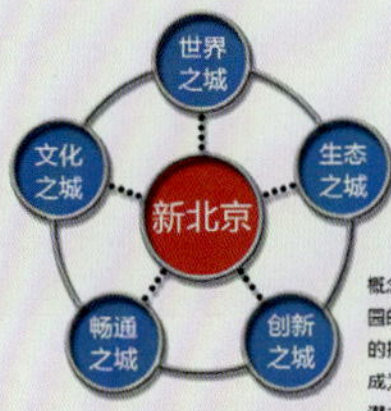

新北京的规划概念会为广安产业园的设计提供概念的指导，广安园有成为新北京代表的潜力。

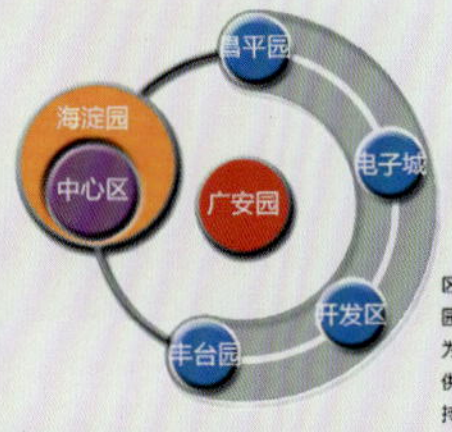

中关村科技园区规划将广安产业园纳入园区体系，为广安园的发展提供了导向和政策支持。

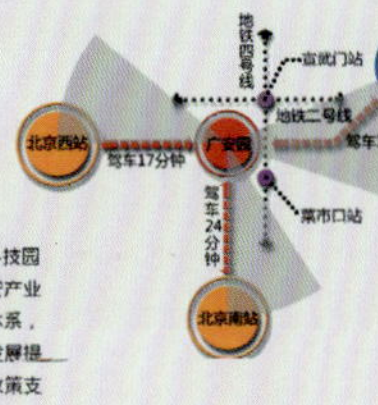

基地拥有非常好的交通与功能区位，与城市的对外交通点联系方便，功能上衔接便利，是吸引活力的一大特色。

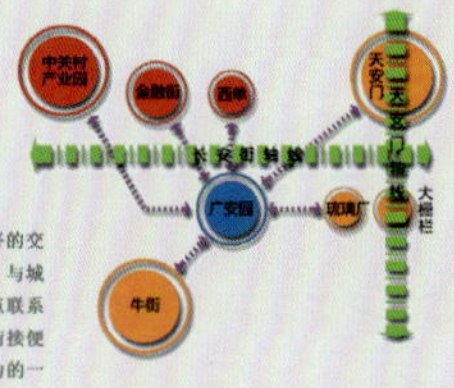

设计程序： 基地背景认知　基地问题分析　设计理念提出　功能结构定位　基地整体构建　特色风貌分析　重要节点分析　设计导则指引

案例分析

上海真如

概况简介：

真如是上海四个副中心最后开发一个，承担的是城市或地区级的综合中心职能。将会承担地区龙头带动作用，谋求与周边城市地区的协作，以更好的成为城市发展的重要节点。

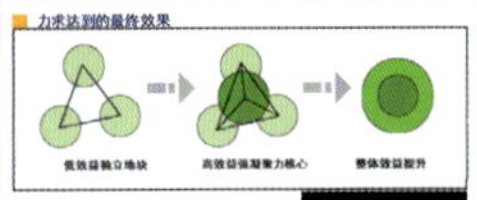

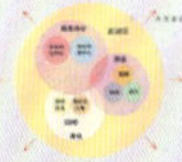

城市设计理念：

立体城市

生长城市

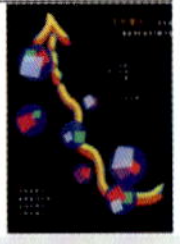

规划原则：

1.城市功能--复合中心
2.城市交通--高效网络
3.城市空间--人性环境
4.城市形象--西北大门
5.城市发展--真如模式

借鉴： 两者都是为后开发地块，对于地区功能定位都是有限制，需要大量考虑周边地区开发，都是综合职能的开发地块，进行地块内功能空间等的组织研究。

巴黎拉德芳斯

HOPSCA，1986年诞生于巴黎的拉德方斯，是一个集酒店、办公楼、生态公园、购物、会所、高尚住宅于一体的城市综合体。

特点：高可达性、高密度、集约性、整体统一性、功能复合性、空间连续性、巨大的社会效应。

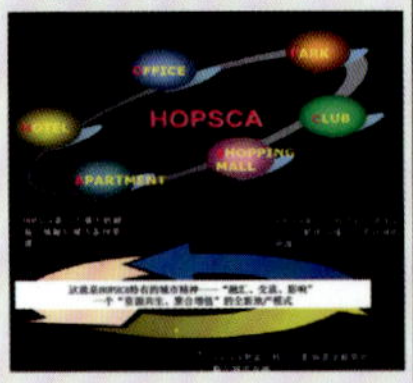

借鉴： 在城市综合功能区的发展过程中，如何保持地块的高活力和功能的互相支持而达到开发的目的，不管从惊讶还是教训，拉德芳斯无疑为我们提供了一个优秀的借鉴平台，

宣武大吉片区

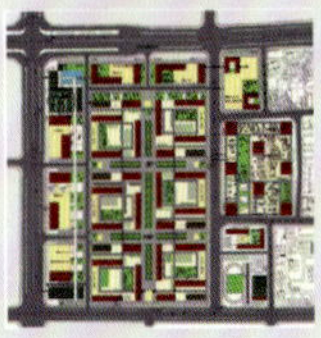

该设计地块在基地东南，面积约43.9公顷。在设计中加入了北京的轴线、住区四元素（街、坊、院、巷）传统文化形式，还注意保护基地内的有价值建筑、古树名木等，保持了城市可持续发展。

借鉴： 由于这个方案所涉及到的地块是设计基地的周边用地，因此在理念上，空间环境，对基地的设计开发都有直接的指导意义。

问题分析

断裂1：与城市的断裂

后奥运时代的北京开始走向世界城市，城市的形象伴随着各种大事件的发生而不断提升，但仍旧有一些属于繁荣背后的地区，游离于城市主导发展方向之外……

断裂2：空间的断裂

基地内多为低于三层的住宅建筑，建筑质量较差，缺乏公共空间，与城市的形象并不相符，与现代化城市的空间亦有很大的出入。

后奥运时代的北京由一个地区性城市走向世界城市，城市的形象伴随着个重大事件的发生而不断提升，鸟巢、水立方、CCTV大厦、国家大剧院等一系列标志性建筑的竣工标志着北京正在走向一个繁荣的时代……

反观基地内部破败的街巷，简易搭建的建筑，匮乏的活动空间，拥挤的生活空间与每一个人们印象中世界的北京相去甚远……

因此、我们提出了断裂的问题，试图以此入手通过设计解决问题·。

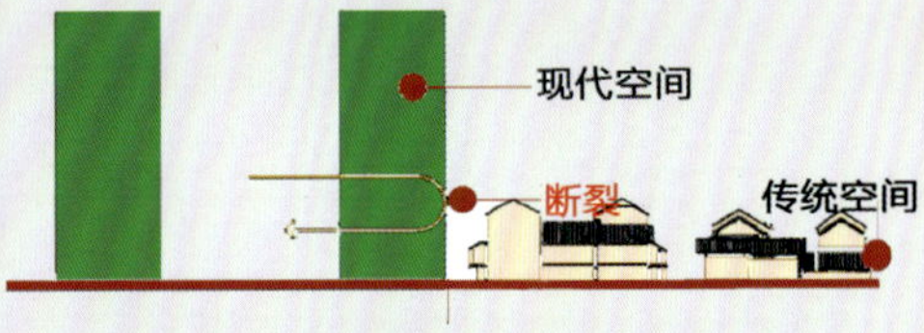

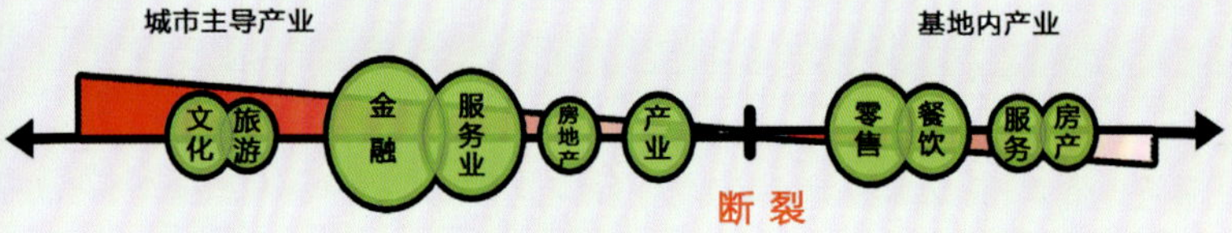

断裂3：产业断裂

北京市的主导产业向着更精更大更有品位的方向发展，而基地内的产业却走向了相反的方向，产业单一，形式单调，规模小，环境差等一系列问题使得该地区的开发更加迫切。

断裂4：尺度断裂

通过基地内部各种不同性质的建筑与周边已建成地块内的建筑在体量上来看有着强烈的对比关系，尺度上的失衡让城市的肌理也得到了破坏，之间缺乏一系列过度体量。

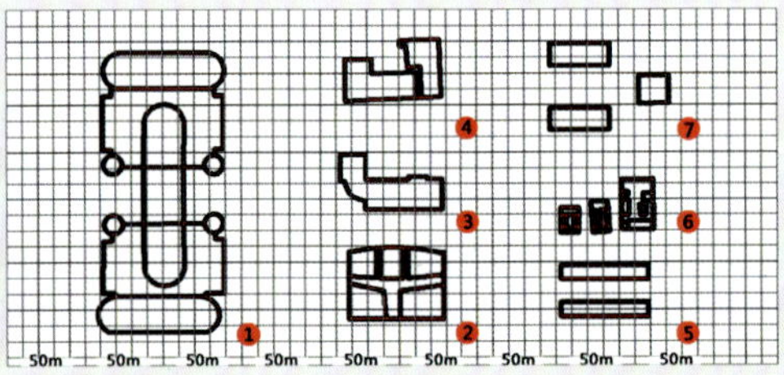

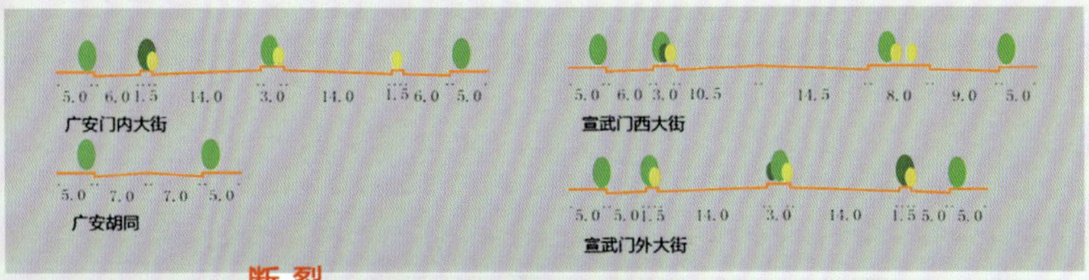

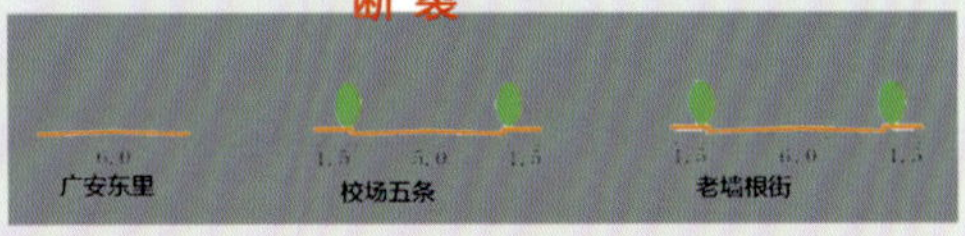

断裂5：交通的断裂

上图为基地边界四至道路，为城市主干道或干道，与下图基地内部主要道路相比没有存在连续性，对城市该地区的交通带来了一定压力。

断裂6：发展的断裂

在快速发展的今天，基地内部的发展几乎是处于停滞状态，与北京的快速发展相比，两者差距是越来越大，之间的裂痕也是越来越深。

总结：每一个城市在现代化进程中都会存在一些发展相对滞后的街区，基地周边的开发基本完善，在一种强烈的对比下不难发现，局部地区与城市总体断裂的痕迹。

面对种种断裂，我们设计应该考虑的就是如何仍将这种断裂给重新融入到城市的大背景中，对此我们借助了医学DNA修复中的“嵌入”概念，来使得基地与城市达到最终的“融合”，提出了设计理念是“嵌•合”。

北京广安产业园核心区城市设计·理念提出

Urban Design of Guang’an Industrial-park Core-center,Bejing

嵌合

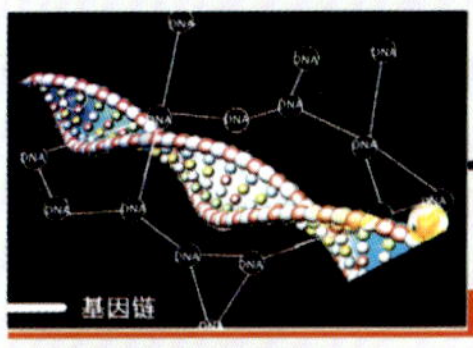

通过对基地的深入分析，本着“发现问题—提出问题—解决问题”思路，在提出-断裂-的问题后，设计的进一步分析也是针对着“断裂”问题的症结所在，试图通过设计使基地重新融入到城市中去。在这个过程中借鉴了生物学中的修补基因的方法：将出现问题的基因通过嵌入修补，与整体基因再次衔接融入到整体中。受此启发我们亦希望通过“嵌入”的方式对基地再开发，重新融入到整个城市中达到“融合”状态，“嵌合”也就成为了设计的理念贯穿始终。

嵌融 入合

嵌合过程　分析断裂点 → 发掘城市特色嵌合点 — 寻找基地内部活力点 → 理念的链接嵌入 → 设计融合

城市特色嵌合点：能够代表城市独特风貌的元素，从传统和现代两方面入手，是嵌合的主体。　基地内部活力点：基地内已存在或有条件存在的能与城市嵌合点相结合的元素。

城市特色嵌合点

【城市肌理】

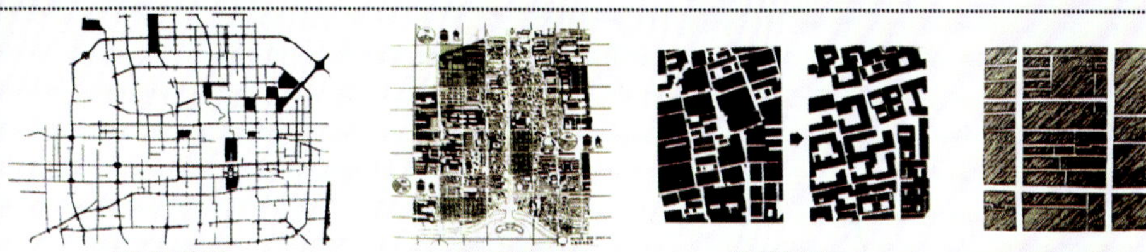

北京城市肌理　　鼓外大街　　肌理的更新　　城市肌理整理

北京的城市肌理是历史积淀下来城市文化整体体现，体现了中国国代城市规划的精髓思想，有着简单明了、方向性强，使用方便的优越性，如何将这种肌理嵌入新的城市结构中将是一种空间进化的挑战。

【院落空间】

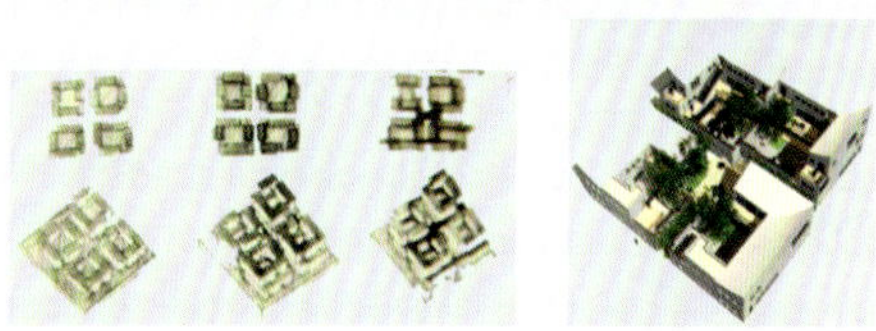

四合院的演变过程　　现代院落空间

四合院的灵魂是“院”，为各个厢房提供了阳光、流动的空气、交流的空间，给生活于此的人带来了优质环境，城市更加需要这样的积极空间，将院落这样的“魂”嵌入到城市空间中，是城市的大空间借鉴建筑小空间的关键所在，亦是本次设计所研究的重点。

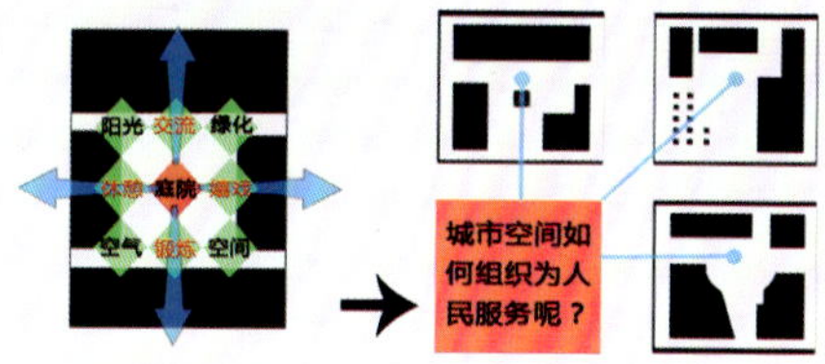

【功能组合】

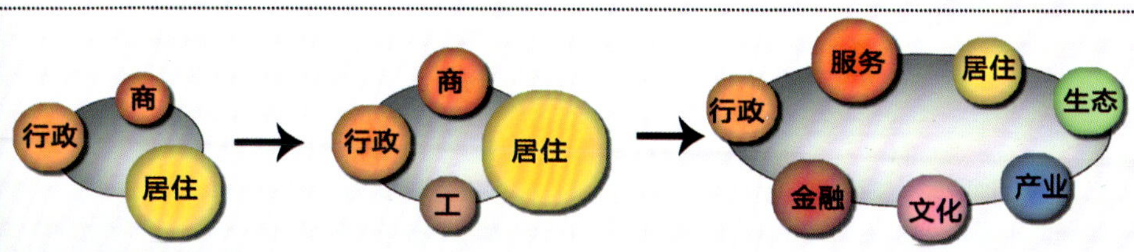

北京中心区的功能日趋复杂，开始由地区性城市中心向世界城市迈进，不断进行产业调整，服务类产业所占比重已经成为主导，在下一阶段将会向文化和旅游方面发展，成为一个内外涵冒有的城市，如何让选择合适的产业嵌入城市结构关系重大。

【尺度对比】

在随着北京发展愈加迅速“世界之城”的提出，原有的传统空间尺度已经远远不适合现代社会，在经过一系列的建设和调整后，北京城拥有了自己的尺度建筑和空间来体现城市特色和个性，尺度的嵌入在形式上将地块与城市融合在一起。

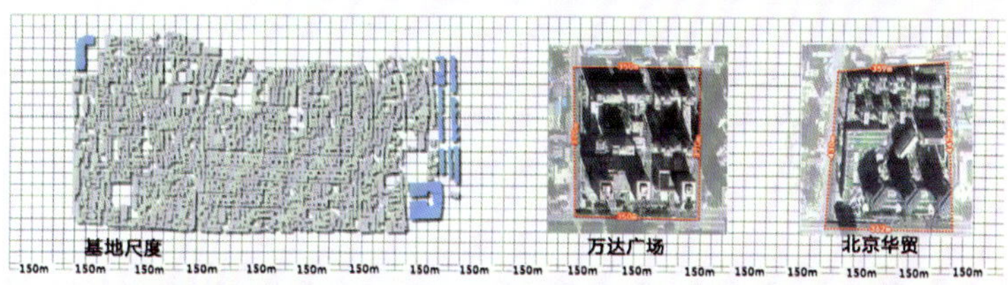

嵌入示意图

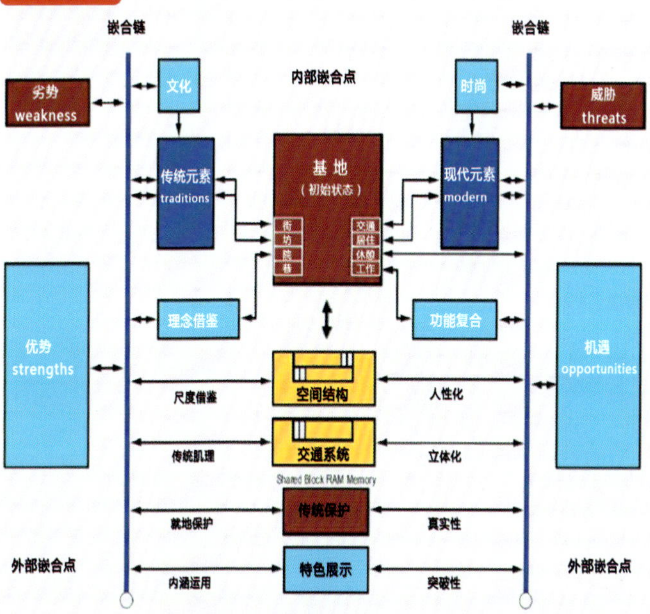

开发强度确定

项目名称	用地面积	总建筑面积	容积率	地块功能	结合基地分析
华贸中心	39公顷	100万平方米	2.56	办公、酒店、购物、SOHO、主题公园	所选择的案例基本是以办公酒店服务为主要功能的地区，组合成为综合体用地，这是符合基地的要求的。所选择的面积各不相同，为了能对所开发的块作更好的开发强度的把握，安利的借鉴是有效的。
环球金融中心	51公顷	135万平方米	2.64	办公、酒店、购物、国际公寓、主题公园	
万达广场	10公顷	48万平方米	4.8	商务办公、酒店、城市综合体	
中关村--德胜新城	38公顷	84万平方米	2.2	办公、酒店公寓、商业服务、配套设施	
金融街	103公顷	402万平方米	3.9	办公为主、公寓、酒店、其他配套	

开发强度确定

1.地处北京市地价分布的二三区交界，将其定义为二区。

2.分析的案例属于一、二区，开发强度应稍低。

3.从功能上来看会与所选的案例基本吻合。

4.随着开发时段的变化，基地内的开发强度可以考虑上调。

综合分析，暂定容积率为3.6--4.2之间，具体数值以后期方案选定为准。

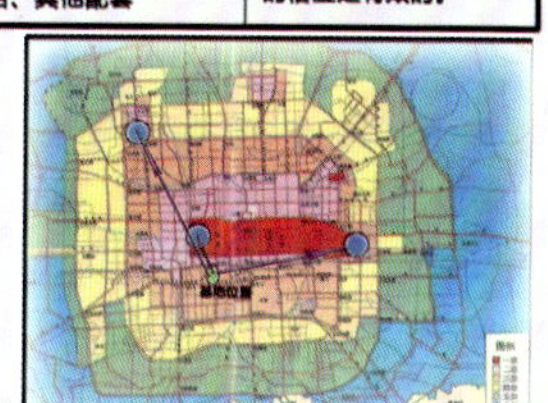

功能分配

1.地铁出入口
2.服务商业
3.综合办公楼
4.环球财讯中心
5.科研办公楼
6.SOHO住区
7.创意产业大楼
8.立体商业街
9.商业综合服务
10.创意产业中心
11.创意设计区
12.文化商业组团
13.宣武大厦
14.中心休闲会所
15.传媒信息中心
16.新闻传媒中心
17.传媒信息咨询
18.商业办公综合体
19.金融服务区
20.下沉广场
21.商务酒店服务

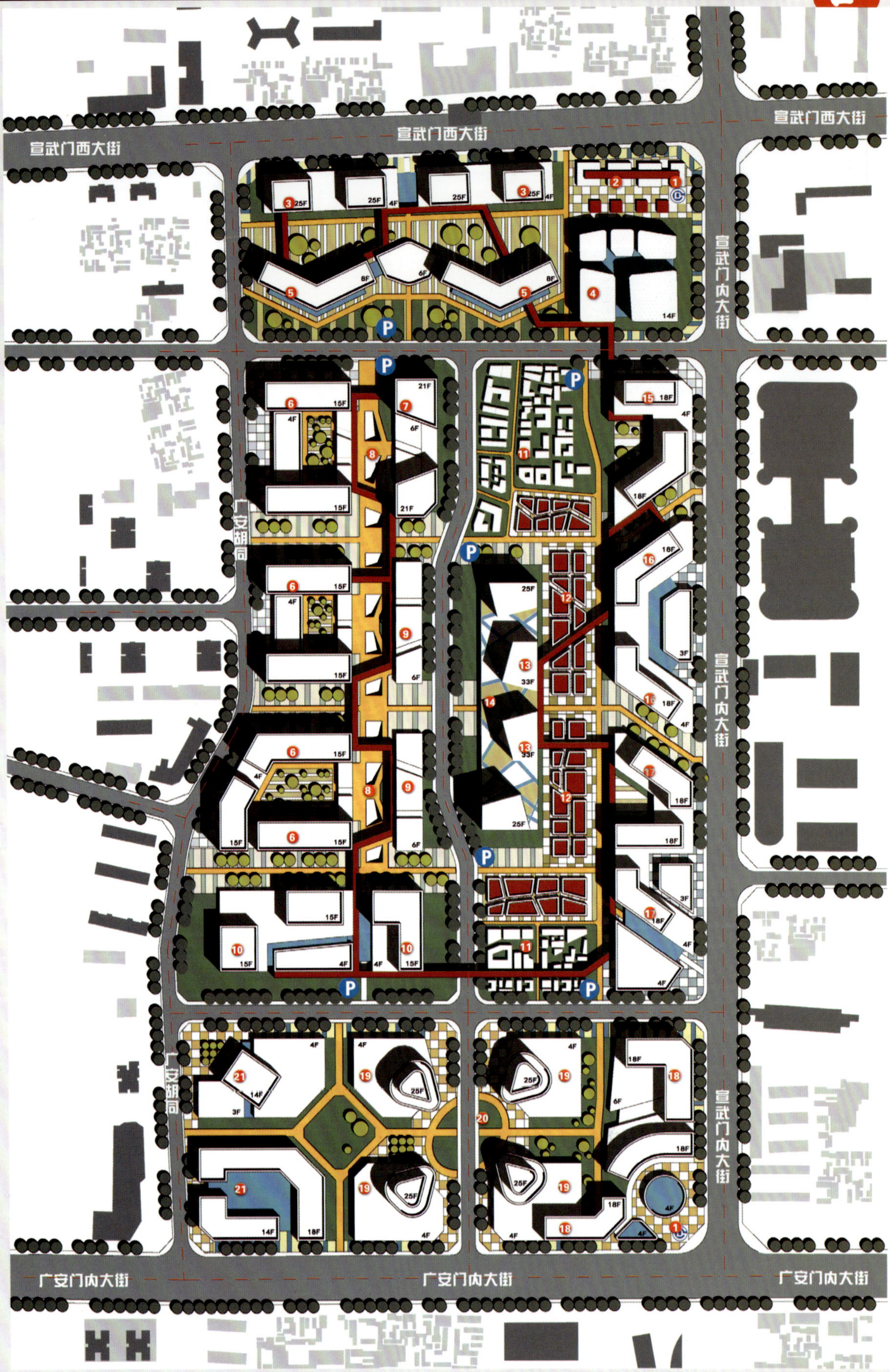

技术经济指标

建设用地 56.25
传媒产业用地 6.61ha
设计创新用地 4.41ha
商业用地 4.83ha
综合办公用地 1.37ha
金融保险业用地12.02ha
SOHO用地 3.8ha
风貌保留用地 2.35ha
绿地 15.63ha
道路用地 5.23ha
总建筑面积 233.06h㎡
保留建筑面积 21.43h㎡
新建建筑面积 201.63h㎡
建筑密度 39.4%
容积率 4.14
绿地率27.8%

北京广安产业园核心区城市设计·方案分析

Urban Design of Guang' an Industrial-park Core-center, Beijing

嵌合

作为城市中心区早开发的地块，基地本着“嵌入”的理念，希望基地能够重新融合进城市发展当去，实现基地的再次复兴。

融合 再兴

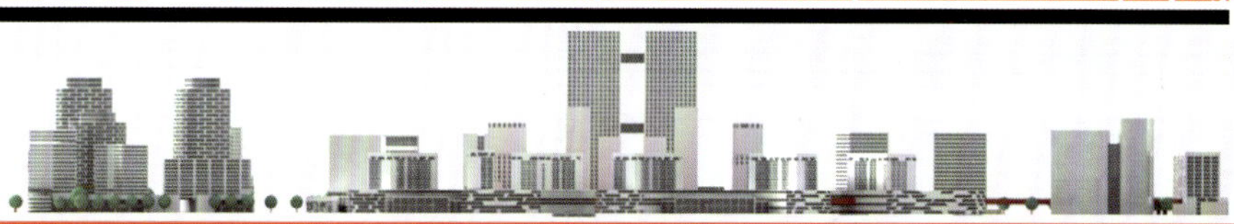

规划结构--经纬再现　功能分区--院落再生　交通组织--网络再构　绿化系统--生态再组　传统保护--文化再荣

规划结构

基本结构“一心、两线、三带、六区”

一心：中部的公共开敞空间，是整个基地院落结构中的“院”，为基地设计的灵魂空间。

两线：两条贯穿基地南北的步行交通线路，分为地面和空中种方式，空间各有自身特色，为联系南北的主要流线，东一条为绿色廊道，西侧为商业步行道。

三带：在基地中间按照道路划分，三条东西向的绿带，交通联系和划分建筑组团街坊。

六区：在中心公共区之后，地块明显的被分为六个区块，每块有其自身功能，形成整体。

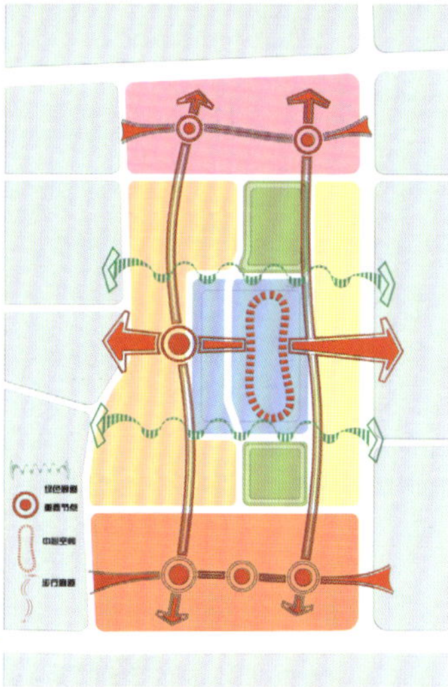

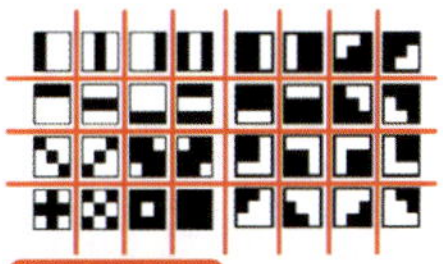

功能分区

中心公共区（商业文化区）
功能有休闲、商业、文化、娱乐。

综合办公区
功能有金融办公、传媒产业、办公。

传媒产业区
功能更是新闻、传媒产业、办公等、底层商业。

SOHO和创意产业区
主要功能是创意产业和SOHO住宅。

金融服务区
主要功能分为金融和服务两部分。

风貌保护区
传统北京四合院为主，创意设计功能。

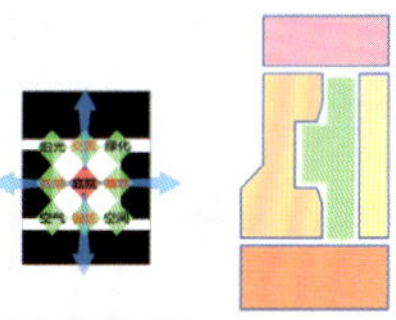

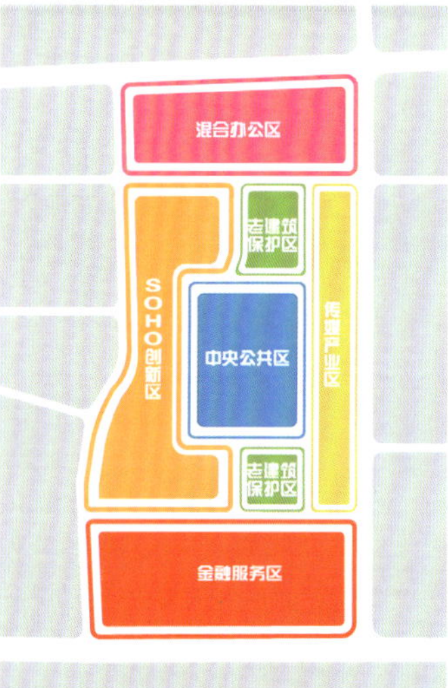

绿化结构

绿化的分布主要分为三种形态：点状绿地、带状绿地和绿轴，有利于降低城市的热岛效应，保证人们在小范围内享受到绿地阳光。

点状绿地：设置于基地重要节点处，有利于缓解建筑的压力。

带状绿地：上中下三条绿带，服务作为基地的公共绿化开敞空间。

绿轴：绿化结合道路设计，形成不同的流动绿化空间，将各个节点串联。

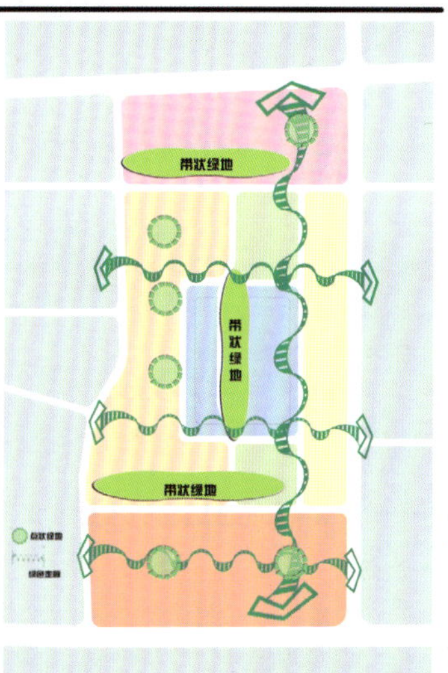

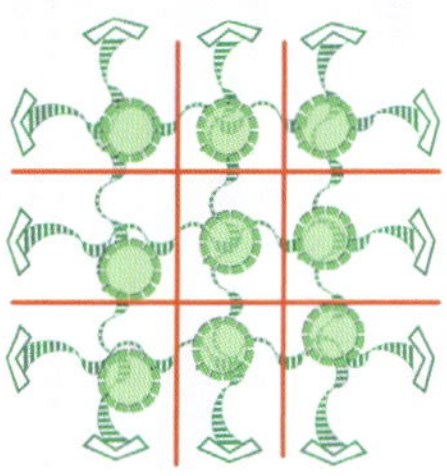

交通组织

交通结构--经纬网络

根据北京传统“经涂纬路”筑城手法，道路和步行道布置皆为东西南北向，结合使用的方便构成了大体均质的网络。

车行交通--双层构筑

设计采用地面、地下车行交通相结合的布置方式。地面车行道路呈“干”字型，划分主要功能区；地下车行道路依托环形车道服务各功能区。

步行系统--三层同步

地下交通：依托两个地铁站，结合地下服务设施进行布置，形成环状，使基地与地铁站，地铁站之间联系方便。

地面交通：形成了五横两纵的步行交通网络，分隔出街坊，不同特色的步行空间。

空中廊道：结合基地内的服务设施进行布置，主要方便基地内部人员在基地内步行便捷。

停车系统--灵活布置

停车分为地下停车与地面停车两个系统，以地下停车为主，按基地性质进行布置，满足使用要求，地面停车以沿街沿建筑界面布置，不设大面积地面停车场。

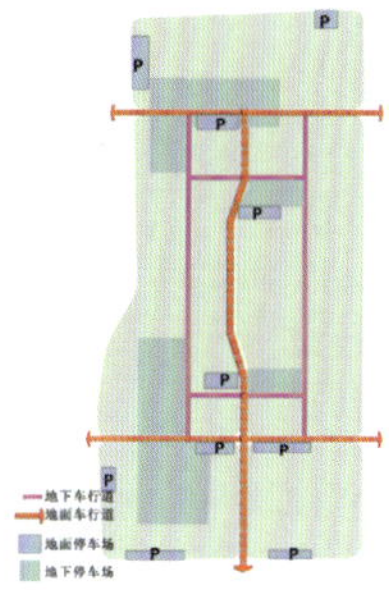

【车行交通系统】

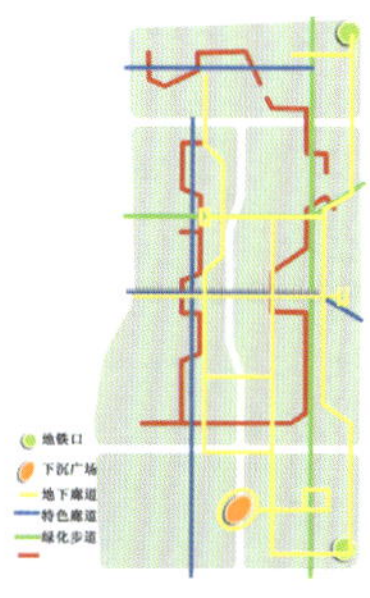

【步行交通系统】

【地面交通系统】

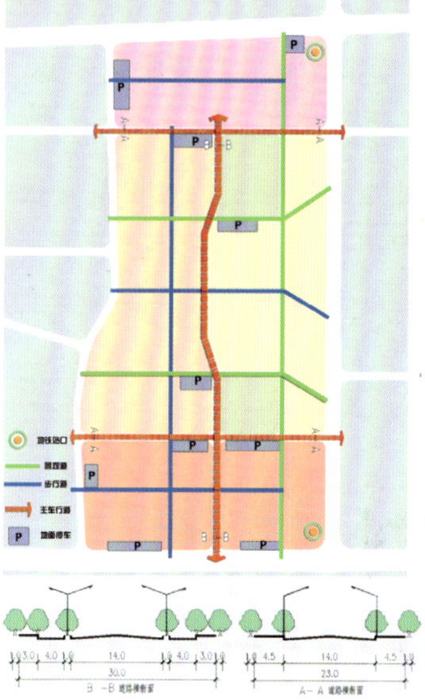

地下空间开发

设计地下空间系统分为：地下步道、地下商业街、下沉广场，地下道路、地下停车场等、整个地下空间的布置以两个地铁站点为起始点，结合地面建筑性质进行设计。

地下步道起到了联系地铁站点及其他空间，促进人车分流、分担基地步行人流作用。

地下道路在一个环状道路基础上向外分支，结合地面交通与地下停车空间的布置，为基地内各个功能区提供便捷的服务。

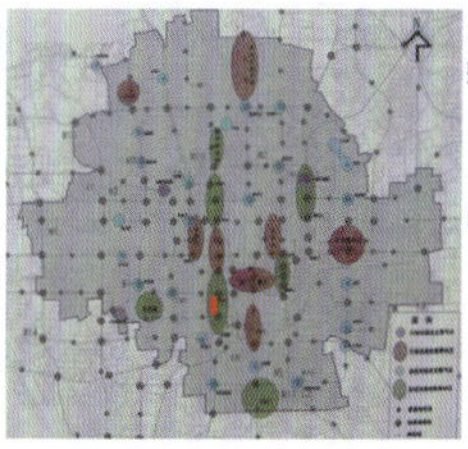

北京市区重点地区地下空间开发利用布局示意图

从上图中可以清楚看到基地所在位置处于北京市地下空间发展的主要轴线上，延续已经形成的西单商业地下步行街。加之基地两侧的两个地铁转换口，基地具备极好的开发地下空间的优势。

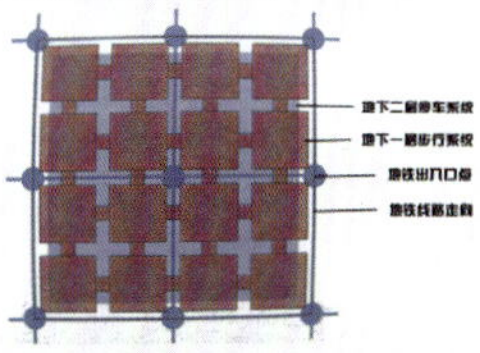

商业中心地下空间功能示意图

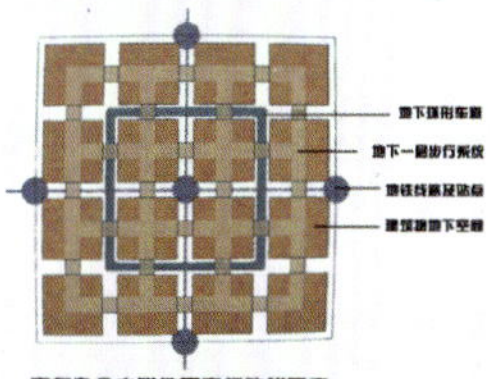

商务办公中心地下空间功能示意图

【地下空间分布示意图】

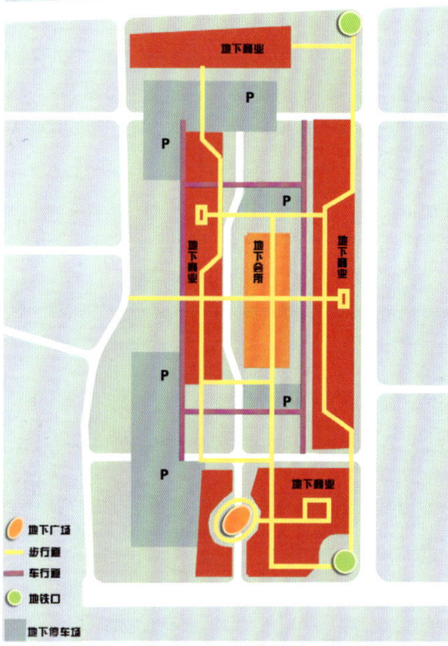

北京广安产业园核心区城市设计 · 空间展示

Urban Design of Guang' an Industrial-park Core-center,Bejing

嵌合

空间生成过程

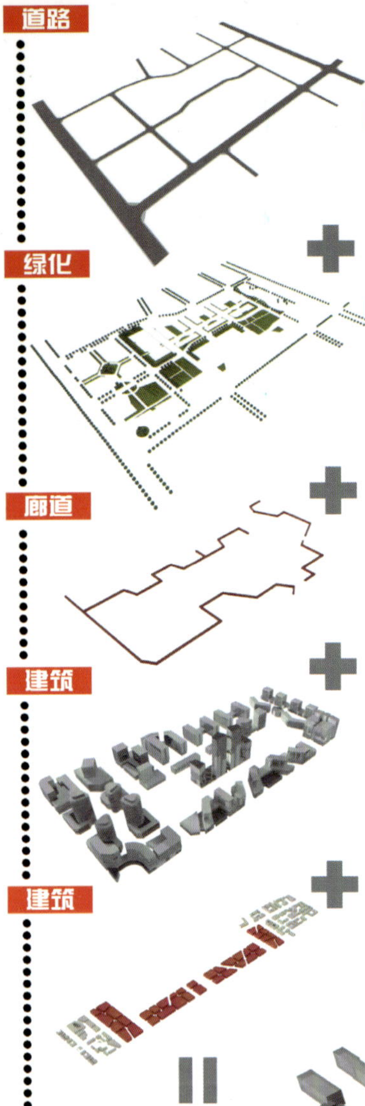

展融现合

经过一系列的推敲分析，从而由平面生成空间，同时嵌入各项活力因子，最终使地块呈现出新的面貌。广安产业园将带给人们新的感受。

建筑围合

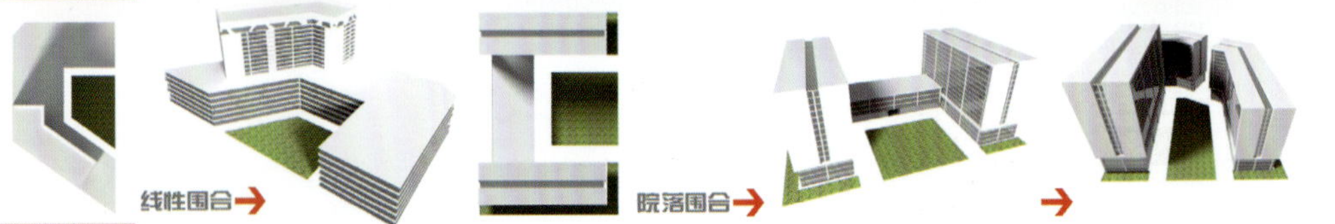

节点透视

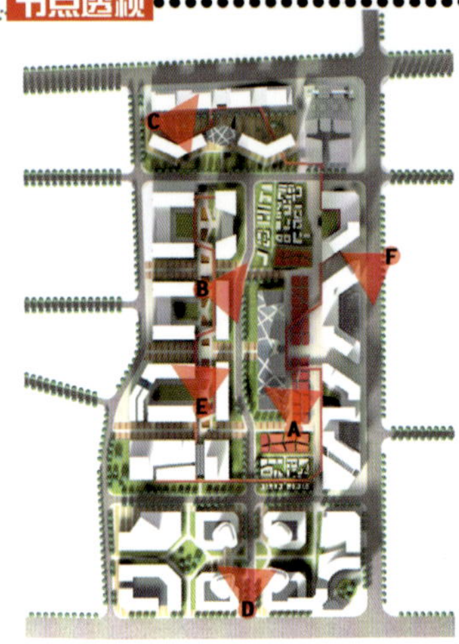

Ⓐ 廊道连接建筑，便于不同建筑间交通联系并提供良好的景观视线。

Ⓑ 中央两座高层建筑成为基地视野的中心，同时也成为地块的标志性建筑。

Ⓒ 基地北侧与原有建筑形成相和谐的空间，折线的建筑形成广场更有趣味性。

Ⓓ 基地南侧通过四个点状高层围合成中心广场，使空间更有聚合性。

Ⓔ SOHO区除有廊道连接外还配有相应服务建筑，使整个组团功能完整。

Ⓕ SOHO区除有廊道连接外还配有相应服务建筑，使整个组团功能完整。

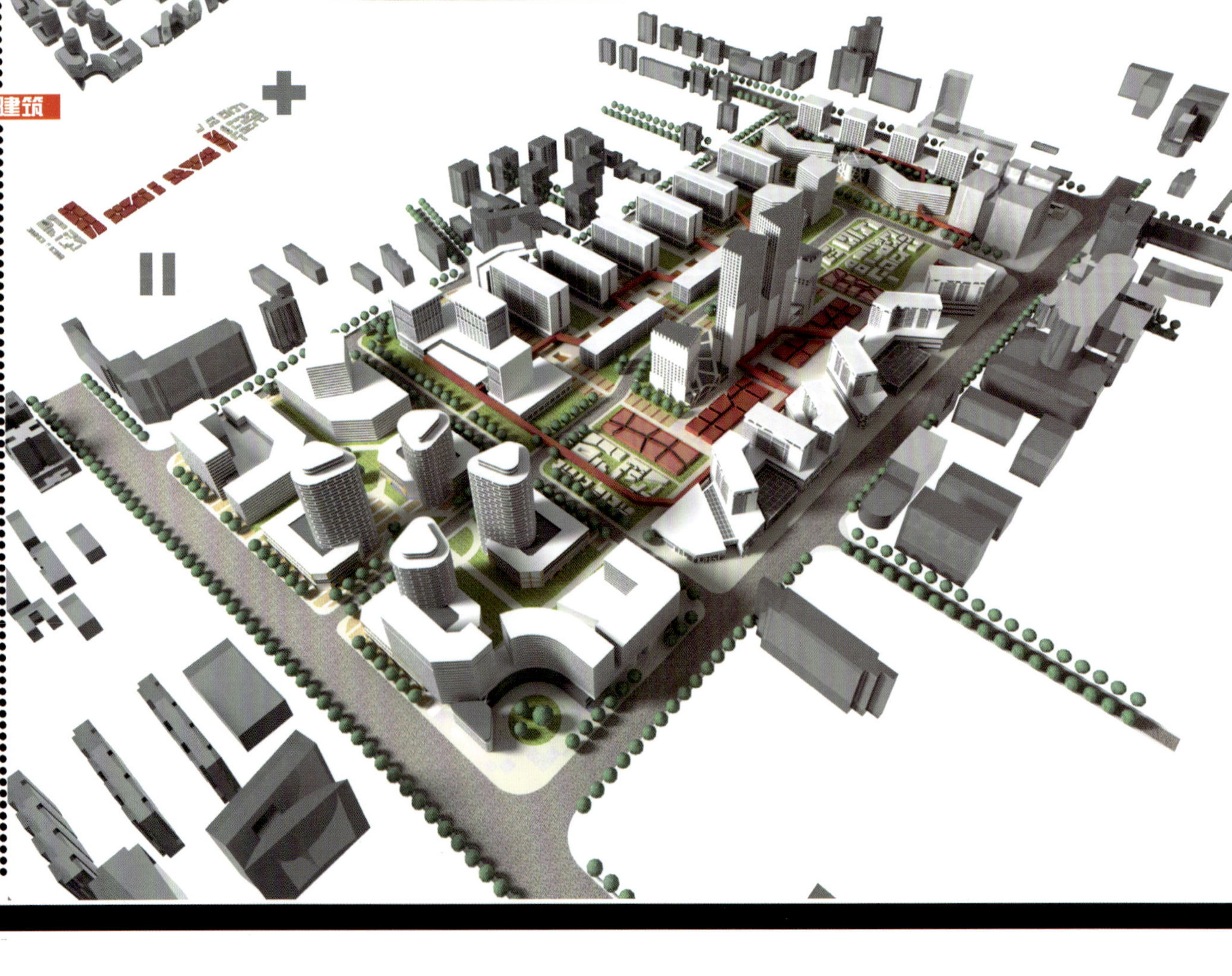

[水]之涟漪

学校：山东建筑大学
指导教师：陈有川 赵亮　　小组成员：徐锋 李瑶

HISTORY　　MODERN　　OPEN

?思考

发展

与传承

北京是中国的政治、经济、文化中心，是一个极具活力的的国际大都市。广安产业园区紧邻菜市口，是北京金融街南扩的组成部分，是北京旧城内最后一块产业开发区，有成为新北京发展代表的潜力。广安产业园作为“一轴一带多园区”发展格局的重要组成部分，被纳入到北京市《促进城市南部加快发展行动计划》中，同时也将纳入中关村国家自助创新示范区。为统筹推进区域发展，充分发挥广安产业园地处核心区、有空间、交通便利的优势，借助中关村国家自主创新示范区辐射带动作用，促进产业聚集和生产要素流动，增强城南地区自主创新能力，根据北京支持高端产业发展的政策意见，宣武区集中全区资源、举全区之力建设广安产业园。

皇城文化

北京八百年的皇城文化造就了土地的每一寸都渗透着浓厚的文化气息，从恢弘的宫殿建筑到礼法森严的宗教建筑都不断述说着城市的传奇，在城市发展的今天更要稳妥处理好皇城文化的继承与发扬。

宣南文化

宣南文化是中西合璧、古今并存、雅俗共赏、文商俱兴、传统商业文化、名人故居文化、饮食文化等各具特色的文化形态。

“宣南文化”表现在拥有众多历史遗迹的同时，形成的士子文化、坛庙文化、会馆文化、戏曲文化、民俗文化、民族文化。

士子文化

菜市口胡同，清道光年间进士、内个学士、两江总督曾国藩曾居于此。

鸦片战争后，半殖民地的中国涌现出一批爱国志士，尤其是”戊戌六君子“更是演义了一处百日维新的历史壮举，代表人物康有为、梁启超等在宣南地区更是留下的许多足迹。

黄遵宪——清末著名诗人，外交家，其故居在宣武区香炉营头条62号。

翁同龢——清光绪帝师，其故居为番禺会馆，位于上斜街中州祠（河南会馆）。

李慈铭——光绪时期进士，故居位于铁门胡同。

坛庙文化

古代礼制建筑的浓厚，对礼制的崇尚以及敬天法祖思想的根深蒂固，使得人们沉浸在浓厚的宗教当中，对建筑、城市的影响更是深刻不已，坛庙文化俨然成为一种城市精神的传承。

会馆文化

五彩缤纷的，堪称中国古代各地“驻京办”的“会馆”及其所蕴含的文化经常被人们所忽视。作为一种独特的历史遗存，会馆承载着大量的历史文化讯息，宛如一位饱经岁月沧桑的老者，更被人称作历史文化的“活化石”。

戏曲民俗文化

由于宣南读地区以民居为主，多数为劳动者，这就支撑起了丰富的民俗文化，如相声、快板、戏曲、杂技等民俗项目在宣南地区活动丰富。

胡同文化

胡同文化是北京城不可或缺的文化，斑驳的灰墙、风裂的门板、枯藤的老树与风化的抱鼓石都是历史的记忆。由其在宣南地区，来自各地的人构成北京南城区富有特色的胡同民居文化。在基地广安产业园内，仍有大量的胡同，其悠久的历史值得传承，宜人的尺度空间值得借鉴。

区位背景分析

区位概况

广安产业园位于北京市。北京作为中国的政治、经济、文化中心，这将为地块的发展提供良好的条件。

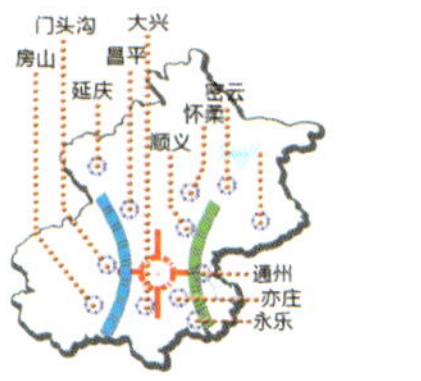

北京总体规划提出在市域范围内构建“两轴、多带、多中心”的城市空间格局，广安产业园位于中心城区，这将为地块的设计提供指导依据。

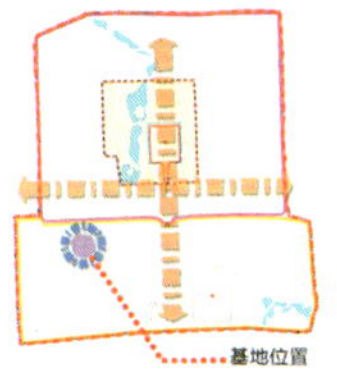

规划地段位于北京二环以内，优越的地理位置将为地块的发展提供良好的条件。

规划地区于北京宣武门地区，北京西二环东侧，菜市口十字路口西北角。同时，规划区靠近西单、琉璃厂、天安门，在北京城市中轴线的西侧。该区北面与东面分别有地铁2号线与地铁4号线经过，东北角与东南角分别设有宣武站与菜市口站两地铁站。由宣武站往北800米即可到达西单商业圈以及北京东西轴线——长安街。该地区历史悠久，文化源远流长。规划区的东面、北面及南面为城市干道，交通便利，具有得天独厚的区位优势。

基地背景

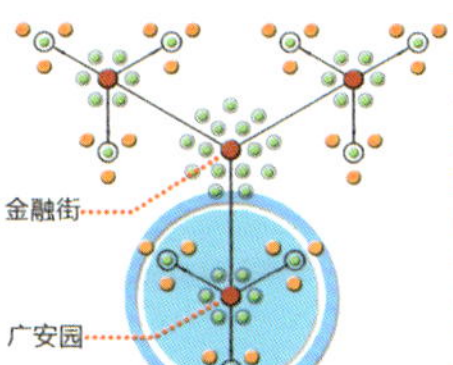

金融街发展饱和，自身用地不能再为其提供更为方便的发展空间，与之相邻的广安产业园将成为金融街扩散的极点之一，应当吸纳部分金融街功能,主动承接城市职能，也为自身产业更新，提升基地活力带来契机。

新北京规划的概念会为广安产业园的设计提供概念指导，广安园有成为新北京代表的潜力。

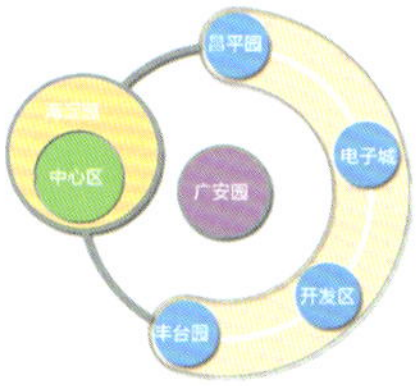

中关村科技园区规划将广安产业园纳入园区体系，为广安园的发展提供了导向和政策支持。

规划区位于北京广安产业园内，为产业园区的核心区域，园区内最大最完整的地块，面积50.6公顷。周边环境十分复杂，既有历史文化保护区，也有待整治的城中村，还有刚开发的现代居住小区等。宣武区政府抓住城南计划，试图将该规划区打造成宣武区的“金十字”，以发展高新技术、金融服务、文化创意三大主导产业集一身的，具有宣武特色和城南特色的园区。

基地用地简介

用地分析

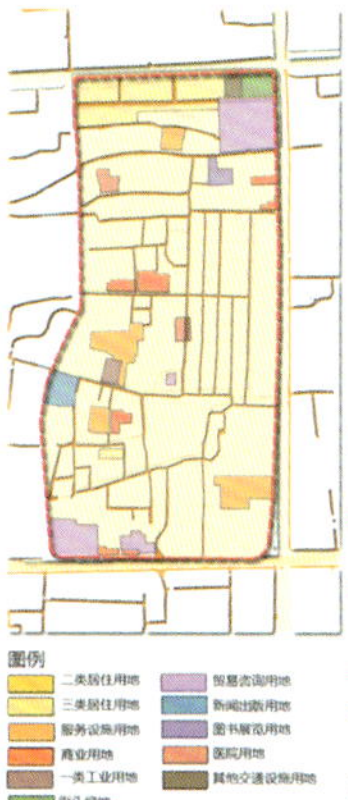

用地类别	用地面积（ha）	占总用地比例
二类居住用地	3.8	6.83%
三类居住用地	40.1	71.31%
服务设施用地	2.2	3.88%
商业用地	1.1	1.87%
贸易咨询用地	3.1	5.48%
新闻出版用地	0.5	0.94%
图书展览用地	0.3	0.48%
医院用地	0.4	0.73%
一类工业用地	0.2	0.37%
其他交通设施用地	0.3	0.48%
街头绿地	0.6	1.07%
道路用地	3.7	6.58%
合计	56.3	100.00%

规划区地块总面积约56.3公顷，用地功能以居住(R)为主。

居住用地(R)：现存主要是二、三类居住用地，建筑多以二、三层为主。

商业金融用地(C2)：主要集中于达智胡同两侧，分布众多的商业老字号，是地段内重要的历史遗存。

文化宗教用地(C7)：占有相当的比例，主要为祠堂、会馆、名人故居用地，如杨椒山祠，龚自珍故居，太原会馆、歙县会馆等，现功能多为居住用地替代。

教育用地（C6）：现有幼儿园、小学、中学与职业学校各一处。

医疗卫生用地(C5)：现有老年病医院与敬老院各一处。

文化传媒用地（C3):分布于宣武门外大街沿线，主要为新闻大厦。

文物建筑分析

针对本基地内的文保建筑，通过实地调查发现，大部分位于基地的北侧，文物等级按照北京市文物保护标准定义为市级与区级保护建筑，后续保护中原则上应当予以原貌保留，可在原有基础上进行修缮或者建筑整体迁移保护。基地南侧少量文保建筑在调研中发现已经拆除或者整体迁移。

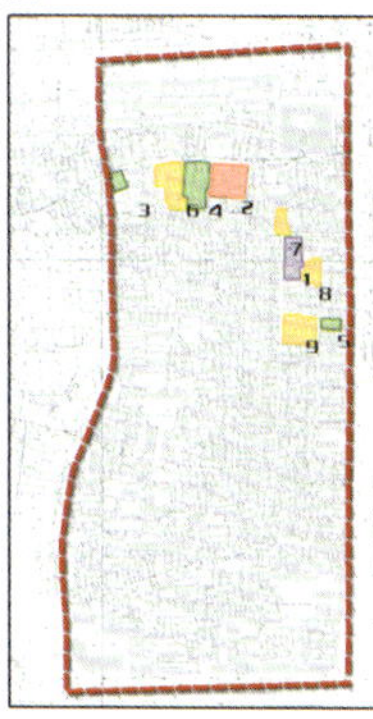

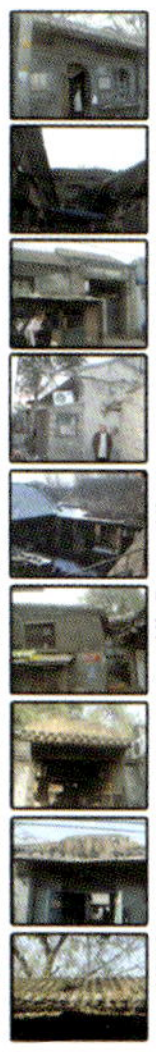

1 杨椒山祠　市保（1984年）
现为民居

2 沈家本故居　区保（1990年）
现为民居

3 龚自珍故居　普查登记项目
现为民居

4 太原会馆　普查登记项目
现为民居

5 歙县会馆　普查登记项目
现为民居

6 四川会馆　待定项目
现为民居

7 河南会馆　待定项目
现为民居

8 云南会馆　待定项目
现为民居

9 山东会馆　待定项目
现为民居

现状因素评价

建筑高度评价

建筑高度以低层为主,高层建筑分布于宣武门大街与广安门内大街沿线，规划区在历史上是以低层建筑为主的传统街区，传统民居和商业建筑多在两层以下。

建筑质量评价

建筑质量普遍较差、建筑质量的好坏与风貌的优劣不统一，以质量较差与一般为主，少量质量好建筑分布于宣武门大街与广安门内大街沿线，质量较好建筑分布于达智胡同与基地中央地带。

绿化网格处理

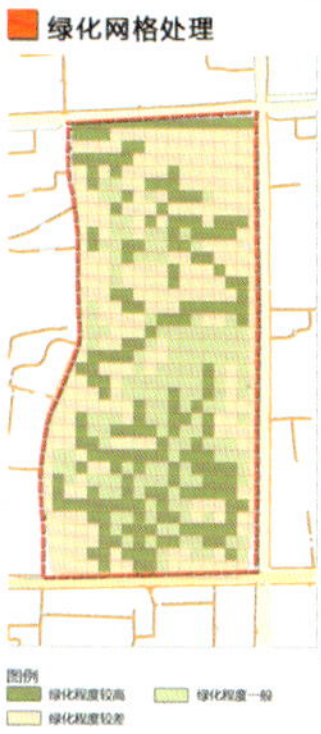

以30米乘30米为单元对基地内绿地进行格网化处理，最终得出基地内绿地总体较少，绿地分布不成系统，分布不均匀，呈南多北少之势，北侧主要沿道路 布置，中北部呈散装布置，中南部与南部呈无规则积聚。在基地东北侧与西南侧出现无绿化状况。

现状乔木分布

对基地内主要的绿化因素乔木进行布点量化处理，得出乔木分布大致与绿化分布相一致，呈现南多北少趋势，南侧以路侧绿带为主，外交少量成组布置，北侧多积聚布置，其中有一定保护价值树木，应当予以保留。

Beijing Guang An Industrial Park Urban Design

北京广安产业园核心地段城市设计

[水]之涟漪

HISTORY MODERN OPEN

相关结构分析

北京市产业结构

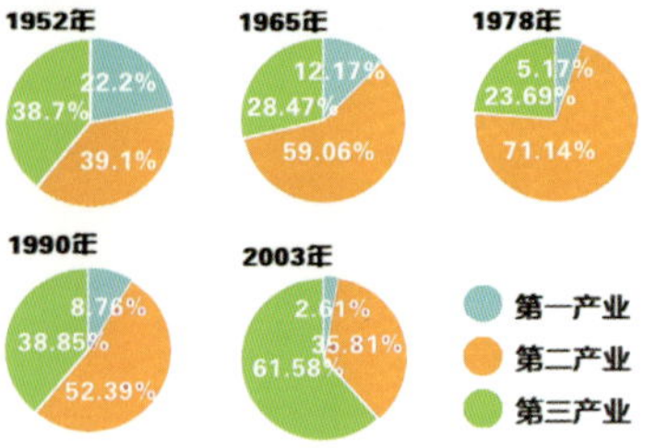

伴随着北京城市经济的发展，产业结构也在不断的调整，城市产业结构中服务业的比重不断增加，工业比重不断减少，农业产业基本退出历史舞台，这体现着北京不断地向国际性金融都市的发展。

北京市居民出行方式结构分析

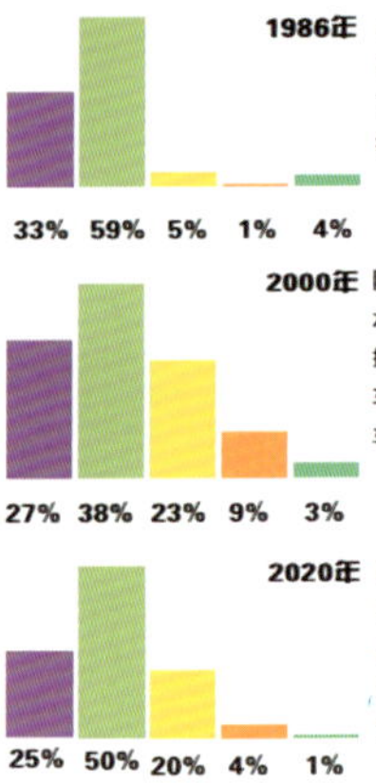

1986年 八十年代人们生活水平较低，私家车拥有量较少，人们上下班主要依靠公共交通与自行车交通。

2000年 随着经济的发展，人们生活水平不断提高，居民小汽车拥有量增加，出行中除自行车、公交车外小汽车与出租车占据相当比重。

2020年 伴随着北京交通拥堵的不断加剧，城市又重新提出了低碳的理念，人们出行方式有望实现公共交通主导的低碳、绿色模式。

发展条件分析

........优势 STRENGTHS

北京市南城发展计划已经将广安产业园定义为中关村的产业承接地，广安产业园以菜市口为中心沿宣武门外大街与广安门内大街向两侧展开，基地位于中心核心地带，为重点建设区域，在规划目的上有明确的方向，政策上有了具体的扶植措施。

基地外围建成项目较多，如SOGO商城、国际新闻财讯中心，各大银行等，显示出该片区需求的强劲。周围高强度的办公开发能够有效的带动基地产业的发展。

基地周边有三条地铁线就能够过，南北两端有地铁换乘站，周边公交线路站点分布密集，交通方便。

........劣势 weakness

基地位于广安产业园核心区域必将造成核心区内交通压力过于繁重，随着城市建设的发展，交通压力势必将成为重要的影响因素。

基地内现状绿化较少，绿地不成系统，没有大的公共活动开敞空间，生态问题较为严重。

基地人口较多，多为外地务工人员与老城区居住人员，在拆迁工作中造成的人口安置工作必将对基地发展带来一定影响。

现状道路、市政等基础设施条件较差，势必会限制基地的功能更新与建设。

交通区位

城市道路系统变迁

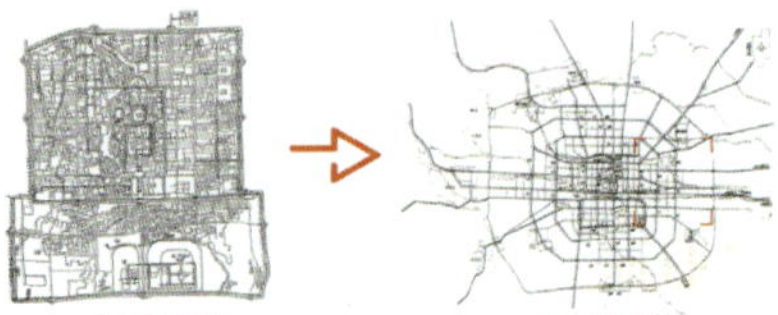

清代北京城　　现代北京城

随着北京城市的不断发展，早期北京城市的方格网式格局已不复存在，目前的北京城已经发展成为放射性加同心圆结构。城市范围不断扩大，道路网也呈圈层式层层向外扩展。

基地交通区位变迁

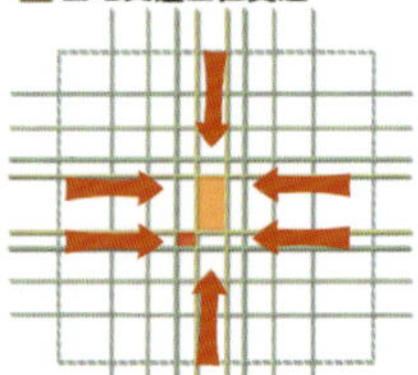

随着城市范围的扩大，基地已逐渐属于北京同心圆交通模式下的核心圈层。受到城市向心交通的影响，基地四周道路交通量较大，在高峰期交通拥堵现象较为严重，应采取规划措施予以疏解。

轨道交通分析

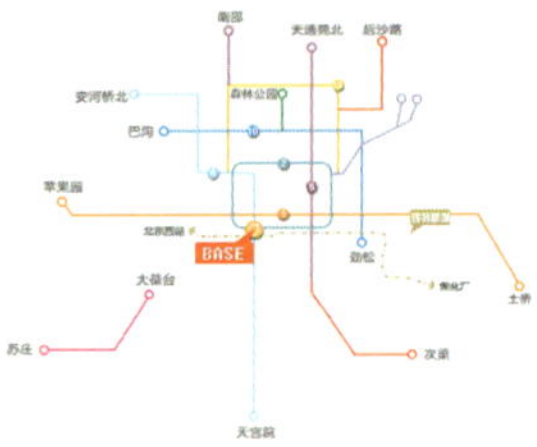

基地周边现有2号、4号地铁线在北侧东侧通过，未来两年内还将有7号线在南侧通过。该地块将成为若干地铁线的换乘中心。基地周边轨道交通站点与公交站点已成簇布局，根据北京轨道交通规划远景可知基地在未来将处于多个站点的服务中心。根据TOD经验，适于未来高强度开发。

周边路网分析

基地南北与东西侧分别面临城市主干道：广安门内大街、宣武门西大街，宣武门外大街。基地西侧为城市支路广安胡同，南北干道间距约1150米，东西干道与支路之间距离约500米，道路密度合理，正常情况下能够满足基地交通需要，基地周边交通较为便利,方便人们出行。

道路断面

现状道路断面分析

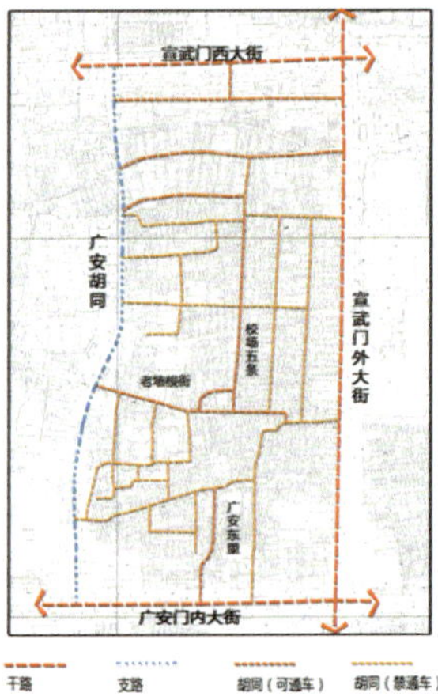

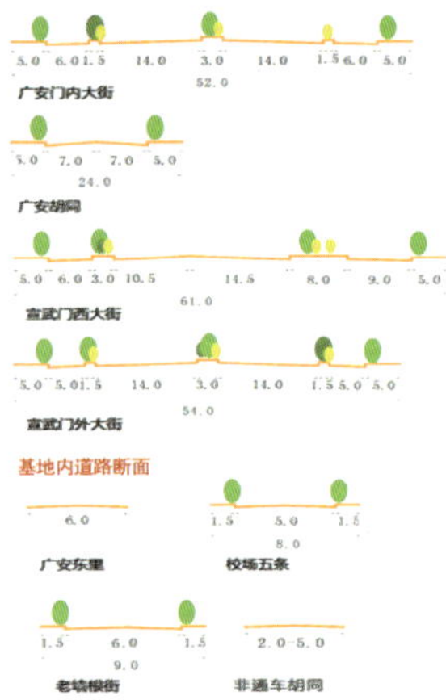

基地北东南三侧均为6-8车道城市干路，通行能力较强且公共交通较发达，穿越交通量较大。西侧为4车道城市支路，无公共交通，主要交通量为基地及周边地块居民区产生的尽端式交通，路面质量较差，部分路段与东侧基地有2米左右高差。

内部道路以胡同主。大部分保留历史街区的传统布局。但由于道路尺度较窄、道路线型较曲折，并不适合机动交通，且多断头路，因此与外部交通联系不便，形成内向封闭的“大街坊”。由于如今机动交通较多，从基地所属的片区来看，原本可以通过基地的交通流只能从基地周边绕行，加重了片区交通压力。

公共交通分析

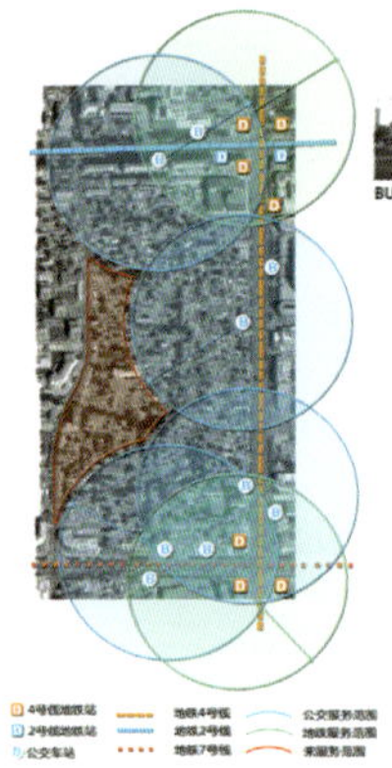

BUS STATION　　SUBWAY STATION

基地周边现有2号、4号地铁线通过，设有多处地铁站。同时南北东三侧有多路公交线路通过，且公交站点密集，因此说基地周边公共交通较为发达。但以300米为服务半径测算基地周边公交服务覆盖范围，可知西侧属于公共交通服务“盲区”。同时基地内居住用地多年代较久远，现状外地务工人员较多，对公共交通的便捷度提出了更高的要求高。此外，公共交通换乘环境的适宜度仍有待提高。

静态交通分析

基地内用地主要为低层住宅用地、生活服务性商业用地和少量办公用地，除办公用地内部停车场外无集中停车场。停车主要采取路边停车的方式，这使本来就非常不便的地块内部交通更加拥堵。

现状基地内北侧有一加油站，距离宣武门外大街与宣武门西大街的交叉口较近，日常进出车流量较大对宣武门西大街的通车有一定影响。

出行分析

	性质	交通周期	服务范围	出行方式 小汽车(%)	出租车(%)	轨道交通(%)	公共汽车(%)	自行车(%)	其他(%)
L	居住	每日	全市	35	10	10	20	15	10
B	商业	每周	城区/全市	15	10	10	30	20	15
W	办公	每日	全市	20	10	10	25	20	15
S	学校	每日/每周	城区	15	10	10	30	20	15
I	基础设施	随时	全市						

通过对基地周围交通吸引点的定性分析， 可知居住日常出行占多数，其次为商业与办公。其中宣武门西大街两侧主要为办公，宣武门外大街两侧为商业办公混合，且由于连接北京南站及西单商业区，过境交通量较大。广安门外大街的办公及商业产生的交通量相对较小，但随着未来中信城（商业、办公、居住混合）的建设，将带来较大的交通压力。广安胡同两侧主要为居住，其他交通吸引点所产生的交通量较小。

综合分析得知，基地周边交通压力较大，但由于公共交通基础较好，未来东南北三侧的公共交通问题均可得到解决；未来宣武门外大街及广安胡同所面临的机动车交通压力将较大。

基地内部所产生的交通量相对周边地块的平均水平较少，且主要为公共交通量。产生机动交通量的主要为办公、酒店、高层小区及学校，其中除学校外其他交通吸引点均分布在基地外沿，对基地内部道路及交通设施产生的压力不大。基地内部道路的过境交通压力也较小。主要交通问题还是由于内部道路通行能力所产生的

Beijing Guang An Industrial Park Urban Design

北京广安产业园核心地段城市设计

[水]之涟漪

HISTORY MODERN OPEN

大师案例分析

柯布西耶——光明城市

现代建筑的五个特点：

——房屋底层采用独立支柱；
——屋顶花园；
——自由平面；
——横向长窗；
——自由的立面。

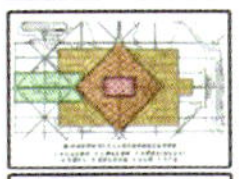

现代建筑大师柯布西耶提出的现代建筑五个特点中屋顶层采用独立支柱解决了城市建设中建筑对绿地系统的分割，屋顶花园则弥补了城市内绿地的不足。

光明城市的设计构想是柯布西耶在探讨现代城市中大片整体绿地的一次尝试。

奥姆斯特德——光明城市

阿姆斯特德设计的纽约中央公园是城市内巨大开敞空间设计的经典案例。城市内开敞空间的塑造为城市提供了一个可以不断生产绿意与生机的绿肺。同时在高楼林立的现代城市当中，塑造一个城市谷地，有效地对饱受压力下的城市气候进行缓解。

现状人口问题

城镇化下的生态问题

城市问题	主要症状	特点	起因	医治方法
城镇化中的“城市病”	卫生条件恶化、污染、居住水平低下、交通拥挤、贫民区等	急性，城市结构问题	人口在城市中的急剧集中导致城市膨胀	功能分区、基础设施建设、社区建设、建立城市法规条例
当前的城市动脉硬化问题	在环境恶化的条件下继续污染环境，在资源缺乏的同时继续浪费资源基础设施落后，贫富不均严重，城市整体效率低下。并伴随着热岛效应、水资源短缺、垃圾等问题	急性/慢性城市制度及结构问题	人类对环境的长期污染，对资源的长期滥用所形成的积累效应随人口增长及城镇化的普及而爆发	以可持续发展原则建立新的社会发展模式，为节约资源和保护环境而改变生活方式，修改规划设计法规条例

人口膨胀下的居住问题

由于城镇化水平的提高，城市人口迅速增加，外来人员不断增多。

据数据统计，广安门内街道辖境内户籍总数为31907户，户籍人口86332人，暂住人口14114人。由于原来的住房面积不能够满足原住及外来人口的增长，因此出现了在原有住宅外搭建临时建筑的现象，院落及开敞空间被占用。同时人均住房使用面积也在不断缩减。到2004年，宣武区的人居住宅使用面积为14.5平方米/人，居民的居住环境有待改善。

基地绿化分析

现状基地的绿化问题

基地内绿化系统不完善，绿化分布不均匀，在对社区居民服务没有形成有效覆盖，落实到网格分布图上可以看出在较多的区域中，绿化服务仍然处于盲区当中，需要进一步的完善与改进。

将基地内各种要素元素进行抽象化后得出在整个基地当中，基地绝大多数为建筑与硬质地面所覆盖，少量为绿化覆盖，绿化覆盖未形成有效、完善系统，点状散布于基地当中。

城市人需求解析

高楼林立中的城市人渴望得到绿色的生活。如同田园城市般，草地、树木、湖泊、建筑融为一体，使从内心感受自然的清爽与舒适。

生活在传统空间——胡同中的人只能感受院落中偶尔点缀的绿意，渴望自然界无边的绿意。

实际案例分析

SOM北京CBD东扩项目

SOM北京CBD东扩项目通过两条主要景观廊道将城市功能串联起来，将绿色渗透到各个角落。在这里，可持续发展不仅仅是绿色，还包括人们可以在社区内建立真正的社会景观，使得绿色开敞空间真正能为人们所共享。

在城市设计范围内通过建立景观绿地将建筑串联，形成功能组团，再通过廊道将各个组团串联，形成有机统一整体。

上海真如市中心设计

公共开敞空间的组织与设计对于增强中心区的吸引力和人气来说极为重要，一个好公共空间将成为市民公共生活的平台，尤其提升中心区地位，提升地块价值。

上海真如市中心区设计将开放空间与绿化空间交织融合，以生长舞为骨架，以中心公园为核心，通过广场、平台、庭院等形成立体的、多层次体系，强调人工化的环境与自然化的环境的有机结合，强调内部景观与外部景观之间的渗透交融。

开敞空间分析

商业街区空间分析

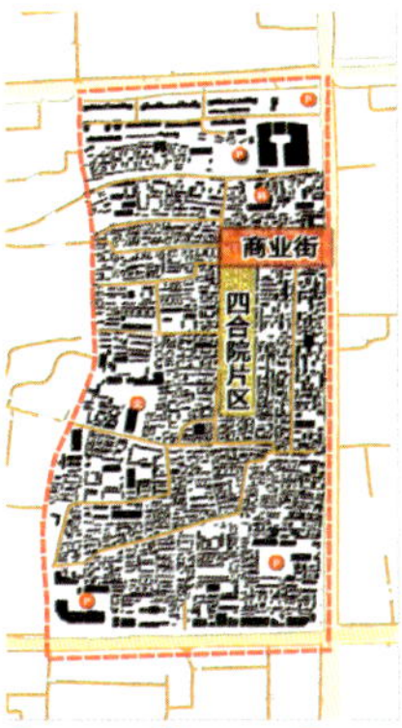

基地内保存有风貌较为的商业街，在尺度和两侧建筑风貌上沿袭传统商业街区模式。可予以改造保留，作为历史的延续，形成东西向附有民俗特色的开敞空间，体现基地的城市记忆。

四合院空间分析

原有肌理

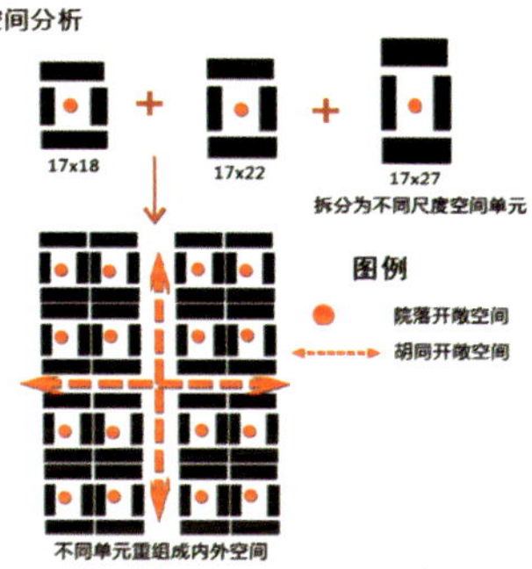

基地原有的民居肌理经过拆分可以抽象为三种不同尺度形式的地洞源基本单元的组合，不同形式的四合院相互之间相互组合，围合成具有方向性的胡同空间。

四合院空间分割

搭建后四合院的现状

近现代以来，随着经济的增长，“北漂”成为社会的一大普遍现象，北京人口在北漂的形势下急剧的膨胀。基地低廉的租金吸引了大量的外地人，为增加居住面积，大的院落开敞空间遭到破坏，已经不能满足现代人城市生活的需要。

案例总结

对案例的研究与分析之后，城市中采用大型的开敞空间，尤其带状绿道对空间进行组织，串联功能节点，与周边城市与周边城市功能采用空间视廊、廊道联系，使基地与周边融为一体。同时结合基地特有情况将绿道空间功能与生态功能、交通功能等相结合。

开敞的绿道空间

- 红色体系：立体的红色交通空间。地面、地上不同体系通过廊道相连，使得不同建筑、组团间形成功能的流动。
- 绿色体系：公共开敞空间与绿色开敞空间相结合，连接各个组团开放空间吸引人流，增强基地活力。

实现

- A 生长带：贯穿整个基地的绿化廊道将各种功能用地串联，并与周边的金融、商业、居住等功能连接，形成基地发展的主要轴线，不断提升基地活力，带动基地发展。
- B 城市绿谷：在高楼林立的城市中打造一条开场的绿道空间，从高度上、空间上形成一条通透的谷地空间，缓解城市生态压力与城市人心理压力。
- C 功能连续的整体城市：通过交通、开敞空间与周边地区相连，使得基地融入到城市当中，形成与周边密切结合的连续整体城市，并形成统一的城市风貌。

现状因素评价

针对基地的开发强度的定位，由于本基地所处片区未编制近期控制性详细规划，基地采用类比定量的方法制定开发标准。选取与基地同处同一区间的相似地块，主要包括功能、地价区间等相似地块进行类比。本案选取了金融街、环球金融中心、国贸中心、银泰中心、华贸中心五处已开发地块为类比。

功能类比

类比案例

案例参数

序号		用地面积	容积率	建筑限高	基准参考地价
1	金融街	103公顷	3.90	100米	二级
2	环球金融中心	51公顷	2.64	——	二级
3	国贸中心	17公顷	6.98	330米	二级
4	银泰中心	3公顷	6.00	250米	二级
5	华贸中心	39公顷	2.56	——	三级

地价类比

土地用途	价格类型	土地级别 一级	二级	三级	四级	五级	六级	七级	八级	九级	十级
商业	基准地价（标准熟地价）	7210-9750	5680-7680	4530-6130	3720-5090	2720-4000	1970-2900	1150-1980	530-1180	250-540	140-260
	标准毛地价	2660-4900	1680-3120	1500-2420	1240-1860	970-1450	720-1090	500-740	360-540	180-380	90-190
综合	基准地价（标准熟地价）	5540-8250	4440-6000	3620-4940	2650-3900	1960-2790	1290-2080	880-1320	430-900	200-480	140-260
	标准毛地价	1640-4500	1460-2290	1130-1690	880-1320	660-990	500-740	400-600	250-470	140-260	90-150
居住	基准地价（标准熟地价）	4740-7000	3400-5780	2730-4590	2090-3600	1500-2790	1060-1820	830-1080	330-650	180-370	140-260
	标准毛地价	1710-3080	900-2180	560-1300	400-930	300-680	190-410	150-350	120-280	100-220	40-60
工业	基准地价（标准熟地价）	1200-1880	1000-1220	850-1050	600-900	420-680	310-510	220-330	160-240	100-170	
	标准毛地价	420-890	430-630	340-440	270-360	195-300	138-225	100-180	80-100	20-60	

一级地价区域：西单北大街-西四南大街-西四北大街-地安门西大街-地安门东大街-东自忠路-东四北大街-东四南大街-东单北大街-崇文门内大街-崇文门西大街-前门东大街-前门西大街-宣武门东大街-宣武门内大街-西单北大街；所围地区及繁华边界路段外侧地区

二级地价区域：广安门内大街-广安门北滨河路-西二环护城河引水渠-三里河路-西直门外大街-北二环路-东直门北大街-东直门外斜街-东三环北路-东三环中路-通惠河-广渠门北滨河路-广渠门内大街-珠市口东大街-珠市口西大街-骡马市大街-广安门内大街；所围地区除一级地价区外的地区及繁华边界路段外侧地区。

三级地价区域：劲松路-广渠门南滨河路-方庄路-蒲黄榆路-永定门东滨河路-永定门西滨河路-右安门东滨河路-右安门西滨河路-丽泽路-莲花河-西三环中路-太平东路-万寿路-永定河引水渠-西翠路-八里庄路-蓝靛厂路-蓝靛厂北路-北四环西路-万泉河路-圆明园路-清华西路-中关村北大街-成府路-志新路-八达岭高速路-北四环中路-北辰东路-大屯路-北苑路-北四环东路-惠新西街-樱花园西街-北三环东路-西坝河-霄云里南街延长线至亮马桥路-枣营路-朝阳公园西路-农展馆南路-甜水园西街-金台路-西大望路-建国路-金台西路南延长线-京秦铁路-东三环中路-东三环南路-劲松路；所围地区除一、二级地价区外的地区及繁华边界路段外侧地区。

四级低价区域：………

案例分布

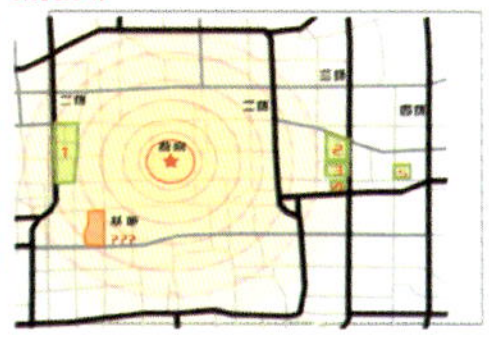

选取与基地地价、地理位置相似案例作为类比案例，由于基地地处二级地价区域，选取案例基本与之相同地价，由于地价分布大概以市中心为圆心圈层式分布，选权利基本与基地相似，多数属于二环与三环之间，功能上与基地相似，多以办公建筑为主。

类比相关地块强度指标，平均容积率为4.4，考虑基地内保留低层建筑较多，靠近北京城市中轴线，处于北京城市风貌控制范围，4.4为基地开发最大限度，因此原则上确定基地容积率为3.8。综合考虑案例与城市风貌控制原则，确定基地内标志性建筑物高度不高于150米，主体建筑高度不高于70米，居住建筑不高于米100。

综合考虑城市道路景观风貌原因，确定基地靠近广安门内大街、宣武门西大街、宣武门外大街建筑高度不高于20米时，建筑退后不小于8米；高于20米时，则不小于15米，靠近广安胡同则分别退后6米与12米。基地内部道路红线大于20米的两侧建筑，高度20米以下退后4米，20米以上退后15米。宽度20米以下道路则综合考虑技术与景观需要酌情退后。

GENGEAL PLAN AND ANALYSE.   THINKING/ESSENCE/GROWTH

Beijing Guang An Industrial Park Urban Design

北京广安产业园核心地段城市设计

[水]之涟漪

设计流程

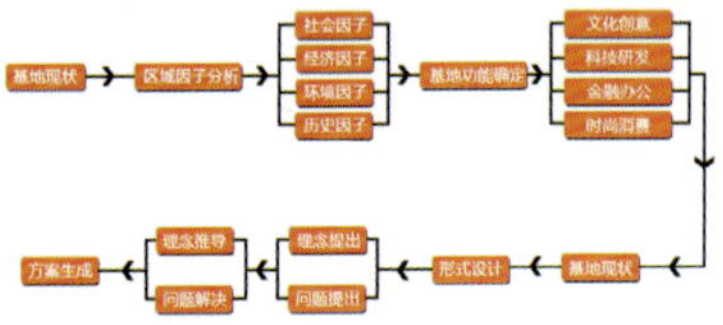

概念探索

建筑：空间的流动

所有的空间都无以名状、界限模糊、互相穿插与渗透，这种不确定的空间关系使人对空间产生了在运动和视觉上的全新体验，被称为"流动空间"，其本质在于空间与空间相互关系的模糊性。

随着人的运动，空间连续的展开，观察者一会觉得与一种空间秩序发生关系，一会又觉得起作用的其实是另外一种空间秩序。选择不同的道路，同时也意味着进入不同的空间秩序中。

空间：中国古典园林

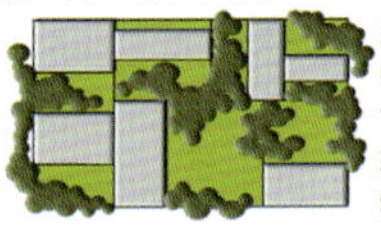

空间在水平与垂直方向都采用象征性的分隔，保持最大限度的交融和连续。这与中国古典园林"步易景移"、"虚实互生"的思想是相似的，苏州园林就是最好的证明，咫尺天涯就是他们对"流通空间"出神入化的理解与应用，"山穷水尽疑无路，柳暗花明又一村"。

整体：卡斯特的流动空间

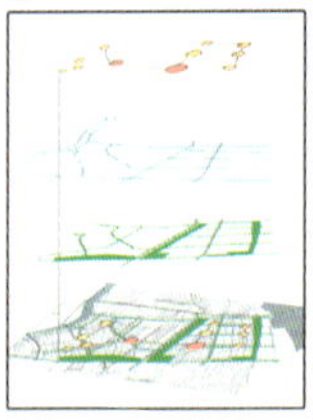

流动空间是通过流动而运作的共享空间的社会实践的物质组织。流动空间的形成有赖于三个层次的物质支撑：第一信息和交通通道等基础设施构成的互动网络；第二是节点和枢纽；第三是具有区域支配地位的功能性空间。这三个层次突破了建筑空间的结构体系范畴，使得空间进行流动。

系统性评价

人群划分

主要人流
- 商务公司
- 科研单位
- 白领
  - 文化工作者
  - 商务工作者
  - 科研工作者
  - 时尚消费店主
  - 创意设计师
- 居民
- 商铺店主
- 后勤人员
- 游人
  - 观光游客
  - 消费者

作用因子评价

	需求	供给
商务公司	氛围	氛围
	服务	名气
	名气	人流
	空间	
科研单位	氛围	氛围
	空间	新产品
	交流	人流
	服务	名气
	人流	
白领	氛围	
	人流	交流
居民	地价	人流
	环境	
商铺店主	氛围	艺术品
	人流	服务
	空间	氛围
	租金	
后勤人员	人流	服务
		休闲
游人	氛围	人流
	艺术	交流
	休闲	

方案产业构成为文化传媒、时尚消费、创意商业、科技研发、金融办公与SOHO公寓，只针对一系列功能下活动的不同人群，对其需求与供给进行系统工程学评价，并对作用因子进行量化，进一步指导后续的场所空间设计，是的设计更具有理性化，满足不同人群生产生活需要，有效激发土地活力。

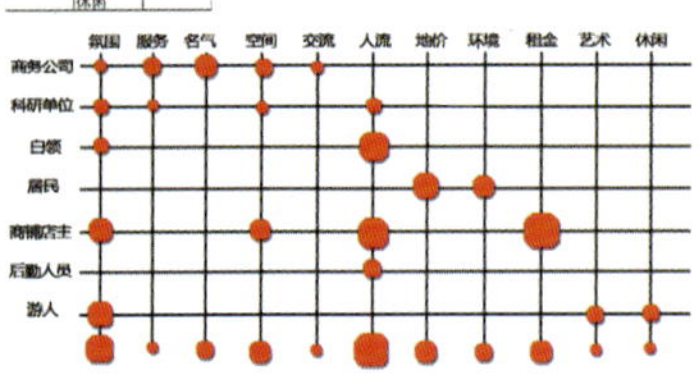

功能定位

规划目标

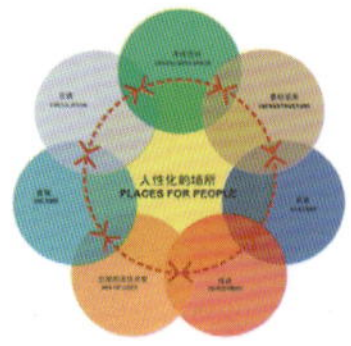

1.考虑城市长远发展战略，完善城市开敞空间体系，构建完整的城市绿地景观系统。

2.传承历史文脉，折射传统城市面貌，展现城市历史，加强城市历史感。

3.创造高品位的城市文化娱乐、休闲空间，增加城市活力，重塑城市形象，增强城市文化感。

4.改善城市生态环境，逐步实现生态恢复，形成良好城市气候。

5.完善城市基础设施，逐步提高城市地块承载力，以城市经营方法去开发城市。

更新模式

土地更新利用框架	土地更新利用模式	
1.绿地系统进化	生态绿地的建立，生态系统恢复模式	可持续发展
2.功能结构优化	传统功能转变为高新技术产业模式	
3.社会利益维系	城市公共开放空间模式	

所以……

……不需要

我们需要……

功能定位

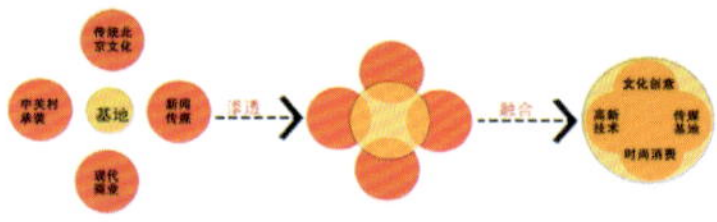

北京市综合发展战略将基地功能定位为中关村的产业承接地，综合考虑基地靠近琉璃厂、SOGO商城、新闻传媒大厦等情况，且基地内部胡同文化、四合院等北京传统文化较为浓厚，将基地功能定义为集文化创意、高新技术、时尚消费、新闻传媒为一体，并附有相配套的服务居住功能的综合片区。功能组织上实行土地混合使用，不仅限于平面的混合，更注重立体的功能复合。

生态定位

1.注重绿色开敞空间的可达性，形成中央开敞绿带，保证真正的开敞空间能够为社区居民所共享。

2.将历史、文化、自然风景与城市功能在平面、空间上融合，最终实现绿色生态的立体化。

3.引入适量水系，软化硬质地面，为人类提供适度的滨水活动空间，为基地带来适度灵性。

4.综合考虑人行为与基地内的绿色开敞空间，形成点、线、面不同等级结构的绿地生态系统，解决社区居民不同活动的需求。

设计理念

理念生成

理念引入

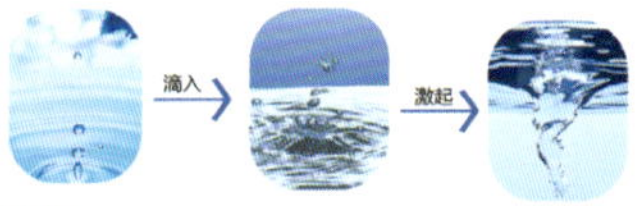

方案缘起水滴入水形成的阵阵涟漪，水滴入水泛起阵阵涟漪，这所表现出来的肌理形态没有任何的外加刻意的塑造，其产生的形态是最自然的，将这一形态引入到基地当中，形成基地中心具象的开敞空间。从抽象的概念则是基地目前缺乏活力的死空间在新的功能、现代文化、新的生活居住方式的介入后，必将激活土地活力。

理念演绎

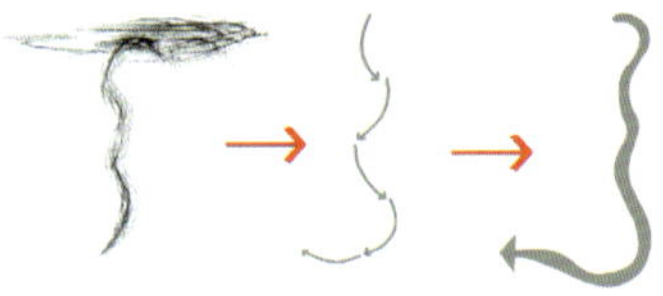

基本形态提炼　　运动规律　　元素几何化

介质引入

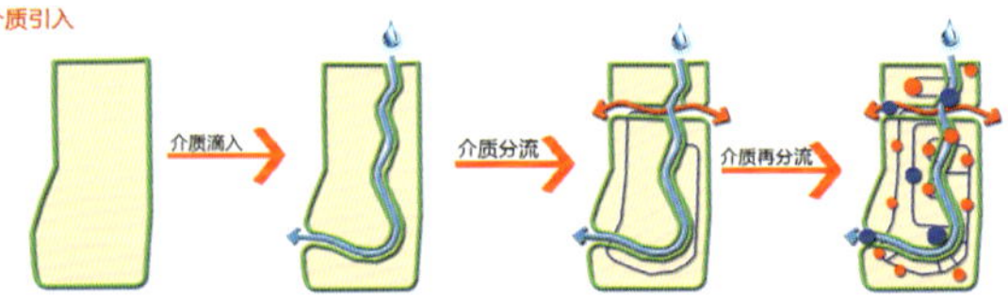

平静的"死"空间

介质介入后，对基地带来冲击

介质介入后，进行分流，在不同功能之间穿梭、流动，形成流动的空间

介质介入后，分流后的介质流再次分流，并将分散要素进行串联，将不同要素组织在流动的空间当中

☆注：此处介质是指为激发土地活力而对基地注入的新功能、新形势、新文化、新政策是指对基地进行的一系列改造措施。

绿廊引入

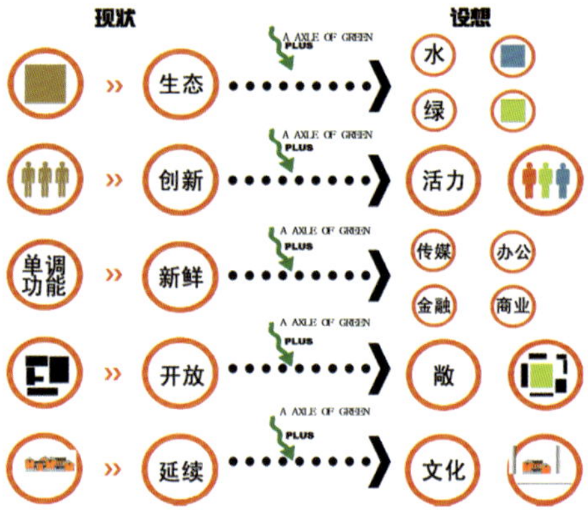

基地用地、生活方式、用地功能、以及建筑空间与建筑形式都已经脱离于现代城市，致使基地成为与当代城市不相适应的一块"死地"。对基地注入新的活力，使其更新为城市所需要的职能，这已经成为当前城市规划中主要的课题。方案将引入的巨响形体化为开敞绿道，将基地内部的各个空间相互串联，并将基地各用地内注入新的活力因子，包括水系、斑块绿地、现代化的新城市功能，以及将原有文化与现代城市生活相结合，以激发土地活力。

概念引入

流动空间

流动空间地主旨是不把空间作为一种消极静止地存在，而是把它看做一种生动的力量。在空间设计中，避免孤立静止地体量组合，而追求连续的运动空间。空间在水平和垂直方向都采用象征性地分隔，而保持最大限度的交融和连续，实现通透、交通无阻隔性或极小阻隔性。为了增强流动感，往往借助流畅的极富动态的、极富动态的、有方向引导性的线型。

平面流动

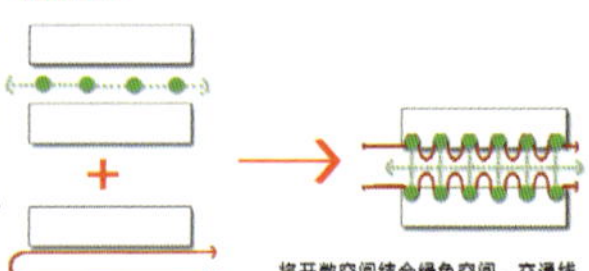

将开敞空间结合绿色空间、交通线路等引入建筑或建筑群内部，实现室内外、室外空间的流动性。

立体流动

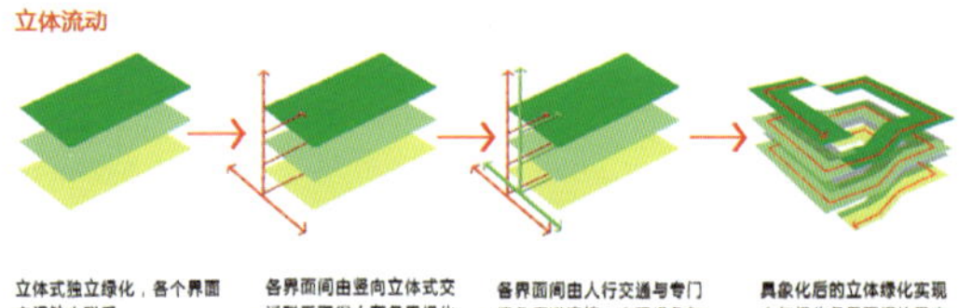

立体式独立绿化，各个界面之间缺少联系。

各界面间由竖向立体式交通联系取得人在各界绿化界面间穿越。

各界面间由人行交通与专门绿色廊道连接，实现绿色与人界面间的穿越。

具象化后的立体绿化实现人与绿化各界面间的同步流动。

立体社区

概念图解

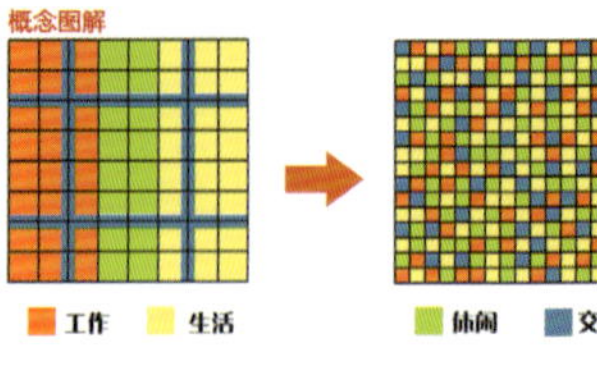

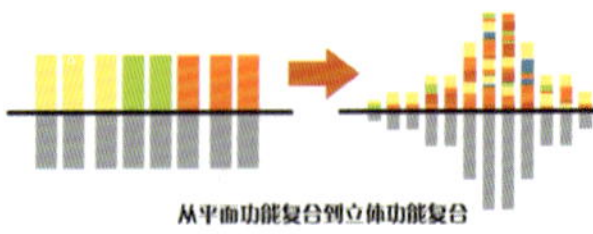

从平面功能复合到立体功能复合

随着城市的膨胀，城市土地利用节约化成为当代城市主题。这使得城市功能由平面的布局延伸到立体空间的布局，城市不断的在立体空间上去安排城市的职能，包括工作、生活、休闲、交通，而绿色城市立体化则是城市不断提高绿化的最佳途径之一，而这一切体现在方案设计中就是立体城市概念的引入。

概念深化

立体社区

1 土地与空间的混合使用，只要噪声、废气的排放能够达到标准，在开发强度一定的条件下，可将平面功能复合过渡到立体功能的复合。

2 立体社区的构想把不同的功能单元建筑相互连接，通过在空间上的重新组合和排列，通过步行道把他们串通，变成功能纵向混合的建筑，从而达到功能在三维立体空间中的流动。

3 将绿色融入立体空间中，以达到生态与各功能在立体方向的流动。

Beijing Guang An Industrial Park Urban Design

北京广安产业园核心地段城市设计

[水]之涟漪

构思分析

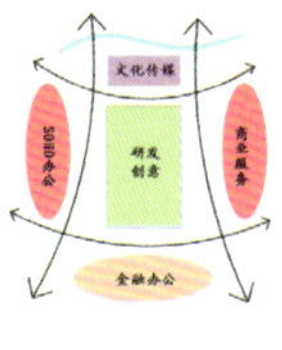

空间发展结构分析

根据基地周边用地性质，本着与城市功能相呼应的原则，在基地北侧结合原有新闻传媒用地形成文化传媒片区，东侧则沿街形成商业服务区，南侧与南部的办公与金融用地相呼应形成基地的金融办公区，西侧则与西部居住用地相呼应，形成SOHO办公片区。中间位置则形成创意与研发片区。各功能片区之间由道路分割，相对独立。

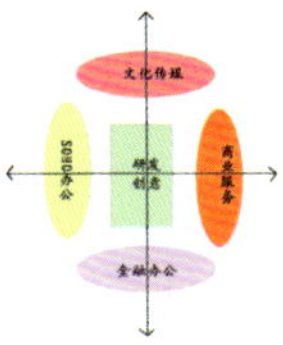

产业布局分析

基地产业主要为文化传媒、金融办公、商业、科技研发，并伴有少量的居住功，本着产业为城市服务原则，沿东侧与南侧靠近广安产业园中心地带的片区布置商业金融办公用地，服务于整个产业园，相对安静的研发与创意功能则布置在基地中央，SOHO居住则位于西侧，真个产业结构在基地呈十字展开。

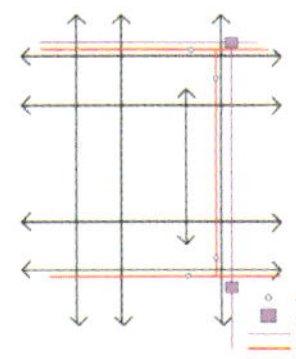

城市效益分析

城市效益主要体现在城市交通运输上，在基地周边，地铁、公交线路、干道集中于城市的东、北、南三侧，也决定了基地的东侧、南侧与北侧是基地城市效益最高的片区，适宜兴建城市收益较高的功能片区。

城市设计策略

设计目标

INNOVATION　城市设计策略

靠近历史记忆	靠近现代城市	靠近城市生活
保护历史建筑	加强城市连接度	创造宜人尺度
引入民俗商业	承接城市的职能	承接商品生活
引入创意工艺	增加城市的活力	注重人的需求

策略分类

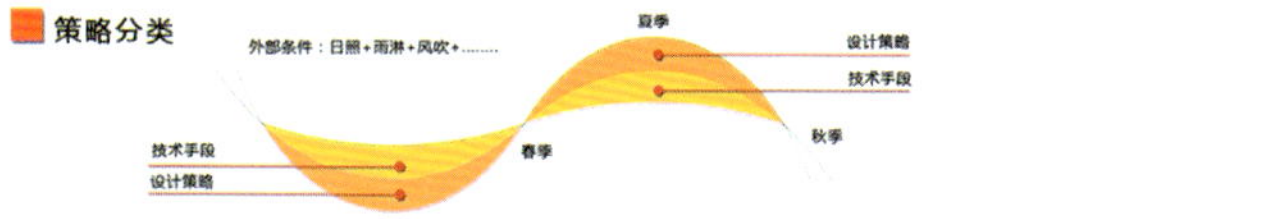

方案主要通过空间处理手段以及少量建筑设计与技术手段进行城市设计，最终实现城市环境、生态环境与人文环境的和谐共生，

设计遵循气候的生态节能性，以自然舒适、生态低碳和适宜技术以及地域气候特色为设计目标，并且其目标的实现顺应自然界的阳光、风力、气温和湿度的自然特征，尽量不依赖常规能源的消耗。同时，根据气候协调功能、形体与空间等要素，通过规划、设计和环境配置等城市设计手法，引导自然条件和有利的气候资源，消除不利的气候影响，将城市微气候向人们期望的环境方面调整，尽量减少空调设备等技术手段，以实现环境的绿色生态。

功能重组

对基地现状进行分析，基地内诸如四合院、商业街区、树木等因子具备一定活力，但没有很好的得到运用，处于游离状态，造成整个社会效益较低，整个基地城市职能偏低，在设计中注入新的城市职能，诸如办公、金融、现代商业等因子，并采取交通、空间等进行联系，将职能因子吸附到其周围，实现集聚效应下活力的共生。

游离功能因子分布散乱，其中包含已经失活功能因子与已经不能跟上城市生活需要的梗质因子。

植入

抽去梗质因子，更新失活因子，注入社会需要的新功能但是功能因子仍处于游离状态。

吸附

绿廊的引入对更新功能与植入功能进行组织。

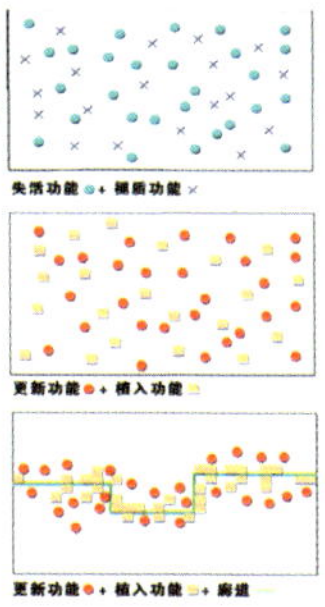

商业文化更新

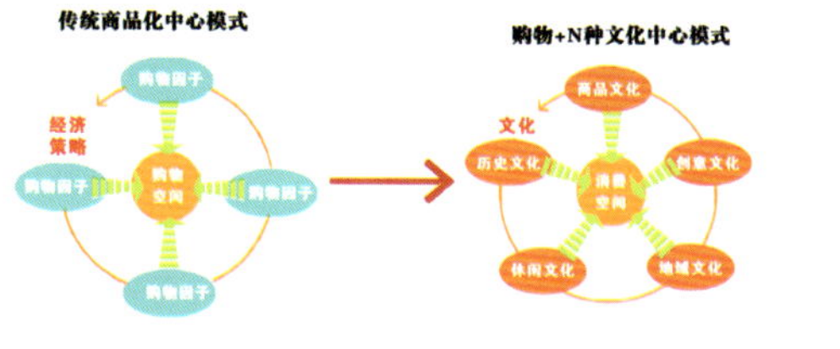

基地现存的传统商业街区内，在经济策略的驱动下，购物空间内仅存有相对应的购物因子，形式单一，缺乏城市、地域特色，针对传统的购物空间添加历史文化、创意文化等富有地方特色的因子，激发土地内涵，实现商业环境下文化活力的呈现。

技术策略

空间策略

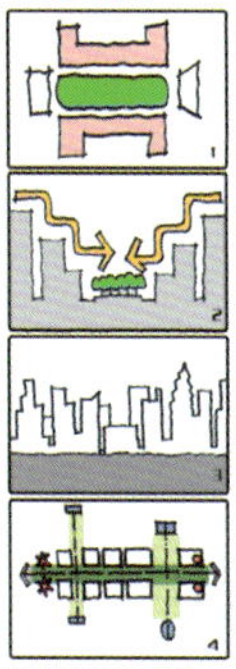

1 创造一系列地标性建筑物

2.创造面向中心开敞空间的最大视野

3 创造富有动感的城市天际线

4 重要建筑物可增加建筑四周的建筑退后距离，以突显其重要性及保证相邻日照通风

交通策略

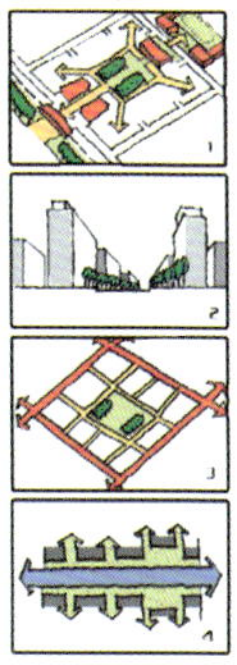

1 创造社区公共设施皆在步行距离之内的空间。

2 沿主要道路上配置较高密度的建筑物。

3 塑造行人友善内部街道区，将汽车动线保持在周边道路。

4 各建筑正式入口皆由主要大道进入。

景观策略

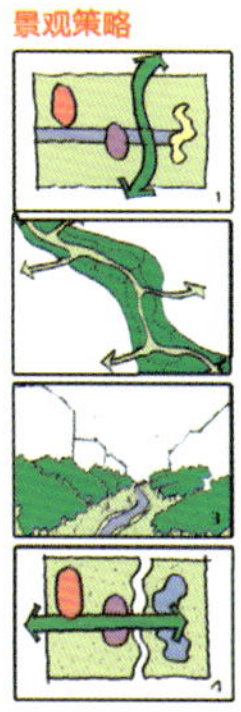

1 融合在都市纹理中的绿色走廊

2 将城市绿空间网络与自然体系合为一体

3 为使用者提供自然呼吸器，远离尘嚣的场所。

4 藉由中央绿带串联各功能用地

方案过程

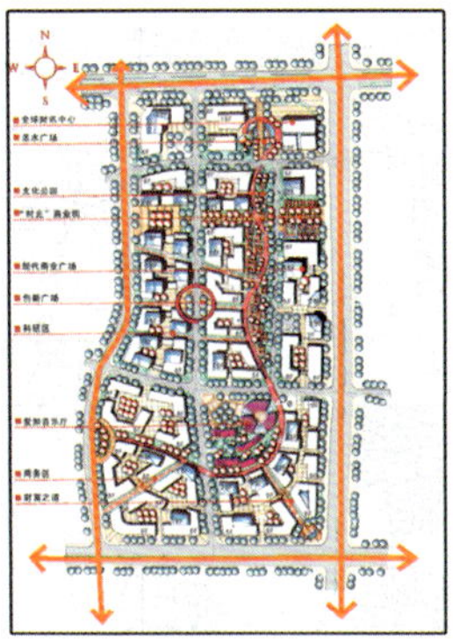

一轮方案：

从功能功能分区延伸出基本的平面布局，设计的基本构思，包括路网确定，基本开敞空间体系的确定，对局部设计单元进行适度深化。

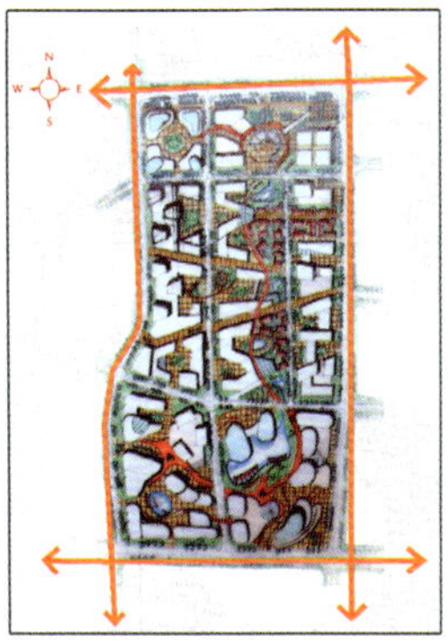

二轮方案：

平面上基本开敞空间体系确定，建筑群体设计能够达到一定深度，并能够基本确定开发强度，指导下一步设计过程。

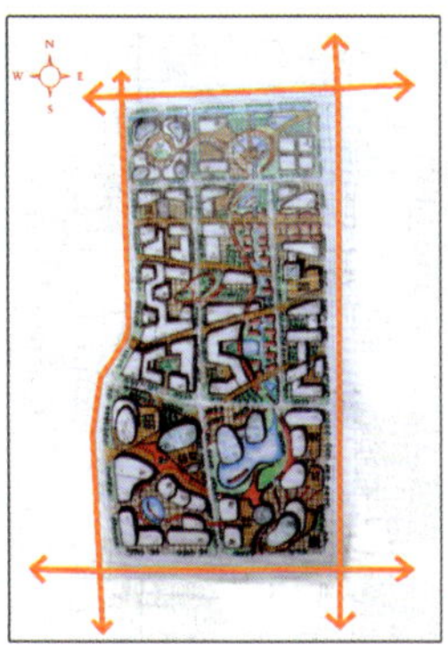

三轮方案：

确定具体开敞空间体系流程，步行交通体系，节点位置以及大致设计样式，对建筑群进行推敲，能够指导完成总图设计，在后续设计中对具体建筑群体再次进行深入推敲与设计。

建筑策略

技术设计策略

建筑与光

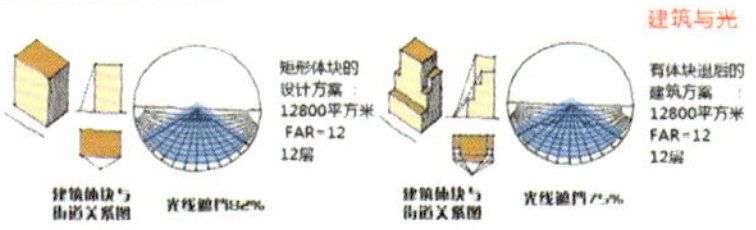

临街建筑退台式处理，景观上可以丰富城市街道立面，减小压迫感，技术上则可以在相同开发强度下拓宽街道空间，增加街道日照面积。同时可以减少高层建筑中风对建筑的侧压力，从而减小设计强度。

建筑与风

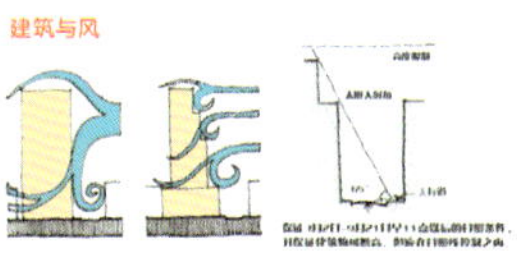

建筑设计策略

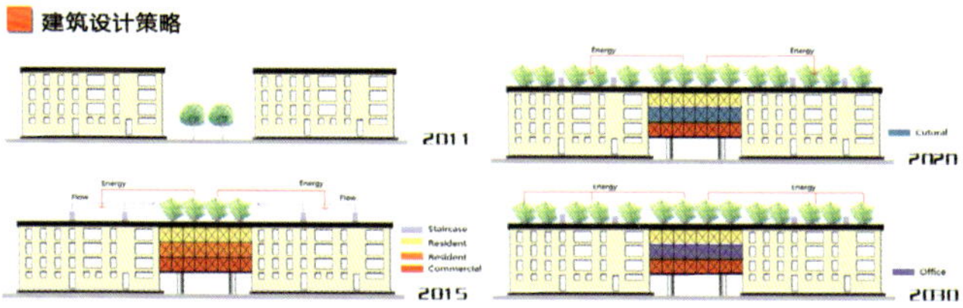

建筑屋顶绿化已经成为大城市解决日益严峻的生态问题的一个重要手法，对于覆土绿化建筑，可充分利用绿化的遮阴效果，使室内温度低于同标准未绿化建筑，同时屋顶绿化产生新鲜空气与能量，人们可以通过楼梯进入到户外，享受室外阳光与新鲜空气。在设计当中，顶层建筑靠近绿化，受影响最大，可作为居住建筑，随着屋顶绿化普及，其他诸如商业、办公功能建筑逐次享受屋顶绿化，在本设计当中可对少量保留建筑之间添加混合功能建筑，增加屋顶绿化面积，针对新建建筑则直接添加屋顶花园，从而实现城市的三维绿化。

方案生成

设计要素——传统特色

本设计将北京地区传统建筑的特点：午门的锯齿形平面与四合院建筑空间的围和的空间形式抽象演绎出五种基本模式，将这些模式进行变化组合，形成富有地方特色的空间单元，并将这些单元进行拼合变化，与具体的建筑功能相结合，最终实现方案的具体化。方案设计最初继承北京的地方传统文化，饱含着北京的城市特色，但在继承历史的同时，富有变化，不拘泥于传统，将曲线、折线等动感较强的现代处理手法运用到设计当中，与传统结合，创造出富有变化的空间关系。

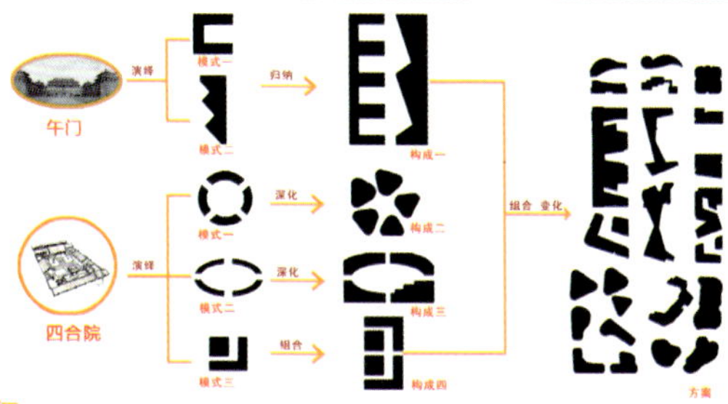

设计要素——时代脚印

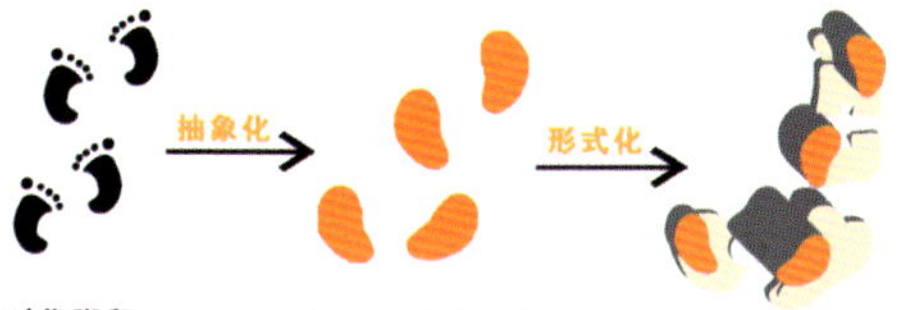

时代脚印　抽象概念后形体　植入场地具体化

象征……

时间向前发展：古老北京城面临新时代下新事物的冲击，时代脚印预示着由过去走向未来，代表着北京古老文化的延续。

活力纵向提升：大到城市，小到基地面临着活力的缺失，新的城市功能的植入带来城市活力的全面提升。

周边辐射带动：传媒、商务、商业等植入功能是城市型功能的植入，服务于整个区域，带动整个城市的发展，使文化、信息、经济不断向前发展。

Beijing Guang An Industrial Park Urban Design

北京广安产业园核心地段城市设计

[水]之涟漪

ECOLOGY ENERGY CULTURAL

规划布局

以基地中央开场绿道为主干，两侧布置新闻传媒、SOHO公寓、科技研发、商业服务、金融办公等功能用地，形成以中央绿道串联各个功能单元的枝干模式。并在各个组团之间依托道路、商业街、广场、步行道等开敞空间，使得基地开敞空间与城市开敞空间融为一体。

图例 开敞空间 功能组团 绿化渗透轴

规划结构分析

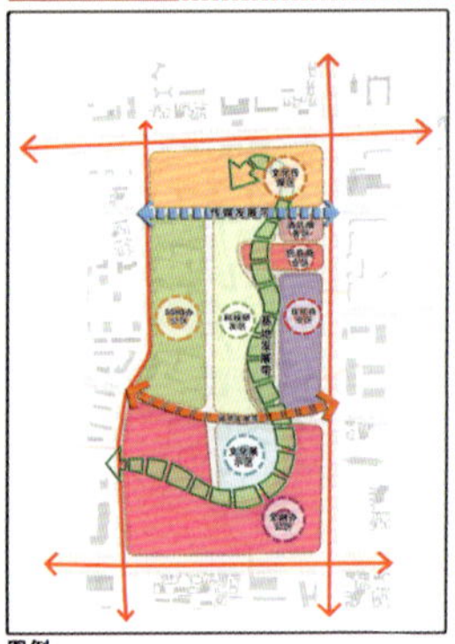

基地规划为"一带、两轴、八片"的结构模式。"一带"指规划范围内获利较为集中的中央开敞空间带，串联各个功能组团。"两轴"是指沿老墙根街的城市发展轴与沿传媒大道的传媒发展轴。"八片"则是指为一带两轴随串联的八个功能片区。

图例 文化传媒用地 文化展示用地 传统商业用地 SOHO办公用地 科技研发用地 酒店服务用地 金融办公用地 现代商业用地

开敞空间分析

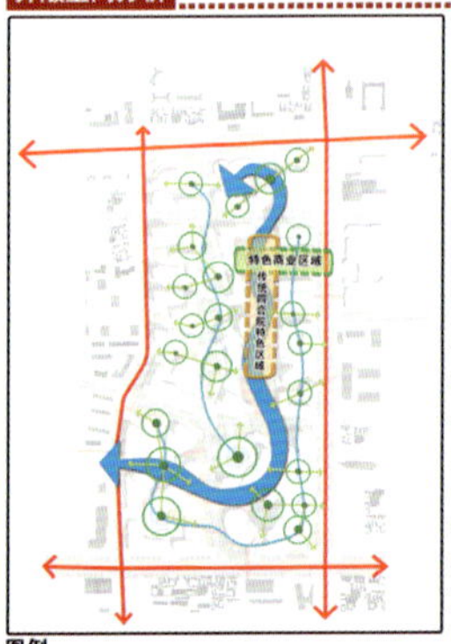

基地内主要开敞空间分为三种模式，即中央的带状开敞绿道，传统的商业街区模式以及以广场、游园绿地为代表的节点模式。三种模式搭配，视线上相互联系，构成点、线相结合的结构模式，方便了规划范围内人更好使用，同时与城市开敞空间相互联系，方便其他区域城市人们的使用。

图例

绿地系统分析

规划范围内绿地系统分为地面绿地与建筑屋顶绿化两种模式，地面绿地形成点成、线相互结合的发展模式，结合建筑群之间开敞空间，形成点状布置的游园绿地，结合中央带状开敞空间形成线性的带状绿道。屋顶绿化则主要分布在基地外围，形成围绕基地的环状布置模式，有效弥补外围绿地不足的缺点。

图例 行道树分布 景观树分布 绿化集中区域 水面 地面绿化区域 建设用地绿化区域 绿轴

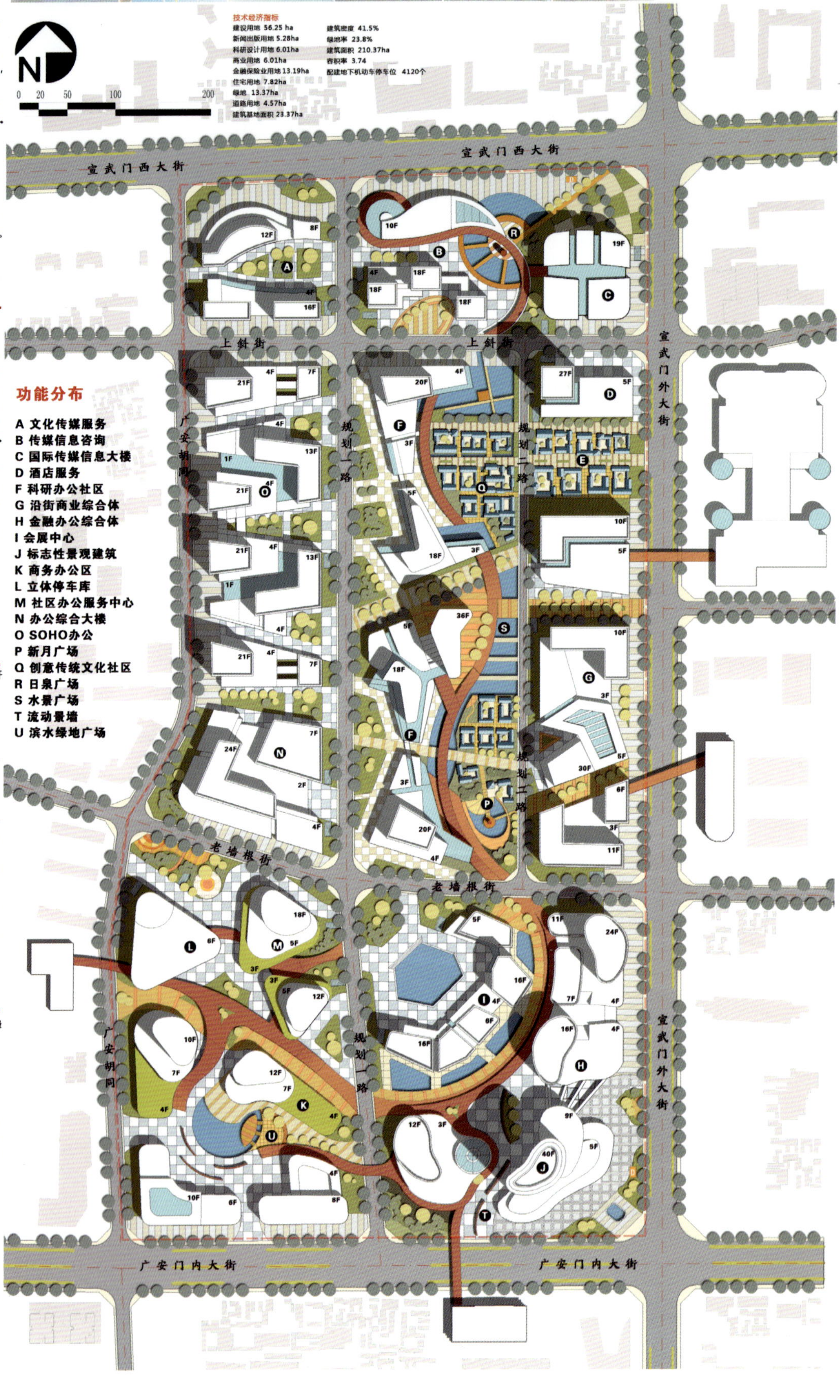

技术经济指标

建设用地 56.25 ha	建筑密度 41.5%
新闻出版用地 5.28ha	绿地率 23.8%
科研设计用地 6.01ha	建筑面积 210.37ha
商业用地 6.01ha	容积率 3.74
金融保险业用地 13.19ha	配建地下机动车停车位 4120个
住宅用地 7.82ha	
绿地 13.37ha	
道路用地 4.57ha	
建筑基地面积 23.37ha	

功能分布

A 文化传媒服务
B 传媒信息咨询
C 国际传媒信息大楼
D 酒店服务
F 科研办公社区
G 沿街商业综合体
H 金融办公综合体
I 会展中心
J 标志性景观建筑
K 商务办公区
L 立体停车库
M 社区办公服务中心
N 办公综合大楼
O SOHO办公
P 新月广场
Q 创意传统文化社区
R 日泉广场
S 水景广场
T 流动景墙
U 滨水绿地广场

Beijing Guang An Industrial Park Urban Design

北京广安产业园核心地段城市设计

[水]之涟漪

交通系统分析

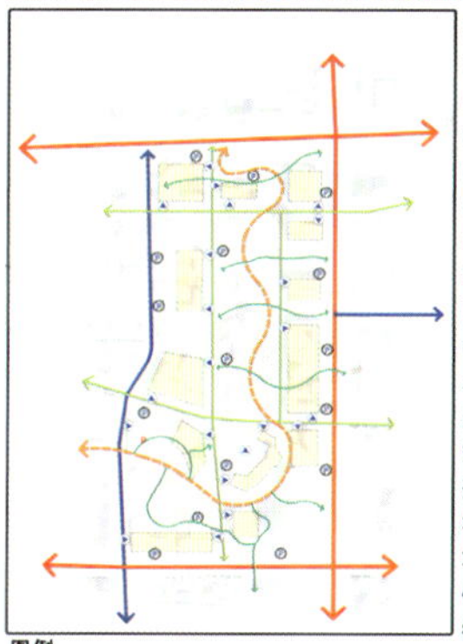

基地车行路网规划为“四横四纵”格局，机动车采用地面、地下、空中立体停车模式，空中停车以停车楼为主与部分屋顶停车，地下停车集中在外围办公与商业区，有效杜绝过量机动车进入基地内部。步行系统则地面与空中结合，以中央开敞绿带为主干枝状模式展开，将各功能组团联系为一体，打造纯粹的步行体系。

公交系统分析

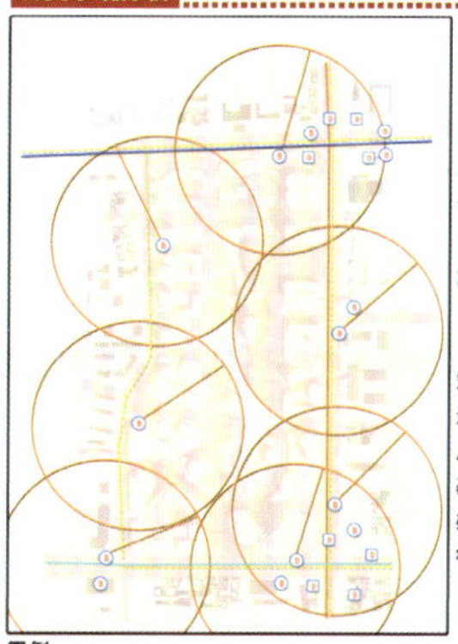

公交系统规划分为地铁与公交两部分组成，在原有的公交站点服务基础上与城市公交系统相协调，增设广安胡同路上两个站点，解决公交服务盲区，从而实现基地内部各处距离公交站点直线距离不超过300米。地铁站点设计则可在原有基础上结合商业、办公综合体整体进行设计。

视线通廊分析

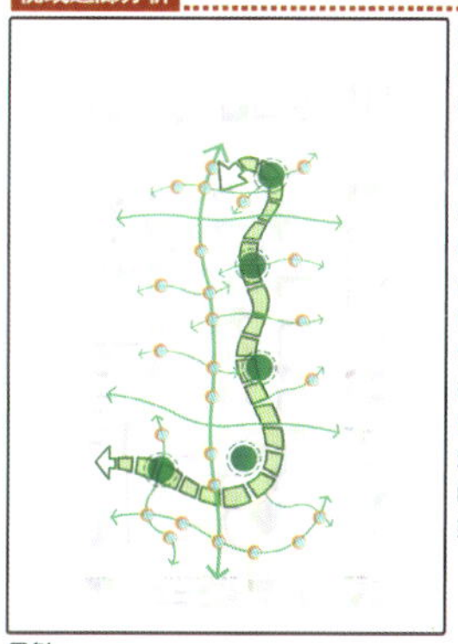

基地在中央开敞空间地带形成一条南北向的视线景观带，沿内部规划一路严格控制建筑退后，形成一条南北向通透景观带。并结合基地内部道路、商业街、步行道等空间形成多条景观视廊，有效将各个景观节点串连在一起，是人们在行进的过程中切身感受到空间的收放自如。

意向一：空中廊道与水体、绿化结合，在空中廊道下形成能够遮风挡雨的地面步行道，局部两侧形成亲水空间，缓解城市中绿意的缺失，为人们提供舒适的活动空间。

意向二：滨水空间的设计局部采取栈道式，结合水生植物，形成人与水的零距离接触。

意向三：将水引入到胡同当中，结合绿化、保留的传统建筑，形成别具一番风味的流水人家的感觉。

意向四：在廊道穿梭的空隙中，将铺地、草地、雕塑结合，塑造环境宜人的小尺度空间。

景观廊道

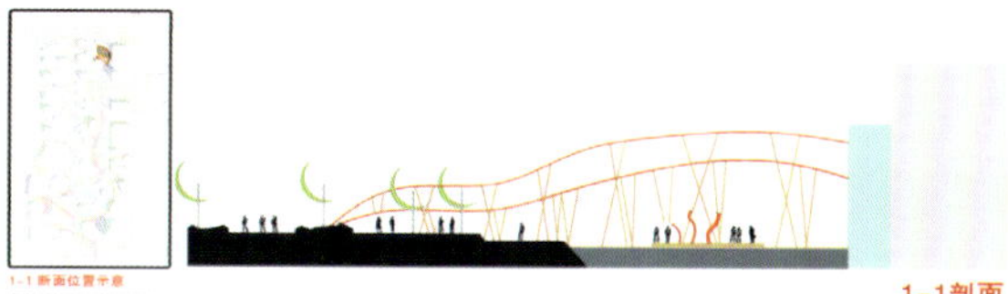

1-1剖面

廊道由地面升起，跨越水面草地、步行道，与建筑结合，与湖心活动平台、滨水步道，为游人提供从空中到地面再到水中的多方位活动场所。

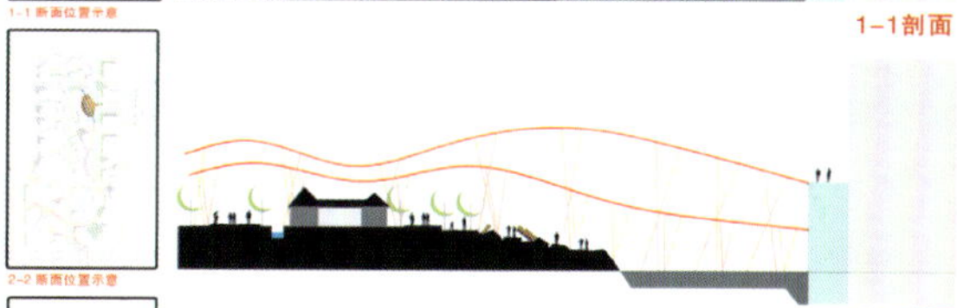

2-2剖面

空中廊道从四合院上空穿过，在廊道下方形富有特色的活动区，廊道上可以很好的观赏到中国国传统建筑的第五立面，别有一番风味。

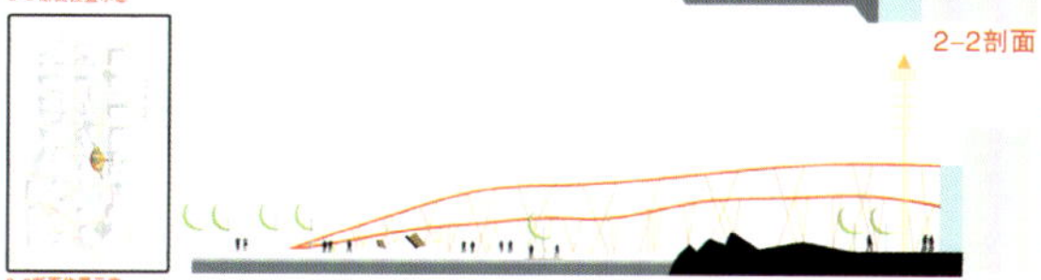

3-3剖面

开敞的水面上空，支架仿佛从水中生长而出，托起整个空中步廊。廊道下滨水开敞绿地成为人们踏青、休闲的好去处。

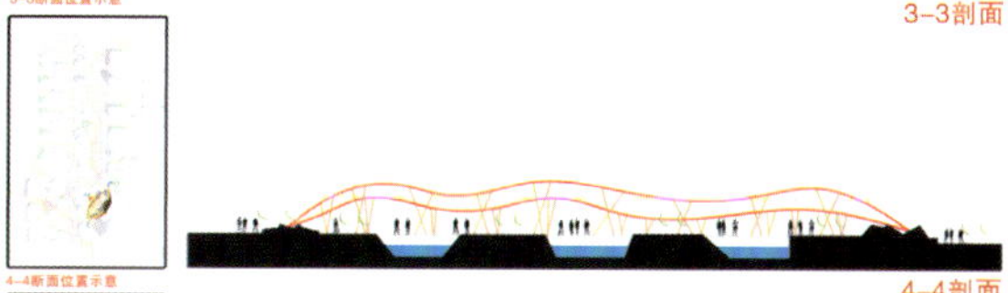

4-4剖面

在会展场所，廊道从水池侧旁穿越，并与建筑结合，使得户内外空间贯通，人们可以通过步廊来到空中花园与户外水畔。

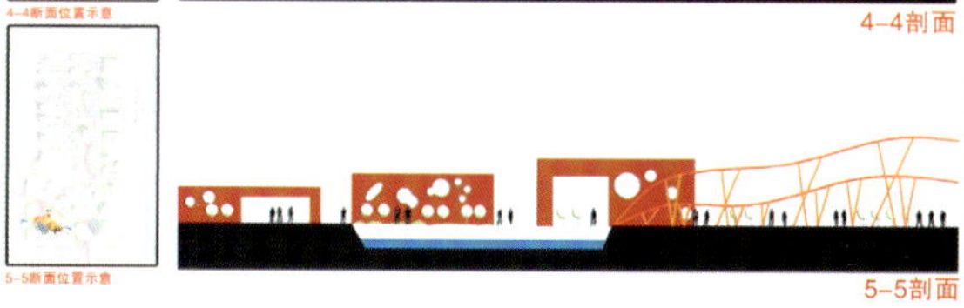

5-5剖面

水池、空中廊道、地面活动的行人、生长的入目，在景墙前形成一个富有活力的活动平台，人们可以通过这里沿着廊道到达办公区的任何一处场所。

基地立面

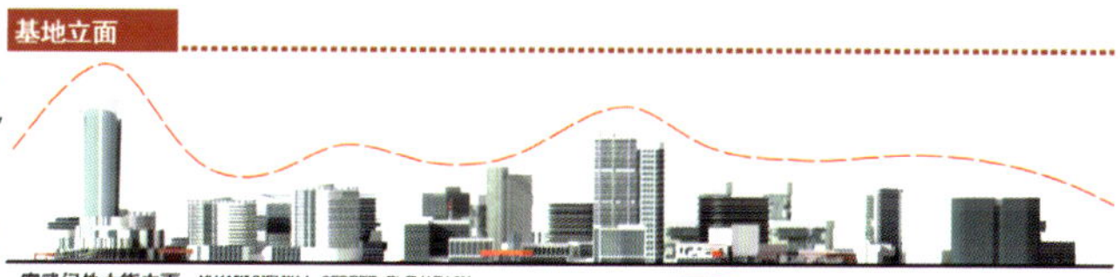

宣武门外大街立面　XUANWUMENWAI STREET ELEVATION

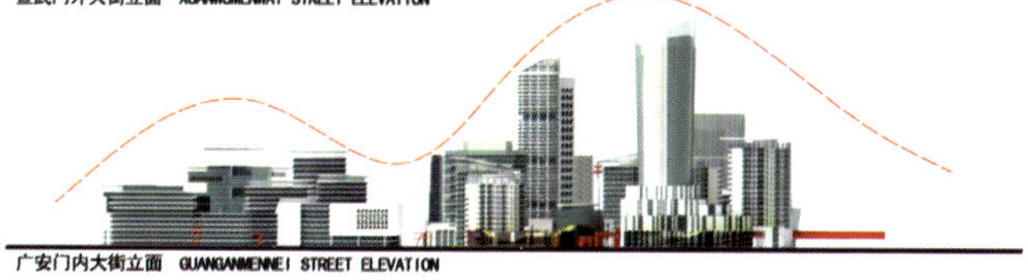

广安门内大街立面　GUANGANMENNEI STREET ELEVATION

建筑形体生成

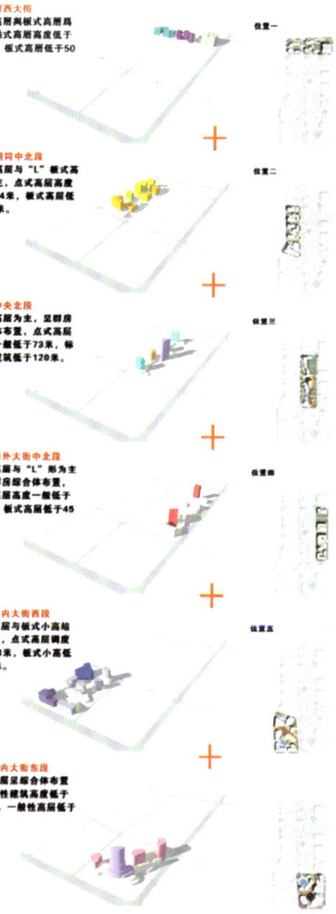

① 宣武門西大街
點式高層與板式高層爲主，點式高層高度低于60米，板式高層低于50米。

② 广安胡同中北段
点式高层与“L”板式高层为主，点式高层高度低于64米，板式高层低于68米。

③ 基地中央北段
点式高层为主，呈群房综合体布置，点式高层高度一般低于73米，标志性建筑低于120米。

④ 宣武门外大街中北段
点式高层与“L”形为主，呈群房综合体布置，点式高层高度一般低于92米，板式高层低于45米。

⑤ 广安门内大街西段
点式高层与板式小高结合布置，点式高层调度低于93米，板式小高低于23米。

⑥ 广安门内大街东段
点式高层呈综合体布置，标志性建筑高度低于150米，一般性高层低于90米。

最终得出

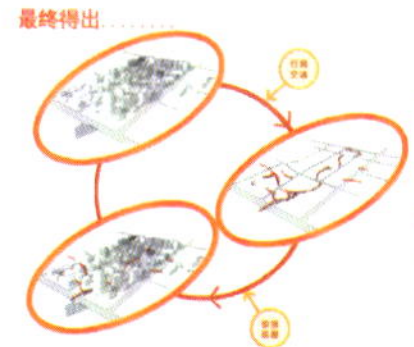

串联流程图示

功能组团内建筑之间只存在一维地面交通联系，通过对基地活动人群的行为进行研究，得出各个建筑场所之间行人活动一般规律，将相关功能单元用廊道进行串联，使得建筑群体之间富有连续性，打破原有的孤立感。

Beijing Guang An Industrial Park Urban Design

北京广安产业园核心地段城市设计

[水]之涟漪

ECOLOGY ENERGY CULTURAL

节点设计

基地中央形成的开场绿道是整个方案的主要景观带，与空中步廊相结合，形成基地南北向的通透空间，方案将绿地、景观、建筑、水体等要素相结合，形成富有特色的活力空间。

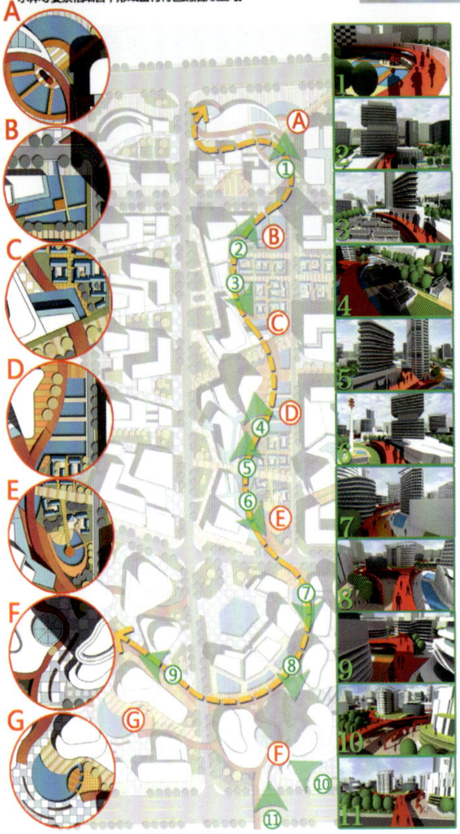

沿基地中央开敞廊道节点设计

宣武门外大街立面意象

入口标志广场意象

商业综合体意象

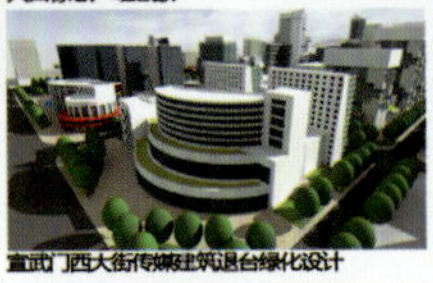

宣武门西大街传媒建筑退台绿化设计

宣武门外大街办公综合体屋顶绿化设计

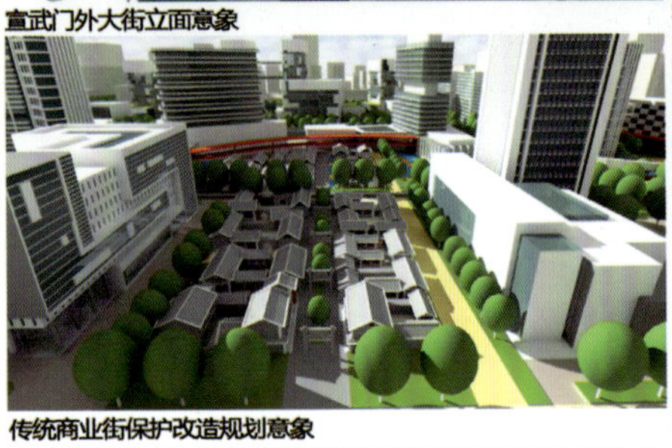

传统商业街保护改造规划意象

牌坊导向的商业步行街入口

与水体结合的四合院街道空间

保留较完整的四合院空间

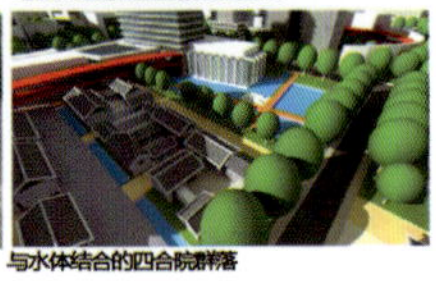

与水体结合的四合院群落

保护完整的传统街区与办公建筑共生

科研办公高层围和的公共空间

与SOHO结合，可上人覆土办公建筑

科研办公区内的公共活动空间

科研与传媒建筑围和的公共开敞空间

马赛克街区

学校：苏州科技学院

指导教师：郑皓 彭锐　　小组成员：姚杨洋 朱安宁

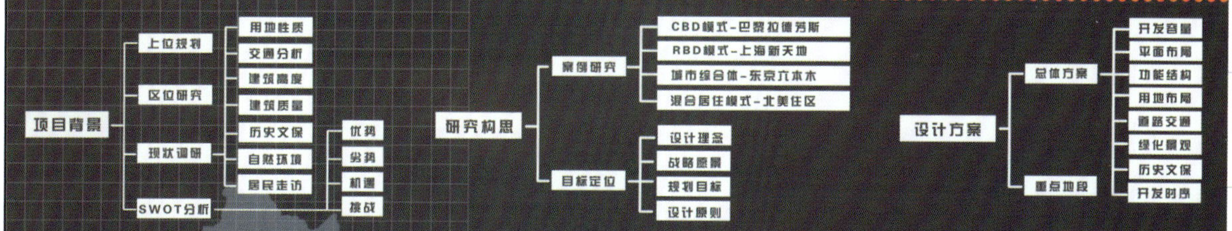

研究框架

·为统筹推进区域发展，充分发挥广安产业园地处核心区、有空间、交通便利的优势，借助中关村国家自主创新示范区辐射带动作用，促进产业聚集和生产要素流动，增强城南地区自主创新能力，根据本市支持高端产业发展的政策意见，宣武区集中全区资源、举全区之力建设广安产业园。而我们本次规划区则是属于广安产业园的核心地块，也是广安产业园中用地面积最大、最完整的地块，地理区位优越。

区位分析

·规划区位于首都北京老城区范围之中，北京二环以内，原属于宣武区，现划入西城区范围；规划区北面是宣武门西大街，东至宣武门外大街，南临广安门内大街，西面是恩源胡同与广安胡同；规划区总用地面积56.18公顷，规划范围内共有居民约25070人。

北京城市总体规划（2004–2020年）

·城市性质：北京是中华人民共和国的首都，是全国的政治中心、文化中心，是世界著名古都和现代国际都市。

·城市定位与目标：国家首都、国际城市、历史名城、宜居城市，以建设世界城市为目标。

·《北京城市总体规划（2004–2020年）》对宣武区的功能定位是：宣武区是国家新闻媒体聚集地之一，宣南文化发祥地和传统商业区。

北京控制性详细规划（2006）及调整

依据《北京控制性详细规划（2006）》以及广安产业园开发中对其的调整，对规划区有以下几点的要求：

1. 规划区内，以老墙根街为界，北部片区减少居住、教育、市政等用地面积，增加公建用地面积，适当增加建筑规模与建筑高度；
2. 规划区北部，临宣武门东大街处，实现原内城护城河水系；
3. 规划区内，以老墙根街为界，南部片区拟将全部用地性质调整为金融商业用地，适当提高建筑规模与建筑高度；
4. 除以上用地性质变更外，对控规的调整建议中，更改了路网格局，增加了绿化面积。

上位规划

·拟减少居住、教育、市政等用地面积，增加公建用地面积，适当提高建筑规模及建筑高度。

·按总体规划及06版控规要求，实现原内城护城河水系。

·拟将地块全部用地性质调整为商业金融用地，适当的提高建筑规模及建筑高度。

PAGE 1

北京市广安产业园核心地块城市设计

MOSAIC BLOCKS 马赛克街区

现状分析

现状用地性质

用地现状

·从规划范围看来，地块内以居住用地为主，共占地34.15公顷，而其中又以二类居住用地为主，仅北部有小部分一类居住用地。

现状用地平衡表

用地性质	面积(公顷)
商业设施用地	6.60
科研教育用地	1.53
文物保护用地	2.41
市政设施	0.32
居住用地	34.31
道路广场用地	5.54
空地	5.4
总计	56.18

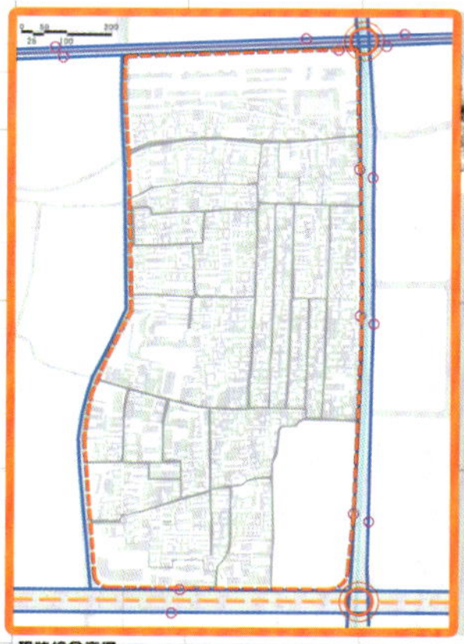

现状综合交通

综合交通

·本次设计地块东南北三面有城市主干道经过，分别是宣武门外大街、广安门内大街、宣武门西大街，而北侧是思源胡同与广安胡同街巷而成的城市道路。

·规划区的东北与东南角分别设有一个轨道交通站点。其中位于地块东北角的宣武门地铁站是地铁4号线与地铁2号线的换乘车站，是北京城南地区重要的轨道交通枢纽。

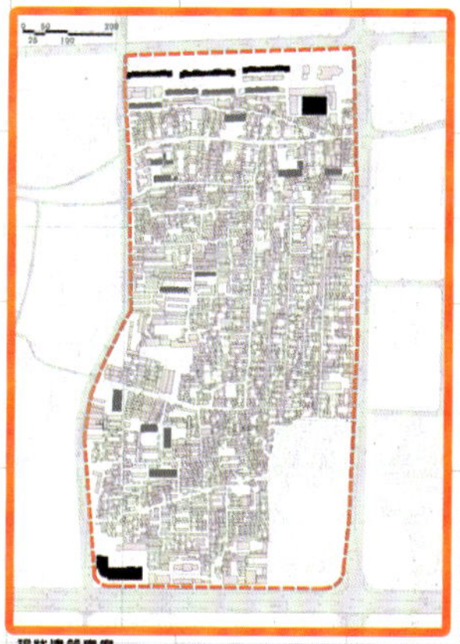

现状建筑高度

建筑高度

·规划区内主要以9米以下，一至三层大杂院为主，包括多处历史建筑和文保单位，并且存在一些乱搭建现象。

·小部分三层至六层建筑散步在地块中，如中学、小学、快捷酒店、卫生站等。

·地块中高层建筑，即24米以上建筑多为较新建造的建筑，如地块东北角的环球财讯中心、北部的高层居住区以及西南角的商务办公楼等等。

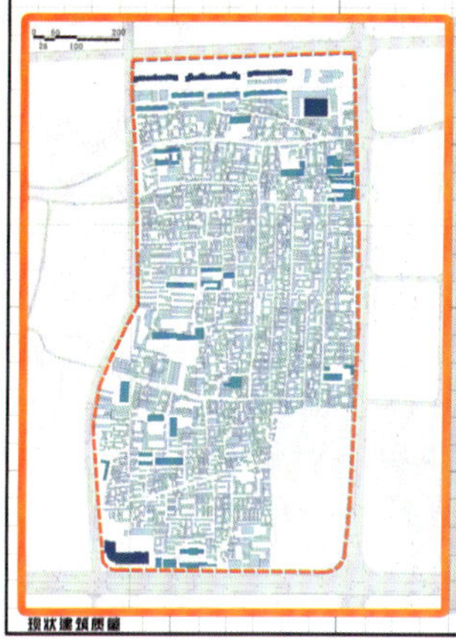

现状建筑质量

建筑质量

·规划区内建筑主要是以大杂院和平房为主的住宅，其中有一部分的历史建筑与文保单位，由于缺乏维护管理，建筑质量普遍较差，并且存在一定乱搭建现象。

·此外，地块内部分建筑年代较近，如卫生站、中学、小学、快捷酒店等等，建筑质量一般。

·地块内建筑质量较好的仅有东北角的国际新闻中心、北部新建的高層住宅、西南角的商务酒店。

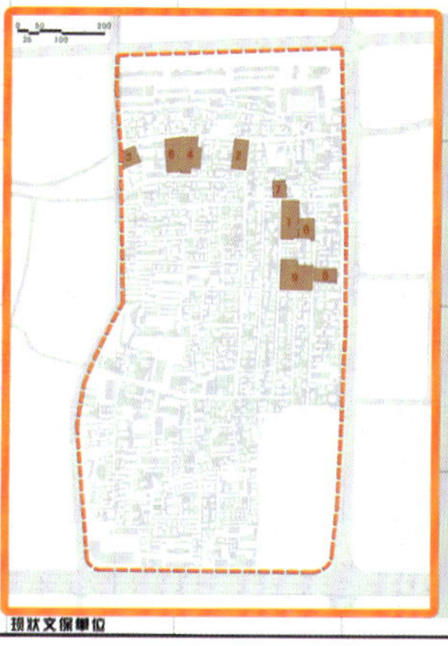

现状文保单位

历史文化

·本次设计地块属于宣南文化的发祥地之一，地块内有多处历史文保单位与历史建筑，包括太原会馆、云南会馆、尚小云故居、杨椒山祠等，但是由于缺乏保护管理，现状普遍占为民居使用。

·此外，在规划范围内北京传统的胡同与城市肌理保留的较为完好，如校场门条、校场头条等。

现状乔木分布

环境资源

·规划区内由于缺乏相应管理，卫生环境状况较差，生活垃圾收集处理不足；其他公共设施配套也不齐全。

·规划区内有大量古树乔木，有的沿胡同排列两侧市道，有的生长在民居院落中，形态各异，有一定的景观和生态价值。

SWOT分析

STRENGTHS-优势

1.卓越的区位优势，位于北京二环以内，属于北京城市中心区；

2.深厚的历史文化积淀，宣南文化的发祥地之一，地块内有多处历史建筑；

3.发达的公共交通系统，三条地铁线经过，东南与东北角各有一个日人流量过万的地铁站点。

WEAKNESSES-劣势

1.地块现状建筑形态、居住环境、公共设施配套相较为落后，难以适应现代城市居民生活需求；

2.历史文保单位缺乏保护，年久失修，部分文保单位以变成大杂院式的居住；

3.现状经济活力衰落，与地块核心的地理区域和土地经济性极不相符。

OPPOTUNITIES-机遇：

1.西城金融街的南扩，地块纳入其政策辐射区，为地块未来发展金融产业提供了强劲的支撑；

2.国际传媒大道的崛起，未来也将带动传媒产业在地块中欣欣向荣的发展；

3.广安产业园的启动，作为广安产业园核心地块，必将受到更多的经济和政策支持。

THREATS-挑战：

1.如何妥善处理搬迁安置工作，使当地低收入群体不被边缘化，缓解城市居住分异现象；

2.如何在兼顾开发与保护，在经济发展的同时保留下传统的历史建筑与老北京城市肌理；

3.如何满足多重产业辐射对地块带来的多元化需求，带动地区经济快速发展。

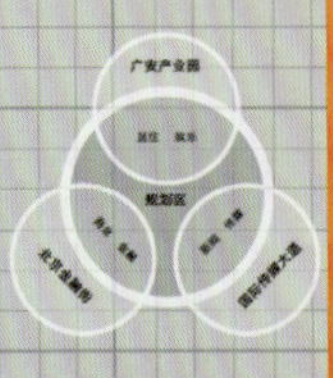

案例研究

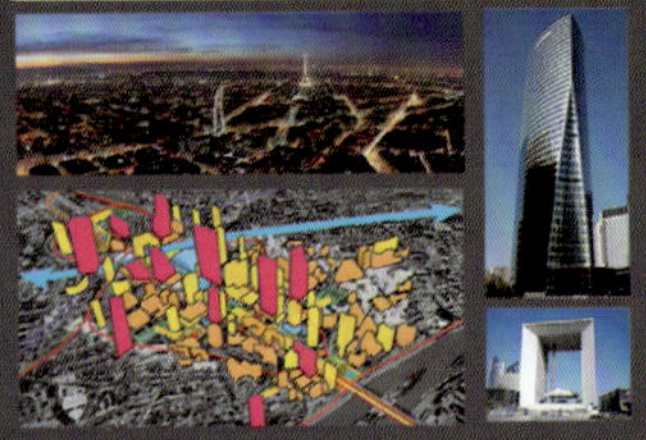

1.巴黎拉德芳斯——CBD模式

· 拉德芳斯区位于巴黎市的西北部，巴黎城市主轴线的西端。全区规划用地750公顷，先期开发250公顷。目前已建成写字楼247万平方米，其中商务区215万平方米、公园区32万平方米，法国最大的企业一半在这里，共10家；建成住宅区1.56万套，可容纳3.93万人，其中在商务区建设住宅1.01万套；在公园区建设住宅5588套；并建成了面积达10.5万平方米的欧洲最大的商业中心。

· 拉德芳斯地区交通的一大特色是主导发展公共交通，而公共交通系统的建设则是充分开发利用地下空间资源，在地下建设了以交通功能为主的地下综合体，这使拉德芳斯成为欧洲最大的公交换乘中心。

· 借鉴经验：

a.城市中心建设中，商务办公是带动经济发展的主要动力；

b.商务区建设需要良好环境，包括自然环境、公共空间、交通系统。

2.上海新天地——RBD模式

· 上海新天地是以上海独特的石库门建筑旧区为基础改造成的集餐饮、商业、娱乐、文化的休闲步行街，将上海传统的石库门里弄与充满现代感的新建筑融为一体。

· 新天地分为南里和北里两个部分，南里以现代建筑为主，石库门旧建筑为辅，建有一座总楼面面积达25,000平方米的购物、娱乐、休闲中心；北里由多幢石库门和老房子所组成，并结合了现代化的建筑、装潢和设备，化身成多家高级消费场所及餐厅。以中西融合、新旧结合为基调，将上海石库门里弄与充满现代感的新建筑融为一体。

· 借鉴经验：

a.旧城更新中应当结合当地文化特色与现代文化要素，实现新旧对话，让保护与开发达到共赢；

b.以街坊为单位的历史建筑保护与更新，不但可以更好地对历史建筑进行管理和保护，还能产生文化集聚效应。

3.东京六本木新城——城市综合体

· 东京六本木新城总占地面积约为0.116h㎡，以办公大楼森大厦(Mori Tower)为中心，具备了居住、办公、娱乐、学习、休憩等多种功能及设施，包括了朝日电视台总部、54层楼高的森大厦、凯悦大酒店、维珍(Virgin)影城、精品店、主题餐厅、日式庭园、办公大楼、美术馆、户外剧场、集合住宅、开放空间、街道、公共设施等，是一个超大型复合性都会地区。

· 六本木新城的设计中将大体量的高层建筑与宽阔的人行道、大量的露天空间交织在一起。建筑间与屋顶上大面积的园林景观，在拥挤的东京都成为举足轻重的绿化空间，已经成为著名的旧城改造、城市综合体的代表项目。

· 借鉴经验：

a. 现代城市的发展对城市中心的需求是多元化、复合化的；

b. “城市综合体”的植入可以有效地激活周边地区，带动产业发展，满足市民生活需求，集约土地空间资源。

4.北美混合住区——混合居住模式

· 为了研究混合居住模式，我们选取了4个北美的混合住区，对其居民构成以及社区情况进行了分类的研究，并且对其整体进行了综合评价：

案例名称	位置	居民结构：居民组成	居民结构：职业	收入结构(%AMI)：<50%	50%-75%	80%-95%	>100%	社区情况：住房比例	社区情况：环境	整体评价
New Quality Hill	[illegible]	[illegible]	[illegible]	[illegible]	[illegible]	[illegible]	[illegible]	[illegible]	[illegible]	[illegible]
Brown Bay Club and Apartments	[illegible]	[illegible]	[illegible]	[illegible]	[illegible]	[illegible]	[illegible]	[illegible]	[illegible]	[illegible]
Harbor Point	[illegible]	[illegible]	[illegible]	[illegible]	[illegible]	[illegible]	[illegible]	[illegible]	[illegible]	[illegible]
Jones Family Apartments	[illegible]	[illegible]	[illegible]	[illegible]	[illegible]	[illegible]	[illegible]	[illegible]	[illegible]	[illegible]

· 借鉴经验：

a.居住社区中人口构成的多样化可以丰富居民的生活，同时降低犯罪率；

b.居住混合将推动社会混合，而社会混合将有利于下一代在教育和个人发展上更多更好的选择；

c.混合居住可以加深不同阶层间的理解，减少不同阶层之间的矛盾，增强社会主流对于弱势群体的关心与帮扶；

d.通过空间上的混合居住，可以防止教育、商业和环境等公共资源的分配不公，实现社会公正。

PAGE 2

北京市广安产业园核心地块城市设计

MOSAIC BLOCKS 马赛克街区

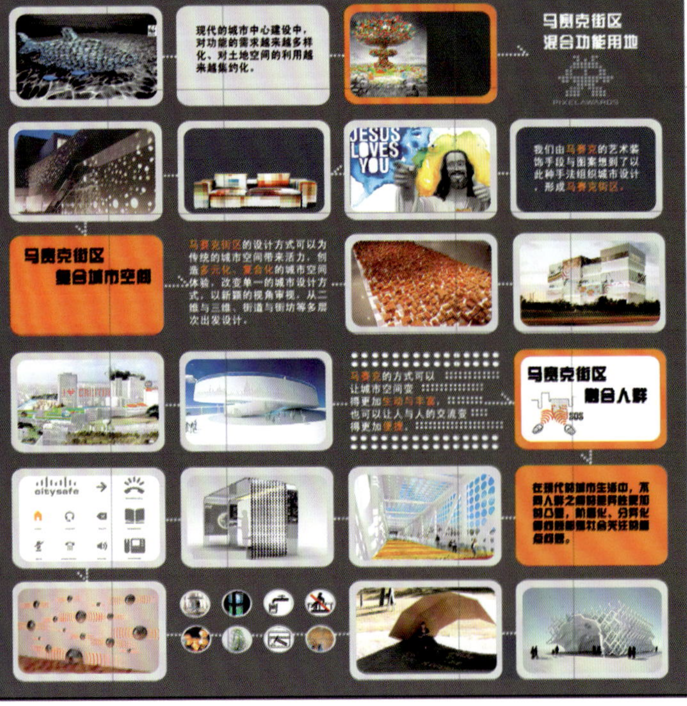

混合用地

· 在传统功能片区划分的基础上，通过街区—片区—街坊的三级结构划分，进一步细分用地性质功能，从功能结构上达到更加丰富、多元、有活力的组织，实现激发地块活力，带动地区经济产业发展。

STEP 1 在街区的层面上划定大的功能片区划分，比如滨水休闲商务区、综合商业办公区、历史更新保护区等等；

STEP 2 在已划定功能片区的基础上，通过各片区之间功能用地性质的相互渗透，实现多元化用地层次，使各片区之间实现功能的互补；

STEP 3 通过街坊层面的深化设计，进一步细分各街坊用地性质，满足各街坊内部的需求，激发街坊单元经济活力，从而打造丰富生动且多元化的城市中心。

复合空间

· 设计中，我们通过向传统的城市空间内植入多种功能版块与活力因子，实现对于空间的多维度复合利用，复兴逐步衰落的传统城市空间，更新老旧的历史建筑与胡同街坊，增强这些空间的使用效率与经济效益。

· 我们在地块内的历史保护街坊中，在保护历史建筑的基础上，更新传统历史建筑，植入更多现代的城市空间功能，如商业、娱乐、办公等等。

· 只有被人使用的空间才能具有活力与人气，这样的更新与复合才能使原本衰败的历史建筑与街坊脱离原本单一的功能，在原本历史文化的积淀上生长出新时代的枝芽，重新为现代的城市居民认识和使用。

融合人群

· 意在打破社会阶层分化与居住分异问题的现状，以马赛克的方式重构社会各阶层之间的关系，增进彼此交流，共享社会发展成果，实现社会公平与不同人群的融合。

· 一方面，设计中我们希望通过多样化的居住产品的提供，充分考虑公租房与商品房的平衡，以及居住与商业、办公产品的融合布置，使区域内生活人群区域多样化，缓解现状居住分异问题；

· 另一方面，我们在设计中加入共享空间的理念，在不同功能性质的街坊建筑之间我们设计的共享空间相互联系，使不同人群能够共享公共空间与社会资源，同时也提供了一个不同人群之间相互交流融合的平台。

设计理念

马赛克街区 MOSAIC BLOCKS——混合、复合、融合

· 马赛克原文为：镶嵌，镶嵌图案，镶嵌工艺。马赛克是已知最古老的装饰艺术之一，以小石子、贝壳、瓷砖、玻璃等有色嵌片应用在墙壁面或地板上的绘制图案来表现的一种艺术。

· 在本次规划设计中，我们希望以马赛克的方式，将各类“形状”不同，“材质”各异的城市因子混合嵌入基地内，打破一般的组合方式，寻求更高效、有生命力的构成模式，达到新的和谐次序，从而实现混合功能用地、复合城市空间、融合不同人群，构筑丰富生动且多元化的城市社区。

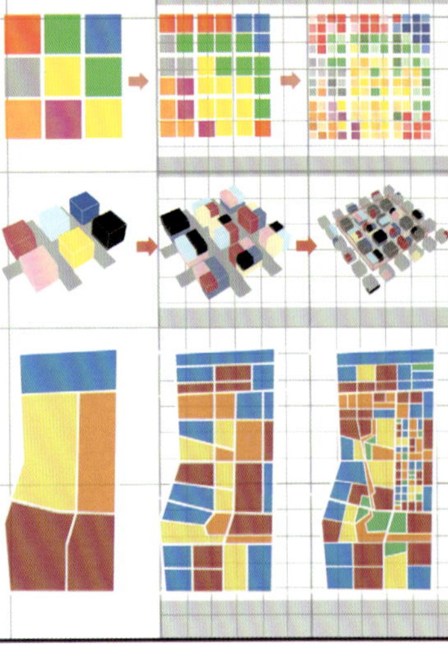

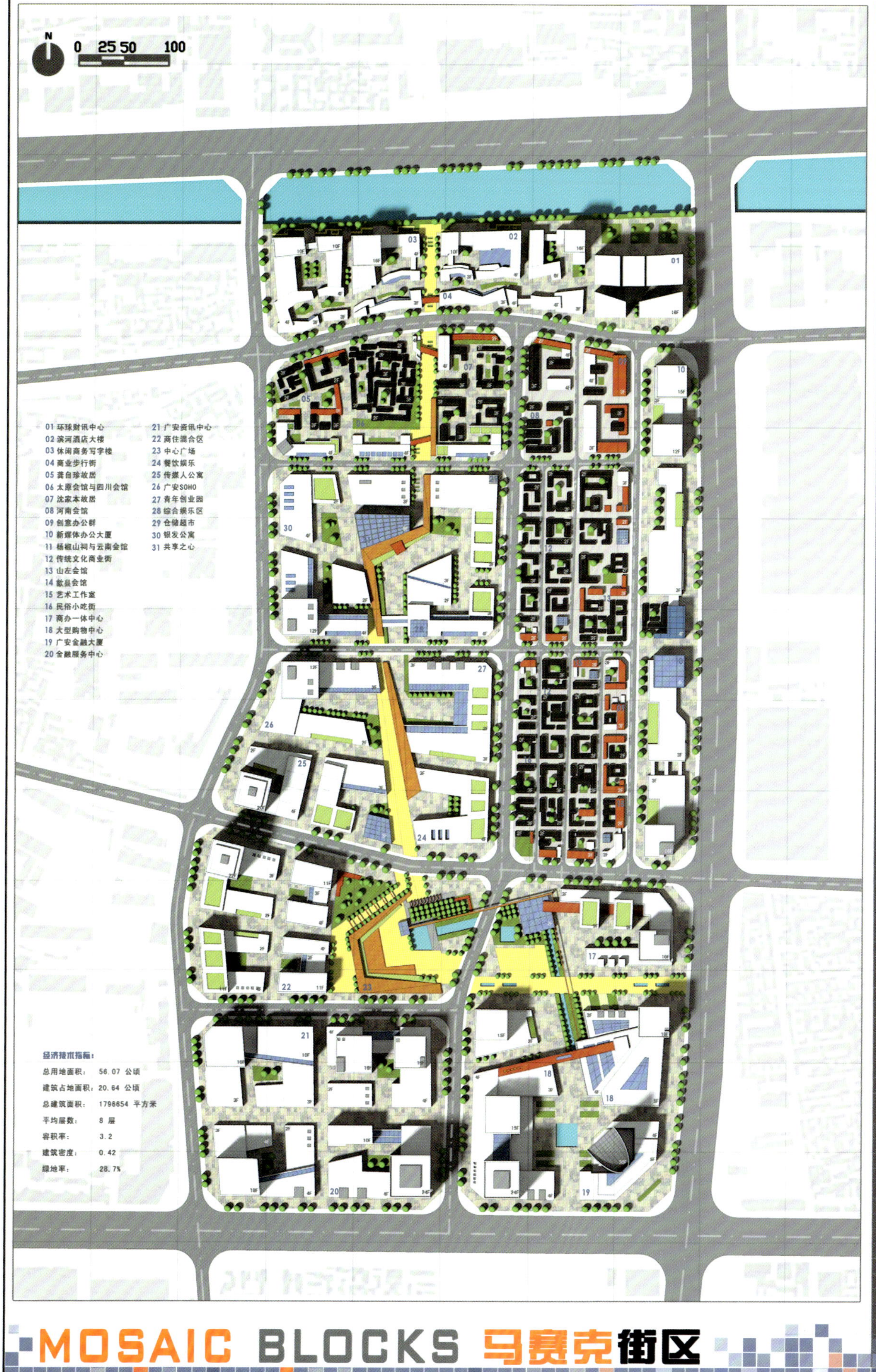

总平面图

本次规划设计以混合、叠合、融合为基本的设计出发点，以马赛克的方式对规划区进行了设计组织，意图打造具有功能复合型、服务多元化，并且具有生命力的区域级城市中心。

设计中，通过混合不同用地性质，形成了在一个街坊单位中多种功能建筑共存，且相互交融的形式。在此的基础上，我们还进一步的推动叠合城市空间，在保护的前提下更新传统历史街区，充分利用滨水空间，推动共享空间的建设，形成不同生活人群的有益互动。

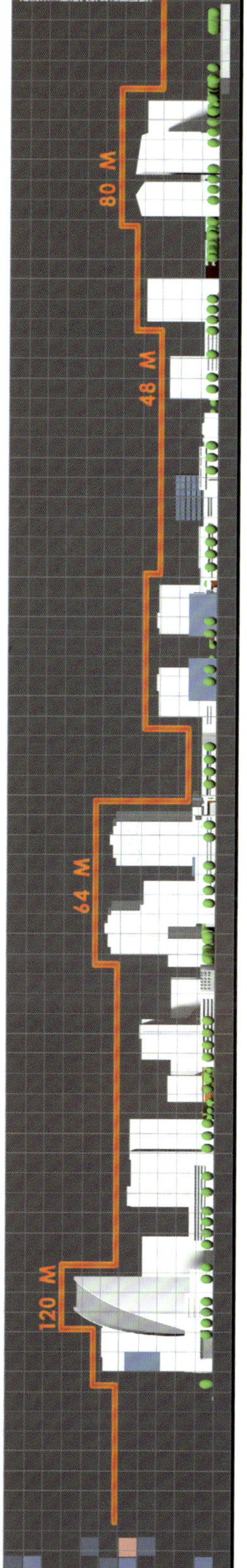

MOSAIC BLOCKS 马赛克街区

北京市广安产业园核心地块城市设计

PAGE 3

分析图

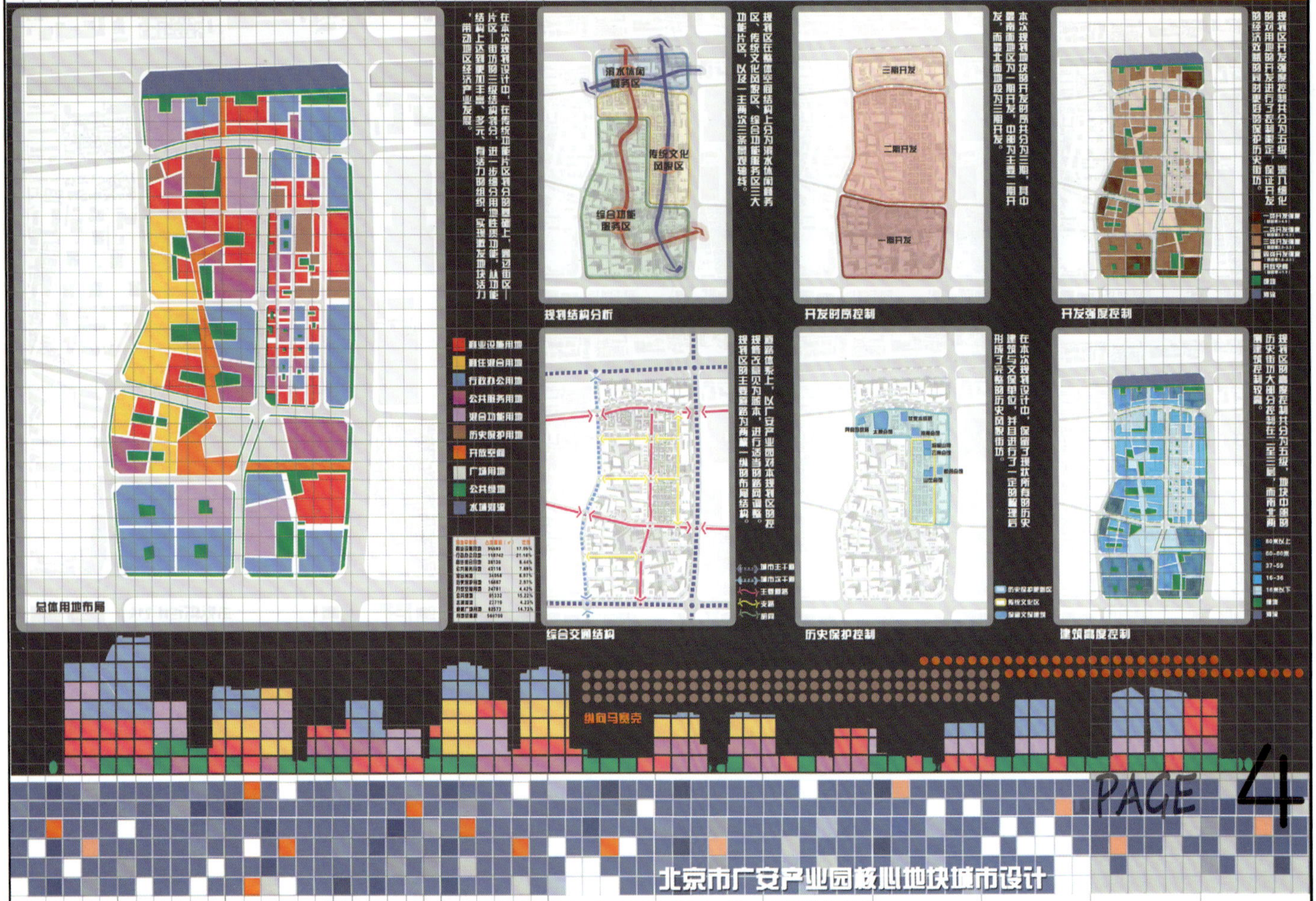

北京市广安产业园核心地块城市设计

MOSAIC BLOCKS 马赛克街区

鸟瞰图

分析图

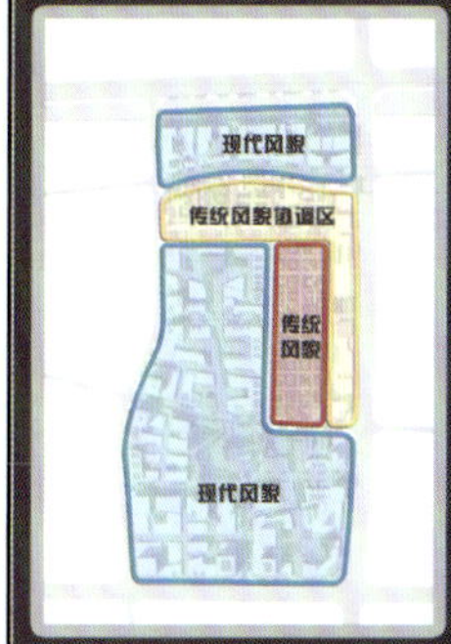

建筑风貌控制

规划区内建筑风貌主要可以分为传统风貌与现代风貌，总的来说共可划分为四片不同的风貌区。

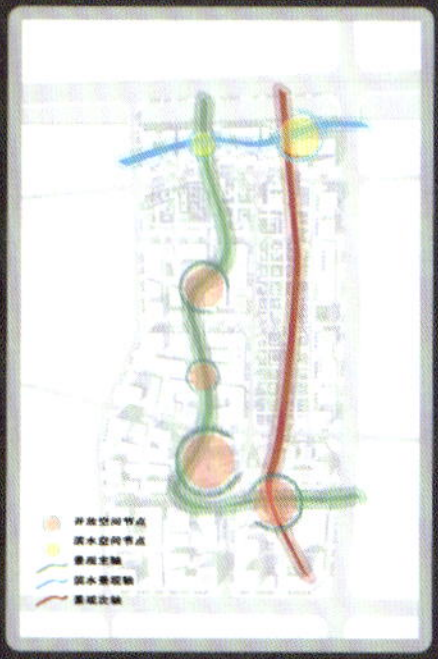

开放空间系统

规划区的开放空间系统呈现三带六核的结构，其中以共享空间与中心广场为主线。

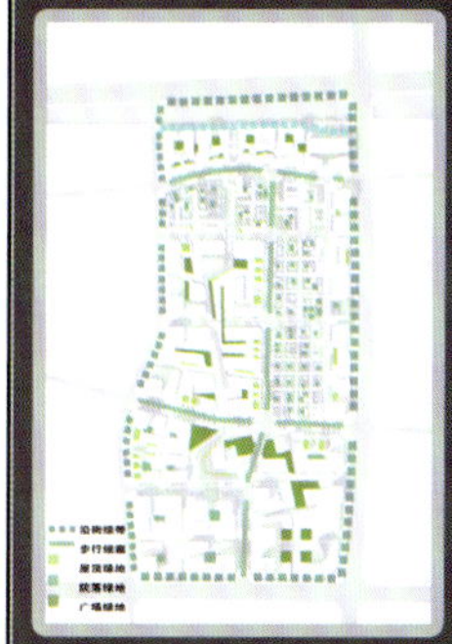

绿化景观系统

规划区内的绿化景观系统呈多级结构，包括基本绿地、滨水绿地、屋顶花园等等。

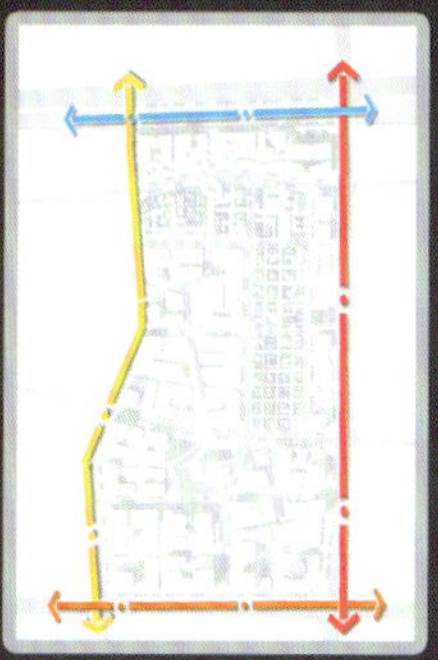

街道界面控制

规划设计中，对规划区外围街道界面进行了严格的控制，尤其是北部沿北京护城河一侧界面与南部广安门外大街一侧界面。

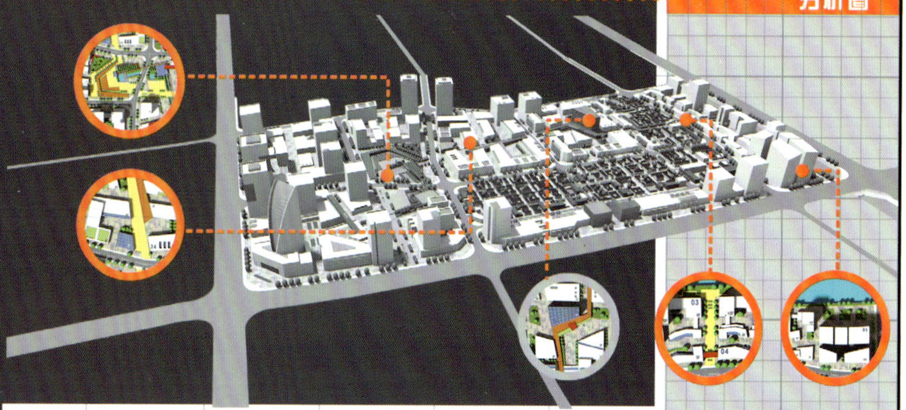

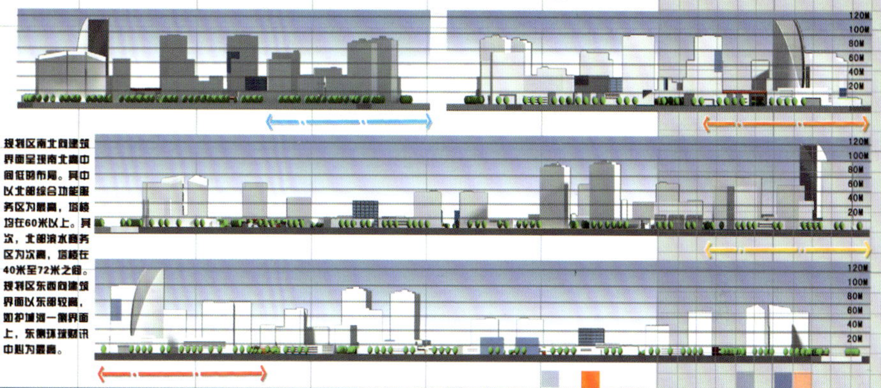

规划区南北向建筑界面呈现南北高中间低的布局。其中以北部综合功能服务区为最高，塔楼均在60米以上。其次，北部滨水商务区为次高，塔楼在40米至72米之间。规划区东西向建筑界面以东部较高，如护城河一侧界面上，东侧环球财讯中心为最高。

PAGE 5

北京市广安产业园核心地块城市设计

MOSAIC BLOCKS 马赛克街区

鸟瞰图

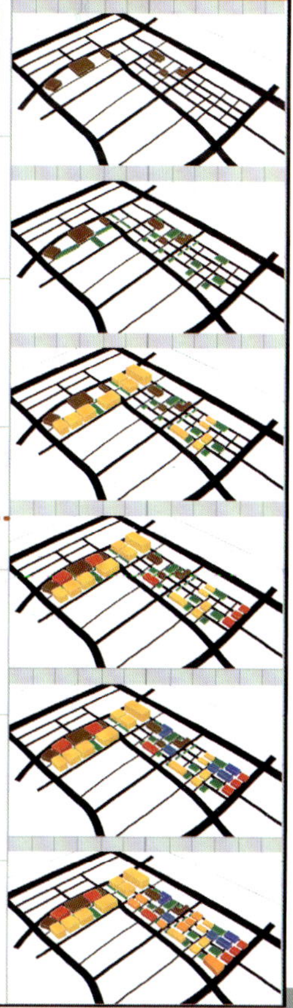

传统文化风貌区

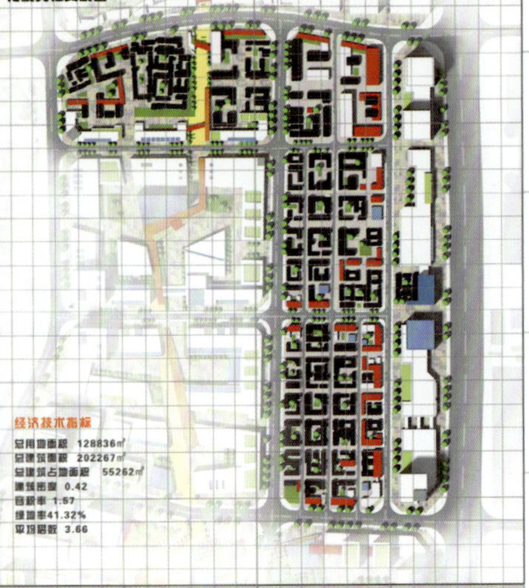

经济技术指标

总用地面积 128836㎡
总建筑面积 202267㎡
总建筑占地面积 55262㎡
建筑密度 0.42
容积率 1.57
绿地率41.32%
平均层数 3.66

分析图

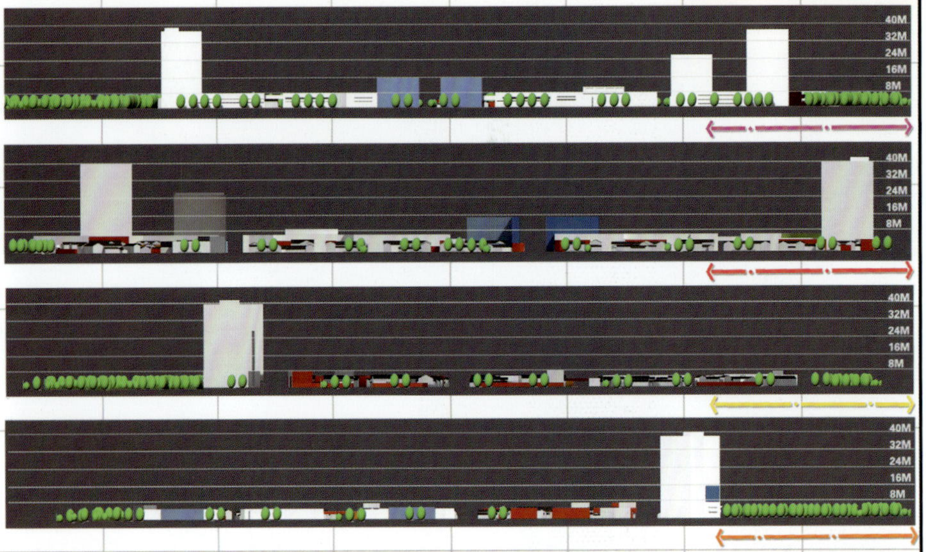

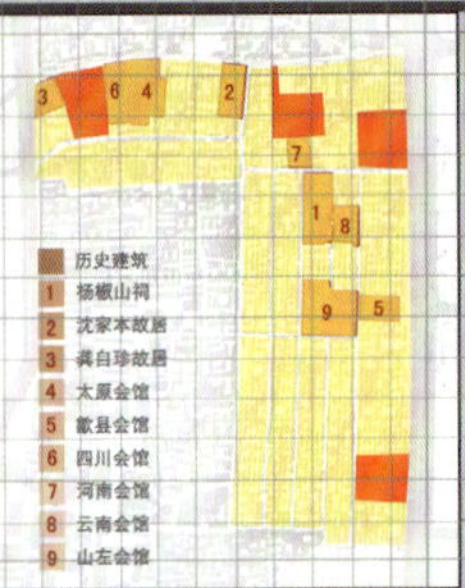

· 地块现状

本次设计地块属于宣南文化的发祥地之一，地块内有多处历史文保单位与历史建筑，包括太原会馆、云南会馆、龚自珍故居、杨椒山祠等，但是由于缺乏保护管理，现状普遍被占为民居使用。

此外，在规划范围内北京传统的胡同与城市肌理保留的较为完好，如校场八条、校场头条等。

杨椒山祠　沈家本故居

广义的宣南文化是指宣南的地域文化。以士人文化、平民文化为主体的丰富多彩、独具特色的小地域文化，它是北京文化的重要组成部分。狭义的宣南文化是指清代京师的汉族士人文化。居于宣南的众多汉族士人所取得的文化成就，在中国文化和思想历史发展进程中产生了重大影响。从这个意义上说，宣南文化具有全国范围的文化意义。在本地块的设计中，我们保护9处会馆，并营造历史保护与更新街区，在达到更好的保护的同时，使传统与现代融合。

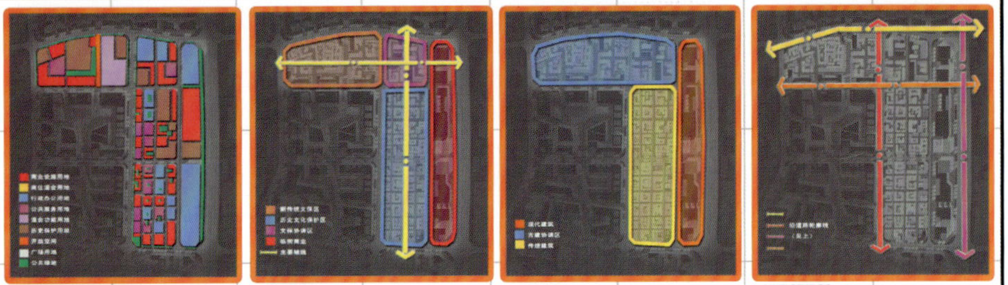

功能用地

该片区以保护历史建筑、保留传统胡同肌理为出发，在北京传统胡同院落的用地格局下更新植入多种用地功能，包括商业、办公、文化娱乐等等。通过对这个历史街坊的保护更新，希望能够重新焕发其活力，更好的为城市居民提供生活服务。

空间结构

在传统文化风貌区内还细分为四个小街坊片区，形成一横一纵的两条步行轴线。其中，最东面为新建商业区，对规划区内历史街坊与外部城市空间形成过渡。而在片区南北向上大量的保留与更新了原有历史建筑，传承了传统的胡同肌理与空间关系。

风貌界定

在此片区内形成了三片建筑风貌相对区分的区域，分别是传统建筑风貌区、现代建筑风貌区、以及新旧交融的协调区。

轮廓线控制

本次规划设计中，对该历史保护更新街坊的建筑轮廓与界面进行了深入的控制，以此更好的保护传统历史文化风貌的延续。

PAGE 6

北京市广安产业园核心地块城市设计

MOSAIC BLOCKS 马赛克街区

对于该历史保护更新片区，我们秉持着尊重历史建筑、传承传统文化、保护胡同肌理的思想，对本次规划区内所有现存且有历史文化价值的历史建筑与文保单位进行了保护保留。并且，我们认为任何历史文化都是深深扎根在它们所生长的土壤中的，如果将这些历史建筑从他们的历史肌理中剥离出来进行保护，那也许是对它们的一种破坏。因此，我们以规划区内现状散布的九处历史建筑与文保单位为核心，结合保护它们周边的街坊环境，保留传统的老北京胡同肌理，更新维护街坊中的历史建筑，形成了这个传统历史风貌区。

在保护的基础上，我们还考虑到了对这一传统文化风貌区的更新激活，要人们充分地使用的城市空间具有活力，单纯的保护显然是不够的。传统的胡同街坊以及历史建筑已经很难满足现代人生活工作的使用需求。因此我们对保护单位以外的部分历史建筑进行了改造，一方面保留传统建筑的元素与格局，保证街坊的历史文化风貌；另一方面使用了现代的建筑方式与更符合现代人使用需求的细部空间。而从整个街坊层面上来说，我们考虑植入更多的用地功能以满足现代城市生活的多元化、复合化，同时这些功能用地也能带动片区的人气聚集，比如传统文化商业街、传统小吃街、创意办公、复古旅社等等。

建筑形式色彩推敲

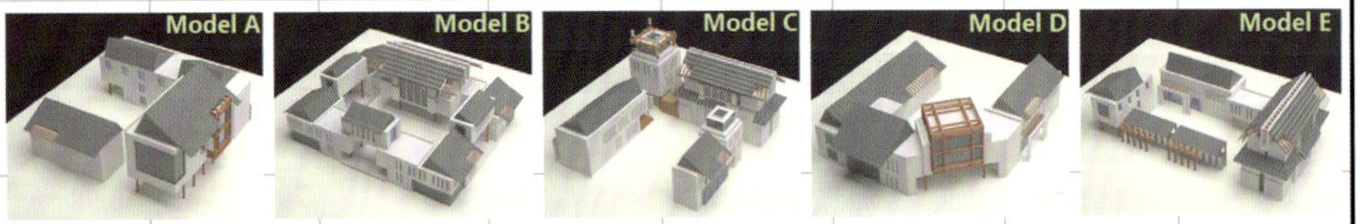

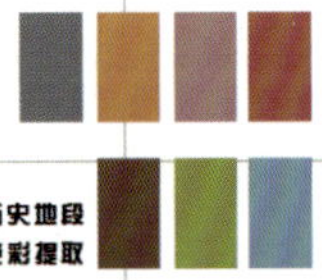

历史地段色彩提取

通过对北京传统胡同街坊以及新旧融合的历史地段更新案例的调查与研究，我们对如什刹海、大前门地区的现状城市色彩进行了提炼，包括历史建筑、新建仿古建筑、以及空间环境与景观色彩，从中总结出了适于规划区内传统文化风貌区的城市色彩。

历史保护区与滨水商业休闲区体态大小相似，过渡自然，营造宜人的步行环境和氛围。

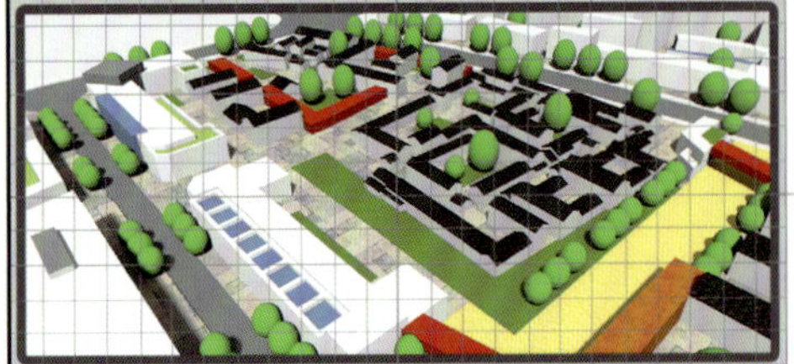

历史文保单位经过整理和改造，加以红色连廊进行围合，与周边商业建筑相映成趣。

局部鸟瞰图

分析图

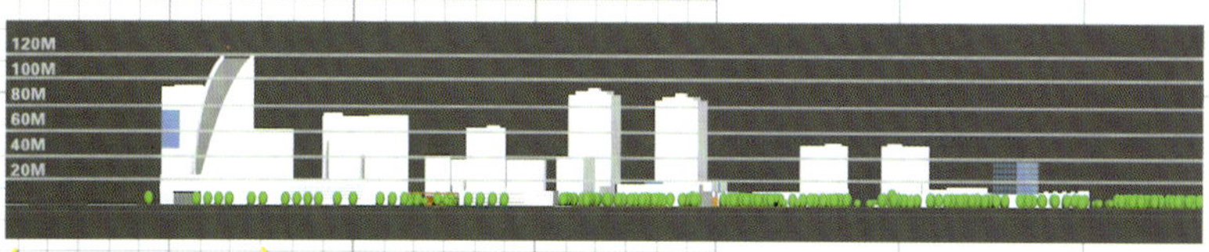

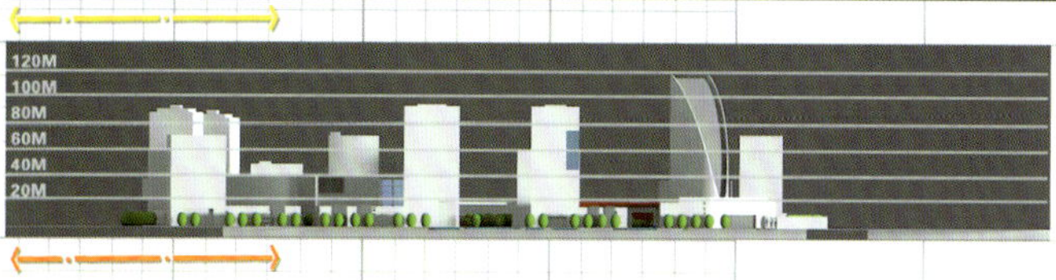

综合功能服务区南面建筑界面相对连续，形成完整统一的裙楼界面。塔楼在60至80米之间，地标性金融大厦突破地块限高，达到120米。

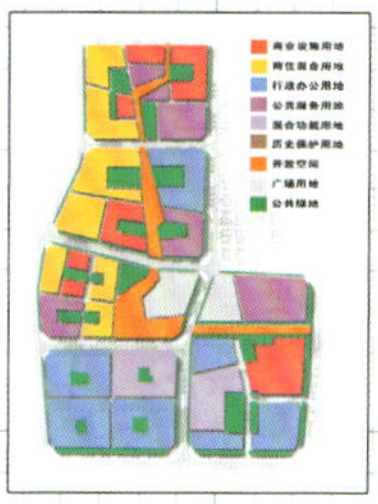

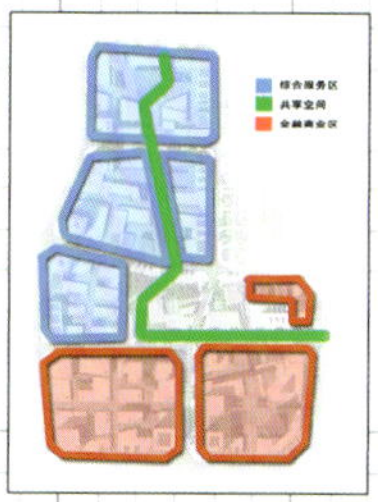

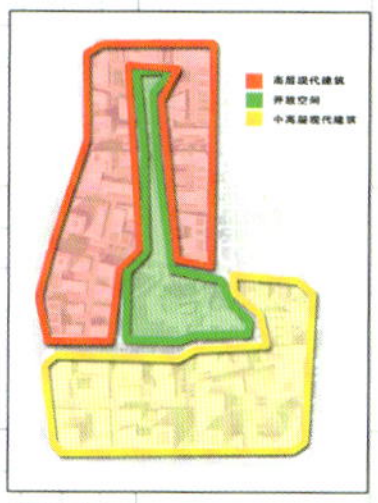

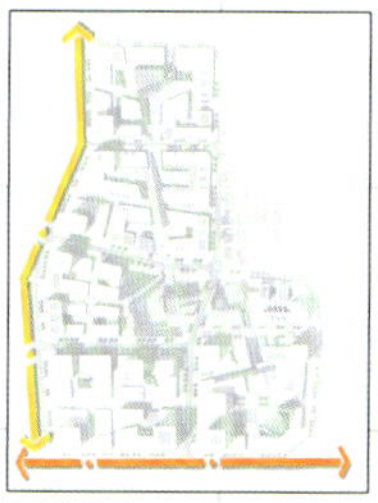

功能用地

在综合功能服务区内包含办公、商业、文化娱乐、居住、公共服务、公共空间等多种功能用地，其中以商业、办公为主导。该片区的功能用地分布充分的体现了本次设计中混合用地，激发地块活力的设计理念。

空间结构

片区内以L型的共享空间为轴线，中心广场为核心，地标高层建筑为支点，形成了一心五组团的空间布局结构。而共享空间正在其中起到连接五个组团并且加强各组团内不同用地之间的联系。

风貌界定

综合功能服务区内皆以现代建筑风格为主，但是也可细分为三组相对区别的风貌区域，包括最南端的高层建筑群、中部的开放空间、北侧的中高层组团。

轮廓线控制

对于该片区的建筑轮廓线控制主要体现在对高层建筑形成的城市天际线控制与裙房形成的沿街界面的控制。其中最主要控制的是沿广安门内大街的建筑轮廓。

城市色彩引导

通过对北京国贸CBD与金融街的调查研究，将北京现状的商务办公服务区城市色彩进行了提炼汇总，为规划区中的综合功能服务区城市色彩引导提供了借鉴。

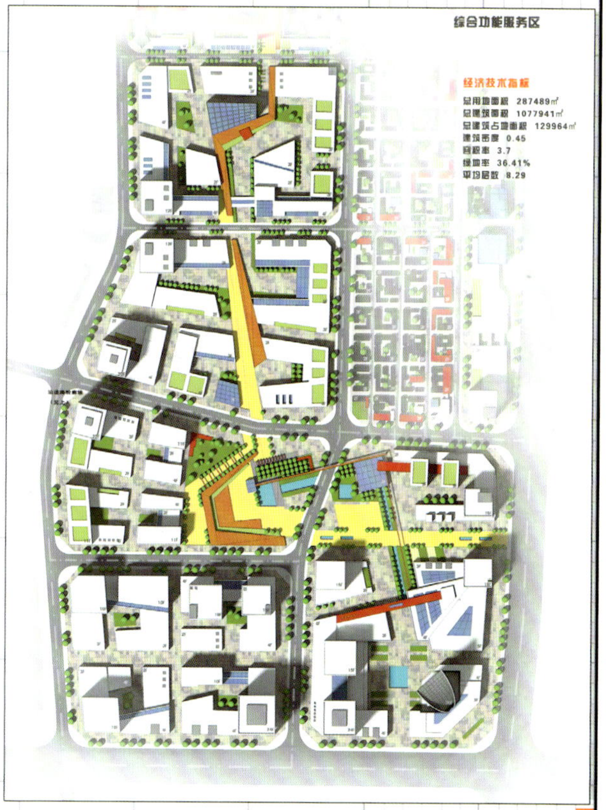

PAGE 7

北京市广安产业园核心地块城市设计

MOSAIC BLOCKS 马赛克街区

局部鸟瞰图

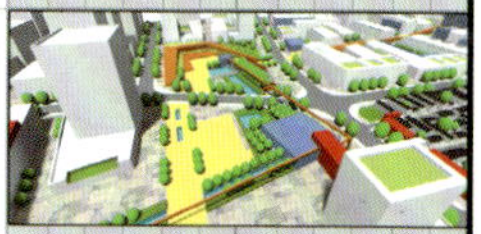

综合功能服务区为规划区内最核心地段，核心景观广场、标志性塔楼都坐落于此。该片区意在为周边地区提供综合化、复合化的公共服务与产业服务。

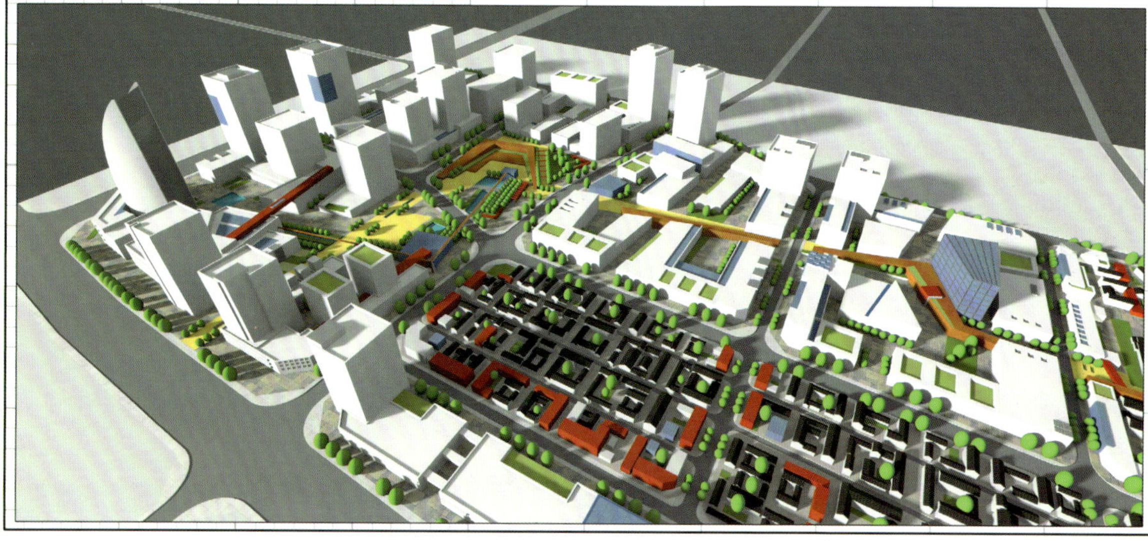

城市设计导则

宏观定位

地块编号

E

地块区位

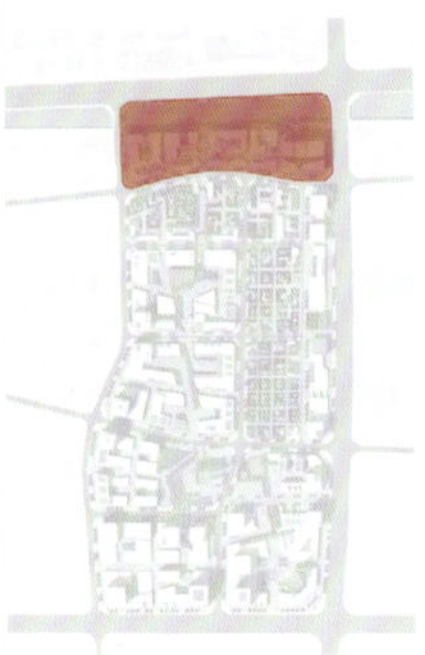

主导功能与风貌定位

地块位于上斜街以北，宣武门西大街以南，属滨水休闲商务区，主导功能以办公为主，休闲商业街为辅。地块北临北京护城河，依托护城河水景开发建设，形成景观优美高质优雅的现代都市休闲商务区。地块中还坐落有已建成的环球财讯中心，未来发展中将以此为契机，结合东面的国际传媒大道，重点发展新媒体产业。

建筑与空间引导

平面控制示意

体量控制示意

建筑风格示意

以现代建筑风格为主，整体建筑形式保持和谐统一且通透，便于滨河水景对区内景观渗透，地块南部商业步行街，保证建筑群体形成完整且富有韵律变化序列。

开放空间示意

塑造滨水开敞、宜人的节点空间。保持自然环境的完整性形成水绿交融的开放空间。地块东北角设有宣武门地铁站的出入口，应相应设置疏散人流的广场。

滨河天际线控制示意

该地块以已建的环球财讯中心为最高，新建建筑塔楼不高于环球财讯中心，保证界面通透。

基本色调

基本色调选取冷色为主，搭配玻璃材质，体现明快清新的风格，映衬护城河水景。

微观要素引导

室外广告与标志

室外广告设计应尊重建筑外观的形式色彩，力求和谐统一，控制大型广告的设置数量，保持城市形态的完整。

街道设施与家具

地块内设置的街道设施与家具可与本地块未来主导发展的新媒体产业相联系，突出地块特色，吸引人气与新媒体产业进驻。

夜景照明

夜景照明在亮度、光色上应主次分明，突出滨水景观带与商业步行街，尤其是在滨水景观带上设施点、线、面结合的丰富夜景照明系统。

工作模型

PAGE 8

北京市广安产业园核心地块城市设计

MOSAIC BLOCKS 马赛克街区

城市色彩研究

国贸CBD

现状照片　马赛克化

什刹海

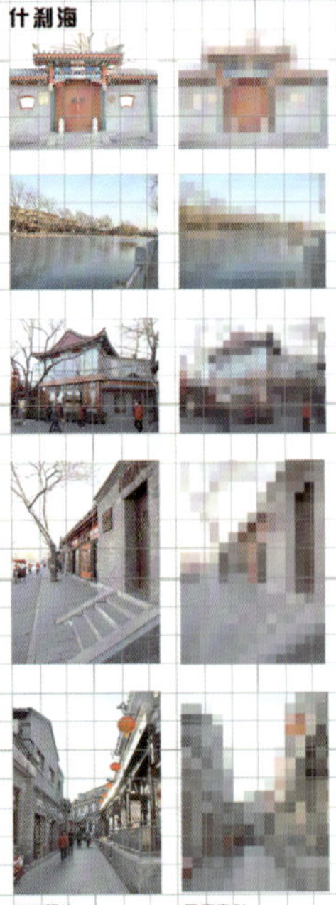

现状照片　马赛克化

三里屯

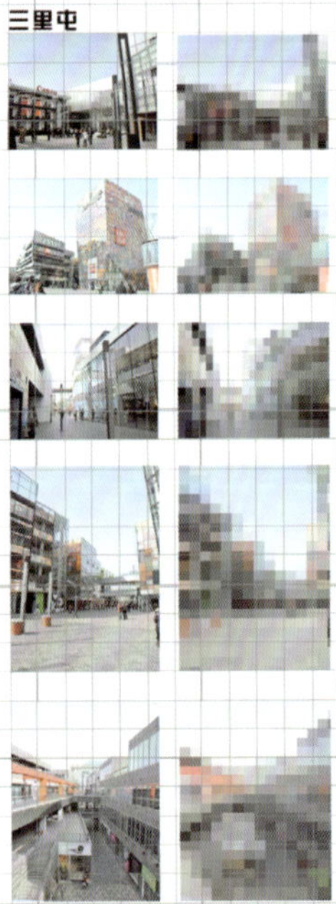

现状照片　马赛克化

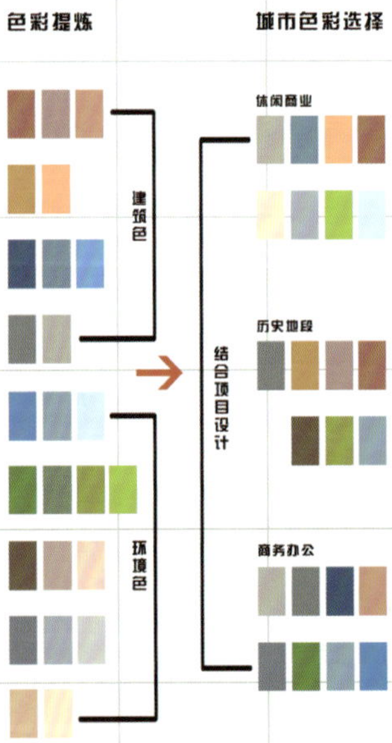

城市色彩是城市环境通过人的视觉所反映出的总体的色彩面貌，包括建筑色彩、道路广场色彩和园林绿化色彩等多方面的内容。城市色彩规划与设计是基于美学基础的艺术设计大范畴中的复杂系统工程，其美学表达与健康发展具有多方面的功能，已引起社会的高度重视与普遍关注。

色彩设计是城市视觉环境品质改善的重要手段。对城市现有建筑、道路、基础设施等环境色彩进行规划设计，可为居民创造舒适美观的生活环境，可极大地提升城市品味。其次，色彩设计是建设特色城市的重要内容。城市历史文化沉淀形成的环境空间的色彩审美情趣，与不同时期、不同地域的文化发展总是存在某种内在的联系，对其进行发掘可反映城市地域自然与历史文化特征，是城市特色建设的重要组成部分。另外，良好的城市色彩规划与设计可对居民身心健康产生促进作用。任何一种色彩都有一定的情感特征，使人产生冷暖、轻重、软硬等感觉。色彩的面积、形状、表面肌理、位置等因素，也会给居民身心健康带来极大的影响。因此，合理地进行城市色彩规划设计，能够有效地优化人的心境，稳定人的情绪，提高人的生理机能。

城市色彩设计很大程度上受人的主观因素影响，但更多地涉及到社会科学的范畴，尤其是感性的美学问题。这些人类在长期的生产实践过程中总结出来的审美规律，对城市色彩的规划和设计有着很强的指导性。缺乏美学规范的城市色彩设计，往往会造成色彩污染，对城市的面貌造成损害，给居民的身心健康带来负面影响。因此，科学合理的城市色彩设计必须遵循美学原则，进行美学表达，这是城市色彩设计的重点及关键。

红色连廊与传统青灰色老北京建筑相映成趣，既保留古韵庄重，又不失现代活泼。

中心广场汲取自然的黄色和木色，通过玻璃和水的蓝色映衬，令人心情愉悦。

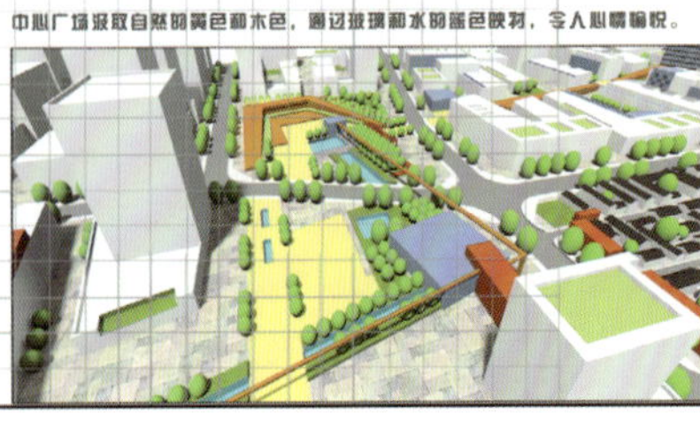

红色连廊及传统建筑，与现代建筑的银白及玻璃幕墙较好的结合，相互融合，相互映衬。

迷笛生活圈

学校：苏州科技学院

指导教师：郑皓 彭锐　　小组成员：胡竞越 杜鹏达

1. 规划背景

1.1城市概况

北京面积与人口：全市面积16,410.54平方公里（2007年，中国省级行政区第29名，北京市国土资源局）。其中市区面积1,368.32平方公里，建成区面积1,254.2平方公里（中国城市第1名）。全市常住人口1755万人。

北京人文历史：北京有着三千余年的建城史和八百五十余年的建都史，它荟萃了元、明、清以来的中华文化，拥有众多名胜古迹和人文景观，是世界上拥有世界文化遗产最多的城市。

北京气候：北京的气候为典型的暖温带半湿润大陆性季风气候，夏季炎热多雨，冬寒冷干燥，春、秋短促。

北京经济：北京是全国的政治、文化与国际交往中心，又是生机勃勃、充满活力的综合性产业城市。

北京交通：北京市城区的路网结构以矩形环状为主，道路多以此为依托，与经纬线平行网状分布。同时轨道交通便捷，有效的减轻了道路的压力。但由于城市人口及车辆过多，仍然会造成交通拥堵情况。

1.2上位规划解读

1.2.1《北京市城市总体规划》

城市定位：政治中心、文化中心、是世界著名古都和现代国际城市、宜居城市

空间结构：构建"两轴－两带－多中心"的城市空间结构。广安产业园位于中心城区的核心区，在北京总体的空间结构中有重要作用。

《北京市城市总体规划》对西城区定位：西城区是国家新闻媒体聚集地之一，宣南文化发祥地和传统商业区。

1.2.2 《南城发展计划》

将广安产业园建设成为以高新技术、金融服务和文化创意三大产业为主导的自主创新政策示范区，大力发展高新技术、知识产权服务、专利权交易、新闻出版、网络传媒、创意设计、金融保险、生物医药、投资咨询、财务评估等高端服务产业。

1.2.3 《06版控规调整》

宣西片内拟减少居住、教育、市政等用地面积，增加公建用地面积，适当增加建筑规模及建筑高度。宣西按总体规划及06版控规要求，实现原内城护城河水系。拟将地块全部用地性质调整为商业金融用地，适当提高建筑规模及建筑高度。除以上用地变化外，控规改变了路网，增加了绿化面积，以符合用地性质和现代生活的转变。

1.3　城区人口经济分析

1.3.1 城区经济分析

"十五"时期，原宣武区生产总值年均增长11%，人均地区生产总值预计超过5000美元。经济结构逐步优化，现代服务、商贸 流通、文化旅游、房地产建筑等产业发展势头良好，活力日益显现，对经济增长的贡献逐步提高，第三产业增加值占地区生产总值的比重达到85%。区域经济实力明显增强。但是与西城区和东城区相比，经济是实力还是明显偏弱的。

原宣武区的经济实力与西城区有较大的差距，从各产业产值对比就可以看出，几乎每个产业的产值都比不上西城区，可是在宣武区和西城区合并之后，原宣武区就可以依靠强大的西城区得到经济上的支持和帮助。

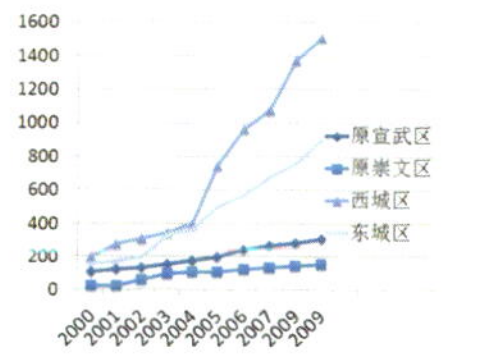

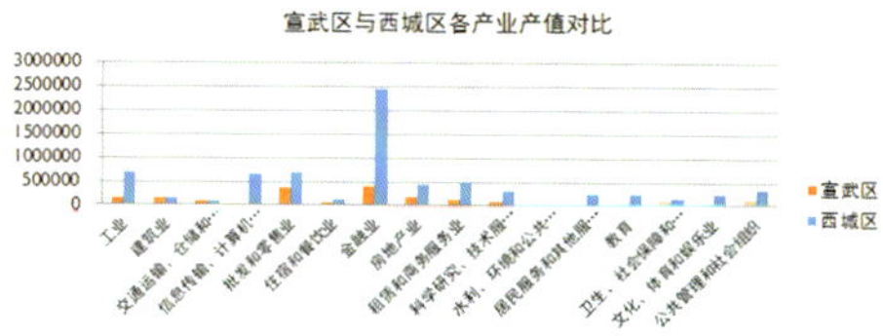

1.3.2　城区人口分析

2000年，根据第五次人口普查数据，原宣武区辖9个街道，总人口526132人。原宣武区人口密度据全市最高，达到每平方公里28133人。

在人口的年龄构成上，原宣武区的老龄化趋势明显，60岁以上户籍老年人口已达到11.7万人，占总人口的21.9%。

从人口在第三产业中的不同产业从业数量可以看出，第三产业中现代服务业逐渐成为中心区产业结构调整的主流方向，即以社会服务业为主的传统服务业比重逐渐降低，以金融保险、房地产、会展、物流等现代性的生产服务业逐渐占据了主导地位。

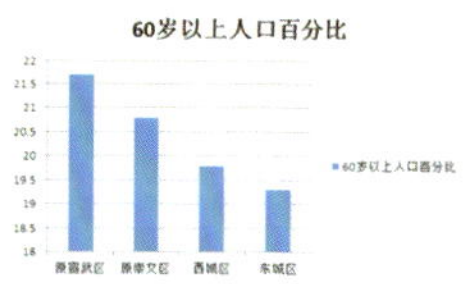

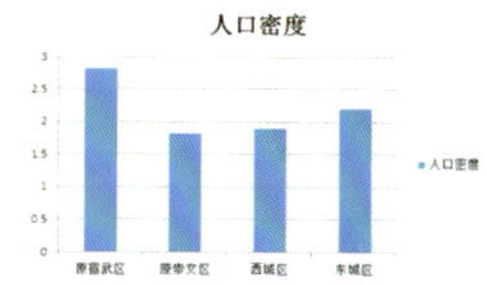

2　场地解读

2.1 区位条件

项目位于北京市西城区广安产业园内。西城区位于北京城区西南部，是4个中心城区之一；总面积约19.04平方公里，总人口约54.4万。

广安产业园位于原宣武区"高端产业发展带"，以菜市口为中心，东至前门大街、西至红居街、南至南二环、北至前三门大街，总用地规模约1.9平方公里，包括17个地块，呈"十字形"分布，总规划地上建筑面积约300万平方米。

项目位于广安产业园核心区域，是广安产业园重点开发地块。

	原宣武区	原崇文区	西城区	东城区
2000	107.7	22.5	195	153.6
2001	121.8	25	279	170.6
2002	134.6	60.5	310	194.7
2003	151.4	96.4	347	329.4
2004	175.8	104.5	397.6	363.7
2005	195	107.92	745	500
2006	244.7	120	962.8	565
2007	268.3	133.84	1077	673.2
2009	285.2	143.1	1373.8	751.6
2009	310.9	156	1509.5	896.6

第三产业	宣武区（人）
地址勘查业、水利管理业	40
交通运输、仓储及邮电通信业	1195
批发和零售贸易、餐饮业	5156
金融保险业	613
房地产业	726
社会服务业	3990
卫生、体育和社会福利业	968
教育、文化艺术广播电影电视业	1849
科学研究和综合技术服务业	749
国家机关、政府机关和社会团体	1749
其他行业	444

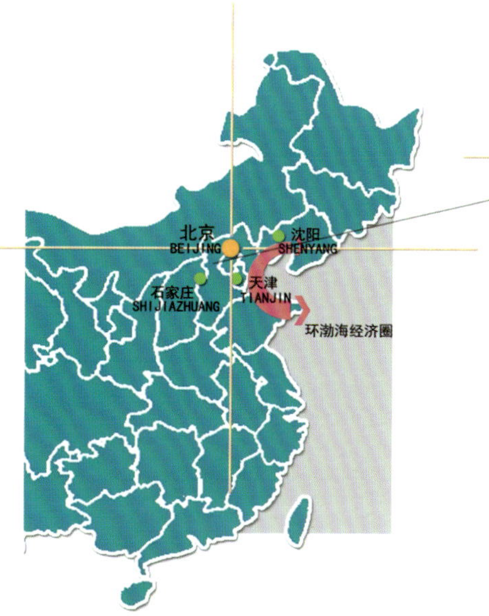

明 万里崇祯年间

清 乾隆十五年

民国三十六年

解放后二十世纪八十年代

2.2 历史沿革

元明时期：主要是官绅阶层的俱乐场，后形成试馆和商业会馆，内外城均有，且东部多于西部。

清代：商业日渐兴盛、繁荣会馆大规模发展，集中于外城，且由东部向西部转移，以使人会馆为众士人文化与平民文化发达，曾是中国报刊业的发源地。

民国时期：天桥等处的士人、平民文化随之消失 、衰败，或转变其传统内涵，会馆因经济、人口等因素形成大杂院、庙宇等历史遗迹遭到毁坏。

解放后：物质及非物质遗产仍然没有得到有力的保护及适当的恢复，广安门大街沿线的商业功能消失，其交通功能仍处于重要地位。

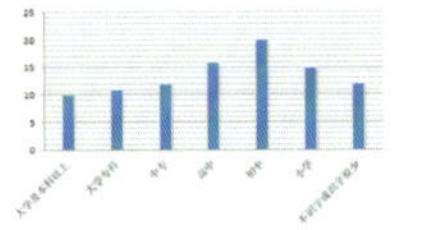

2.3 场地人口分析

场地内部外来人口较多，很少为本地市民，多从事一些成本较低的商业活动。经济条件较差，处于社会落后群体。区域居民整体素质不高，大学及本科以上仅占约12.5%。场地开发势必会引进大量非本地区高科技人才。

2.4 场地周边地产经济分析

场地周边房地产发达，整体远高于宣武区平均，已超到西城区平均水平，新开发的四合上院地产具有一定的文化意蕴。写字楼盘则级别差距较大。而各类酒店分布也较为密集，选择性较高，但是并没有具有文化特色的酒店开发项目。

2.5 场地概貌

基地地势平坦，无河流穿过，内部建筑以老北京底层居住建筑为主，零星散落一些文物保护单位，保留了较完整的老北京胡同机理。

建筑高度多以一、二层建筑为主，东北角和西南角有两处较高层建筑。

基地用地性质主要以居住为主，内部生活全景较差，但保留有较古老的树木可供以后设置景观所用。

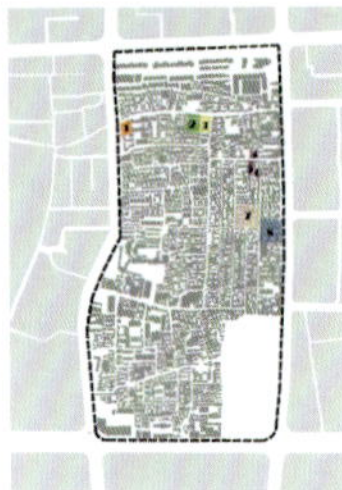

2.7 现状文保单位

历史文化建筑主要分布在地块北部，有2处市级文物保护单位。但是处于年久失修状态，保护不力。

1. 龚自珍故居　普查登记项目　现为民居
2. 太远会馆　普查登记项目　现为民居
3. 沈家本故居　区保项目　现为民居
4. 河南会馆　未定项目　现为民居
5. 杨椒山祠　市保项目　现为民居
6. 云南会馆　未定项目　现为民居
7. 山左会馆　未定项目　现为民居
8. 歙县会馆　未定项目　现为民居

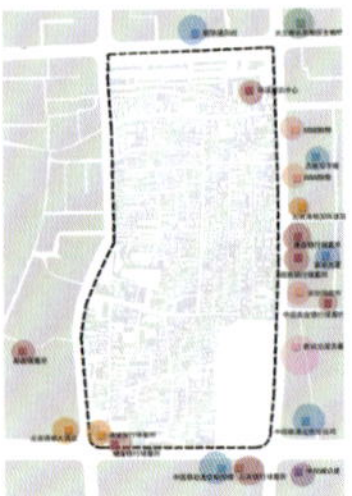

2.6 基地周边主要基础设施分析

a. 地块东边分布有大型购物中心及超市，是宣武区人气聚集的场所。

b. 地块周边有较丰富的金融设施。

c. 地块周边有较多的新闻媒体办公用地。

2.8 现状肌理

道路多为自发形成，居住建筑肌理不规整，北部受过去护城河影响呈曲线形，建筑顺应道路而建，东部肌理较为整齐，南部建筑肌理多为顺应道路因地势而建的院落。

2.9 现状用地性质分析

地块内主要以居住用地为主，房屋多为较为老旧残破底层住宅。文保建筑散落在中部偏北地段，保护不利，无人管理，年久失修。

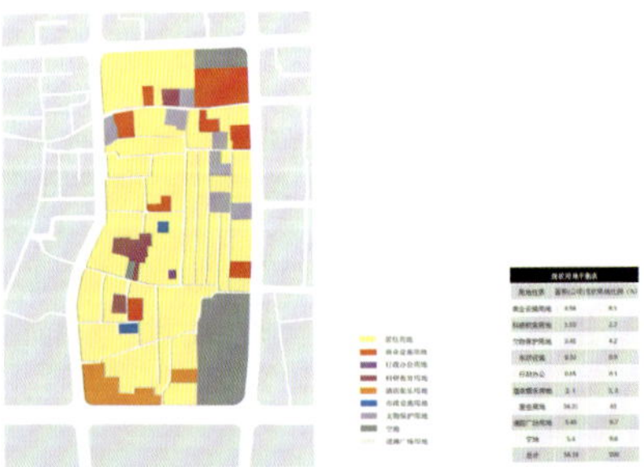

2.10 现状景观分析

地块内无较明显的开场空间，部分空间被违章建筑占用，空间分布凌乱，没有整体性。

2.11 现状建筑质量

地块内大量大杂院，建筑质量普遍较差，并且存在较多的乱搭建的窝棚。其中，东北角的国际新闻中心与西南角的酒店办公楼为新建建筑。

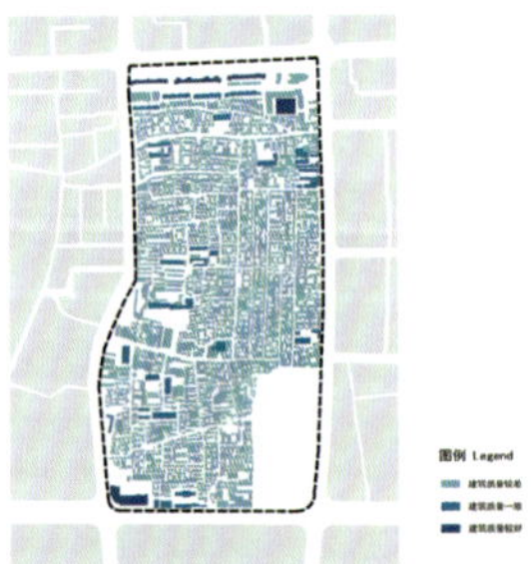

2.12 现状建筑高度

地块内主要以一层平房为主，有部分二到三层的居住，极小部分高于三层的建筑散布在地块中。还有一些高层建筑多为新建，集中在道路一侧。

2.13 场地交通分析

北京交通体系主要以环状加方格网体系组成，地块位于二环以内，四周皆有道路通过，区域交通优势明显。

2.14 SWOT分析

优势　Strength

a. 优越的地理位置，便捷的道路交通和轨道交通系统，便捷的可达性

b. 政府的积极支持，有力的资金保障

c. 现状有较好的老北京城市肌理和自然古树名木

劣势　Weakness

a. 现状文保建筑保护不力，破败不堪

b. 现状生活环境较差，道路泥泞不堪

c. 基地内人群素质较低，可能影响到规划后的回迁工作

机遇　Opportunity

a. 宣武区和西城区合并，得到了政府更多的支持和帮助

b. 传媒大道的建设对地块的辐射作用

c. 对于老北京城的改造提出新的理念和想法

挑战　Challenge

a. 现状居民的拆迁问题，利用周围强势群体带领区块弱势群体

b. 周围已形成的发展较好的商业及金融地块的竞争

c. 文保建筑与新建筑的融合问题

4. 功能定位

4.1 上位规划解读

4.1.1宣武区功能定位

《北京城市总体规划（2004-2020年）》对宣武区的功能定位是：宣武区是国家新闻媒体聚集地之一，宣南文化发祥地和传统商业区。

4.1.2广安产业园产业定位

是将广安产业园建设成为以高新技术、金融服务和文化创意三大产业为主导的自主创新政策示范区，大力发展高新技术、知识产权服务、专利权交易、新闻出版、网络传媒、创意设计、金融保险、生物医药、投资咨询、财务评估等高端服务产业。

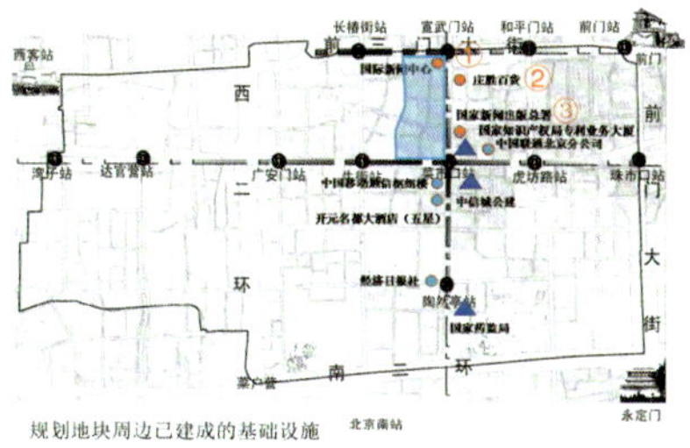

规划地块周边已建成的基础设施

4.2 产业研究

4.2.1可行性产业研究

根据对地块尚未规划的解读和可行性产业研究，总结出地块适宜发展以下六种产业，它们分别为：国家新闻媒体聚集地、宣南文化发祥地、传统商业区、金融中心、文化创意产业区、高新技术。

4.2.2国家新闻媒体聚集地

规划地块周边已建成的基础设施很多，例如：国际新闻中心大厦、庄胜sogo购物中心、开元明都大酒店等。它们足以支撑新闻媒体产业的发展。

国际传媒大道北起宣武门，南至南二环，全长3.2公里，道路宽度为70米。它是城市主要的交通枢纽干道。根据广安产业园重点开发项目分布可以看出，设计基地受到国际传媒大道辐射，有良好的发展潜力。

4.2.3 北京CBD内的新闻媒体产业

北京 CBD文化传媒企业 2010年上半年共纳税 3.67亿元，同比增长 14.6%，占 CBD的 5.14%；企业总数共 2293家，占 CBD的 8.8%；实际利用外资 2415万美元，占CBD的 4.13%。

CBD及周边地区聚集了全北京80%以上的国际传媒机构，包括路透社、美联社等160多家国际新闻机构以及CNN、VOA、BBC等40多家著名国际传媒机构，是中国重要的国际文化传播枢纽，涉外资源形成了优越的文化要素和信息要素。

4.2.4 CBD给我们留下的机会

CBD内没有形成完善的新闻传媒产业系统，每个新闻产业之间缺乏联系，没有集聚效应。

CBD内没有很好的新闻传媒氛围，缺少新闻传媒文化。这是因为CBD内的各行各业的人群较多，没有形成专属传媒人的空间。

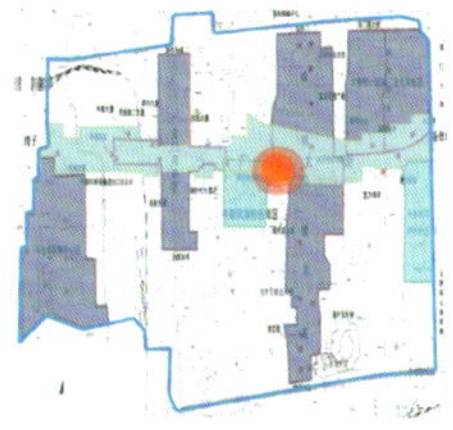

设计基地受到国际传媒大道辐射

①国际新闻中心大厦

②庄胜sogo购物中心

③国家新闻出版总署

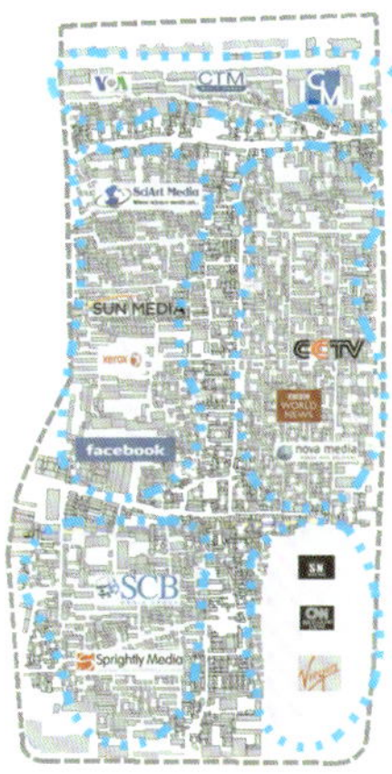

4.3功能定位

4.3.1 功能定位

衔接上位规划的定位，重新植入并整合新闻媒体产业，将规划地块发展成为国家新闻媒体聚集地。

打造迷笛生活圈，形成多功能的新媒人综合社区，不仅为本地块的传媒人服务，同时也为整个北京乃至国际新媒人服务。

北京CBD内的新闻传媒产业：

4.3.2 规划愿景

5. 规划理念分析

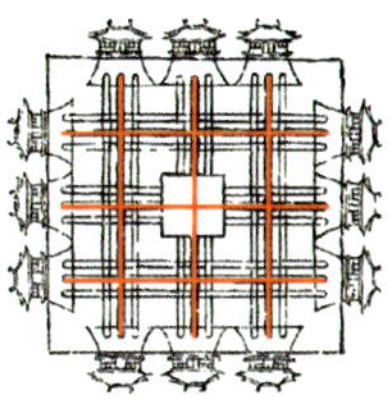

周礼考工记

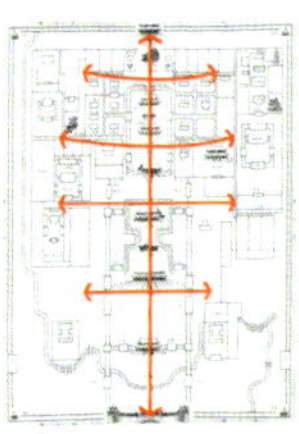

紫禁城空间结构

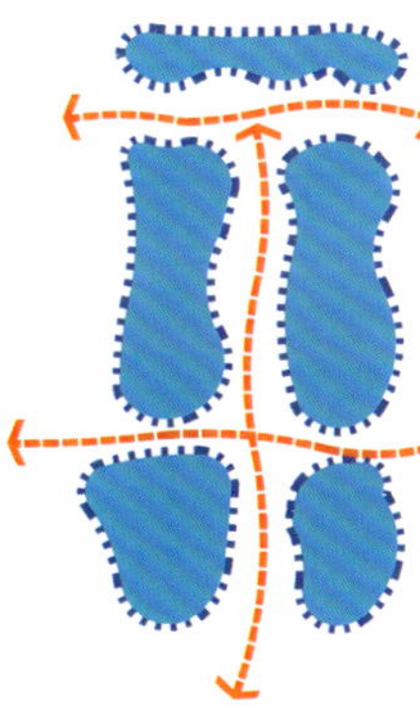

规划空间结构

5.1 北京的传统空间类型分析——轴线对称式空间

根据对北京城的空间研究分析得出，北京城的空间结构两方面，即轴线对称式空间以及内向型空间。

5.1.1周礼考工记的空间构成

"匠人营国，方九里，旁三门，国中九经，九纬，经途九轨。左祖右社，面朝后市，市朝一夫。"

周礼考工记代表着中国传统的宗法制度，北京的城市空间结构也来源于它。

5.1.2紫禁城的空间结构

紫禁城城墙四面各设城门一座，城内宫殿建筑布局沿中轴线向东西两侧展开。

城之南半部以太和殿、中和殿、保和殿三大殿为中心，两侧辅以文华殿、武英殿两殿。北半部以乾清宫、交泰殿、坤宁宫三宫及东西六宫和御花园为中心，其外东侧有奉先、皇极等殿，西侧有养心殿、雨花阁、慈宁宫等。

5.1.3规划地块的空间结构

打造以一条中轴线为中心，一轴两带的规划结构。并在其基础上植入三大功能块。

5.2 北京的传统空间类型分析——内向型空间

5.2.1传统北京胡同肌理

北京胡同绝不仅仅是城市的脉络，交通的衢道，它更是北京普通老百姓生活的场所，京城历史文化发展演化的重要舞台。它记下了历史的变迁，时代的风貌，并蕴含着浓郁的文化气息。

北京胡同的形成是随着北京城的形成而变化、发展演进的。而北京胡同内部的建筑空间，则是内向型的四合院空间。

5.2.2四合院的空间结构

北京四合院，实际就是合院建筑之一种，所谓合院，即是一个院子四面都建有房屋，四合房屋，中心为院，就是合院。

合院在北京的胡同中，东西方向的胡同，南面一大排，为南面的合院；北面一大排，为北面的合院，一户一宅，一宅有几个院。合院以中轴线贯穿，北房为正房，东西两方向的房屋为厢房，南房门向北开所以叫作倒座一家人有钱，人口多时，可建前后两组合院南北相连。

5.2.3规划功能块内的空间结构

四合院是北京必要的物质条件之一，筑除了满足居住的需要之外，也蕴含北京文化内涵。所以在规划设计中，我们紧扣北京四合院的空间特征，在生活圈以及综合商务办公区打造围合式内向型空间。

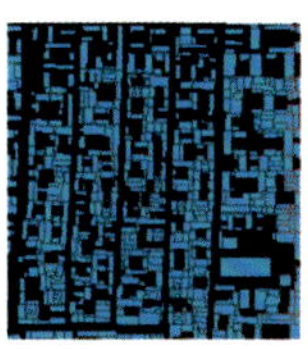

北京传统胡同肌理

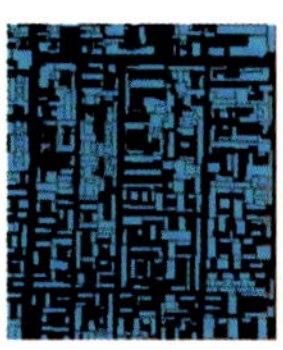

北京传统胡同肌理

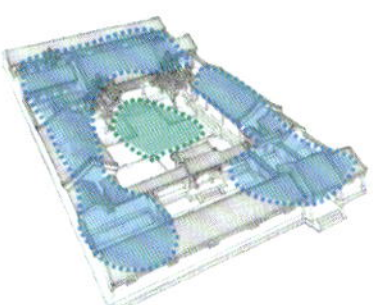

北京四合院内向型空间

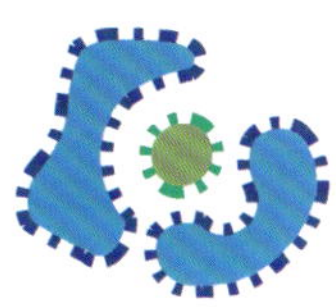

设计中功能块内的内向型空间

5.3 打造新媒人的迷迪生活圈

5.3.1工作性质导致新闻媒体人快节奏的生活

新闻，是指报纸、电台、电视台、互联网经常使用的记录社会、传播信息、反映时代的一种文体。它的种类很多，这里只介绍使用频率最高的消息和通讯。从事新闻媒体行业的人，我们称作新闻媒体人。

新闻媒体人分为纸制传媒人、广电媒体人、网络媒体人。

纸制传媒人主要负责报纸刊杂志的新闻采仿、报道、编辑、排板、印刷、发行。广电媒体人负责广电节目的录制、制作、剪辑、播放。网络媒体人负责新闻的报道及网络发布、网络站点的维护及更新。

通过对这三类新闻媒体人的访谈调查，我们发现：

由于新闻的时效性使得纸制传媒人、广电媒体人、网络媒体人的生活节奏紧张。他们没有太多的空闲休息时间，多为两点一线的生活模式，即往返于工作和住处。

而在仅有的休闲时间里，新闻媒体人更希望呆在家中或者去附近的公园散步。他们放弃选择其他娱乐设施，因为往返路途需要花费更多的时间。

	纸制媒体人A	广电媒体人B	网络媒体人C
新闻媒体人			
记者访谈	问题：每天生活的节奏如何？ 回答：每天时间都很紧迫，赶新闻赶稿等等。 问题：那您每天是不是往返于工作和住所之间？ 回答：还会因为工作需求往返于会所和图书馆，没有更多时间去其他地方。	问题：您每天工作压力大么？ 回答：压力很大，很累。 问题：那为什么不选择娱乐场所放松？ 回答：那些娱乐场所都太远，没有那么多时间往返。	问题：您平时休息时怎样缓解工作压力？ 回答：一般呆在家里，偶尔去公园散步放松一下。 问题：您每天工作状态如何？ 回答：很紧张，有了新闻不管什么时间都要采访报道，没有按时的生活规律。

5.3.2 迷迪生活圈概念

打造300*300的圈子生活，使得新闻媒体人在紧凑的生活节奏中也能完成所有的空间活动需求。

①三分钟步行圈

根据50m每分钟的步行速度，设计了环绿地三分钟步行圈。使圈内的人能够减少交通使用，增加新媒人有氧运动。

②改变“两点一线”的生活模式

改变新媒人传统两点一线的生活方式，丰富新媒人的生活，增加新媒人的生活乐趣。

③打造核心的新媒人公园

以新媒公园为核心向四周布置功能，满足新媒人生活的不同需求。

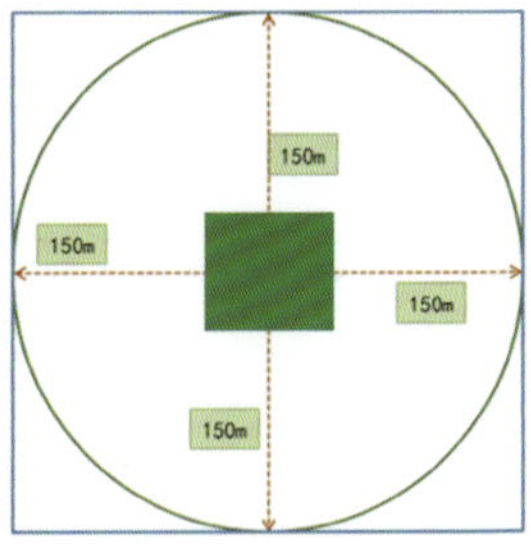

尺度宜人的迷迪生活圈

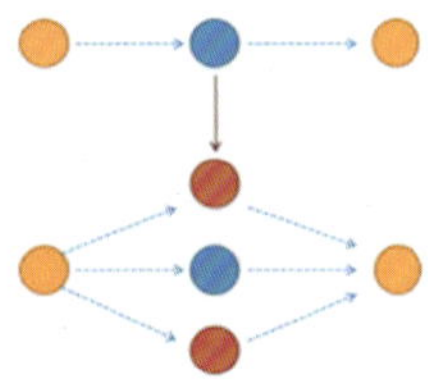

改变“两点一线”生活模式

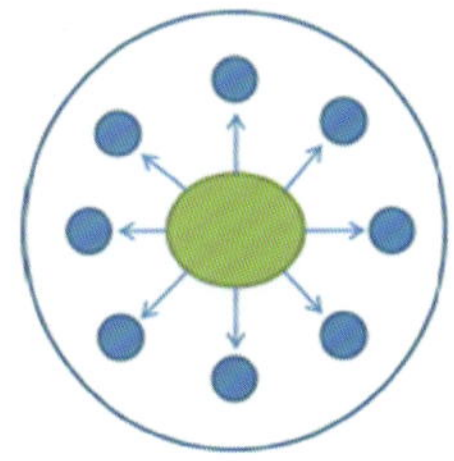

打造核心的新媒人公园

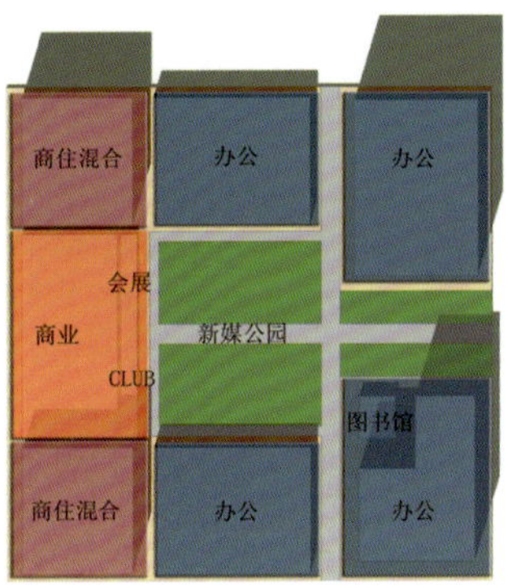

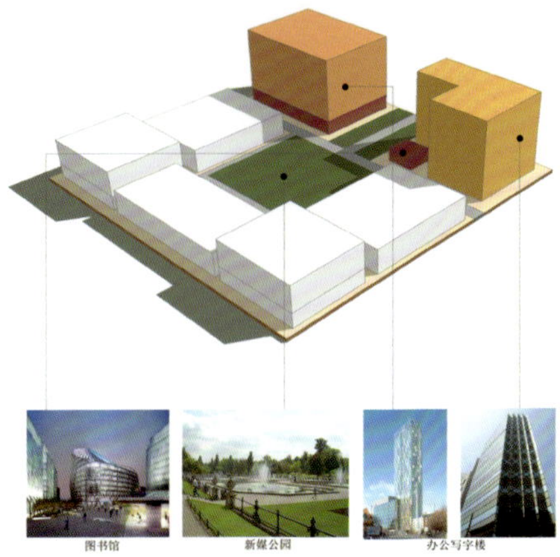

5.3.3 满足新媒人特征的迷迪生活圈

通过对新闻媒体人进行调查分析，我们总结出他们具有多样的、生态的、灵活的、创意的、亲睦的五大特征。而迷迪生活圈的空间特征也应该满足新闻媒体人的特征，即：

M— Multiple（多样的） E— Ecological（生态的） D— Dynamic（灵活的）
I— Idea（创意的） A— Amity（亲睦的）

特征一：多样的功能

M— Multiple（多样的）
①办公 ②新媒公园 ③商住混合 ④商业 ⑤会展
⑥Club ⑦图书馆

特征二：活力点的填充

D— Dynamic（灵活的）

利用活力LOGO的填充，提高生活圈的活力，满足新闻媒体人活力的生活这一大特征。使新闻媒体人在紧张的工作状态中更放松，缓解新闻媒体人的工作压力。

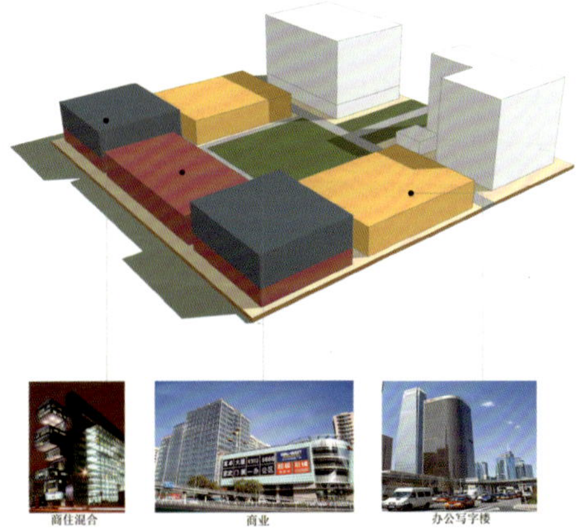

特征三：激发灵感的空间

I— Idea （创意的）

通过植入会展、CLUB、图书馆等新媒人必需的生活空间，营造能激发他们创意的灵感空间，满足新闻媒体人工作灵感度的特征需求。使得他们具有高效的工作状态。

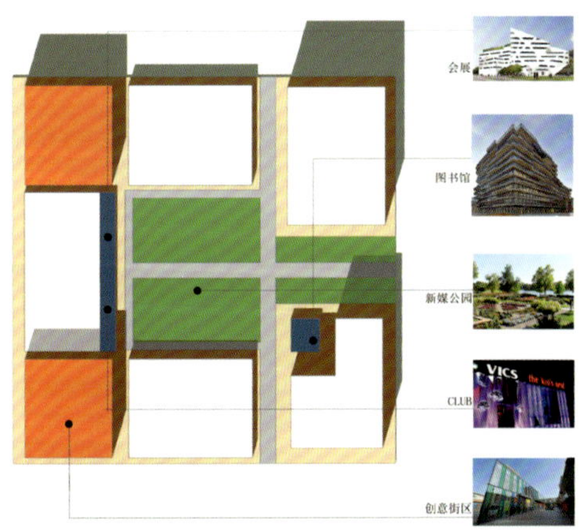

特征四：生态的空间

E— Ecological （生态的）

新媒人生态的交流圈——人与人的和谐

400m新媒人步行骑行圈——人与自然的和谐

注重生活圈的生态环境和新闻媒体人低碳的生态生活。打造绿色环保健康的迷迪生活圈。使得新闻媒体人有健康的生活状态。

迷迪生活圈的骑行环示意：

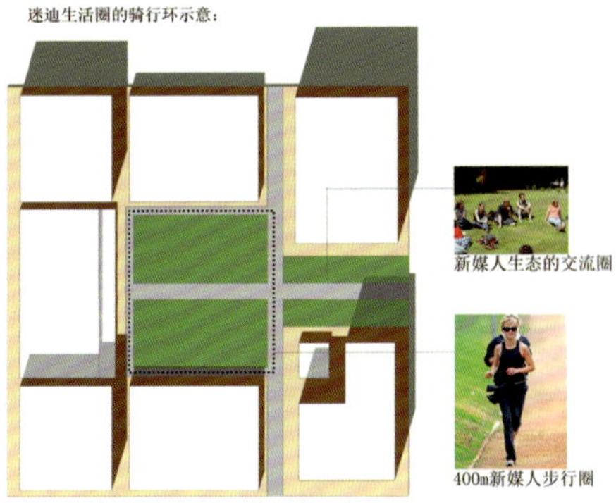

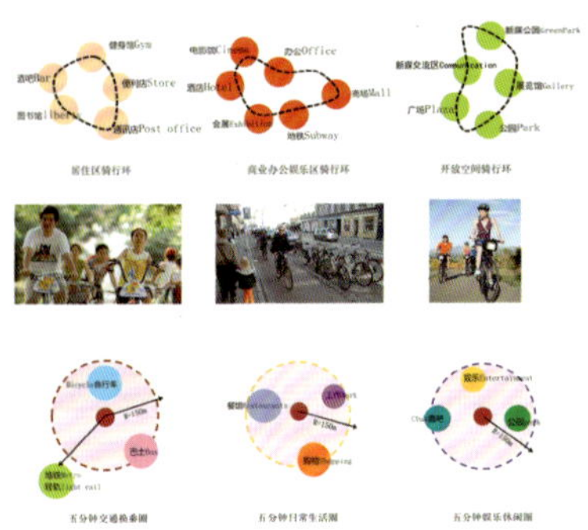

特征五：亲睦的圈子生活

A— Amity （亲睦的）

①打造不同功能的生活圈 ②各功能之间互相联系 ③在300m*300m的范围内形成融洽的生活氛围、亲睦的社会关系

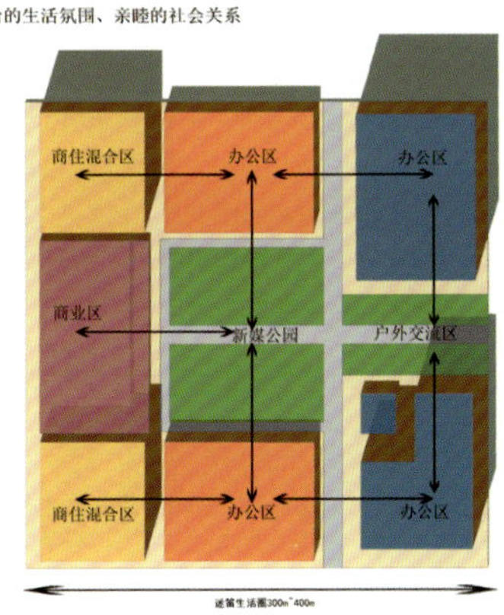

总平面图

总用地面积：561800平方米

总建筑面积：1932592平方米

容积率：3.44

绿地率:37.8%

建筑密度：46.4%

平均层数：8层

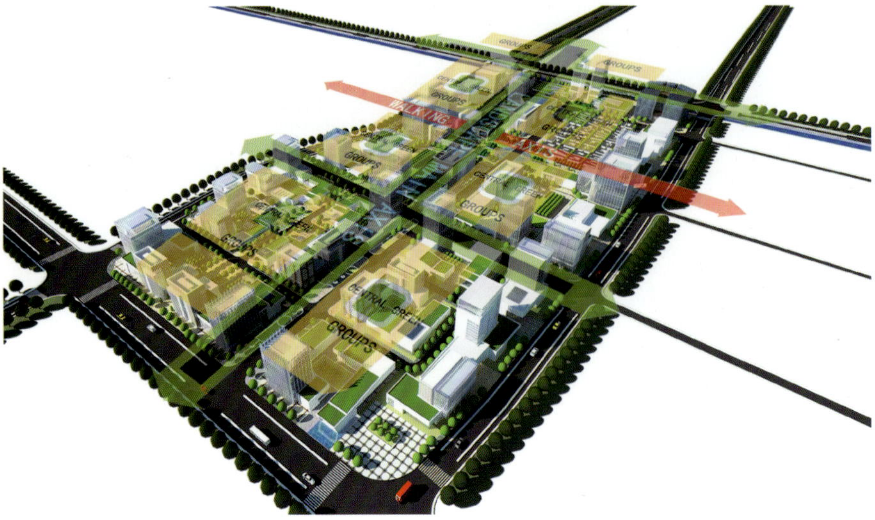

6.1 规划结构分析图

规划形成"一横、一纵、六心、八片"的规划结构。
一横：东西向从基地中间穿过，以步行及景观为中心轴线，增强地块活力。
一纵：南北向道路景观轴线，并结合一横在中心形成绿心，共市民活动。
六心：规划六个组团绿地中心，不同大小及景观作用，打造生态核心。
八片：规划形成八个片区，形成功能各有侧重，多元复合配置的八个片区。

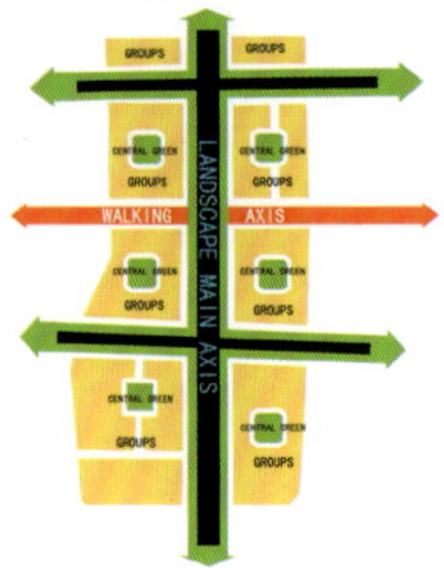

6.2 土地利用规划

以高效利用本区块各种资源，提升潜力用地价值为基本原则，采取土地混合使用的理念，使地块能够充分满足规划功能基本要求的同时发挥最大限度的价值作用。

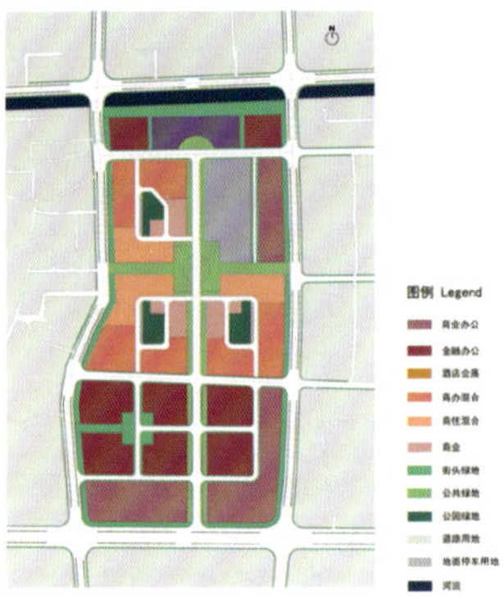

用地性质	用地面积（Ha）	比率（%）
商业办公	7.48	13.31%
金融办公	7.33	13.05%
酒店会展	1.89	3.36%
休闲娱乐	2.93	5.22%
商办混合	6.43	11.45%
商住混合	3.44	6.12%
商业	1.68	2.99%
公共绿地	14.57	25.93%
公园绿地	1.39	2.47%
道路用地	7.21	12.83%
停车用地	0.37	0.66%
河流	1.46	2.60%
总计	56.18	100.00%

6.3 绿地系统分析

强调主轴绿化景观系统及中心绿地规划；
以组团绿心构筑生活圈的开敞空间，满足功能地块的内部要求，使公共绿化在空间上保持连续，赋予开放空间更多的开放使用功能；
构筑滨水绿地景观，丰富景观系统功能，给予更多的户外活动感受；
充分发挥街头绿地的联系作用，保持地块绿地系统的完整性；

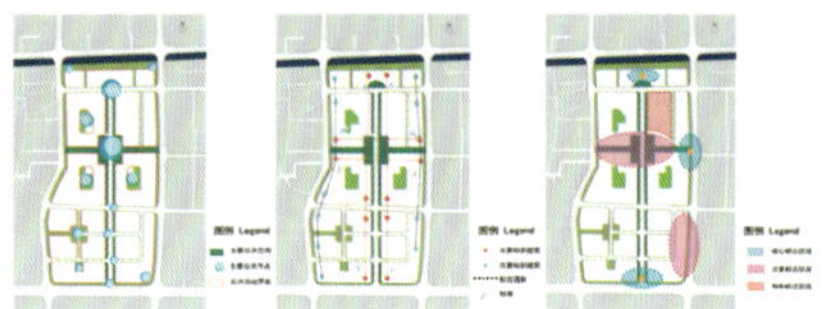

公共空间分析

目标为公共空间赋予更多丰富的使用功能，强调中轴线空间组织，联系各组团公共空间，形成完整系统。

视线分析

保持城市重要视觉走廊，形成广阔的风景区域，产生视线集聚核心，给人们留下深刻印象。

标志建筑分析

增强城市标识性，形成丰富的城市意象，会展酒店将成为地块新地标。

6.4 规划交通分析图

规划区域道路系统分为两级设置，分离过境交通量，并结合主轴设置慢行交通系统，节能环保，增强体验感；

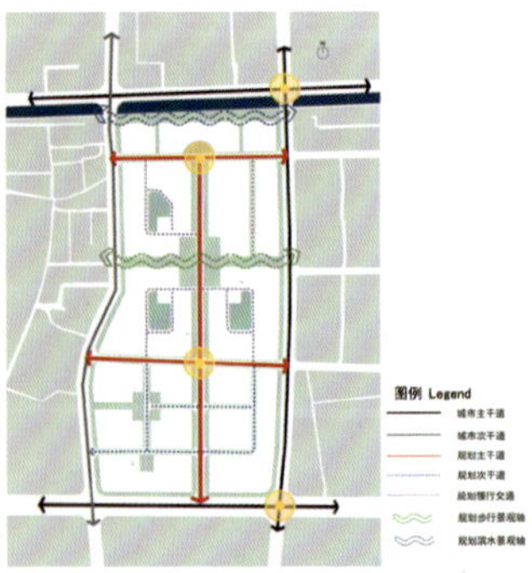

公共停车设施

结合配建停车，分散设置社会公共停车泊位；
结合公园、绿地等公共设施设置公共停车场（库）；

慢行交通系统

在沿主要景观轴线和滨河绿化带布置步行交通；
在三个生活圈内设置环公园步行和骑行环道；

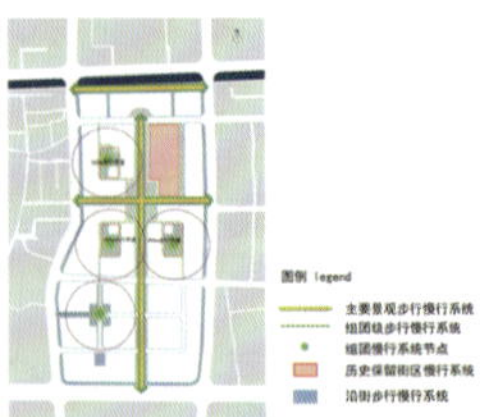

6.5 建筑高度控制

主要高层建筑集中在横纵轴线，并依靠南北两侧的道路设置高层建筑；
同时每个生活圈内设置一到两幢高层建筑，来满足其功能要求；
文保区依旧保留其本身的建筑高度；

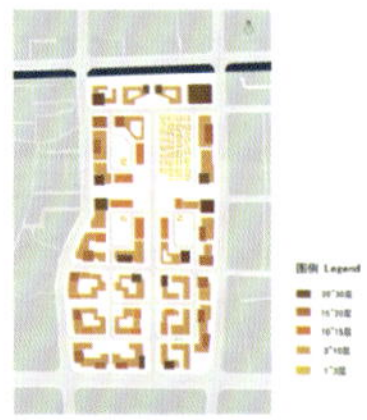

6.6 开发强度控制

规划主要沿宣武门西大街、宣武门外大街、广安门内大街进行高强度开发；
生活圈内采用混合开发，根据不同功能采取不同的开发模式；
公园和中心广场采取低强度开发；

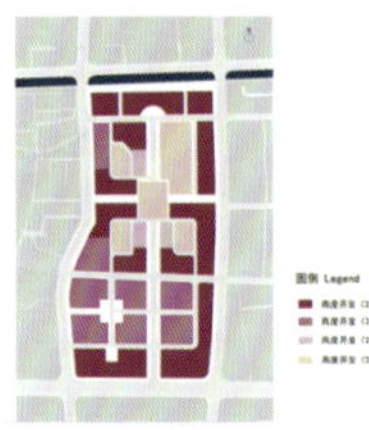

6.7 分期开发示意

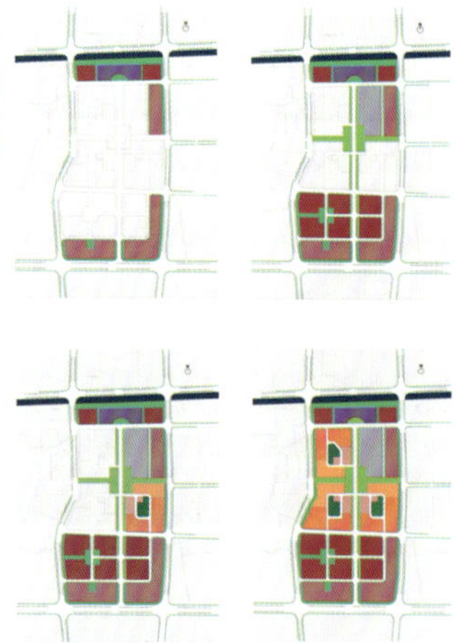

北立面图

西立面图

南立面图

东立面图

7. 规划节点分析

7.1 迷迪生活圈节点分析

利用尺度适宜的迷笛生活圈，将新闻媒体人聚集在规划地块内部。根据前期调查研究出的新闻媒体人的特征，打造满足他们五大特征的生活圈，使其成为多功能的新媒人综合社区，不仅为本地块的新闻媒体人服务，同时也为整个北京乃至国际新媒人服务。

7.1.1迷迪生活圈多样的功能（ M— Multiple）

通过调查研究我们发现，新闻媒体人的工作性质决定了他们多样的活动空间，他们即需要现代的办公大楼又需要会展、图书馆等文化气息浓厚的场所。迷迪生活圈利用功能性质多样的空间满足媒体人一天生活的所有需求。

新媒办公区：商业、新媒写字楼等

休闲娱乐区：商业、Club、电影院等

商住混合区：商业、新媒人公寓、图书馆、会展等

新媒公园：聚集人群的开敞空间

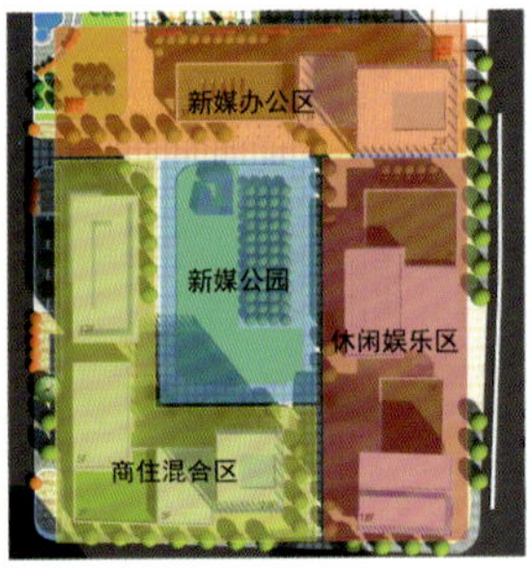

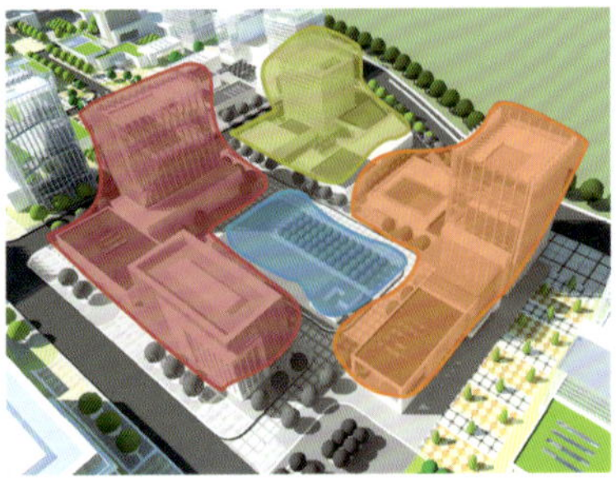

7.1.4迷迪生活圈激发灵感的空间（I— Idea）

新闻媒体人的工作性质决定了他们需要很多激发工作灵感的场所，所以在迷迪生活圈的设计中我们植入了会展、图书馆、展览馆等激发灵感的创意空间，在这些空间中，他们既可以交流又可以获取最新的咨讯，便于他们产生灵感，高效的完成工作。

7.1.2迷迪生活圈生态的空间（E— Ecological）

在迷迪生活圈中，我们打造了环新媒公园的步行骑行圈，倡导生活圈内低碳生态的健康的生活模式。新闻媒体人也可在生活圈内通过自行车的交通出行方式到达一天生活中不同的空间。缩短出行时间，提高工作效率。除此之外，我们还将新媒公园作为生活圈内新闻媒体人聚集交流的开敞空间场所。提高绿色环保高效的城市生活圈。

新媒公园中心透视

骑行圈入口透视

7.1.5迷迪生活圈亲睦的生活空间（A— Amity）

为新闻媒体人打造了尺度宜人的生活圈子，便于他们缩短出行时间，利用步行的方式即可出入不同空间完成一天的活动。同时利用亲睦宜人的生活圈尺度，结合新媒公园，创造出新闻媒体人聚集和交流场所，打造融洽的生活氛围、亲睦的社会关系。

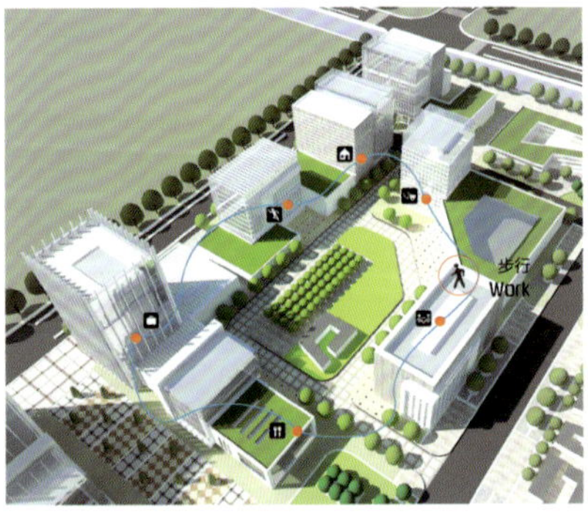

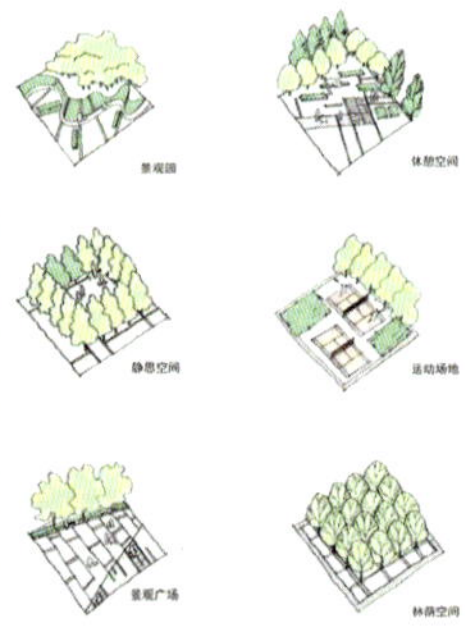

7.1.3迷迪生活圈的活力点（D— Dynamic）

对新闻媒体人经常出入的活动地点进行调查，在迷迪生活圈中引入活力点，将活力logo填充进生活圈。这不仅增添了生活圈的活力使生活圈变成24小时活力之城，避免空城现象，而且还能让新闻媒体人在紧张的工作状态中得到放松。

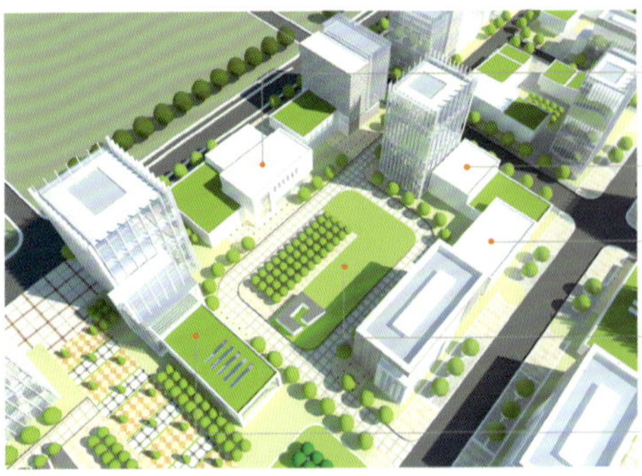

图书馆：8:00--21:00

展览馆：8:00--21:00

超市：8:30--22:00

新媒公园：24hours

Club :0:00--06:00

7.2 综合商务办公区节点分析

规划地块北面开发建设成综合商务办公区，并配套商务酒店以及商业。

综合商务办公区服务于各类商务办公人士。

在空间上仍然采用北京传统的轴线式以及内向型空间，使得规划地块的整体空间构成完整统一。

植入 激活 共生

学校：苏州科技学院
指导教师：郑皓 彭锐 小组成员：刘小凤 周晓晨

项目概述

1. 项目背景

原宣武区

为统筹推进区域发展，充分发挥广安产业园地处核心区，有空间、交通便利的优势，同时借助中关村国家自主创新示范区辐射带动作用，促进产业聚集和生产要素流动，增强城南地区自主创新能力，根据北京市支持高端产业发展的政策意见，原宣武区（现已于原西城区合并为西城区）集中全区资源、举全区之力建设广安产业园。

城南发展计划

《促进城南加快发展行动计划》（2009.11）中提出，在未来三年要加快推动城市南部地区产业调整升级，创新发展业态，积极构建“一轴一带多园区”的城市南部地区产业空间布局，在“一轴一带多园区”的产业空间布局中，宣武区占据着南中轴线上天桥历史文化风貌集聚区的重要一环和“多园区”中的广安产业园区重要一席，是宣武区对接《促进城南加快发展行动计划》的重点和亮点。

“十二五”规划

西城区和宣武区合并后，《北京市西城区国民经济和社会发展第十二个五年规划纲要》中提出，把“一核一带九园区”建设作为规划重心。“一核”，即以金融街为中心区，以德胜科技园、广安产业园为辐射区，以白塔寺、西单和南闹市口地区为配套区，集中力量打造以金融业为核心的经济增长极。其中，广安产业园重点发展高新技术、金融服务、文化创意等产业，建设新兴高端产业聚集区。

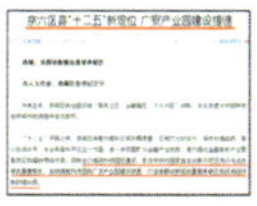

广安产业园

身为中关村科技园区之一的广安产业园位于菜市口十字路口西北角，集高新技术、金融服务、文化创意三大主导产业于一身，是北京二环以内仅存的最大面积可成片开发土地。位于原宣武区的广安产业园功能定位和项目引进要与金融街、德胜科技园等功能区进行对接。

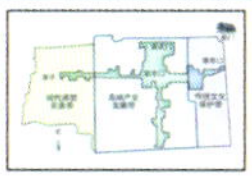

2. 城市设计依据

- 中华人民共和国城乡规划法（2007年）
- 北京城市总体规划（2004-2020年）
- 北京市城乡规划条例（2009年）
- 促进城南加快发展行动计划（2009年）
- 北京市西城区国民经济和社会发展第十二个五年规划纲要（2011年）

3. 城市设计范围

北京广安产业园核心地段城市设计范围：北至宣武门西大街，东至宣武门外大街，南至广安门内大街，西至广安胡同。共计用地面积约50.6公顷。

4. 城市设计理念

基于西城区“十二五”规划纲要的功能定位和广安产业园自身优势的城市设计策划。

- 贯彻土地集约利用开发的城市设计策略
- 面向引导、控制和管理的城市设计政策
- 基于可持续性的功能布局、建设定位

5. 城市设计目标

构建综合性广安产业园核心区。以广安产业园为依托，发展商业服务，商务办公、文化娱乐等现代城市功能，

打造一个能够体现和提升北京西城区城市新形象的城市门户和南城新地标。

6. 城市设计原则

- **空间布局上的综合体核心原则**：以综合体为核心，塑造西城门户形象；
- **空间利用上的节约集约原则**：珍惜土地资源，集约发展，建设紧凑高效的中心区；
- **空间开发上的弹性有序原则**：用地功能安排留有弹性，开发时序循序渐进；
- **空间特色上的延续文脉原则**：强化北京市历史文化特色，保留区域内文保单位，特色建筑；
- **空间风格上的时代特性原则**：采用现代风格和手法，表达北京新的城市形象；
- **空间结构上的清晰有序原则**：建立构架清晰的空间结构与具有地标作用的建筑和建筑群；
- **空间功能上的整合共享原则**：提倡公共服务功能在辐射范围内的共享与整合，建设综合性的城市公共中心。

6. 工作阶段划分

基于以上主题和背景的分析，将本次规划与设计工作主要分为以下四阶段：

基础研究

通过现场踏勘、资料收集、文献检索等形式完成现状图纸及部分分析内容，并将相关数据整理形成综合研究体系，最终形成完善的基础研究内容，为设计提供基础与依据。

理论研究

通过对项目的调查了解，并搜集国内外的优秀案例，借鉴学习其中的经验方法，最终结合自己的理解和目前设计的趋势，提出对本次设计的理念，并分析其实施的策略与内容。

空间构架

依据举出研究成果，明确规划依据、发展定位、设计理念和目标任务，确定园区的总体功能和产业定位，形成功能结构、用地布局和产业布局，规划道路交通、绿地景观、基础设施等内容，完成德国工业园的整体空间架构。

形态设计

在广安产业园整体空间架构的基础上深化核心区形态设计，具体包括用地细分与项目策划、总平面设计、道路交通设计、绿化景观设计、空间系统设计、重点区域详细设计、鸟瞰图及重要节点表现图等内容。

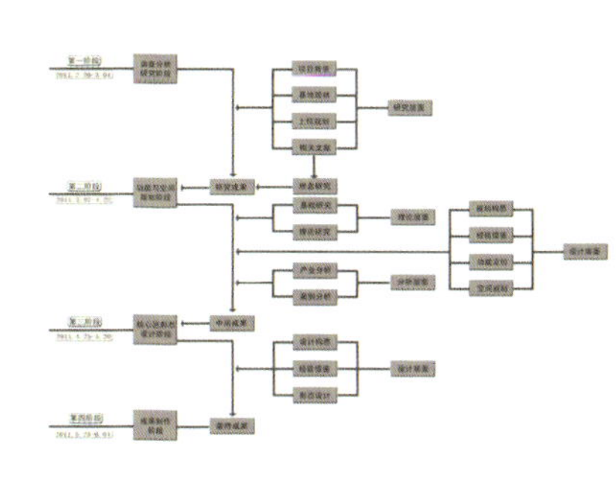

区位分析

北京作为我国的政治、经济、文化中心，为广安产业园的发展提供良好的条件，并为基地发展特定高端产业创造了一定的基础。

北京总体规划提出在市域范围内构建“两轴-多带-多中心”的城市空间格局。广安产业园位于中心城区的核心区，将为地块的功能定位提供指导依据。

该地块位于北京西二环东侧。地块北面与东面分别有地铁2号线与地铁4号线经过，东北角与东南角分别设有宣武站与菜市口站两个地铁站点。由宣武站往北800米即可到达西单商业圈以及北京城东西轴线——长安街。

地块与北京的火车站联系便捷，周边公共交通设施发达。在受到中关村、金融街及西单商业区的辐射同时，临近牛街、琉璃厂、大栅栏等传统风貌街区，有较为浓厚的文化底蕴。

项目地块区位资源十分优越。

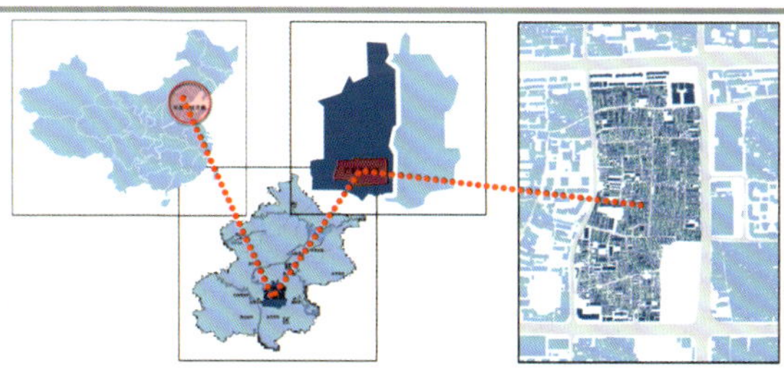

规划解读

1. 总体规划规

《北京城市总体规划 （2004-2020 年）》

《北京城市总体规划（2004-2020 年）》对宣武区的功能定位是：**宣武区是国家新闻媒体聚集地之一，宣南文化发祥地和传统商业区。**

总规对该地块（广安产业园核心区）的定位比较模糊，偏宏观性，无精准定位，但从定位中可以看出，这块应该是广安产业园的综合核心区域。

2. 城南发展计划

《促进城南加快发展行动计划 （2009 年）》

将广安产业园建设成为以**高新技术、金融服务和文化创意**三大产业为主导的自主创新政策示范区，大力发展高新技术、知识产权服务、专利权交易、新闻出版、网络传媒、创意设计、金融保险、生物医药、投资咨询、财务评估等**高端服务产业**，适度发展适合中心城区特点的都市型工业，推动区域产业结构优化升级和创新成果产业化。

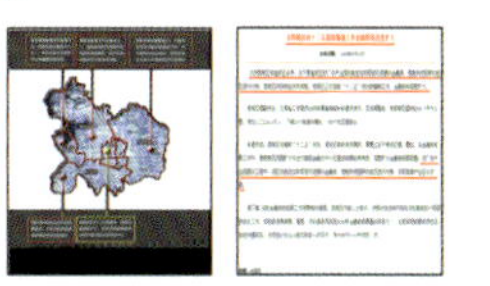

3. 控制性详细规划

《宣武区控制性详细规划》 定位

宣西片内原规划公建用地面积为1.64公顷，居住用地面积为20.1公顷。拟减少居住、教育、市政等用地面积，增加公建用地面积，适当提高建筑规模及建筑高度。

按总体规划及06版控规要求，实现原内城护城河水系，打通连接道路，增加路网密度，提高交通承载力。研究综合交通体系，加强地块之间的联系。

地块南部及西部以商业金融用地为主，中东部以商住混合用地为主。

变化趋势

1、商业用地增多，且居住用地变成商住混合用地

2、由单一的用地性质转变为复合型用地

4. “十二五”规划

《西城区国民经济和社会发展第十二个五年规划纲要》

西城区和宣武区合并，位于原宣武区的广安产业园功能定位和项目引进要与金融街、德胜科技园等功能区进行对接，实现高端产业互补发展。广安产业园重点发展**高新技术、金融服务、文化创意**等产业，**建设新兴高端产业聚集区**。

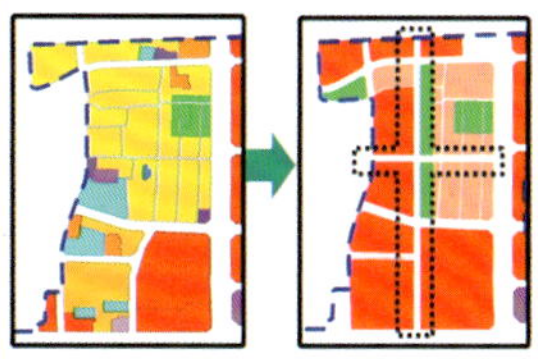

5. 初步定位

通过上面的研究，初步将该地块发展为综合性用地，各种功能的复合来为广安产业园服务，发展集金融，文化、高新技术为一体的产业复合区，成为产业园的核心区域。针对高新技术产业的缺乏，打造一个科技创新综合片区。

现状分析

现状用地分析

地块内主要以居住用地为主，房屋多为较为老旧残破底层住宅，现状用地有较大的开发空间。

文保建筑散落在中部偏北地段，保护不利，无人管理，年久失修，可以考虑功能置换来进行修葺保护。

东北部沿街及西南角沿街均有新开发的高层建筑，形态现代，和居住用房形成鲜明对比可以适当予以保留。

地块中有小学和中学各一所，服务周边居民，可以进行置换。

现状用地平衡表

图层名	面积(公顷)
商业设施用地	6.68
科研教育用地	1.53
文物保护用地	2.41
市政设施	0.32
居住用地	34.31
道路广场用地	5.54
空地	5.4
总计	56.18

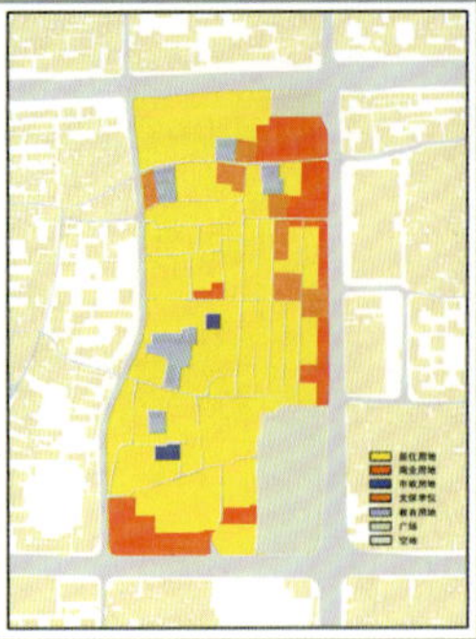

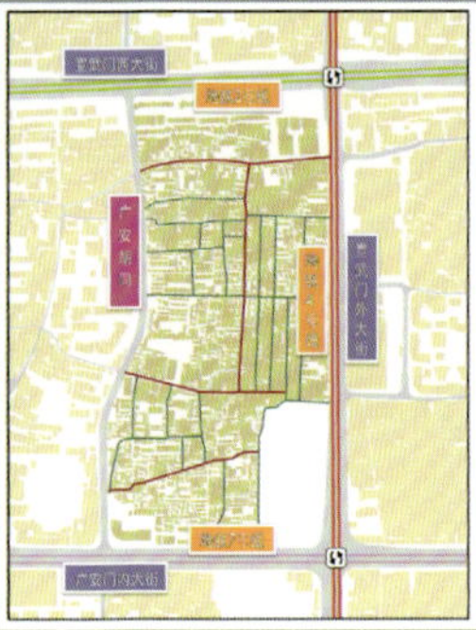

现状道路分析

现状交通条件为： 对外交通便捷， 内部交通欠缺。

外部交通： 地块北侧是宣武门西大街，地块东侧是宣武门外大街，地块南侧是广安门内大街；均是地块周边的交通主干道。地块周边有两个轨道交通站点，其中宣武门地铁站是地铁四号线与二号线的换乘车站，将会是北京城南地区重要的轨道交通枢纽。菜市口地铁站将会四号线和七号线换乘站。此地块在公共交通出行方面将有极大地潜力。

内部交通： 地块内部胡同交错，胡同宽度较窄，通行能力较差。其中，上斜街、金井胡同—校场五条、老墙根街—脚长裤胡同为地块内较主要道路。地块中东部有四条南北向平行胡同，通行能力很差，但对于胡同机理的塑造有极大影响，应考虑适当拓宽保留。

现状建筑质量分析

地块内大量大杂院，建筑质量普遍较差，并且存在较多的乱搭建的窝棚，无保留价值。

东北角的国际新闻中心与西南角的酒店办公楼为新建建筑，应适当予以保留。

新建卫生站与中学也属小部分质量较好的建筑。

现状建筑高度分析

地块内主要以一层平房为主，有部分二到三层的居住，极小部分高于三层的建筑散布在地块中。还有一些高层建筑多为新建，集中在道路一侧。

现状文保单位分析

历史文化建筑主要分布在地块北部，有 2 处市级文物保护单位。但是处于年久失修状态，保护不力。

历史文化建筑破坏较为严重，建筑主体被违规建筑包围，已难以见到其原貌，原本北京特色民居四合院已不见其踪。

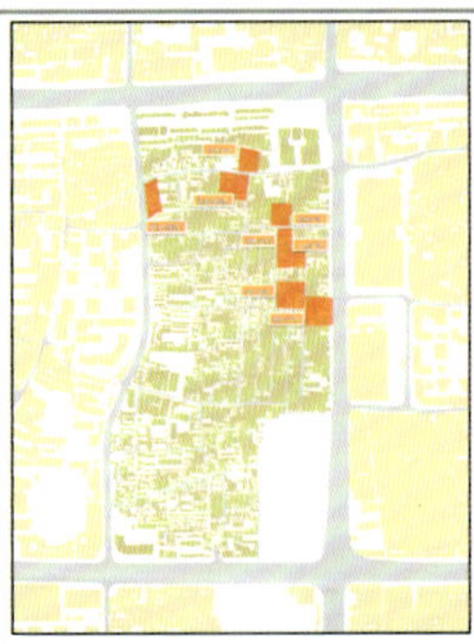

现状自然环境分析

地块中环卫工作明显缺乏，部分街道在雪后泥泞不堪。地块中散布有大量古树，生态原貌较好。

现状优势分析

区位优势卓越： 地块位于北京 2 环以内，属于北京城的中心区域，地块最北段距离西单商业中心与长安街圈不足 1km，东至前门大街仅 800 余米。

交通便捷： 地块三面临城市主干道，东北角与东南角分别有宣武门站与菜市口站 2 个地铁站点，日人流量过万。

良好辐射影响： 地块同时受到其东面国际传媒大道与自身所处的广安产业园的影响辐射，为本地块未来发展提供支撑。

历史悠久： 地块内具有深厚的北京宣南文化历史积淀，内部几处会馆与故居都是宣南文化的典型代表。

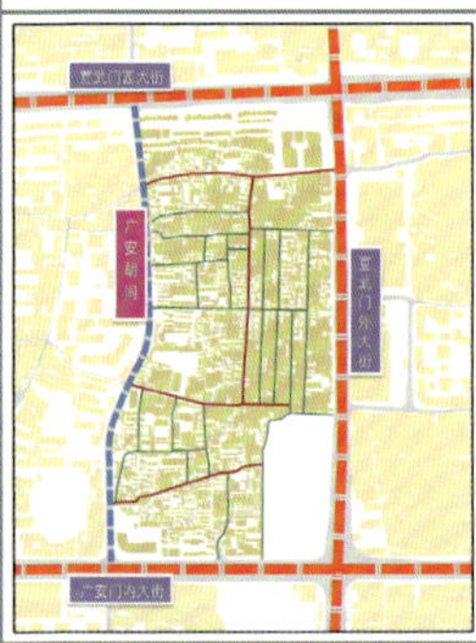

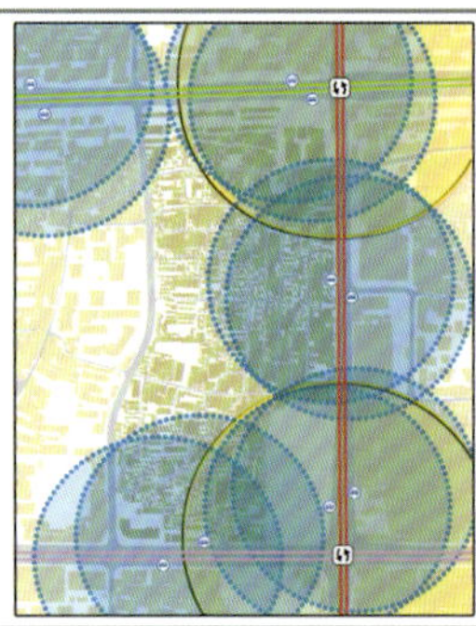

现状问题分析

建筑风貌破败： 由于本地块近年来发展的滞后，以及周边城市的快速发展，现在看来，本地块的建筑风貌已经与周边现代化的城市形态矛盾，显得残破不堪。

居住环境较差： 地块内多为居住用地，但是都是建筑破旧、居住条件较差的大杂院在其中，配套设施缺失，内部道路狭小，缺乏环卫打扫。

文保单位缺乏管理维护： 地块内的几处文保单位和历史建筑，由于年久缺乏维护和管理，建筑现状较为破旧，并且有几处内部以有人搬入居住。

植入 激活 共生

——北京广安产业园核心地块城市设计

Urban Design of Guang An Industrial Park . Beijing

专题研究

地下空间开发研究--地下城市

北京广安产业园核心区的地下空间系统建设将主要结合北京广安产业园核心区内地铁轨道交通和地下人防工程的建设，充分依托轨道交通带来的捷运优势，大力开发城市地下空间，在地下空间内组织完善的四大体系，创造北京广安产业园核心区富有活力的“地下城市”空间。

开发原则

地下空间整体开发和综合利用

地下空间的开发应强调竖向分层次的系统整体开发，集约化使用地下空间。同时依托地铁等轨道交通的建设和地下人防工程的建设，形成方式多样、功能综合的地下空间系统。

地上地下空间规模功能整体协调

地下空间的开发要支持地表土地的有效使用，要实现地上与地下空间在城市发展的各个不同阶段、不同建设时期，各类原有设施与新建设施在规模和功能上的协调统一。

首先确保交通、人防、市政等公共地下空间

地下空间系统的建设首先要满足中心区对地下交通设施的需求。充分认识到地下人防工程建设在构建城市综合防灾空间体系过程中的重要作用，优先考虑并确保市政、人防等设施的合理布局。

地下空间综合利用主要包括交通、市政、人防和商业开发四大类型

基于北京广安产业园核心区地下空间资源条件和功能发展要求，地下空间的综合利用将主要包括交通、市政、人防和商业开发四大类型，达到对地下空间开发与保护相结合的目标。

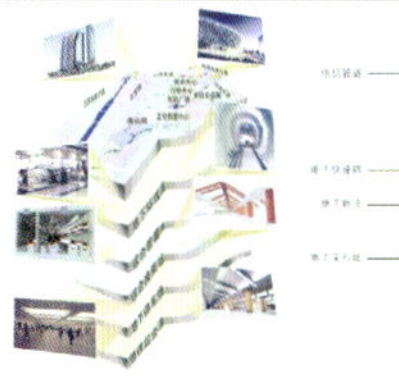

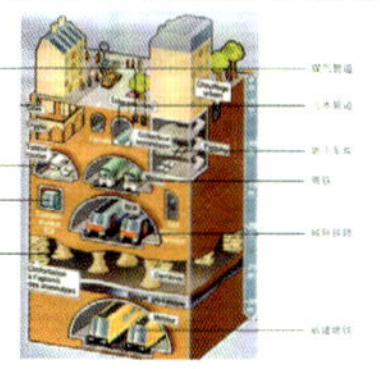

地下空间系统构成

地下交通网络系统

以轨道交通建设为重点，辅以地下换乘枢纽、机动车通道、人行通道、地下公交站、停车场等各种形式，并与地面公共交通密切衔接。

（1） **地下换乘枢纽**： 确定枢纽中各类交通设施的规模和组合设置方式，特别从站点大厅至区域各地块的出入方式，处理好各交通系统间的衔接关系，优化设计人形活动空间。

（2） **地下机动车通道**： 考虑城市中心区交通瓶颈与停车问题，修建地下道路，与大型地下停车场以及其它地下空间相衔接，形成快速高效的地下交通网络。

（3） **地下停车场**： 针对北京广安产业园核心区大量的停车需求，设置大型地下停车场，并通过地下机动车通道相连接，形成系统的地下车库群，实现居住区和商务办公区地下车库分时停车和区域内停车共享。

（4） **地下步行通道**： 以舒适、便利的地下步行通道将各类不同的地下系统想连接，使人群可方便的到达各处，实现对地面人流分流要求，减少对地面交通的干扰。

（5） **地下公交站点**： 减少交通换乘通行距离，节约地面车站场地，外来人流可直接在站点通过垂直交通到达商业办公等区域，减少地面交通干扰。

地下公共服务设施系统

一体化建设地下商业、地下文化、地下体育、地下医疗卫生等公共服务设施。通过将各类地面区域公共服务中心的功能延伸至地下，形成地上和地下连贯一体、规模集聚、协调发展的公共服务系统。

（1） **地下都市体验购物城**： 以地下都市体验购物城为主题的大型商业综合体，结合下沉式商业内街，增加地下空间的吸引力，生产内容多样、层次丰富、形式独特的北京广安产业园核心区地下购物城。

（2） **地下文化、 体育、 医疗卫生设施**： 将部分体育、文化、医疗卫生等功能延伸至地下，充分挖掘利用地下空间，以补充城市中心区高密度开发建设下地面文化、体育、医疗卫生等设施的不足。

地下市政设施系统

坚持综合化、系统化、生态化的原则，以较为长远的眼光看待作为城市重要基础的市政公用设施的建设，便于管理、节约能源的市政公用设施服务系统。

(1) **地下市政设施综合管廊**： 按照市政公用设施优先发展的原则，以规划的前瞻性考虑建设市政设施综合管廊，将给水、排水、电力、电信、燃气等市政管线收容在同一隧道中，综合设置、统一规划。

(2) **地下市政场站设施**： 考虑将变电站、水场站、部分污水处理设施、垃圾中转站、地下中水池、调蓄池等市政场站设施尽可能的设置于地下，实现城市中心区对能源的节约使用和循环利用。

地下人防设施系统

郑州是我国一类设施城市，人防工程建设在城市的发展过程中有着重要的作用。北京广安产业园核心区人防工程设施，应本着统一规划，协调发展，合理布局，重点建设，平战结合，远近结合，因地制宜，长期准备的原则，通过地下空间的开发利用来促进人防工程设施建设，建立以人防工程为主体的城市综合防灾空间系统。所设的公共空间及配建停车库同时可以作为中心区防灾、人防设施。

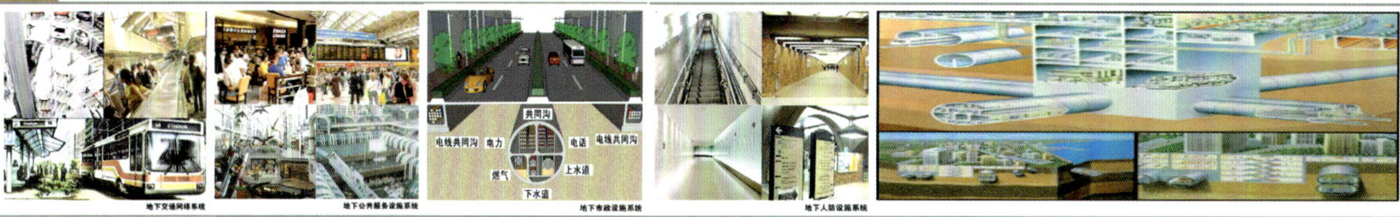

地下交通网络系统　地下公共服务设施系统　地下市政设施系统　地下人防设施系统

北京空间尺度研究

在北京，特别是沿东西主轴线，长 40 千米、宽 120 米的长安街确实可以被称作超大。天安门广场占地面积 44 万平方米，是世界上最大的城市中心广场，放在北京城的地域环境中，从马路对面望去，仍然不会觉得它巨大或惊人。北京的城市风格没有形成一个完整的整体，一个个显得很独立。北京有小规模的建筑和小巧蜿蜒胡同，也有巨大无比的超大型建筑，而建筑尺度的转换是跳跃的。

除尺度的跳跃以外，超大规模建筑还以其内部综合的高度功能多样性为特征，他们结合了办公室、公寓、餐厅、诊所、幼儿园以及咖啡厅等功能，最主要的是其成为公共空间的特征，而这一般被视为城市的而不是建筑物的核心要素。就其内部功能的多样性来看，他们可被看作是垂直方向的城市部分，是城市实体和独立的城市空间。但是和城市中主要沿水平方向组织的部分不同，超大规模建筑物首先考虑的是垂直空间的组织。这就引发了主要由超大规模建筑物组成的城市的典型问题。城市各部分不仅要与城市中心联系，而且还要有他们之间的相互联系，然而超大规模建筑物通常仅能由一层进入，于是这些超大规模建筑物就成了与城市联系最少的孤立体。

由于建筑上的独立性，关联性不强导致了整个城市的破碎不完整。为减少快速城市化带来的负面影响，也为减少城市用地中建筑物及道路的占地面积，每项规划都必须保留用地面积的 30% 作为绿地。为了避免与日照方面的规范产生矛盾，超大规模建筑物通常坐落在基地的中心位置，四周有微型的绿化带环绕。然而，由于绿化带形状狭长并沿路分布，这种绿地就无任何质量可言。因此，这些超大规模建筑物之间的公共空间其实就像不明确的空地，是一块除了闲置外没有任何意义的死区。

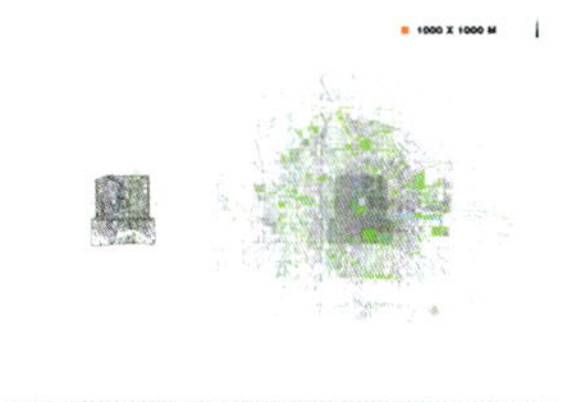

北京城现在规模尺度是老城的 8 倍

不同的空间特色

定位与规模

发展条件分析

地缘优势分析

（1）区位优势

位于北京二环以内，作为广安产业园的门户和核心区，对于人流物流的吸引力具有其优势；

（2）交通优势

三面为城市主干道，同时有两条地铁线路交汇，交通优势明显；

（3）文化优势

区域内有北京市级文保单位两处，另有若干会馆遗址，具有浓厚的宣南文化底蕴；

（4）商业优势

距离传统商圈前门和现代商圈西单均较进，商业基础良好；

（5）市政优势

规划建设的地铁7号线即将通车，将为地块带来更好的发展机遇。

创新要素分析

（1）生产服务

集聚人流，物流，信息流等，为广安产业园的产业升级提供动力源和智慧源；

（2）总部经济

利用金融街辐射影响，南扩的机遇，发展总部经济；

（3）文化创意

强调对于文化智慧的深度挖掘，为自主品牌提供研发设计；

（4）网络体系

建立空间王林、功能网络、交通网络和信息网络的综合网络体系。

空间形态定位与战略定位

空间形态定位	战略定位
产业园门户	生活品质之园区的门户
城南新地标	北京南城国际化发展的前沿

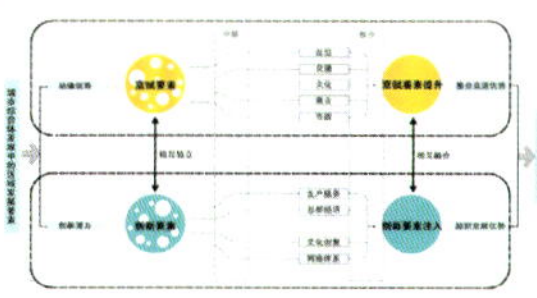

功能与规模

北京城市综合商务区的开发规模与强度具有一定差异，总体来说，在较小的用地范围内，容积率可以达到较高的水平，开发强度很大；在较大的用地范围内，城市综合商务区的开发是有其集约性高强度开发的特点的，开发强度也较大，同时，根具其内部不同的功能，其开发强度仍具有一定的差异。

综合以上分析，本地块根据**城市综合体、商办混合区和商住混合区**三大功能构成，拟定其开发规模与强度。

城市综合体：占地面积约20公顷，容积率3.0—4.5，个别地块标志性建筑容积率可适当提高，绿化覆盖率30%以上。

商办混合区：占地面积约20公顷，容积率2.5—4.0，绿化覆盖率30%以上。

商住混合区：占地面积约10公顷，容积率1.5—3.0，绿化覆盖率35%以上。

综合体研究

北京城市综合体发展研究

北京城市综合体发展现状

综合性用地在北京市主城区土地供应中所占比重逐年增多 。区域功能的综合规划与土地优化集约利用，促使城市综合体不断涌现。

北京土地管理配套政策：实施土地利用结构优化，构建“ 整体疏、局部密、大分散、小集中 ”的土地利用空间格局。推行建设用地集约挖潜。积极推行各类开发区节约集约用地，充分利用地下空间进行立体化综合开发，提高建设用地的集约利用水平。

城市综合体主要集中于城东及城北，地块所在的西南城却无成规模的综合体辐射圈。

截止 2007 年北京综合体总供应量约为 1389.54 万平方米。

主要集中在 CBD、望京、亚奥、中关村等区域。

城市综合体三大效应

效应一： 城市综合体成为区域经济标识， 强化城市中心功能

城市综合体成为汇集区域内各种企业的一个载体，成为区域经济的一个标识，同时也进一步强化了区域中心。

效应二： 城市综合体将越来越有个性， 能够体现城市的特色， 能够代表城市或者区域的形象

城市综合体所处的城市位置和庞大的规模，注定其必将成为城市的名片，产生巨大的社会效应。上世纪 80 年代末，朝阳商圈只有简单的商务楼，以及大量的住宅，商务氛围不明显，区域形象一般。国贸中心 1985 年 2 月成立，成为北京地标性建筑。

效应三： 拉升物业价值

一个成功的城市综合体项目的开发及运营，会带来巨大的社会价值，为开发商、运营商带来巨大的品牌价值，同时作为地产物业的 HOPSCA，随着城市的不断发展，其物业自身也具有升值潜力。通过其内部商业、商务办公、酒店、公寓等多种功能的组合，通过强强联合，创造了新的盈利模式：临街铺位及步行街高价值成功销售获利；商务写字楼通过大部分出售和少量作为固定资产租赁获利；星级酒店作为资产长期经营获利；公寓则通过成功销售获利，动周边土地的升值。

2008-2010年北京主城区土地供应情况

年度	总供应		居住性土地供应		综合性土地供应	
	宗数	面积（m²）	宗数	面积（m²）	宗数	面积（m²）
2008	23	1648219.314	9	1260241.3	14	387977.983
2009	28	1890137.412	10	1028058.8	18	862078.607
2010	31	1210815.285	8	379358.03	23	831457.254

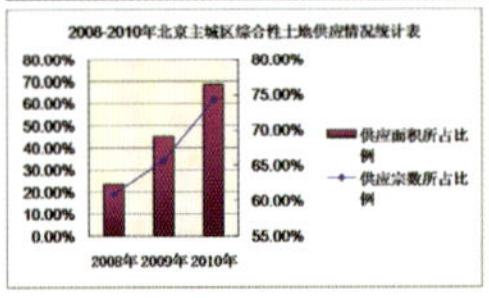

区域	发展方向
中关村科技园区	[illegible]
北京商务中心区（CBD）	[illegible]
奥林匹克中心区	[illegible]
金融街	[illegible]
北京经济技术开发区	[illegible]

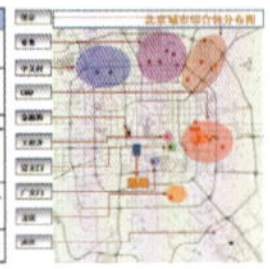

区域	定位	辐射范围	级别
CBD	新北京新形象的集中展示区。	全城	城市级
亚奥	以文化体育为核心的综合性城市副中心。	城市副中心区域	区域级
中关村	知识型服务业发展基地。	城市副中心区域	区域级
望京	集居住、商务、办公为一体的“副都市中心”	新城区域辐射	区域级

广安产业园核心区城市综合体发展可行性研究

六大支撑点：

● 中华全国供销合作总社九家直属企业落户园区

中华全国供销合作总社是全国供销合作社的联合组织，利用全国供销社网络大力发展为农服务的国内外经营项目，综合实力十分雄厚。其直属 9 家企业总部落户在园区环球财讯中心项目，购买办公用房 6 万多平方米。

● 大唐集团五家下属公司落户园区

大唐电力集团（发电行业特大型企业）旗下的大唐海外投资公司、大唐国际发电公司、大唐财务公司、大唐煤业公司、大唐新能源公司 5 家公司正式签约入驻，其中大唐煤业公司、大唐海外投资公司的下属大唐海外（北京）国际贸易公司已在宣武区注册，其余公司也将在迁入。

● 国家知识产权局落户园区

国家知识产权交易中心项目即将挂牌经营，中心建成后将是全国知识产权信息汇聚地、投融资汇集区、交易核心区，开展知识产权交易、知识产权转化政策研究、知识产权国际交流服务等相关业务，预计年产值达到 1000 亿元，该中心将是具有国际影响力的知识产权交易中心，从而也将带动知识产权代理、评估等产业在园区的聚集。

● 国家食品药品监督管理局落户园区

借助国家食品药品监督管理局直属的国家医疗器械检测中心等 10 余家单位落户园区的有利契机，充分利用国家药监局在行政审批资源和医药信息汇集等方面的优势，发挥广安产业园的区位和政策优势，着和国家食品药品监督管理局等单位重点建设中国医药技术交易中心、中国新医疗器械交易中心等一批带“国”字头的新企业；吸引大型生物医药企业的总部、研发中心、营销中心到园区落户。

● 多家传媒出版机构落户园区

包括国家新闻出版总署、新华社对外媒体营销中心、新华社音像中心、中国移动、中国网通、经济日报社等大型出版传媒机构已经入驻

● 多家金融机构落户园区

以天津银行北京分行为代表的 30 家金融相关企业已经入驻

区域功能复合的定位， 是催生城市综合体的政策保障

将广安产业园建设成为以高新技术、金融服务和文化创意三大产业为主导的自主创新政策示范区，大力发展高新技术、知识产权服务、专利权交易、新闻出版、网络传媒、创意设计、金融保险、生物医药、投资咨询、财务评估等高端服务产业，适度发展适合中心城区特点的都市型工业，推动区域产业结构优化升级和创新成果产业化。

多元的产业带动、 雄厚的经济实力， 是催生城市综合体的物质保障

2010 年，西城区实现地区生产总值 1988.1 亿元，比上年增长 9.5%。其中，第二产业实现增加值 205.8 亿元，比上年增长 11%，第三产业实现增加值 1782.2 亿元，比上年增长 9.3%，占全区 GDP 比重达到 89.6%。截至年底，全区各类单位 40069 个，其中法人单位 31437 个，产业活动单位 8632 个。此外，个体工商户数 50162 个。其中，广安产业园固定资产投资额 37.5 亿元，占全区比重 20.6%。

广安产业园园区产业“ 六大支撑点 ”的初步格局，产业发展初具规模，为下一步产业聚集奠定了良好基础。

立体的交通路网， 是催生城市综合体的外部流通保障

地块对外交通联系便捷，交通优势明显。地块 3 面为城市主干道，分别为宣武门西大街、宣武门外大街和安定门内大街。地铁 2 号线、4 号线及规划建设中 7 号线位于地跨东南角和东北角各一换乘车站。

一定规模的人口数量与庞大人流量， 是催生城市综合体的消费支撑

宣武区合并前常住人口 56.4 万人。地块东部现已存在两个地铁口具有较高的人流量，能够带来周边消费客层 。

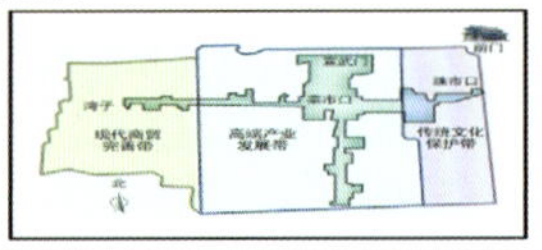

城市综合体业态研究

北京作为全国政治文化中心城市，人流、物流、信息流、资金流相对活跃，同时，广安产业园作为北京中心城区重点发展的产业园区，已初步具备成为区域性生产力服务中心所需的交通、专业技术、人才等必要基础。现阶段，广安产业园的战略地位急需提升，致力于建设生产性服务员中心，形成新的经济发展动力源，自主创新的智慧源。

A 企业总部基地：

充分利用地区交通和地缘优势，吸引国内外以及地区和知名企业总部入驻，形成企业总部基地，创造集聚效应，并满足生产力服务和生活服务所产生的办公需求。

B 金融创投服务中心：

充分融合民营企业经营机制，集聚海内外创业精英及风险投资，搭建合作交流平台，为投资创意提供现代化服务。

C 产业与技术服务中心：

突出产业服务、技术服务功能，集聚园内外一流的品牌认证、技术认证以及法律、外贸、行业协会。提供电子商务、数字通讯、系统集成、数据服务、企业管理信息化等工业信息服务。建设生产力促进服务大厦，打造一站式、全能型的创、意、设服务空间。

D 创意研发中心：

强调工业自主品牌研发设计，通过建设创创业服务大厦，规划小型研发办公区域，形成以服务、小商品工业设计为主导创意产业设计研发基地。并建设展示中心，设立自主品牌设计论坛，为产品的推广、交易搭建平台。为北京第二产业的提升提供持续的动力和智慧源泉。

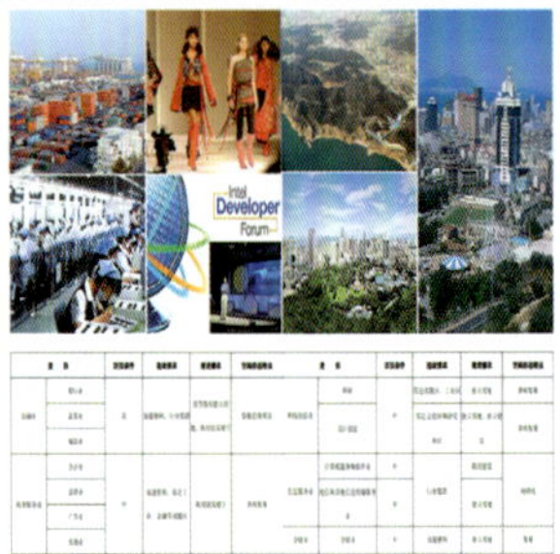

案例研究

案例 1——博多运河城

博多运河城（CANAL CITY ）是日本福冈规模最大，开发最成功的开发商福冈地所开发建设的。项目开发周期三年，于 1996 年 4 月开业。总建筑面积约 234，500 平方米，总开发费用约 800 亿日元。

博多运河城是日本最成功的大型商业中心之一，是体现了日本策划与美国设计完美结合的成功案例，它开创了日本综合 SHOPPING MALL 的全新理念和业态，带动了福冈以及整个日本的购物中心，对日本的大型综合商业设施的开发提供了里程碑式的借鉴模版。

设计思路： 观光与商业结合

建筑师把为人创造空间放在第一位，其次才是商业

1）将三个原有步行街区结合成为一个更大的统一体中，在室内创造室外化的互通内街。

2）空间的处理：

水平体系设置了三个节点－一太阳广场、星星庭院和海洋庭院，三者通过月亮街和地球街相连，并形成 5 大主题区域：

竖直体系包括“ 运间 ”和“ 百老汇街 ”，是创造节日气氛的地方。

3）鲜明、浓郁的西方建筑色彩和风格。

4）不同主题区提供不同的风格的购物廊，增强观光性。

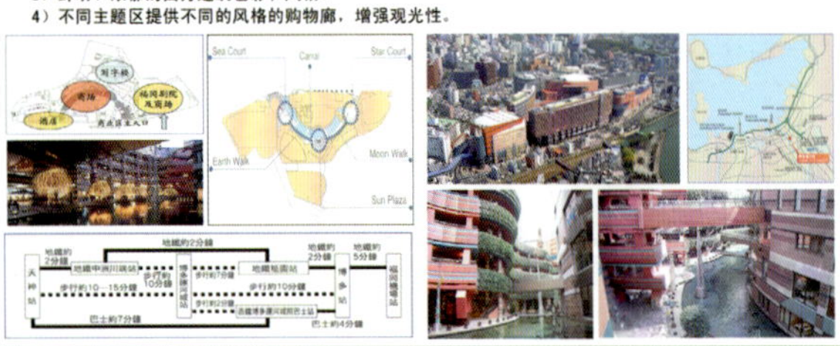

案例 2——日本六本木新城

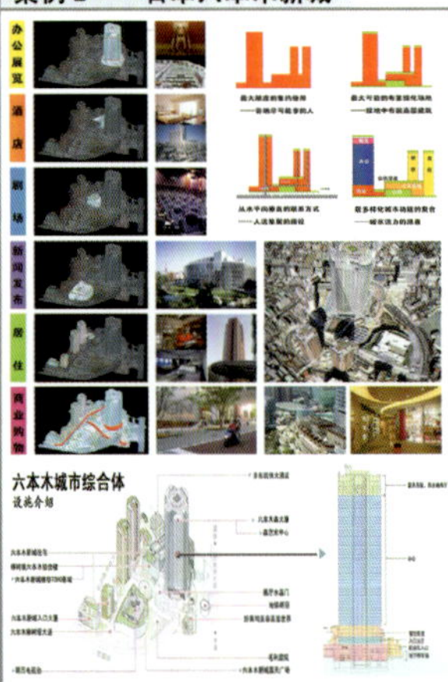

六本木是具有健康的时尚气息和浓厚的文化氛围的超大型综合体，在日本享有极高的知名度。

六本木占地面积约为11.6公顷，总楼面积76万平方米。有2762个停车位。写字楼“森大厦”为中心、包括酒店、美术馆购物中心以及住宅。成为一座综合性设施.每天约有2万人在此办公，每天约10万人在此购物与休闲，其功能系统丰富、相互促进和循环，人们在此足不出户，就可以享受到一切。

森大厦是六本木标志性建筑，整个六本木建筑群体复杂。用“垂直都市”的概念将生活流动线由传统的横向水平改为竖向垂直。森大厦是主要的办公区域，也是该综合体的最主要部分。

东京凯悦是六本木中心的鲜明的里程碑。以大量创新的酒店、酒吧引导着一种充满活力的生活方式。配备了2800平米的典礼和会议设施，成为完美的婚姻和社会聚会的场所。

森艺术中心坐落在森大厦的第49层，是六本木文化的中心和象征，包括森美术馆、六本木东京观光俱乐部和六本木希尔学院。

针对日本人的工作习惯，提出了“一天26小时”的概念，弥补了东京都港区功能的缺失。日本人平均通勤时间为140分钟，他们已经习惯了关上电脑，就冲向地铁。森大厦希望把人们花在路上的2个小时节省下来，用于工作之余的文化娱乐活动，因此提出了“一天26小时”的概念。日本男性职员的习惯是周末之夜，彻夜不归。京都港区存在大量的巨型公司、高收入阶层众多，六本木针对本区域白领阶层的消费习惯，提供了工作、居住和休闲娱乐的场所。

案例启示

环境塑造

通过独特的建筑设计，可以创造促进 “ 时间消费 ” 的环境.

自然景观带动了商场的观赏性，也带来渴望体验自然生活的消费者。设施的动线设计上做到最大优化，将主力店、集客能力强的商品放在设施上部和下部，吸引目的性消费的客人；屋顶花园吸引人流往上部流动；地上建筑突出景观采光为了营造一个开放的感觉，可以吸引优质的客户进入，带动地下客户；在边角配置目的性强的消费，以横向拉动人流。

规划理念

从以上两个案例中，可以总结出其在设计理念中的共性：

第一，创造可体验性的场所。

第二，总是把当地文化融入到不同的项目中。

第三，创造可持续性发展的环境。

第四，建立全方位的各个功能的衔接与融合。

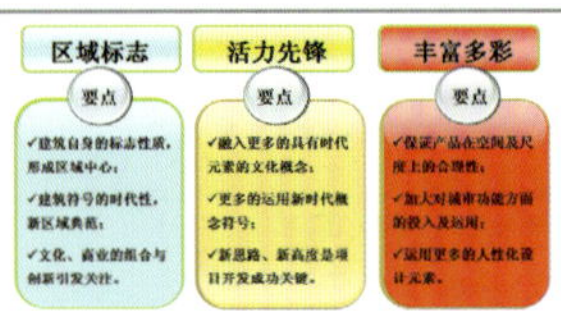

植入 激活 共生

——北京广安产业园核心地块城市设计

Urban Design of Guang An Industrial Park . Beijing

规划理念

集聚紧缩

城市综合片区是人流、物流和信息高度集聚的场所，也是商业、商务、公共活动等功能高度集聚的空间，创造高度的功能集聚与物质空间集聚是打造城市综合片区的基本理念。综合片区土地高度稀缺，本着节地高效的原则，应以高度紧缩的城市物质空间形态的塑造，加强单位面积的高产出与立体开发。

复合多元

城市综合片区除承担商务功能外，还应承担丰富的城市公共活动功能，同时兼顾居住生活功能，强调多元功能的高度复合，使城市生活更为多元丰富，复合的城市功能将为城市综合片区增添持续的活力。

网络综合

现代城市交通开发，应充分利用地上地下多层次交通空间，采用网络交织的交通组织方式，将城市综合片区的车流、人流交通有机的组织起来。

植入—激活—共生

植入：通过植入城市综合体，带动该地块的发展，拉升该地块的物业价值，强化城市中心功能，体现城市特色，代表西城区的形象。

激活：完整的综合体的植入将会给地块带来更多活力。人流的汇聚及商务办公氛围的日渐浓厚，必然对居住、休闲等功能的需求日益旺盛，激发地块内其他土地的活力，提升土地价值，带动发展。 同时通过公共空间的融合，建筑空间的引导，以及各种行为的融合来激活其它地块。

共生：该地块体现其拉升土地价值、带动人气及企业入驻、协调发展的作用，地块内部达到各类功能的共生，建筑空间以及活动人群的共生，形成西城区区级中心，北京南城新地标。

规划措施

突出规划理念提出的先植入的设计理念

我们注重打造南部集合写字楼，商场，酒店，公寓等各功能均衡发展为模式的城市综合体。

（1）五星级酒店（“希尔顿”式）——标志性元素

（2）新型商业社区（“新天地”、“兰桂坊”式）

（3）“OCT”广场、“纪念公园”式的公共场所

（4）具有符号意义的轴线（“第五大道”或华尔街式

（5）引领潮流的展示中心—娱乐型购物中心

突出规划理念提出的激活、共生设计理念

我们在设计时候通过建筑空间公共空间的引导，景观轴线和交通轴线的塑造，人的行为的融合以及对部分北京城市肌理的保留，不仅达到地块内部功能以及人的行为的激活共生，更是与周围的城市空间紧密结合。

以建筑群落、环境构筑城市综合片区形象

单个的建筑，形式再好，是不能改变一个地区形象的。只有成群建筑所反映出的特征，才是地方特色。城市新区建设中，其建筑群落的表现力，由于建筑形象。因此方案将注意力放在建筑之间关系上，力求形成具有个性的整体群落特色，在城市道路空间上，注重提高人视觉的丰富性。另一方面，在实体建筑之外，是空间，空间的表现力是环境，即建筑之外开放空间内的各种要素的综合，它给人的感受，是城市特色挖掘的重要资源。

鼓励城市新兴功能引领与成长

形象是有限的，其表现力是有限的，而形象背后所涌现出的功能活力，是城市物质形象基础上的经省形象如IT产业变现出城市的进步，CBD密集金融大厦所表现出的城市繁荣。作为北京西南门户地区，不仅仅是一副画，其物质形态表现出的功能活力，应是城市形象真正的代表。

Hilton

1 五星级酒店（“希尔顿”式）

2 新型商业社区（“新天地”、“兰桂坊”式）

4 具有符号意义的轴线 “第五大道”或“华尔街”

5 引领潮流的展示中心

土地利用规划图

土地利用分析

以广安产业园区的第二个控规版本为指导，结合现状及周围的相关产业，以“效益”、“宜居”和“生态”为评判导向，注重打造服务于广安产业园的一个综合片区，使之成为广安产业园的门户，成为北京城南的新地标。规划区内的土地医用规划大致形成了以南部的城市综合体为触媒，通过中间的内部主干道串联七四大功能组团的“一轴、五片”的功能结构。

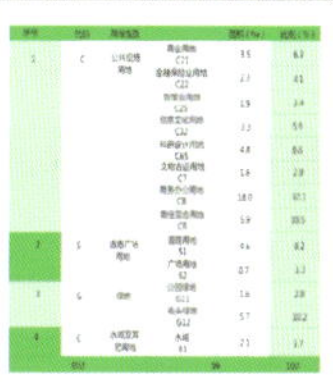

功能结构分析图

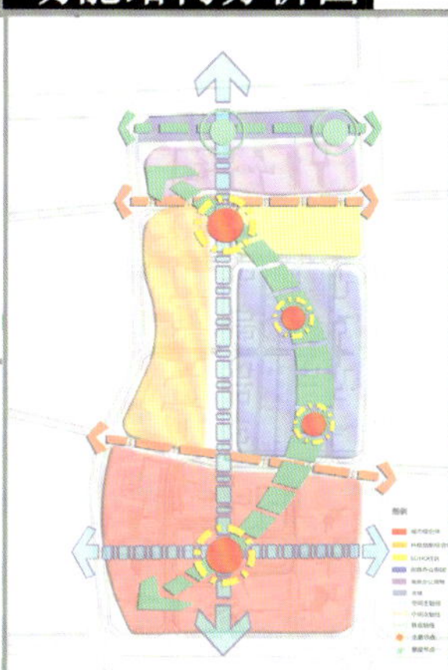

功能结构分析

核心引领，五圈互动

一带延展。V型渗透

核心引领：规划以南部的各功能均衡发展的城市综合体为地块触媒，通过空间的塑造，TOD模式的引导，形成区域性的商业中心区

五圈互动：五个功能组团相互渗透。

一带延展：规划中部南北向的主要轴线带动了各个功能组团，以宽阔的道路，完整的沿街立面塑造了一个商业功能景观带。

V型渗透 文保区域的共生空间V型展开，向其它各个组团渗透。

用地布局分析

城市综合体：位于规划区的最南面，采用集合写字楼，商场，酒店，公寓等功能均衡发展的模式，使之起到拉升地块价值的作用。

科技创新综合体：位于规划区的西部，是一片商办混合区域，针对广安产业园缺乏的高新技术产业，我们注重打造一个广安产业园内企业发展的科技创新的平台。

SOHO住区：位于地块的中北部SOHO住区主要包括IT公寓，艺术家公寓。

创意办公及文物保护组团：位于地块的核心中部。这片区域主要保护北京城肌理，以四合院的形式组成各种类型的建筑群。

用地布局分析图

特色空间

城市综合体

a. 交通组织

综合体的内部主要交通组织为“三纵一横，为保证中心完整性，同时结合中心轴线，穿越中心的车行道进入综合体后下穿。车行围绕中心形成环中心路网，有效组织各个block之间的交通。

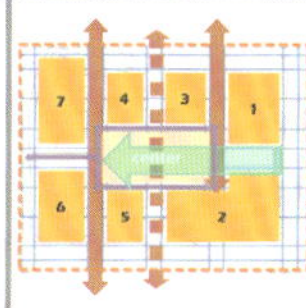

b.综合体的开发秩序及建筑形式

（1）Block1+Block2：先期开发，以商业、办公酒店为主，打造标志性建筑群，Block1+Block2为综合体门户，是其重量级元素，通过大规模的具有标志性的高层写字楼和五星级酒店制造强视觉冲击。

（2）Block3+Block4+Block5：中期以center为中心，以商业和办公为主，打造生态办公空间。Block3+Block4+Block5为综合体中部主体区域，对中心区进行为何，同时引入生态办公理念，将绿色带入办公空间。

（3）Block6+Block7：西部以商业、酒店、公寓为主，打造多功能商住混合空间，超标准服务式公寓。Block6+Block7位于地块西部，在对中心区进行围合的同时，建筑巨头公建化立面效果，强调沿街的昭示性及居住空间内部舒适性。

（4）center：center打造创新业态（娱乐型购物中心）的聚焦点，综合体的核心景点，为消费者提供独一无二的经历，运用现代、夸张的建筑手法创造包括表演场、媒体展示馆以及富含文化意义的场所，同时成为轴线的视觉中心。

植入 激活 共生

——北京广安产业园核心地块城市设计

Urban Design of Guang An Industrial Park . Beijing

交通系统

(1) 规划思路

本设计以构筑“公共交通为主导”、“绿色交通为特色”的综合交通体系为目标，本次城市设计基本思路主要包括：

a. 建立等级匹配、功能明确的交通网络；
b. 组织快慢分离、动静分区的交通流线；
c. 构筑绿色、和谐人本的交通宁静区。

通过“引导”和“融合”，实现规划区现代交通系统发展的可持续性。

四个“引导”为：
（1）引导地块快速更新；（2）引导沿国际传媒大道创新
（3）引导土地高限开发；（4）引导出行绿色和谐。
四个“融合”为：
（1）出行者与交通工具融合；（2）可达性与区位资源融合；
（3）机动化与水环境融合；（4）交通人与都市的动静融合。

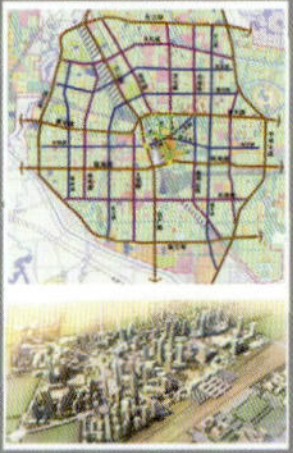

道路交通分析图

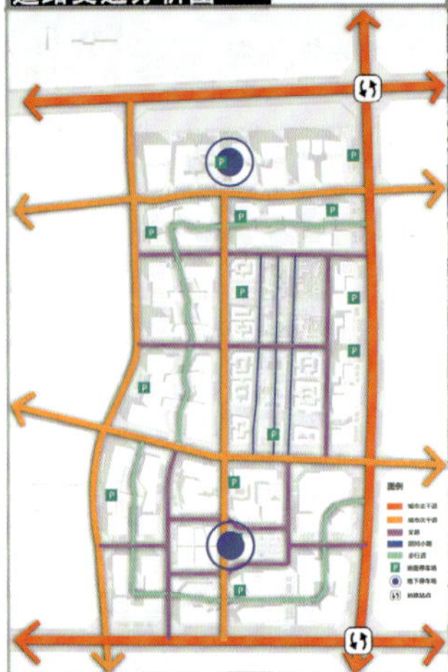

(2) 道路网络

规划区道路网络由城市主干道、次干道、支路和胡同小路组成，保留了部分胡同肌理规划区内部呈现“两横一纵”干字形路网，基本跟控规相衔接。

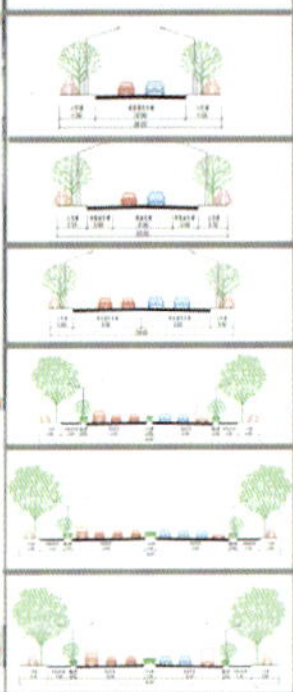

步行系统分析图

(3) 步行系统分析

规划设计大量步行空间，与建筑广场绿地结合，强调人与人的交流互动、形成完善的步行空间体系。具体包括：各功能的公共步行空间、共生步行通廊、滨水生态廊道。

a. 公共步行空间：
公共步行空间与各功能建筑充分衔接，形成线形枝状渗透，覆盖整个核心区。

b. 共生步行通廊
共生空间本着“保留胡同记忆，塑活力、显魅力的目标，打造一条特色的立体步行通廊，通廊结合保留的部分四合院建筑以及胡同肌理，与周边的功能区有机的联系起来，使人在游览的过程中加深对北京文化的追溯。

c. 滨水生态廊道：
在地块北部结合护城河与商办空间，打造生态绿化通道。广植绿化、创造滨水公共空间，通过滨水步道串联起滨水节点，并与商务功能的公共步行空间结合形成完善的步行系统。

静态交通分析图

(4) 静态交通系统分析

本设计静态交通系统规划主要是结合地铁站点合理的布局停车系统，主要分为地面停车和地下停车。

（1） 地面停车场：
主要结合各功能区的广场用地以及街头绿化等空间建设，方便进入各功能区。

（2） 地下停车场：
主要结合大型商业商务办公、酒店等建筑，开发利用地下空间进行通车设施的布局，在地块内分布均匀。因为提倡步行系统，所以尽量在进入各功能区前停车，减少对交通的引导性。

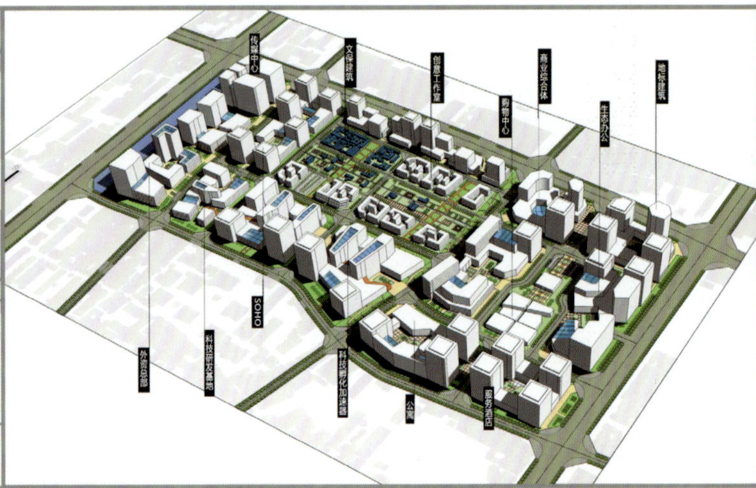

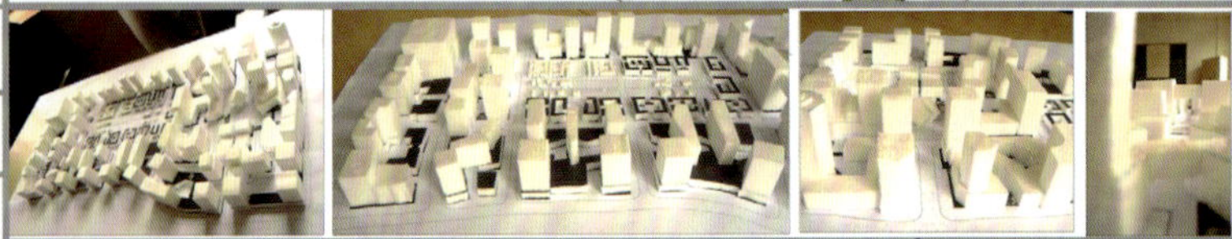

绿化景观分析

景观塑造措施

梳理景观格局，塑造城市形象

（1） 优化广安产业园的门户形象，展示北京西城区形象
该地块作为广安产业园的核心地块，是产业园的门户形象，是北京新城区的门户空间之一，现状地块内部功能比较单一，以居住为主并配置一定量的公共基础设施，建设形象很不佳。因此，本次城市设计对于景观格局的梳理，首先的就是地块南部空间的整治，塑造良好的天际线轮廓，以形成能够代表北京西城区的城市形象。

（2） 塑造现代商办风貌，提升老城中心品质
设计以现代业服务集聚区的理念对区域进行整合和建设，形成一第四代城市综合体和科技创新为主要功能的现代商办风貌区，注重人性化空间的塑造，从而以提升老城中心的品质。

（3） 引导文保周边建设，构建特色景观区域
地块中部有部分的市级文保建筑，根据北京遗址保护规划的要求，遗址附近的功能设置、建筑风格、高度等应与文保建筑相协调。功能设置上以文化休闲功能为主，包括文化休闲街，共生空间等。

景观结构分析

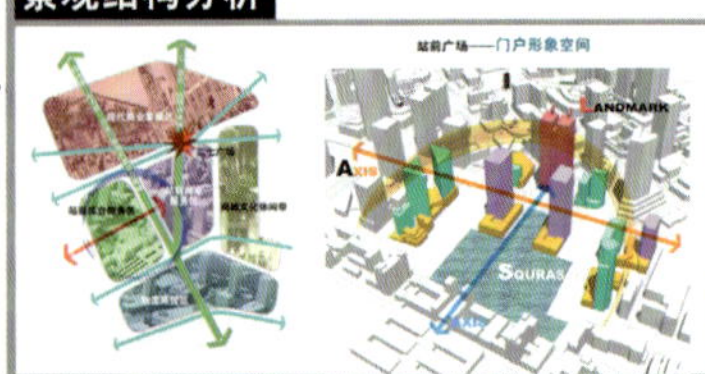

“三横两纵一带四心”

两纵：结合共生空间通廊以及北侧的护城河，与绿化及特色地表建筑结合形成地块的核心景观轴；结合贯穿地块的主干道，与道路的周边建筑结合形成建筑与绿带相结合的建筑景观轴。

绿地系统分析

根据地块来此地功能的不同，将其分为供人们活动的公共绿地和街头绿地，其中公共绿地部分又细分为：组团绿地、屋顶覆土绿化及步行廊道绿地等。

公共绿地：利用地块中部的大片的共生绿地的衍射，营造不同功能的公共活动绿化空间，建设联系的绿地系统，增强绿地公共活动的参与性。

a. 组团绿地：各功能区内的公共绿地，主要结合各功能片区的建筑布设绿化，为各功能区提供服务。
b. 屋顶覆土绿化：在地块内部营造特色生态建筑，在屋顶进行覆土绿化，形成可上人屋面，提供另一种公共活动空间。
c. 步行廊道绿地：在中部的共生步行廊道上，结合保留的四合院局部建设绿化，此区域绿化面积较大，为人们提供一个绿化公共空间。

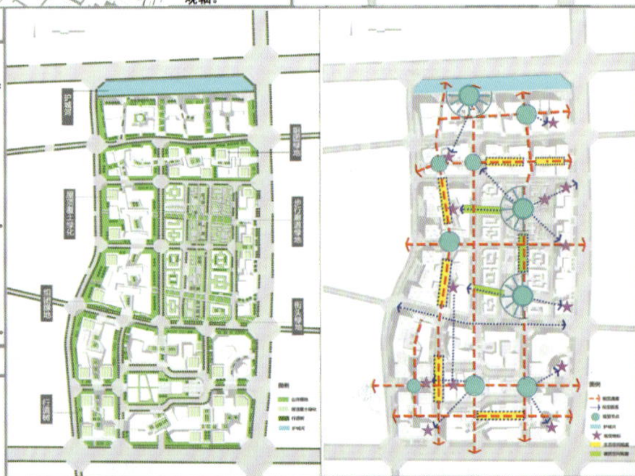

视线通廊分析

保持地区重要的视觉走廊，引导地块内部的标志性建筑成为地标，创造丰富的地区景观，即有利于确定方位，更可以给人以深刻的印象。

结合办公带，在地块中部形成贯通各地块的“U”型视线通廊。

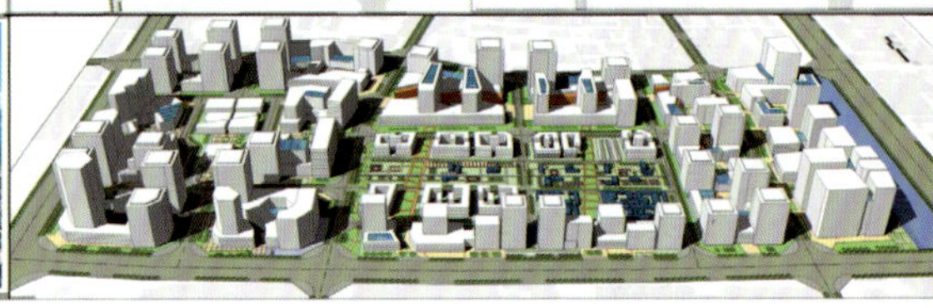

植入 激活 共生

——北京广安产业园核心地块城市设计

Urban Design of Guang An Industrial Park . Beijing

建筑建设分析

建筑高度分析

根据建筑形态设计的要求将该地块的高度分为低层建筑，多层建筑，小高层建筑高层建筑以及地标建筑五个层次。

（1） 低层建筑（1-3层）：主要为文保建筑以及创意休闲建筑、休闲广场建筑为主。低层主要进行人流导向以及与起到与遗址紧密衔接的作用。

（2） 多层建筑（4—6层）：地块内主要建筑高度区间，主要为商业建筑和商务办公，酒店公寓的群房为主。

（3） 小高层建筑（7—12层）：主要在中部共生空间与外围综合体的衔接部分，起到过度的作用。形成建筑空间的过度空间。

（4） 高层建筑（13—18）：结合地块内外主要道路以及沿护城河边建设部分塔楼，形成序列感，引导建筑走向。

（5） 地标建筑（18层以上）：在地块的东南及西北的入口处，结合用地功能建设地标建筑，突出广安产业园的核心区形象，同时两个地标建筑相互照应。

地标建筑

为了突出地块作为广安产业园的门户形象，本设计在地块外围建设两处地标建筑，使其在空间上相呼应，形成主要的视线通廊。

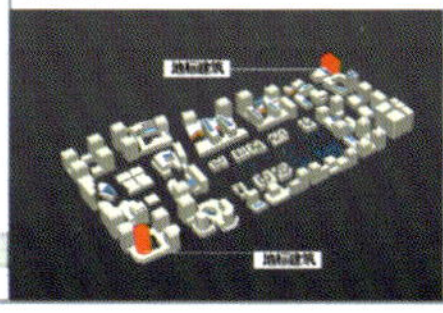

门户形象

公共建筑设施性质分析

开放空间与公共设施的关系：

经过前期开放空间的分析可知，开放空间设立的目标是为了促进市民享受自然，然而这并不能仅仅依托其自身体系的建立而实现，是与周边的建筑性质密切相关的，通过两个体系的配合形成完整的公共活动体系。开放空间布局与城市主要公共设施布局相融合相衔接，以相互促进、提高开放空间和公共设施的利用率，推动第三产业的发展，强化城市经济提供更多的就业岗位。

公共设施布局：

a. 重点公共服务设施

大型公共建筑布局首先应与开放空间体系相辅相成，提高共同的服务效率，其次应与城市景观格局组织相协调，法护公共服务设施对城市景观塑造的决定性作用；第三应起到推动创新建设，促进新产业空间发展的作用，提供科技创新环境。

b. 大型商业、商务设施

集中建设组合空间，布局城市新的商业综合体，在综合体内部建设大型购物中心，娱乐中心。通过大型开发保障城市重点地段的经济价值。

c. 沿街商业

沿干道布置各类沿街商业，以促进土地的混合使用，以保证街道的活力。

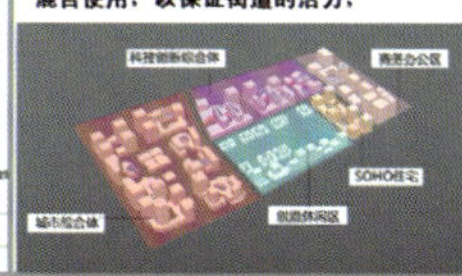

建筑图底关系分析

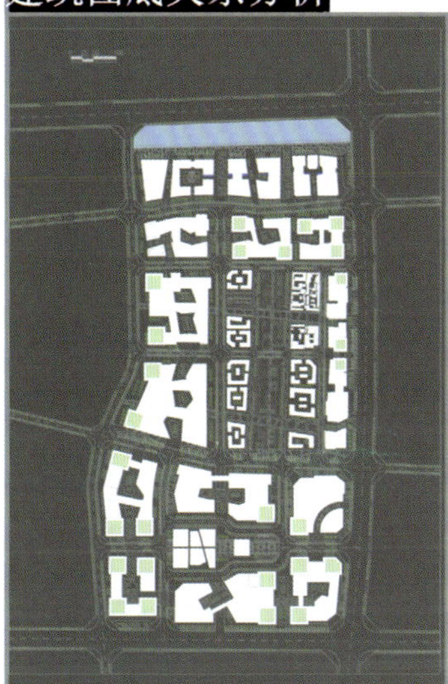

图底关系

图底关系是研究地面建筑实体（图）与开放虚体（底）之间的相对比例关系。在每个城市环境中，实体与虚体都有一个既定的模式，而控制图底关系的目的在于建立不同的空间层次，识别都市内的都市空间结构。

场地空间作为空间关系中的“底”，是城市建筑发展的基础。建筑肌理图底关系中主要城市虚底开放空间为：

（1）建筑基地开放空间；（2）街区内开放空间；
（3）街道内开放空间；（4）大型城市虚体，如：水系

建筑肌理

建筑实体作为空间关系中的“图”，从其肌理中可以看出建筑的布局结构以及所形成的空间范围。不同功能的建筑所需的建筑结构不同，所形成的空间也不同。

（1）商业街区因为引导人流，所以建筑肌理呈现线性
（2）商务办公等区域以组团办公为主，形成院落式。
（3）一些大型特色建筑，以组团型为主，呈现块状。
（4）文保单位及周围的创意休闲空间保留北京的四合院肌理，呈现院落形式。

重要策略

整体考虑建筑肌理及场地关系，从而以创造良好的空间感受。

（1）基地西侧的科技创新办公区域，希望通过流线感的线性建筑肌理满足人流要求，同时营造动态的空间感受。

（2）基地南部的城市综合体，强调轴线感，对称感，同时内部的开放空间也对人流有引导作用。

（3）基地北部的商务综合体综合体，强调轴线感，同时内部的开放空间也对人流有引导作用。

（4）滨水安闲景观中以营造简单、生态的环境，减少建筑量，增加绿化效应。

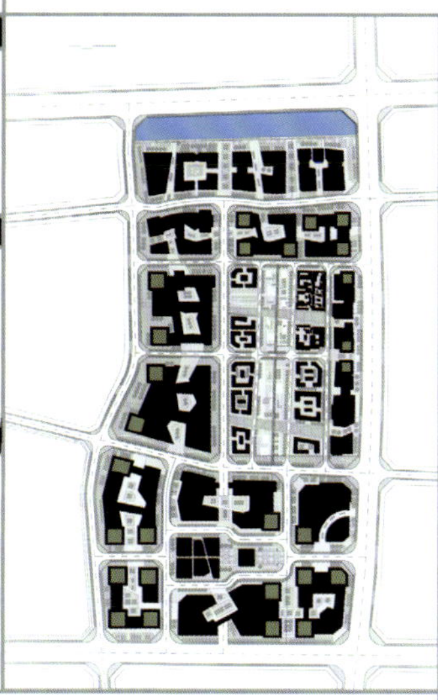

特色空间塑造

科技创新综合组团

地块西侧的科技创新综合体组团，通过特色的步行走廊贯通组团内部的建筑，形成步行景观走廊，在空间上对人流有引导作用。每个组团的内部的开敞空间主要进行科技交流，形成充满科技智慧的智慧谷。

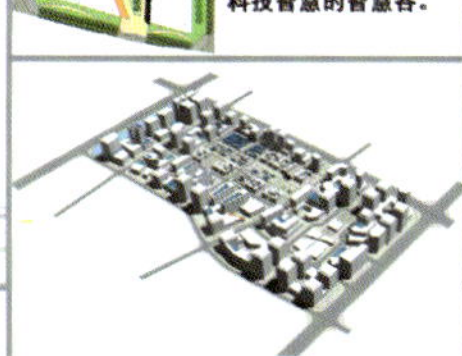

形体鸟瞰图

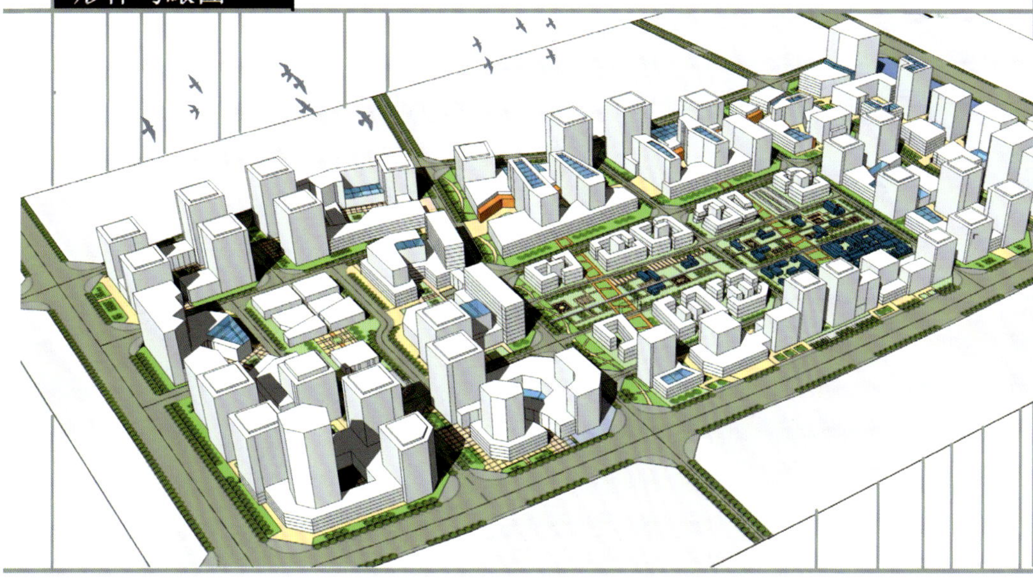

植入 激活 共生

——北京广安产业园核心地块城市设计

Urban Design of Guang An Industrial Park . Beijing

开发强度控制

按照控规对该地块开发强度的控制要求，地块的开发强度建议分为以下几个层次：

(1) FAR=0.8以下：以公园绿地、共生休闲空间以及广场为主，主要分布在地块的中部以及横向的两条绿色步行廊道。

(2) FAR=0.8—1.2：主要以文保建筑以及城市综合体中间的绿核空间为主。

(3) FAR=1.2—2：以文保建筑附近的创意办公区为主，该区域的建筑遵循北京四合院的形式，但又加入了现代元素，使之与北京的胡同肌理更好的结合。

(4) FAR=3—5：这部份的建筑类别比较多，主要以科技创新综合体、SOHO住区、公寓、生态办公区以及传媒大道沿街附近的商业建筑为主

(5) FAR=5—6：此区域主要以北部临河的商务办公区域为主，主要功能是外资总部

(6) FAR=6—7.5：次区域分布在两个地块，一个是地块南部的地标建筑群，是广安产业园的门户，另一个是已经建成的传媒中心。

开发时序控制

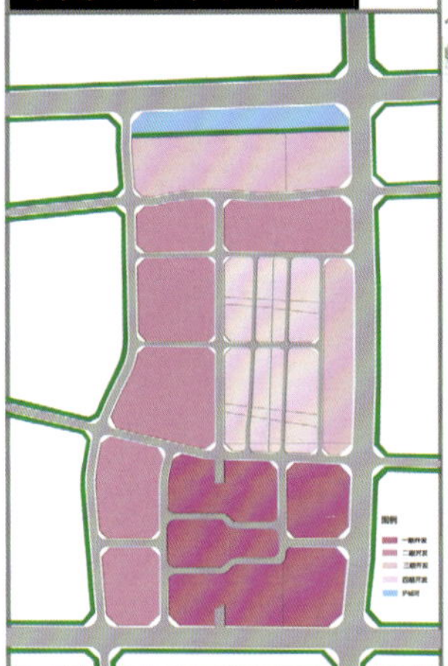

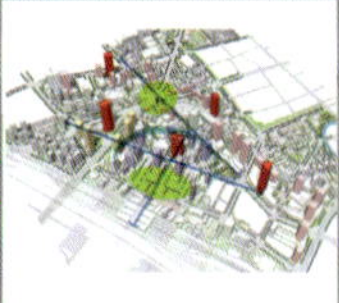

根据现状以及地块发展的需要将该地块分为四期建设开发。

一期开发：将地块南部的城市综合体地块首先开发商业办公吸引人气，抬升地价，增加收益，为进一步发展奠定基础。

二期开发，以综合体地块的酒店和公寓为主，并联系科技创新综合体和SOHO住宅进行轴线开发，增加该地块的功能，进步吸引人群生活工作。

三期开发，主要开发地块北侧的商务办公空间以及沿国际传媒大道的商业空间。

四期开发：以中部的创意休闲办公空间为主，注重打造生态办公共生区域，联系其它各功能组团，使地块的各个区域可持续发展。

开放空间分析

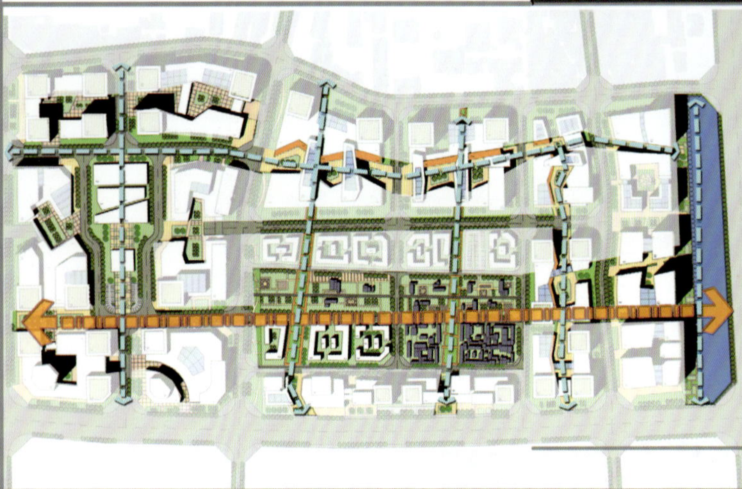

结合用地布局、景观系统的分析对地块的开放空间进行分析，引导良好的空间效果和视线通廊。

以地块的主体共生通廊，特色步行通廊，广场，步行街区，大型城市公共设施内部开放空间和住区绿地组织网络状的城市公共开放空间，并与自然环境向融合，为办公人员提供更多便利，多元化的游憩空间和亲近自然的场所。

（1）重点结合北京胡同肌理塑造标志性中心景观轴线，使之成为该地块空间结构的关键性要素。
（2）沿交通干道布置标志性地标性建筑，如：酒店大楼、商业中心、办公大楼、创业中心、孵化大楼等。进行视线引导.
（3）结合中央的共生空间与周边.的步行街区形成若干各具特色的开放空间节点，在地标与节点间形成多条视觉通廊。
（4）构筑多元、复合的开放公共空间体系。

大众行为分布

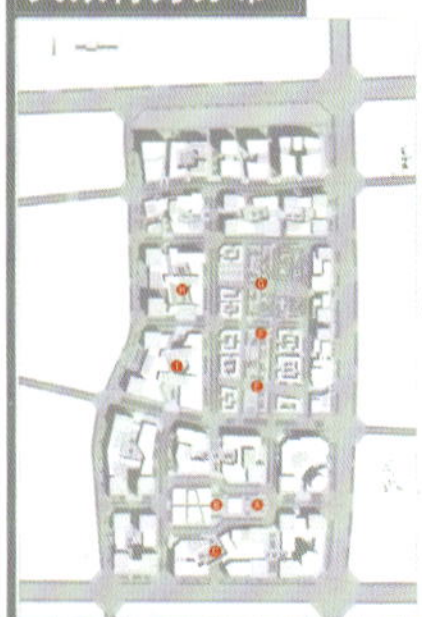

为明确城市公共空间的属性，有效指导个体空间的设计，强化公共空间的活力和行为类型的多样性，城市设计对公众行为的空间分布提出了指导性建议。应针对相对应的公众行为类型进行相关的人性化设计，为多样化活动的发生提供可能。

城市设计导则

公共环境设计

轮廓线控制

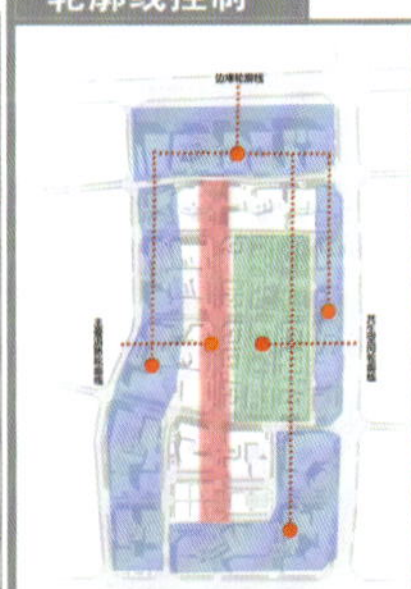

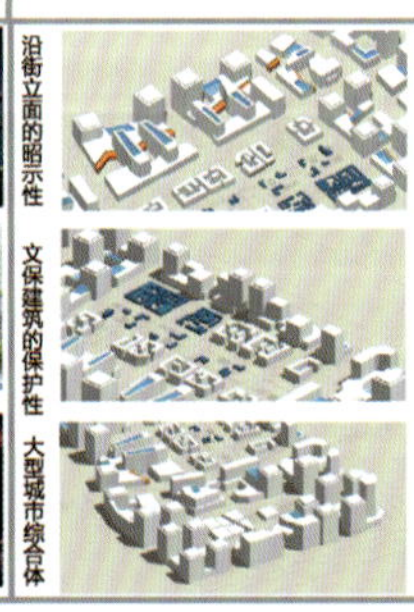

本设计结合不同的功能，塑造不同的建筑形态，使得不同的方向都有不同节奏，韵律的天际轮廓线。

重点策略：

边缘轮廓线：地块周边道路是感知核心区特色轮廓线的重要路径。周边结合商务酒店办公等塔楼和若干制高点，形成核心区整体轮廓。

内部主要道路轮廓线：根据设计的需要，我们在内部打造了一条交通轴线贯穿地块南北，次道路两侧的建筑界面都比较完整规则，且按照有低到高的层次依次升高。

中部共生空间轮廓线：中部包含了部分文保建筑，且临文保建筑周边布置了文化创意产业、休闲娱乐场地。整个中部以低层建筑为主，着重打造一片生态休闲区。

建筑界面控制

建筑界面是影响城市景观形象的重要因素，本设计精心组织了一系列附有特色的城市空间界面，特别是内部的共生空间界面，与周围建筑结合，以形成颇具节奏感和韵律感的城市空间，给人留深刻的鲜明印象，这些界面的处理不是简单的，冰冷的建筑界面，而是充分结合绿化、文保建筑，生态步行廊道景观，形成诸如草坡、绿化退台等一系列建筑和环境在空间上渗透共荣的界面。

根据道路性质和所处功能的不同，对建筑的临近界面进行控制，以保证道路空间的韵律感和街道空间连续性。

在商业街，应保证建筑的分段连续性，在尺度上应为行人准备丰富的细节和多样的体验，建筑退红线距离应保持一致，不得破坏街道空间界面的连续性。在车速较快的交通性道路，两侧建筑应强调高低错落的尺度变化，塑造起伏较大，韵律感强的天际轮廓线，建筑在临道路一面的间距可大，以体现空间的渗透。

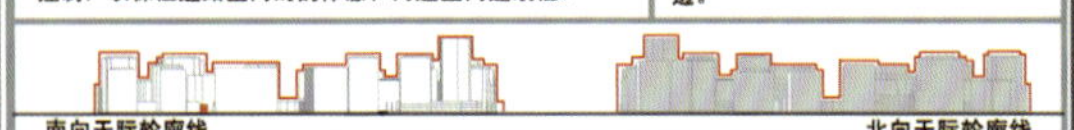

南向天际轮廓线

北向天际轮廓线

西向天际轮廓线

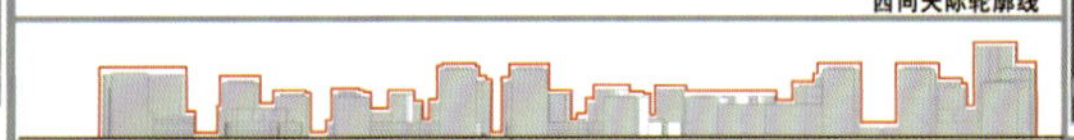

东向天际轮廓线

夜景灯光设计

Digital Site

学校：苏州科技学院
指导教师：郑皓 彭锐　　小组成员：于晨 缪诚

区域背景

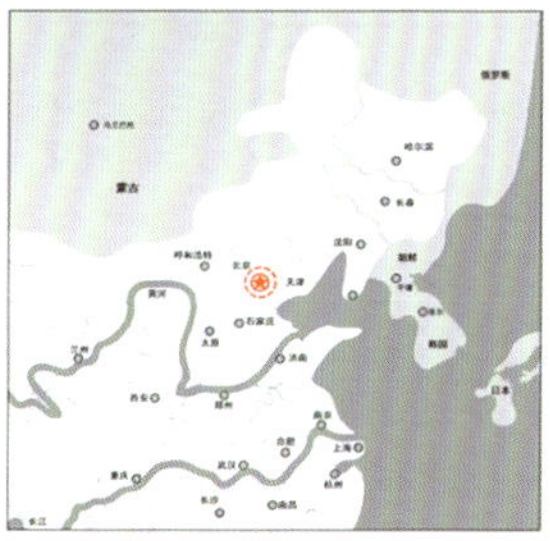

位于华北平原西北边缘。毗邻渤海湾，上靠辽东半岛，下临山东半岛。北京与天津相邻，并与天津一起被河北省环绕。

环渤海经济圈，长三角，珠三角构成我国三大发展区，环渤海有巨大的发展潜力。北京作为区域发展的核心，必将发更大的带动力

城市结构

北京城市空间布局——“两轴—两带—多中心”

（1）两轴：指长安街的东西轴和传统中轴线的南北轴。

（2）两带：指包括通州、顺义、亦庄、怀柔、密云、平谷的“东部发展带”和包括大兴、房山、延庆、门头沟的“西部发展带”。

（3）多中心：指在市域范围内建设多个服务全国、面向世界的城市职能中心，提高城市的核心功能和综合竞争力，包括中关村高科技园区核心区、奥林匹克中心区、中央商务区（CBD）、海淀山后地区科技创新中心、顺义现代制造业基地、通州综合服务中心、亦庄高新技术产业发展中心和石景山综合服务中心等。

优化完善首都功能核心区，着重发展金融、文化、旅游等现代服务业，改造和提升传统服务业，限制一般商业设施的简单规模扩张和房地产开发，逐步关闭改造中心城区影响交通、环境、有重大安全隐患的商品交易市场。提升改造城市功能拓展区，重点发展科技教育、文化体育、商务服务、现代物流、信息服务等现代服务业和高新技术产业，扩大总部经济规模，继续搬迁转移劣势产业。

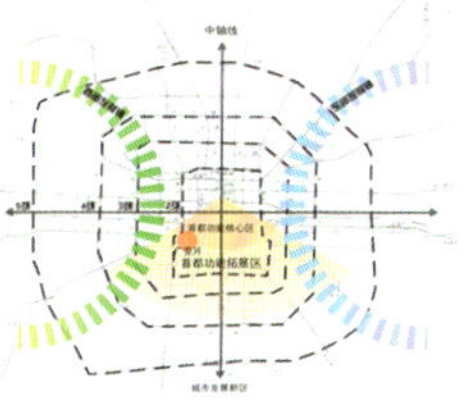

北京城市定位

城市性质

北京是中华人民共和国的首都，是全国的政治中心、文化中心，是世界著名古都和现代国际城市。

城市定位与目标

《2004——2020年北京城市总体规划》确定了北京城市发展目标定位为：国家首都 、国际城市 、历史名城 、宜居城市以建设世界城市为努力

国家首都 —— 为中央党政军领导机关高效开展工作服务，保障首都政治、行政与国务活动的效率与安全

世界城市 —— 以建设世界城市为努力目标。规划期内重点发展具有国际影响的金融、贸易、旅游、会展及信息服务等职能，不断提高北京在世界城市体系中地位和作用。

文化名城 —— 弘扬历史文化，保护历史文化名城风貌。建设全国的文化、教育、科技中心，形成传统文化与现代文明交相辉映、具有高度包容性、多元化的世界文化名城 。

宜居城市 —— 充分的就业和创业机会，空气清新，环境优美，生态良好的居住环境，创建以人为本、可持续发展的首善之区。

中心城主要承担国家思想政治中心、文化中心、国际交往中心、金融管理中心、教育科研中心的职能，同时具有服务全国的会展、旅游、体育、医疗、商业等功能。

宣武区定位

宣武区是国家新闻媒体聚集地之一，宣南文化发祥地和传统商业区。

广安产业园范围示意图

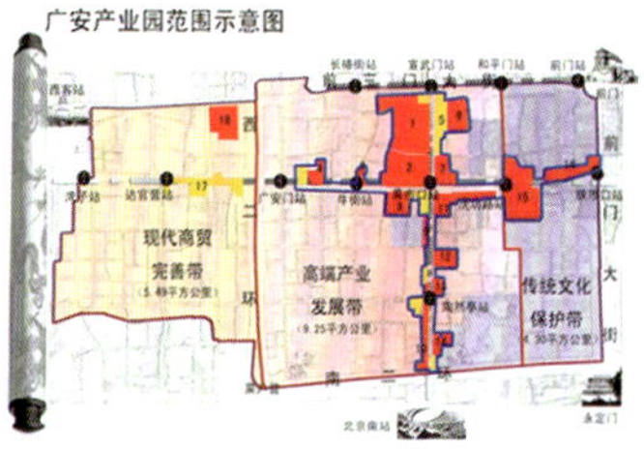

广安产业园定位

广安产业园建设成为以高新技术、金融服务和文化创意三大产业为主导的自主创新政策示范区，大力发展高新技术、知识产权服务、专利权交易、新闻出版、网络传媒、创意设计、金融保险、生物医药、投资咨询、财务评估等高端服务产业，适度发展适合中心城区特点的都市型工业，推动区域产业结构优化升级和创新成果产业化。

规划背景

北京中关村国家自主创新示范区宣武广安产业园，位于北京城区西南部，东接天安门广场，西临北京西客站，南达北京南站，北邻金融街，既是贯通北京市四面八方的枢纽，又是北京辐射京津冀地区的重要门户。广安产业园集高新技术、金融服务、文化创意于一体，具有显著“三区合一”特点的产业园区。广安产业园总面积1.9平方公里，其中此次设计的核心地块面积为56公顷。

任务重点

1. 产业策划与研究，提出产业发展和区域建设目标，把产业策划结合进城市规划中，结合周边已建成的产业，补充稀缺产业，以活力、生态可持续为特征，建设广安产业园核心地块。
2. 结合已有的城市道路，深化区域道路路网。结合公共交通系统，提出低碳、步行可达的城市交通体系。
3. 针对区域位置及交通优劣势分析，发挥区域优势，营造归属感的品质，提高商务和人居环境质量。
4. 规划层面上不仅考虑周边的发展关系，远期考虑广安产业园与整个西城区发展的联动
5. 对规划层面上节能减排进行研究。

目标理念

建设以数字出版产业为支撑、现代服务业为提升的服务园区。提倡发展可持续性优势产业，结合文化与现代科技，打造以数字出版，文化、生态的数字出版活力区。

工作方法

本方案在对北京和宣武区宏观范围研究，以及对项目周边已经形成的相关区域研究的基础上，总结出优劣势。进一步结合国外成功案例，对产业进行详细策划，在分析和产业研究的基础上提出一个策划和规划设计并重的总体方案，对功能，交通和城市结构，以及生态，景观，步行，地下空间等各子系统进行严谨的分析和设计，提出城市设计方案。

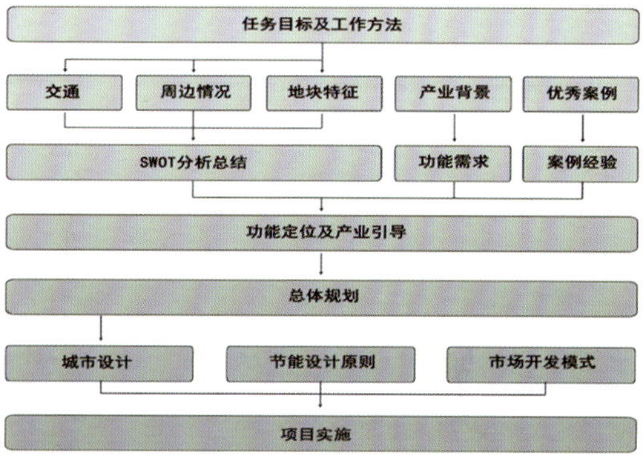

规划调整

上位规划解读

北京控制性详细规划（2006）及调整控规对地块要求

依据《北京中心城控制性详细规划（2006版）》及其后期对规划性质的调整。规划地块包括宣西、广安片两个片区。

控规调整：

1. 宣西片内原规划公建用地面积为1.64公顷，居住用地面积为20.1公顷。拟减少居住、教育、市政等用地面积，增加公建用地面积，适当增加建筑规模及建筑高度。
2. 宣西按总体规划及06版控规要求，实现原内城护城河水系。
3. 广安片内原规划公建用地面积为6.22公顷，居住用地面积为9.19公顷。拟将地块全部用地性质调整为商业金融用地，适当提高建筑规模及建筑高度。
4. 除以上用地变化外，控规改变了路网，增加了绿化面积，以符合用地性质和现代生活的转变。

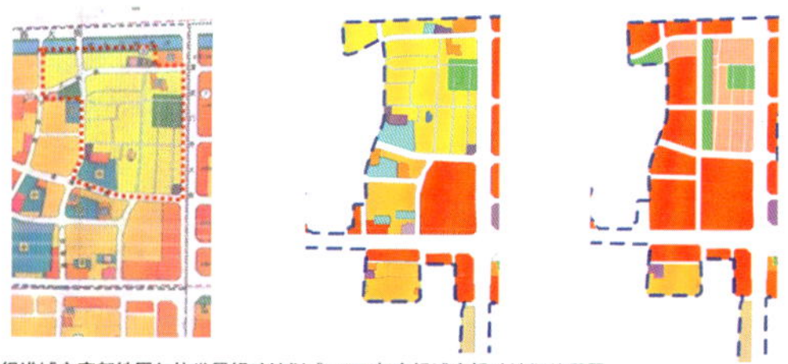

《促进城市南部地区加快发展行动计划 》2009年实行城南行动计划的原因：

1. 促进城市南部地区的发展，改变城南发展落后的局面 。
2. 北京北部趋于饱和，未来发展的空间更多的在南部以及东部。
3. 北京南部有广阔的发展空间，是京津冀区域合作的门户通道，发展潜力巨大。
4. 南北城的协调发展问题。

发展思路

以科学发展观为指导，落实“人文北京、科技北京、绿色北京”的战略部署，为城市南部地区乃至首都经济社会的进一步发展奠定更加坚实的基础。

产业布局

构建“一轴一带多园区”的城市南部地区产业空间格局。

广安产业园区

充分发挥地处核心区、有空间、交通便利的优势，加快土地一级开发、道路基础设施和配套市政设施建设，同时参照本市支持高端功能区产业发展的政策意见，支持金融机构地区性总部、出版、传媒等企业入驻，将广安产业园区发展成新兴高端产业集聚区。

背景分析

1．区域发展

北京位于京津唐城市圈，作为中国核心城市之一，北京工业化进程快，已经步入工业化后期。北京在未来要和周边区域协调发展，增强作为京津冀地区核心的辐射带动能力。北京发展特点北部与东、西部较为成熟，北面因奥运村的建设更提升了整个北面的城市品质，而南部由于历史等因素发展较慢。

2．交通条件

航空

北京首都国际机场是目前中国最繁忙的民用机场。位于项目基地东北约30公里，相对轨道交通来说，较为不便利

轨道交通

京津冀地区通过高铁系统将大大加强区域交通联系，北京作为核心城市的经济辐射和带动能力将得到提升。

高铁在北京是的站点为北京南站。广安产业园核心地块距离北京南站6公里左右。可通过京石、京广、京沪铁路连接石家庄、广州、上海等主要城市。

地块有两个轨道交通站点，分别为二号线与四号线换乘站宣武门站和四号线菜市口站，通过四号线可直达北京南站，通过换乘可达北京首都机场，以及北京诸多大型商圈。

陆路交通

项目区位于北京市内二环以里，紧邻广安门内大街，宣武门外大街，宣武门东大街。是二环内最大的可开发利用"绝版"地块。本地区对外交通便利，是吸引经济的重要优势条件。

3．规划定位

据北京市南部城区"一轴，一带，多园区"的总体发展规划，在产业空间布局中，宣武区占据着南中轴线上天桥历史文化风貌集聚区的重要一环和"多园区"中的广安产业园区重要一席。充分发挥地处核心区，交通便利的优势，位于高端产业发展带，支持金融机构，出版，传媒等企业入驻。

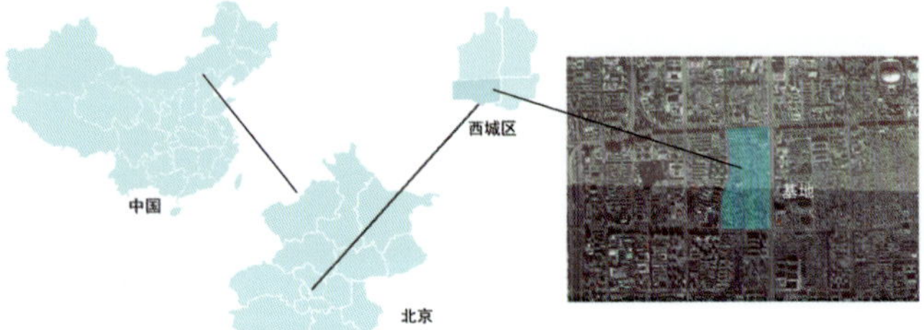

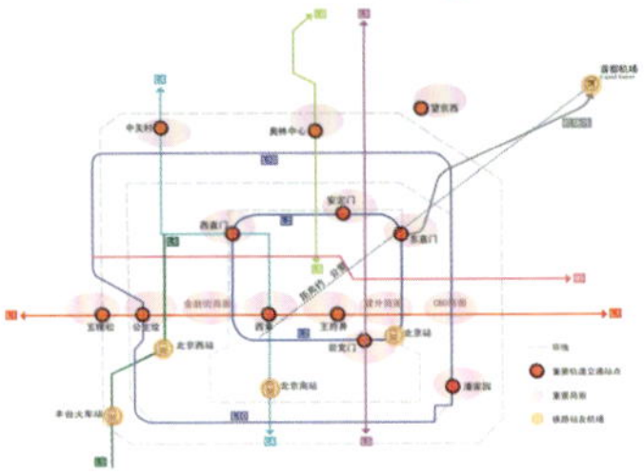

区位分析

基地位于北京二环以内，临近主要的行政、金融、商业区，优越的地理位置将为地块的发展提供良好的条件。

宣武区：北京市辖区，位于北京城区西南部，是4个中心城区之一；总面积约19.04平方公里，总人口约54.4万。

核心地块位于北京市西城区（原宣武区），北至宣武门西大街，东至宣武门外大街，南至广安门内大街，西至思源胡同与广安胡同。占地56.07公顷，住宅约25071户，非住宅约99户。

国际传媒大道

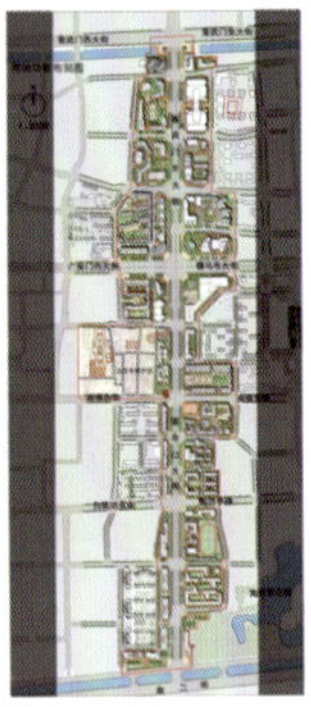

地块为传媒大道的一部分，传媒大道以国际传媒产业为主导，以国际化、现代化大都市规划要求为核心，以智能化、数字化的现代建筑为载体，以完善的综合服务配套设施为服务手段，集新闻传媒、科技传媒、教育传媒、娱乐传媒、通讯网络传媒为一体，具有商务办公、企业经营、休闲居住、配套服务等功能的综合文化产业社区。

现状用地

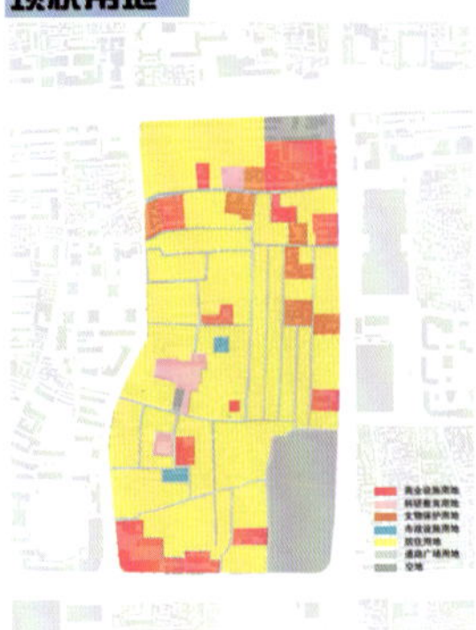

现状用地平衡表

现状用地平衡表		
用地性质	面积（公顷）	百分比
商业设施用地	6.57	11.7%
科研教育用地	1.53	2.7%
文物保护用地	2.41	4.3%
市政设施	0.32	0.6%
居住用地	34.31	61.2%
道路广场用地	5.54	9.9%
空地	5.4	9.6%
总计	56.07	

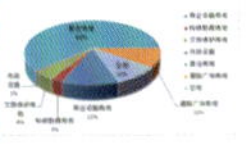

现状周边建筑性质

建筑名称	建筑性质	建筑层数（层）	建筑高度（m）
新华通讯社	办公	6	20
环球财讯中心	住宅	18	80
鸿格国际酒店	商业	17	50
SOGO	商业	11	35
庄胜商住楼	商住	10	35
宣武门大厦	办公	13	40
卓富大厦	办公	20	65
新闻出版总局	办公	15	65
开元名都大酒店	商业	15	60
中国移动北京分公司	办公	20	70
翔达国际酒店	商业	10	35
贵都大酒店	商业	16	50
康乐里小区	居住	18	55

地块周边建筑

现状建筑高度

现状建筑质量

现状文物保护

现状道路

现状肌理

现状绿化

周边轨道交通站点

公交站点

产业发展方向

世界产业结构调整的趋势判断：

1. 产业结构的重心发生偏移：以信息技术和生物技术产业为核心的高新技术产业将成为新一代的主导产业；

2. 制造业的国际生产网络迅速扩张：以跨国公司为主导的国际分工进程加快，促进了资本、商品、技术、人员及管理技能等生产要素的跨国界流动，形成了制造业的全球价值链，进而推动了全球产业结构的调整；

3. 传统服务业和新兴服务业蓬勃发展：发达国家服务业对GDP和就业贡献的增长主要来源于金融、保险、房地产和商务服务业，这类服务业属于为企业服务的知识密集型新兴服务业，因此也具有较高的生产率。而发展中国家服务业增长的主要动力是商业、酒店业和交通通讯业这些相对较传统的服务行业，服务业对就业的贡献则主要是靠商业和社会、社区和个人服务业支撑。

中国的产业发展正在由低成本向高科技服务型转型

以低成本制造业为主导产业 → 以高附加值产业和服务业为主导

产业转变的特征如下：

对教育和研发的投资不断增加	低成本公司和劳动密集型产业向中国西部或国外迁移
对高科技产业的税收鼓励政策	政府支持开发高科技园区
新增的劳动雇佣法和环境法	对低成本产业的税收减免等鼓励政策
政府主要目标：低成本产业向内陆转移，高科技产业沿东海岸分布	市场的自由开放，专业服务业不断发展，如设计、出版培训等
政府鼓励研发产业，地区总部，服务产业和高新技术产业的发展	中国二三线城市对东部沿海的高科技公司和产业的重要性和吸引力增加

产业布局研究方法

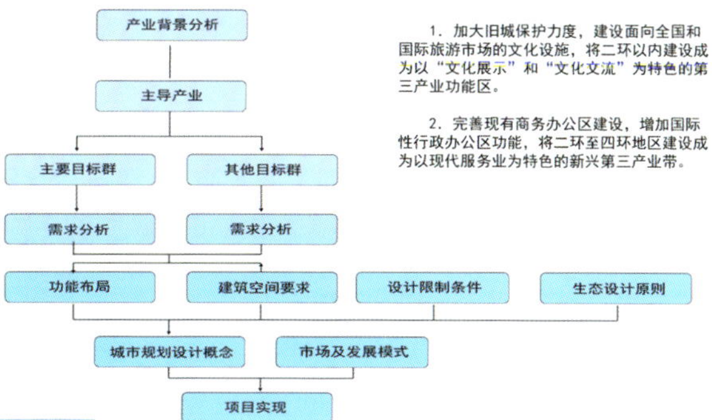

北京产业布局调整建议

1. 加大旧城保护力度，建设面向全国和国际旅游市场的文化设施，将二环以内建设成为以"文化展示"和"文化交流"为特色的第三产业功能区。

2. 完善现有商务办公区建设，增加国际性行政办公区功能，将二环至四环地区建设成为以现代服务业为特色的新兴第三产业带。

产业发展现状

相关产业园研究

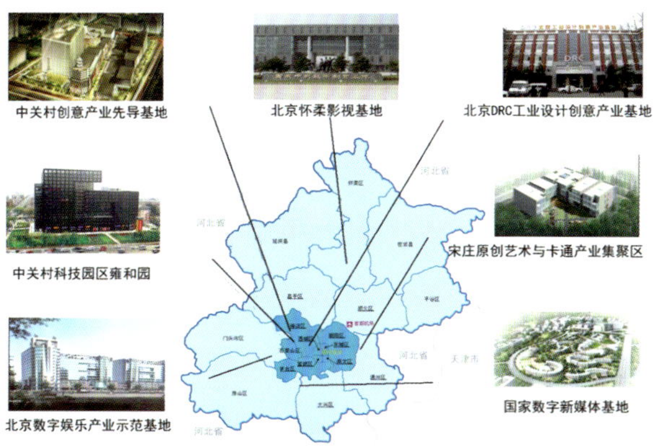

中关村创意产业先导基地　北京怀柔影视基地　北京DRC工业设计创意产业基地　中关村科技园区雍和园　宋庄原创艺术与卡通产业集聚区　北京数字娱乐产业示范基地　国家数字新媒体基地

北京有8大创意产业基地，其中与媒体相关的创意产业基地有7个。对各个创意产业基地进行分析，筛选产业组成。

这些产业基地都有各自主导发展的特色做好我们地块的定位，做到与其他产业基地形成互补。

这些产业基地聚拢形成的数字出版虽有涉及，但并不突出，没有实现规模化发展。

产业基地	内容
中关村创意产业先导基地	首个创意产业基地，雅虎中国、搜狐、新浪、腾讯等顶尖IT企业，200余家涉及软件、游戏、动漫画、音乐、出版等产业的创意企业
北京数字娱乐产业示范基地	石景山区政府的重点建设工程，以娱乐为中心，以数字技术和新媒体为工具，中国的梦工厂
国家新媒体产业基地	星光影视集团、北普陀影视城、北京榆垡国际影视娱乐基地、北京大学软件与微电子学院、北京印刷学院
中关村科技园区雍和园	"北京歌华创意产业中心"和"国家级网络游戏和动漫产业发展基地"
中国(怀柔)影视基地	中国的"好莱坞"，我国北方地区最大的影视节目外景和后期制作基地
北京DRC工业设计创意产业基地	工业设计、文化创意、游戏创意、软件设计、平面设计、产品设计、网络设计等工业设计产业
宋庄原创艺术与卡通产业集聚区	北京最大的艺术与动漫原创生产基地，集创作、生产、展示、交易为一体的当代艺术产业与卡通聚集区

全国数字出版基地

现在全国有四个建成的数字出版产业基地分别位于上海张江、重庆北部新区、浙江杭州、湖南长沙

数字出版定义及内容

数字出版如下定义：只需使用二进制技术手段对出版的整个环节进行操作，都属于数字出版的范围。

其中包括原创作品的数字化，编辑加工的数字化印刷复制的数字化，发行销售的数字化和阅读消费的数字化等。也就是说，数字出版涉及版权、发行、支付平台和最后具体的服务模式，它不仅仅指直接在网上编辑出版内容，也不仅仅指把传统印刷版的东西数字化，又或者把传统的东西扫描到网上就叫数字出版，真正的数字出版是依托传统的资源，用数字化这一工具惊醒立体化传播的方式。

从行业发展来讲，数字出版在我国已经成为一个热门的行业，起步晚、行动快是它的特点。

从行业性质来说，数字出版兼有信息量大，交互性强，传播范围广，成本低，易沟通，易检索，节约资源等优势，同时我国数字出版仍属于起步阶段，与国外数字出版先进的地区同行业比差距还很大，存在的问题还不少，发展阻力也相当大。

数字出版内容

网络出版
电子图书、网络期刊、网络广告、网络游戏、在线音乐以及可供下载的各种资源等
手机出版
手机铃声、彩信、彩铃、图片、动漫、手机游戏、手机图书杂志等
电子出版
带有文字、图片、音像的磁带、软盘、光盘

数字出版发展优势

经济产值

2009年我国数字出版产业的收入达799.4亿元，同比增长50.6%

数字出版涉及产业：

数字期刊收入	6亿元
电子书收入	14亿元
数字报收入	3.1亿元
网络游戏收入	256.2亿元
网络广告收入	206.1亿元
手机出版收入	314亿元

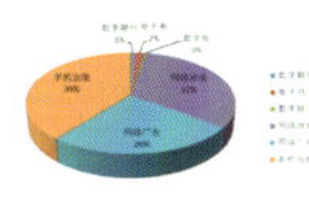

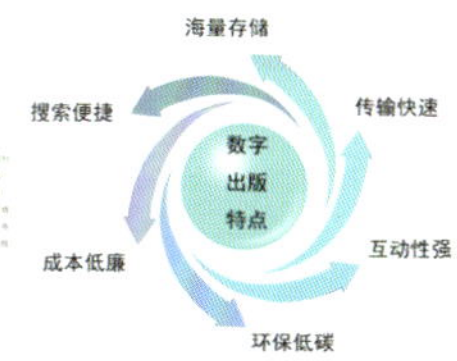

政策优势

发展数字出版是"十一五"发展规划的重点

《中华人民共和国国民经济和社会发展第十一个五年规划纲要》
《国家中长期科学和技术发展规划纲要》
《国家"十一五"时期文化发展规划纲要》

在这三个重要的规划中把数字出版技术、数字化出版印刷、复制和发展新媒体列入了科技创新的重点

传统出版瓶颈

传统出版行业的现状主要包括以下几个方面的变化：

1. 发行量下降、收入下降：也导致裁员和媒体倒闭

2. 大量报纸和杂志停刊：媒体的多元化使得竞争更激烈，市场更狭小、导致很多竞争力不足的报刊停刊。

3. 报刊转型：免费报盛行：内容和用户群的重新定位：图像时代来临：转向数字化出版方式：传播模式的改变：提倡保护报纸：

英国版《读者文摘》申请破产保护 或将被迫停刊
一年有160种杂志停刊 日本杂志出版遭遇严冬 2007年12月
巴菲特：不会再投资报纸产业 2009年05月03日
Gatehouse Media营收下滑15%，亏损增至300万美元
The Sun-Times Media Group2009年4月申请破产
The Journal Register Company
经济危机重创美国报业：今年105家报纸倒闭 2009年07月05日

数字出版发展趋势

1. 数字出版在今后几年内还将保持高速增长的态势，其中收入规模每年的增幅可能都会在50%左右。

2. 传统出版单位将会加快数字化转型的步伐。

3. 原创网站会迅速崛起，内容原创将会从平面媒体向网络媒体发展。

4. 在数字化管理方面，出版软件将会从流程管理为主向内容管理为主转移，CM系统将会广泛应用。

5. 在硬件方面，电子纸阅读器与数码印刷设备也将会同步快速发展，这将使跨媒体出版成为可能。

6. 随着3G时代的到来，手机将会从单纯的通讯工具向移动媒体发展，手机读物、手机视频等都会出现。

未来，数字出版将向无线移动、个性化按需定制和跨媒体出版方向发展。

	传统出版		数字出版
I	数字化威胁	转变 →	互联网竞争
II	内容提供	升级 →	平台运营
III	版税收入	全面 →	盈利多元
IV	媒体竞争	提升 →	媒介融合
V	Web2.0	突破 →	出版2.0
VI	参与者	转型 →	领导者

分析总结

这些产业基地都有各自主导发展的特色做好我们地块的定位，做到与其他产业基地形成互补。这些产业基地聚拢形成的数字出版虽有涉及，但并不突出，没有实现规模化发展。

基地平台策划

产业研究

以数字内容产业为核心，以版权交易为手段，推动原创内容的制作及新型出版业态的发展，优先发展包括数字出版流程外包、在线学习、互联网出版、手机出版、数据库出版、版权中介与交易、网络游戏动漫、数字音乐、数字影视制作、数字报刊等12大业态，形成新的产业集聚群。

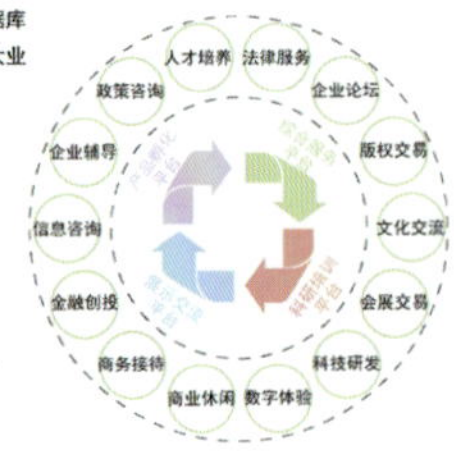

基地将通过资源整合，分期分步骤展开四大产业平台建设：

产业孵化平台

以旗舰企业为核心，吸引企业创业，为其提供投资，管理服务

综合服务平台

为成熟型和初创型企业进行配套服务，政策咨询、法律服务、商务接待、商业服务

科研培训平台

保证企业发展，对前沿技术进行研发，建立人才培训学院，提供专门人才支持

展示交流平台

促进企业的发展，定期举行企业论坛、会展交易、文化交流等活动，展示推介经济发展

产业孵化平台

以产业发展为契机，以旗舰企业为核心，打造产业基地吸引成熟的有实力的企业进行投资，同时吸引中小企业进行创业，为其发展提供金融投资、管理等服务。

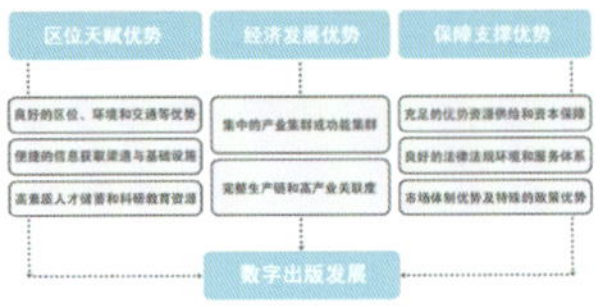

智能化、低密度、生态型的楼群，形成办公、产业于一体的企业聚集基地。可以为企业提供良好的中枢式运营管理氛围，以高效、多能 、全瓶化优势为企业创建发展的告诉通道，以中心级辐射北京乃至全球的“中心外围效应”为企业铺设前瞻式空间路径。

综合服务平台

为成熟的企业和初创型企业进行配套服务和法律政策等信息咨询服务，酒店及商务接待服务，商业休闲、娱乐餐饮、文化体验等商务休闲服务以及物业管理等方面的配套服务。

依托产业园腹地，以区域内大量成熟企业和初创型企业为服务对象，提供金融创投、信息咨询等，同时，也以这些企业的中高端消费者为原始动力，为其创造宜居，宜业、宜乐的生活工作氛围，以多元化、人文化、体验化的综合性休闲场所，为街区注入活力，提升服务能级，营造具有人文氛围的休闲交往场所。

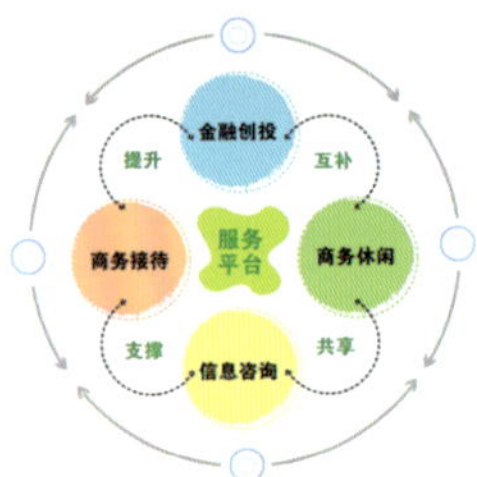

科研培训平台

数字学院

概念：

数字学院是以企业战略和人才开发为核心，运用现代化科技手段按照混合式培训模式设立的企业学习基地，它以构筑企业全员培训体系为基础，通过企业文化的导入和企业学习习惯的培育，形成企业知识管理、人才加工、市场竞争的智力平台，最终成为实现企业发展的有力武器。

长期实践证明，加快企业成果转化是一项难度极大的系统工程，它至少应该包括这么几个环节：

1. 观念转变：把科研活动与满足现实市场需求、实现经济效益结合起来
2. 机制落实：将项目科技含量和经济效益实现结合起来
3. 人才培养：重点培养有创新精神与素质的科技成果带头人和数字企业CEO
4. 资源抚育：投入各种资源，进行细致的辅导，帮助创业企业逐步成长

展示交流平台

交流平台

为促进企业的发展，定期举行企业论坛、会展交易、文化交流等活动，展示推介企业经济发展创新理念及发展成果，便于上下游或者相关企业进行沟通交流。

企业论坛

开会随着时代的发展已不仅仅是集体商讨决策的一种形式，更是企业间、商务人士间交流的一个头脑平台。在优美的自然环境中激发灵感的碰撞，改变烦闷的会议环境，获取更为先进的思想，体验集体智慧的力量，已成为当前时尚创新模式。

会展交易

全球每年国际会议超过16万次，会议产值2800亿美元。我国会议经济起步晚，但发展迅速。据抽样调查测算，2008年我国接待以会议为目的的入境旅游者741万人次，我国以商务为目的的城镇居民旅游者2319万人次，显示了广阔的发展前景。

城市创新发展增长点

会议经济是现代服务业的新兴领域，也是城市旅游业有机的组成部分和新的经济增长点，而旅游城市则是会议旅游的主要目的地和会议经济的重要基地，因此会议经济与旅游相互关联，发展会议经济意味着与会议相关的诸多服务业同时得到发展。

案例分析

园区背景及发展目标

从20世纪90年代初，韩国对其首都首尔一直有计划建设一个新的卫星城市。在2000年5月，韩国政府宣布在占地6. 6平方公里的千禧城计划中，建设一个信息科技的数码城。整个数码城占地56万平方米，为数码媒体企业提供良好的发展环境。在2001年，数码城的总体规划提出，并开始进行宣传和建设。

首尔数码城的发展目标是确立韩国在东北亚的科技及其服务业的领导地位，成为沟通太平洋地区和亚洲大陆的经济、技术和文化桥梁。同时，成为世界上最重要的数码媒体中心、世界级的产业与学术研究中心和东北亚最佳的商业中心。

规划目标

A. 园区形象：对园区的总体规划：通过分区控制，在统一的前提下突出各自性质；结合产业发展地标建筑

B. 建筑物与园区的关系：主要功能建筑的有机联系：利用用地用途规划各个主要功能建筑，制定合理用地密度规划控制天际线；规划道路形式保证建筑形态

C. 公共用地与发展用地的协调：针对不同的建筑和空间，创造两者的最佳结合；制定相关的分期规划，保证两者的用地比例

D. 生态发展：注重与周边生态协调；发展园区公园和绿地；预留发展用地上保证与园区的公园和绿地有机结合

E. 经济发展：制定有效的分区规划提升用地的经济性；建立分期发展策略，保证资金的投入

分区规划

通过确定不同的分区功能，保证数码城的国际信息中心的定位，同事也为地块的发展提供良好及多样的环境 。

在数码城规划控制中，将这个数码城分为6大部分

A. 国际金融区：确保数码城的国际形象，并为企业提供全球化的服务

B. 高科技产业区和研发区：数码城的核心部分，为数码和高科技企业提供优良的办公环境

C. IT基础设施区：为科技和金融企业提供信息资源平台

D. 人力资源及配套区：为研发等提供配套服务

E. 商业、文娱及居住区：通过整体的配套，保证整个数码城能形成一个独立的城市体

土地控制

A. 土地用途控制：将土地按照分区进行技术控制，但同时以可适应为未来发展做准备

B. 土地面积控制：将发展用地分成大、中、小三个等级，在保证开发投入控制的同时，使核心地段能开发为地标建筑主要地块的功能组成

C. 土地密度控制：保证用地的经济投入和数码城的街区形象，以及整个项目的天际线

D. 土地生态控制：在商业用地内设置公园和湿地等生态环境，提倡科技与生态的共同发展

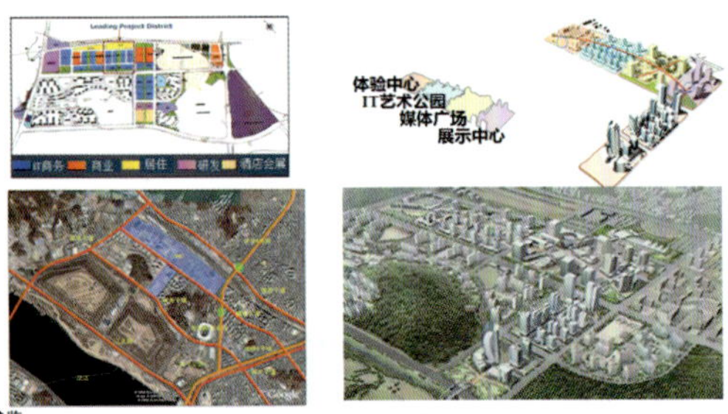

案例借鉴

针对首尔数码城，有三点值得我们在园区规划中借鉴：

1. 数码传媒科技作为一个新的产业，前期建设需要政府的扶持和资源的补充，因此，数码城在区位上，选择了在首都首尔附近建设，能享受首都的经济实力和科研上许多优秀的大学的双重保证。

2. 在规划中，数码城通过整体的形象控制，建高科技产业与普通的金融办公区结合在一起，形成相互渗透，再将其他科研、配套安置在核心区附近，保证了三者的互动关系，使整个数码城成为生活气息的科学研发基地，而不是单纯的科研中心，保证了整体的发展的互动关系，使整个数码城成为有生活气息的科学研发基地，而不是一个单纯的科研中心，保证了整体的发展.

3. 在土地利用上，提出可适应和多样性结合，在保证满足不同的企业需求的同时，也能使数码城整体形象的统一。

规划原则

（1） 整体性、协同性原则

强调核心区内部空间结构、外部空间结构的系统性和整体性、功能组合的协同性和互动性。

（2） 多样性、复合性原则

功能多样和土地复合利用，为核心区乃至整个产业园提供活力，同时提供多样的公共活动场所，适应多元的科技研发需求，创造富有吸引力的城市空间。

（3） 生态性、持续性原则

坚持可持续性原则，在塑造优美的城市生态环境的同时，加强环境保护、生态节能，鼓励创新应用，使核心区合产业园和谐发展。

（4） 文化性、人性化原则

强调地方文化挖掘和创新文化的培养，丰富城市的文化内涵。以人为本，充分考虑人的多样需求，完善设施配套，创造人性化的空间尺度。

（5） 弹性、可操作性原则

充分考虑现状条件与开发建设的实际情况，注重超前性和长效性。宏观控制和微观引导相结合，建构整体生长的空间结构和切实可行的开发策略，有利于起步建设和分期开发。

规划策略

完善的管理服务核心

多元的科技孵化场所

现代的高科技产业集团

优美的城市空间环境

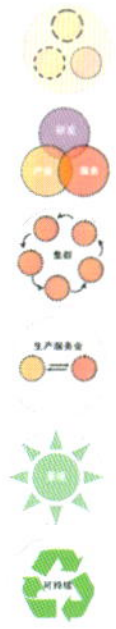

策略一：区域整合策略

策略二：功能互动策略

策略三：产业集群策略

策略四：服务激活策略

策略五：景观渗透策略

策略六：环保示范策略

规划理念

Service

复合高效的公共服务配套区

产业服务：星级酒店、会议论坛、文化交流、配套服务

Intergration

综合紧凑的功能复合核心区

综合高效：多元服务、复合单元、共享平台、便捷交通

Technology

共享的技术平台与企业集群

科研创新：科技研发、产业孵化、培训管理、展示交易

Ecology

多元化服务与高效空间组织

生态低碳：生态绿地、滨水通廊、屋顶绿化

SITE

Service+Intergration+Technology+Ecology

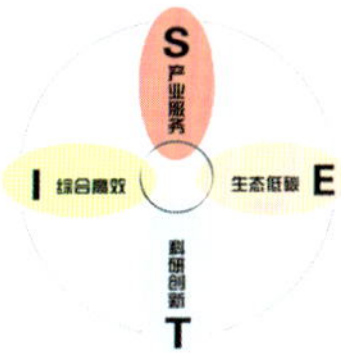

主导功能：科技研发、总部基地、展示交易、企业培训、技术服务

辅助功能：酒店服务、会议论坛、文化交流、商务休闲、配套公寓

目标定位

广安产业园核心区从区域发展与产业升级的角度出发，以科技为先导、创新为支撑、环境为依托。以数字出版为主要内容，汇集资源优势，形成集科技研发、技术服务、产品孵化、商业休闲、生活配套等多功能于一体，营造功能复合，生态共融、创新型产业核心区。

广安产业园核心区

规划将本项目的定位为：

以旗舰企业为龙头的自主创新高地

以数字技术为核心的出版服务平台

以人才培训为助推的科技交流窗口

方案形成

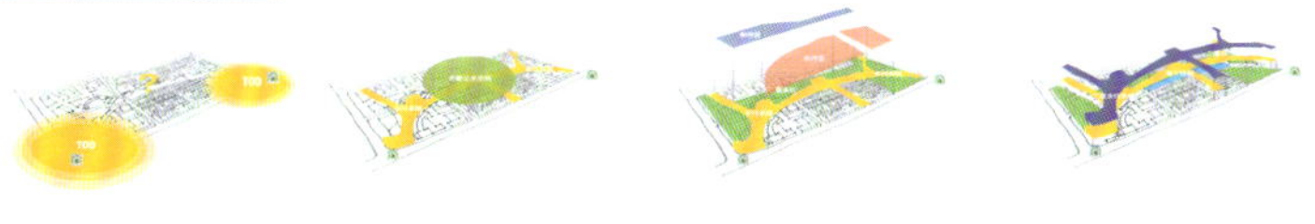

如何将南北两个交叉口的地铁站连接起来成了我们思考的问题，怎样连接T轨道交通站点我们是这样解决的。

以一条的弧形的步行走道将人们从出口引向公共空间。复合功能建筑通过建筑步行走道连接起两个TOD式的综合体

中心植入具有复合功能公共服务区，有机的将两边的制作区和创作区联系在一起，让公服区成为一个功能共享大厅，即满足区外人们的各种需求，又使东西两区互动性更强。

步行系统从多样性出发，建立空中走廊，使空间更富多层次性，并结合中央的地下空间，打造立体式的步行空间体系，对区内构建低碳交通有着积极的一面。

用地性质

核心区的主要功能是以数字出版产业为主的产业区，生活区，提供综合服务，配套商业贸易，文化娱乐、体育休闲等生活性设施，并结合产业配套相关的培训、研发、孵化等用地，结合综合服务的创新服务设施，符合转型升级中多元化功能的需求。

综合服务用地　商业用地　商务办公用地　文化娱乐用地　科技研发用地　企业孵化用地　商住用地　道路用地　广场用地　公共绿地　水域　游憩集会广场用地

主要轴线　次要轴线　空间节点　功能片区

序号	用地性质	F1	用地代号	面积（公顷）	比例（%）
1	[illegible]		C	[illegible]	[illegible]
	其中	综合服务用地	C2	7.94	14.3%
		商业用地	C21	8.34	14.8%
		商务办公用地	C23	10.07	17.8%
		文化娱乐用地	C3	2.54	4.5%
		科技研发用地	C65	5.19	9.3%
		企业孵化用地	CM	9.89	17.6%
		商住用地	CR	3.61	6.4%
2	[illegible]		S	[illegible]	[illegible]
	其中	道路用地	S1	3.53	6.3%
		广场用地	S2	1.07	1.9%
		游憩集会广场用地	S22	0.85	1.7%
3	[illegible]		G	[illegible]	[illegible]
	其中	公共绿地	G1	0.73	1.3%
4	[illegible]		E	[illegible]	[illegible]
	其中	水域	E1	2.31	4.1%
	总计			56.07	100

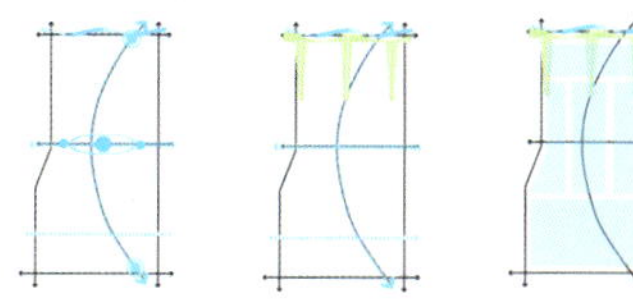

a. 三轴一带，一心四点　b. 水绿交融，景观渗透　c. 板块互动，五区协调

用地布局

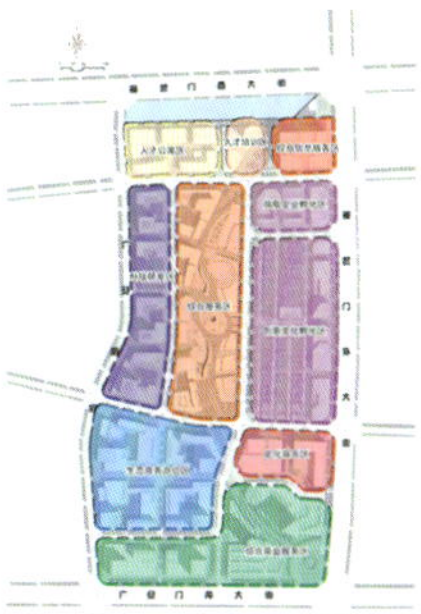

高度控制

10m以下　10m-25m　25m-40m　40m-65m　65m-80m

开发时序

一期开发　二期开发　三期开发

建筑密度

密度5%以下　密度5%-15%　密度15%-25%　密度25%-40%　密度40%-50%

开发强度

FAR=1以下　FAR=1-2　FAR=2-3　FAR=3-4

总平面

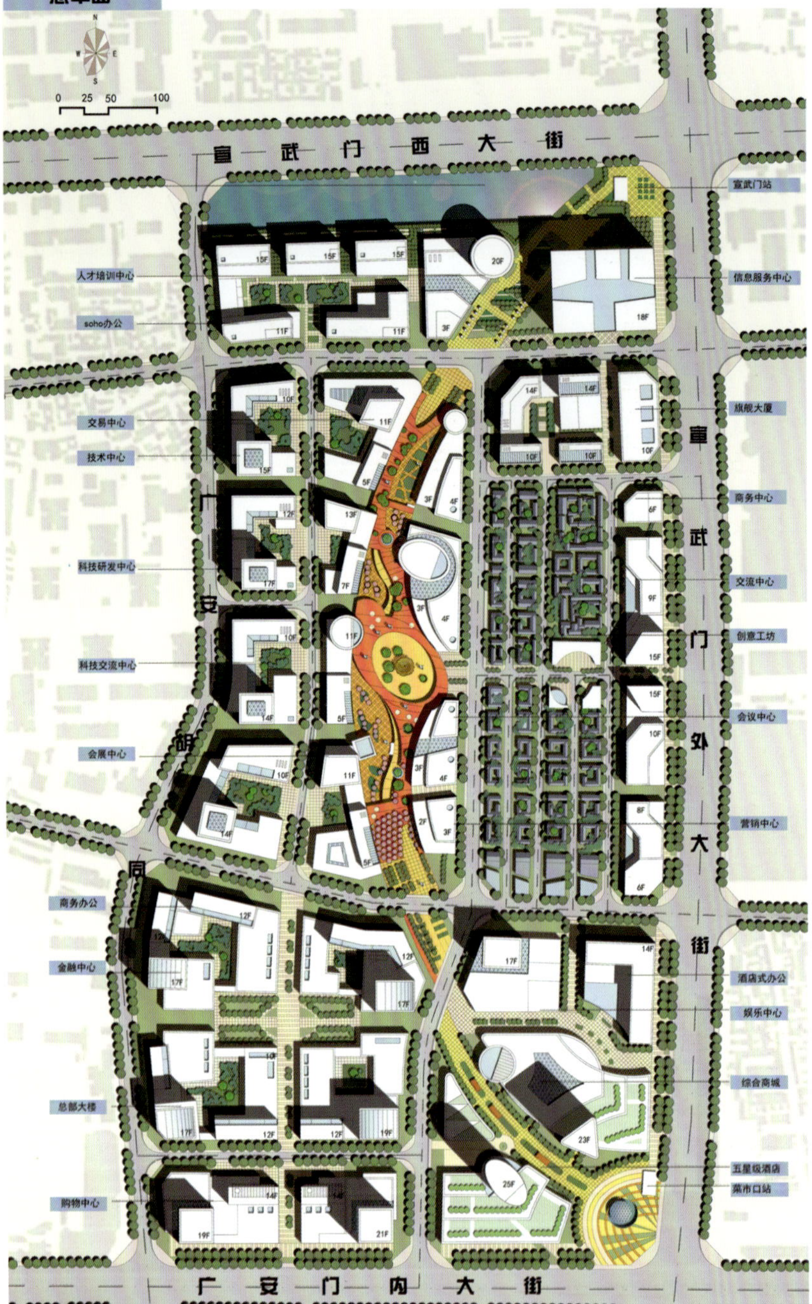

开敞空间分析

建筑高度分析

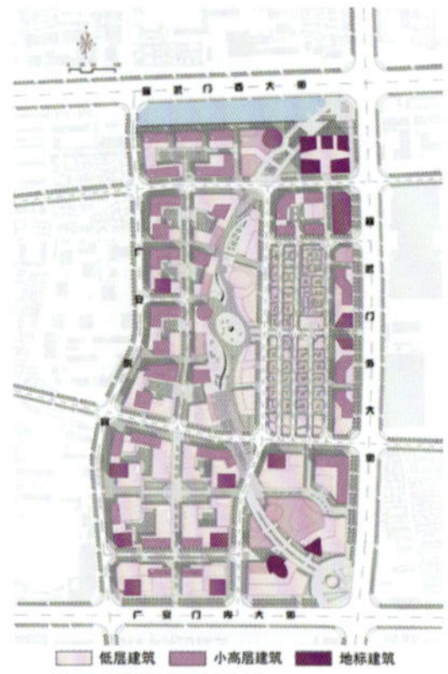

绿地系统分析

景观分析

建筑界面分析

视线分析

静态交通分析

公共建筑性质分析

道路交通分析

步行空间分析

肌理分析

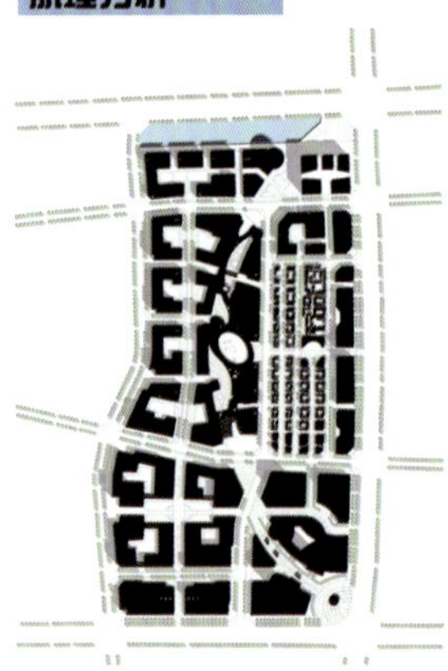

鸟瞰图

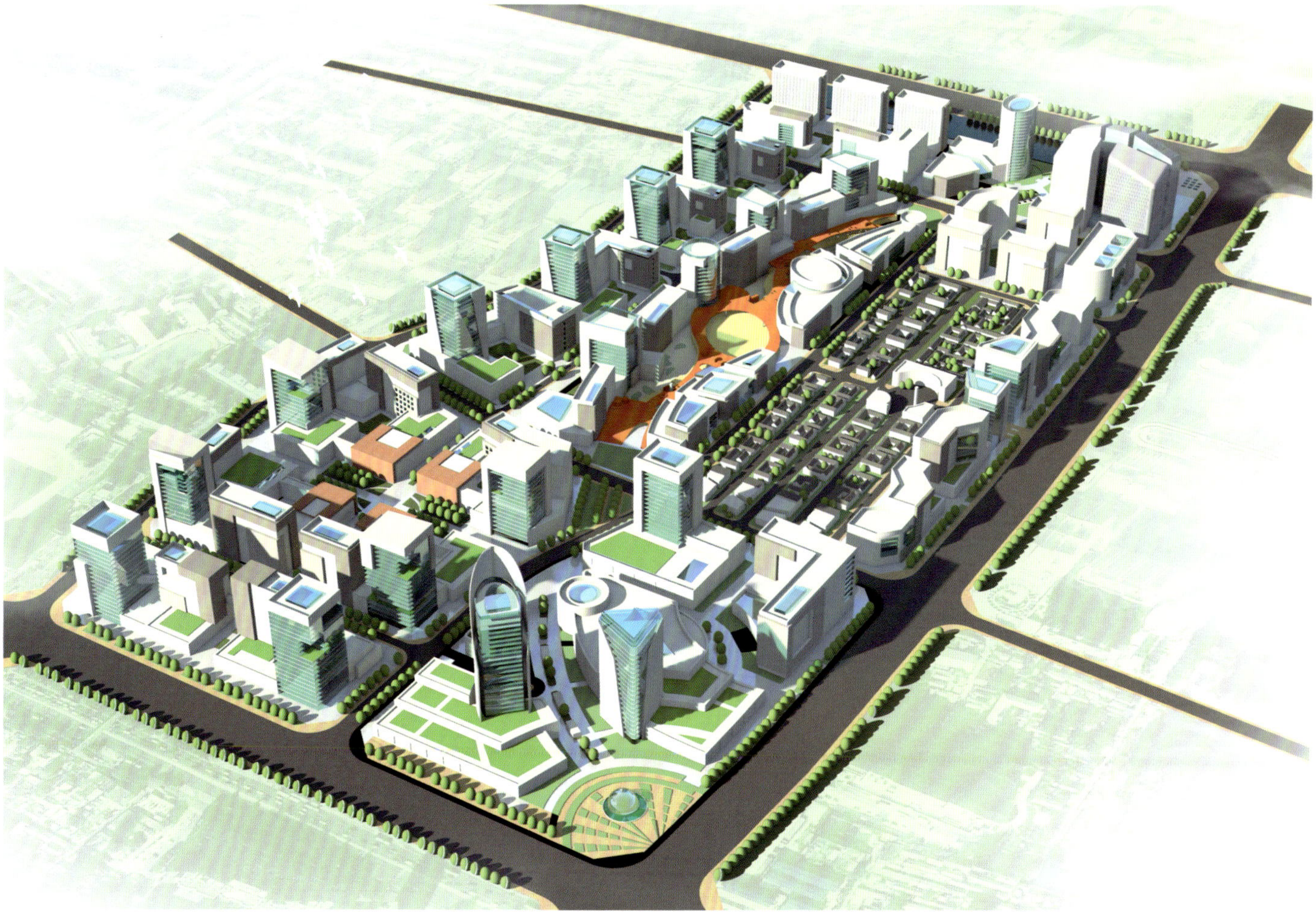

节点透视

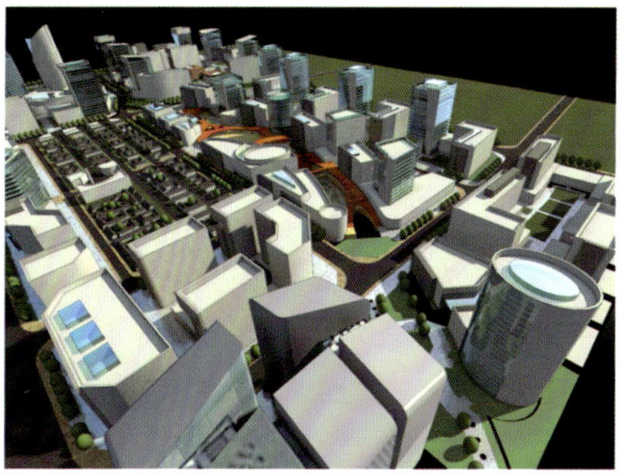

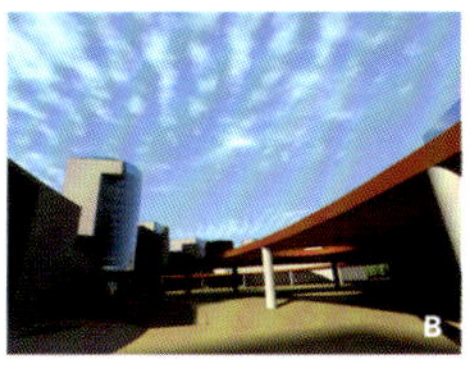

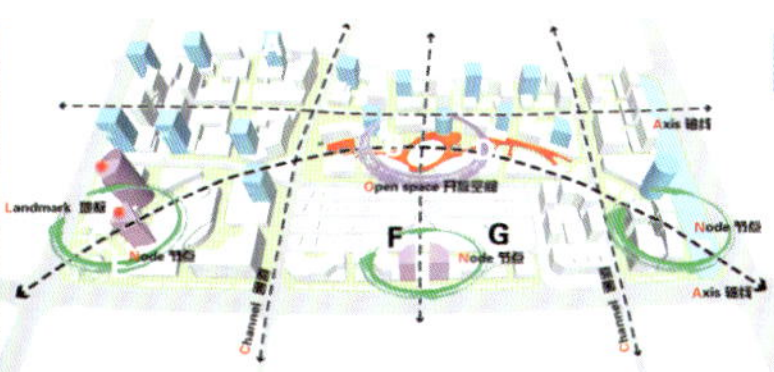

工作模型

城市设计框架

通过轴线和廊道的连接将各个节点串联起来，在区域内形成地块独具特色的节点和标志。

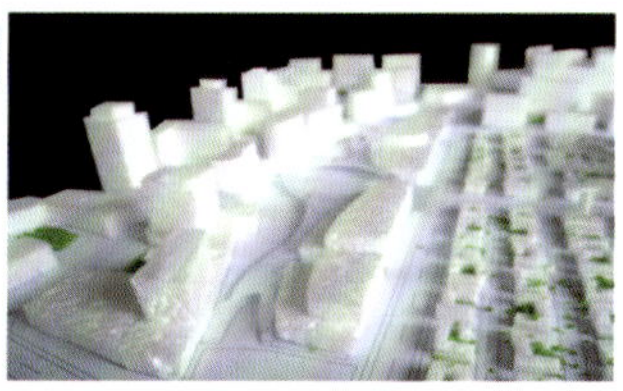

轴线延展，廊道渗透

核心居中，三心呼应

多元界面，开合有致

分区详细设计与策划

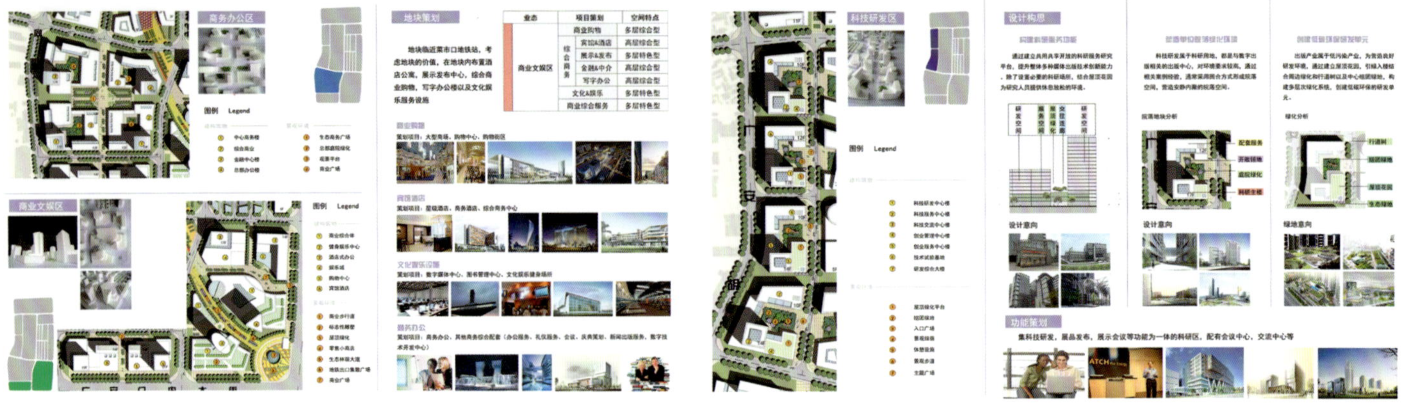

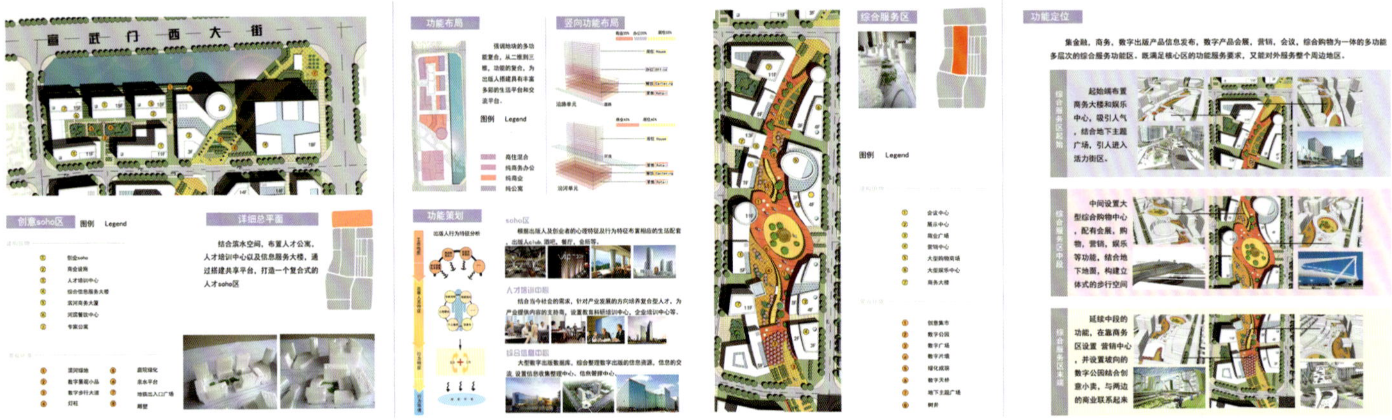

沿街立面一

主要沿街立面设计一

沿宣武门外大街天际轮廓变化从低密度向高密度延伸的空间形态，呈现自北向南，由低到高的天际轮廓线。

宣武门外大街东侧沿街总平面

宣武门外大街东立面

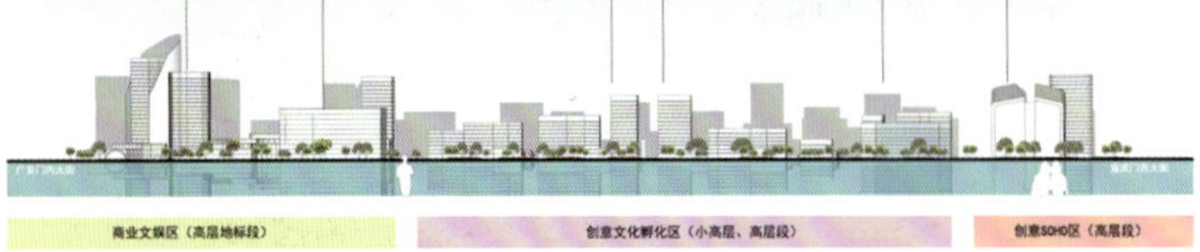

沿街立面二

主要沿街立面设计二

沿广安胡同天际轮廓变化从高密度向低密度延伸的空间形态，强调三个不同区域建筑的整体感和标志感，形成变化丰富、特色鲜明的街区景观。

广安胡同西侧沿街总平面

广安胡同西立面

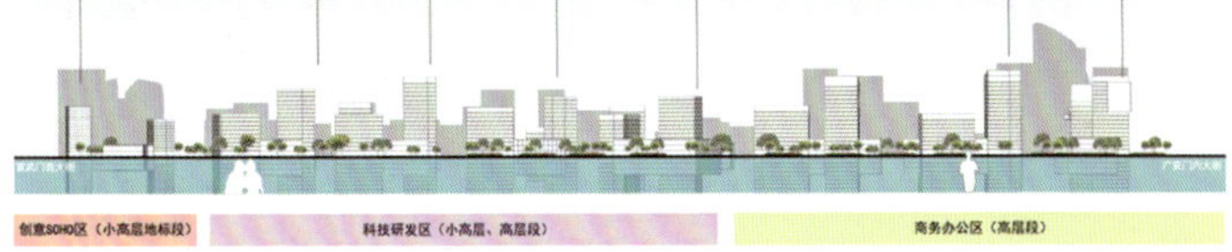

步行道节点设计

步行空间力求创造一个容纳、激发市民自发参与的公共场所，结合保留的古树组织步行空间，围绕古树展开活动，复兴地块活力，成为一个绿色生态结合综合服务为一体立体步行街。这里的功能除了配有与核心区相关的功能之外，还有表演、集会等功能。

步行空间提供绿化、座椅、书报亭、信息亭等功能设施，步行廊道连接两边建筑构成完整体系。南北两端通过两个大斜坡和自动扶梯与地上一层联系，地上一层提供咖啡厅，提供带有策划性和服务性的活动场地，创意小店，另外屋顶的花园和采光开口形成空中花园。

层级分析

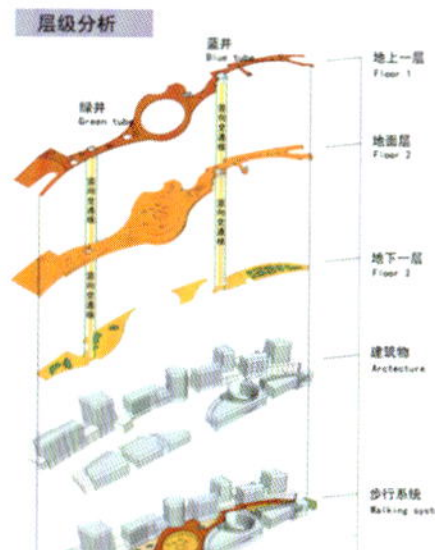

整个步行系统通过三个层次地上、地面、地下连接两边建筑，，完成功能上的融合和互动。

运作分析

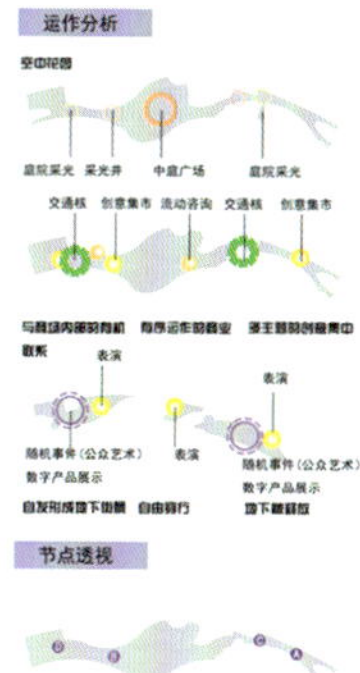

节点透视

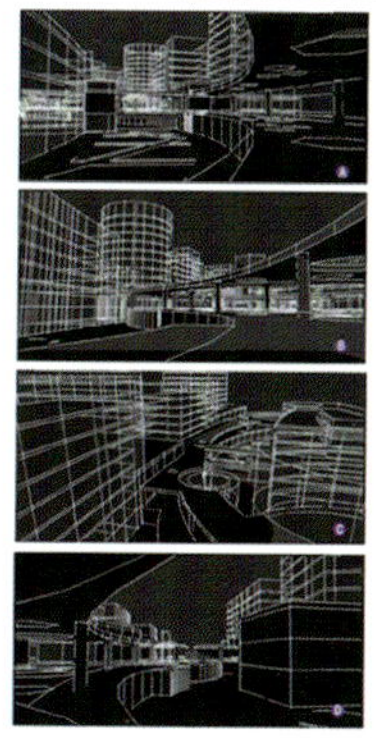

步行街功能策划

通过与古树的结合，丰富步行系统的活动，将根据人的在公共场所的活动需求，进行相应的功能设置，除对古树的保护，另外围绕其展开活动，真正将保留和新建的联系起来，新旧的融合形成一种特色

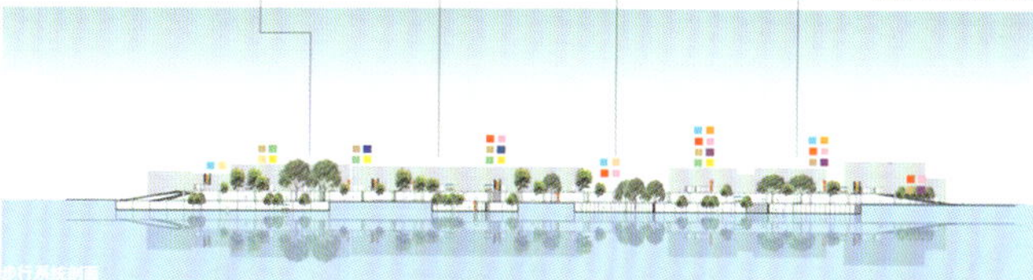

地块导则

引导图则（D地块）

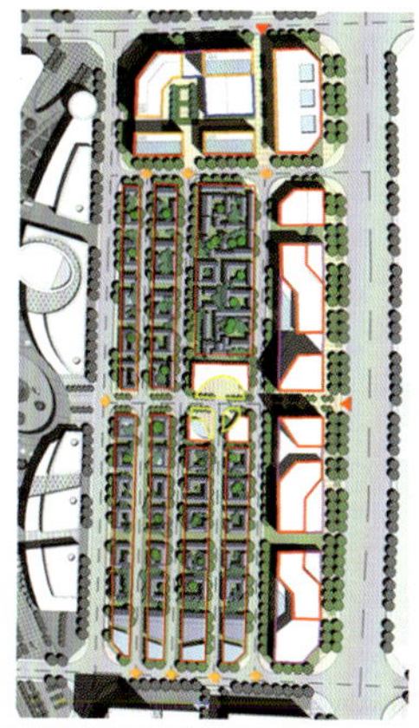

图例：主体控制线、裙房建设线、主体建设线、广场控制线、裙房控制线、绿地控制线、人行入口、车行入口

地块位置 / 用地性质 / 地块编号

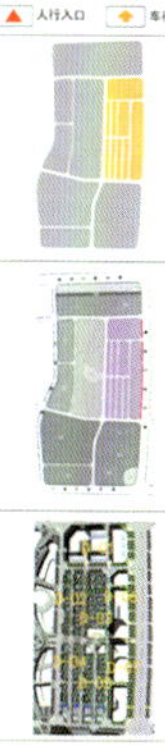

地块空间意向

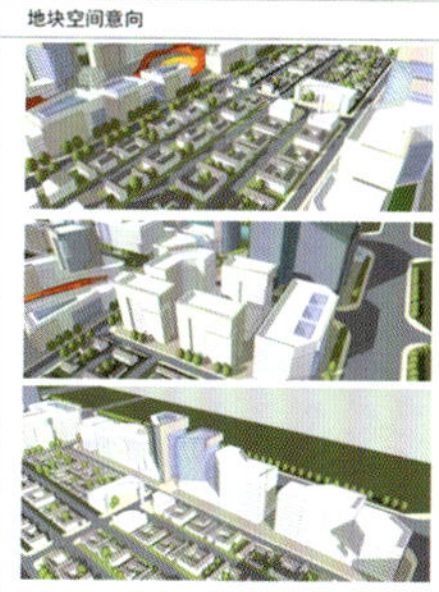

设计引导说明

地块编号	建议裙房高度	建议主体建筑高度	建议色彩	
D-01	-	60M	暖灰	建筑功能：办公为主
D-02	-	10M	浅灰	
D-03	-	10M	浅灰	开口位置：见图则
D-04	-	10M	浅灰	
D-05	-	10M	浅灰	停车位置：地下
D-06	10M	60M	暖灰	
D-07	10M	60M	暖灰	建筑标志度：高

引导图则（A地块）

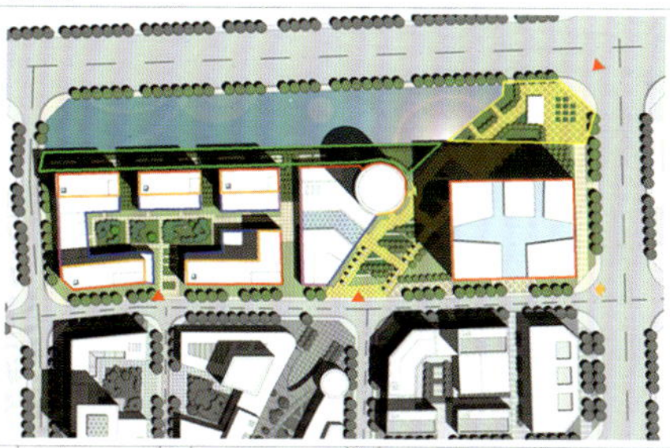

地块空间意向

地块位置 / 用地性质

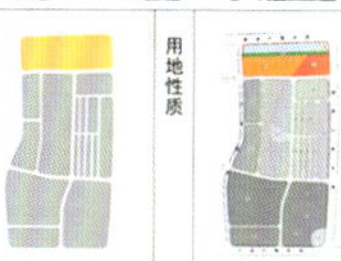

图例：主体控制线、裙房建设线、人行入口、主体建设线、广场控制线、车行入口、裙房控制线、绿地控制线

地块编号

设计引导说明

地块编号	建议裙房高度	建议主体建筑高度	建议色彩	
A-01	10M	45M	暖灰	建筑功能：商业居住办公为主
A-02	15M	75M	暖灰	
A-03	-	70M	深灰	开口位置：见图则
				停车位置：地下
				建筑标志度：中

引导图则（C地块）

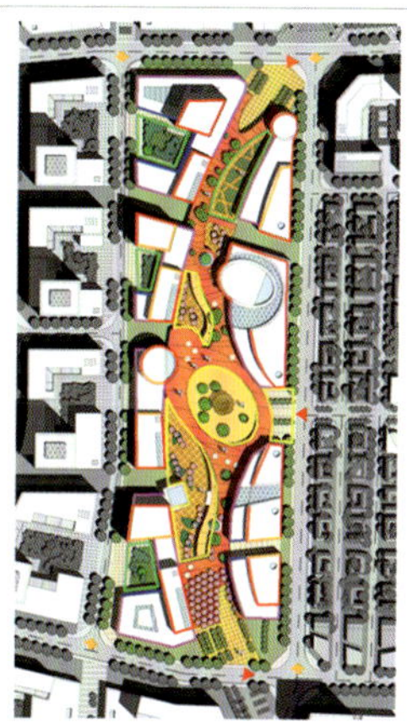

图例：主体控制线、裙房建设线、主体建设线、广场控制线、裙房控制线、绿地控制线、人行入口、车行入口

地块位置 / 用地性质 / 地块编号

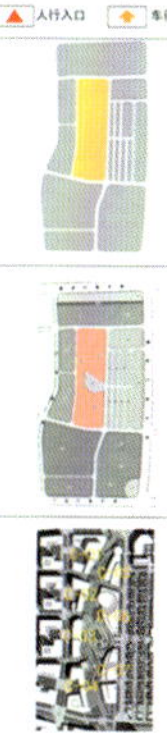

地块空间意向

设计引导说明

地块编号	建议裙房高度	建议主体建筑高度	建议色彩	
C-01	15M	45M	浅灰	建筑功能：商业会展为主
C-02	15M	45M	浅灰	
C-03	15M	50M	浅灰	开口位置：见图则
C-04	10M	50M	浅灰	
C-05	-	25M	暖灰	停车位置：地下
C-06	-	25M	暖灰	
C-07	-	25M	暖灰	建筑标志度：高

引导图则（E地块）

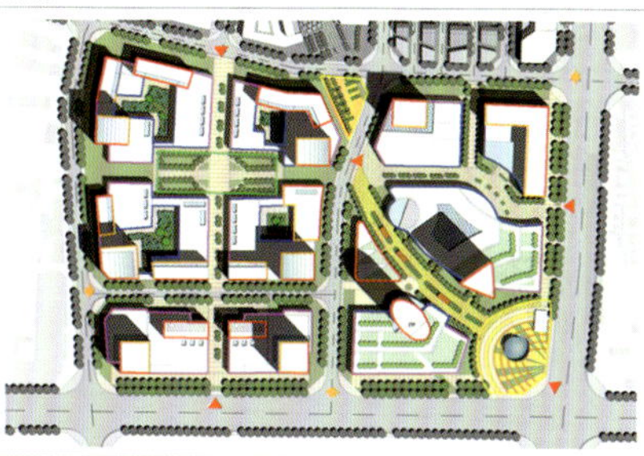

地块空间意向

地块位置 / 用地性质

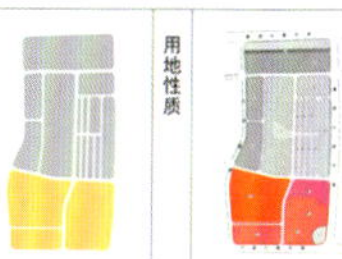

图例：主体控制线、裙房建设线、人行入口、主体建设线、广场控制线、车行入口、裙房控制线、绿地控制线

地块编号

设计引导说明

地块编号	建议裙房高度	建议主体建筑高度	建议色彩	
E-01	10M	55M	浅灰	建筑功能：商业办公为主
E-02	10M	55M	浅灰	
E-03	15M	60M	暖灰	开口位置：见图则
E-04	10M	55M	浅灰	
E-05	10M	55M	浅灰	停车位置：地下
E-06	15M	75M	深灰	
E-07	20M	80M	深灰	建筑标志度：高

引导图则（B地块）

图例：主体控制线、裙房建设线、主体建设线、广场控制线、裙房控制线、绿地控制线、人行入口、车行入口

地块位置 / 用地性质 / 地块编号

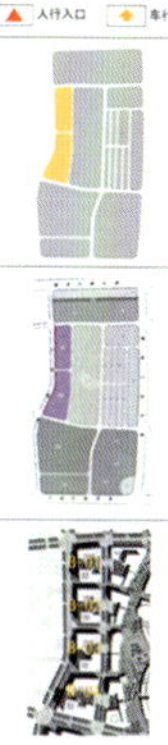

地块空间意向

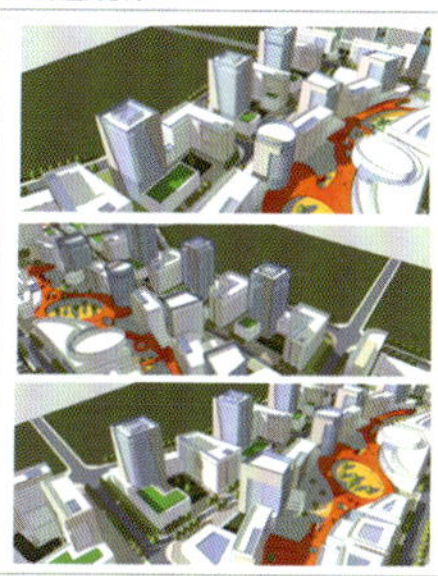

设计引导说明

地块编号	建议裙房高度	建议主体建筑高度	建议色彩	
B-01	15M	60M	浅灰	建筑功能：商务办公为主
B-02	15M	60M	浅灰	
B-03	15M	60M	浅灰	开口位置：见图则
B-04	15M	60M	浅灰	
				停车位置：地下
				建筑标志度：中

可持续街区

学校：北京建筑工程学院
指导教师：丁奇 张忠国　　小组成员：张昊 余晓玲 章茜薇

宣武区人民政府　委托设计

设计建议　毕业设计

本组　张昊　章茜薇　余晓玲

三校

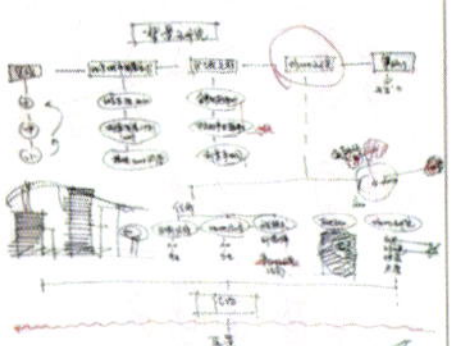

框架修改

定位讨论

草图绘制

实地调研

背景研究

- 区位
  - 大区位
  - 中区位
  - 小区位
- 上位规划
  - 世界城市对北京城市发展的要求
  - 市级上位规划对设计地块的要求

广安产业园定位

广安产业园研究

- 核心地块区域
  - 人口
  - 产业
  - 历史文化
  - 现状用地
- 周边地块区域
  - 地块 A
  - 地块 B
  - 地块 C

广安产业园核心区定位

三校调研

联合毕业设计，更进一步了解其他院校在设计上的特点，并促进感情，更好完成此次设计。

世界城市北京研讨会

世界城市，是未来中国众多城市的前进方向，我们和北京市城市规划设计院关于北京——世界城市的课题研究和探索，相信随着时间的积淀，将产生更加深远的影响。

参与专题研讨有助于本设计在更高层次对北京地区的探索，以及在可持续方面的关注。

经济分析

经济分析从未接触过，但是可以从头学起，更好的为场地设计服务。

场地分析

场地分析注重内部文化与主要矛盾，对策略研究影响最大。

项目研究

可持续的设计方法

设计地块关键问题

愿景

理念／方法

- 理论
- 案例

可持续设计方法

可持续经济　可持续空间　可持续文化　可持续环境　可持续技术

BRAINSTORM+PIN-UP

小组设计当中，我们希望通过多项参与得方式进行。并且尝试整合大家得意见与想法，更好的沟通，完成设计。

发展策略

总体规划

- 方案一
- 方案二

方案评价

优化方案

设计草模建立空间感

总体规划

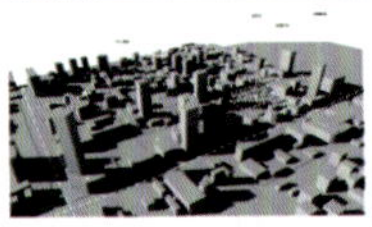

总体规划设计延续可持续的思路产生两个方案。对其进行推敲。

可持续经济　可持续空间　可持续文化　可持续环境　可持续技术

整合

规划设计

总结

反馈

可持续街区
城市设计

SUSTAINABLE BLOCK URBAN DESIGN

北京市广安产业园区概念规划及核心地块城市设计

1

- 项目背景
- 区位
- 上位规划
- 广安产业园定位

项目背景

执行部门	区规划局
总面积	200 公顷
总建设建设面积	125 公顷
广安产业园面积	
传统文化保护带	436 公顷
高端产业发展带	925 公顷
现代商贸完善带	949 公顷

项目类型	城市设计
进展	设计完毕

设计目标
- 快速远景规划和综合评价
- 保持历史遗迹和历史文化并开发新的文化价值
- 建设具有地区认同性的的混合文化聚集区
- 其他元素的涉及

区位

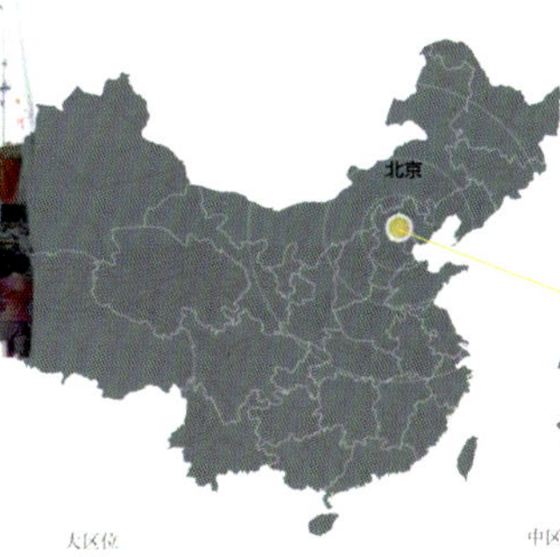

大区位

中区位

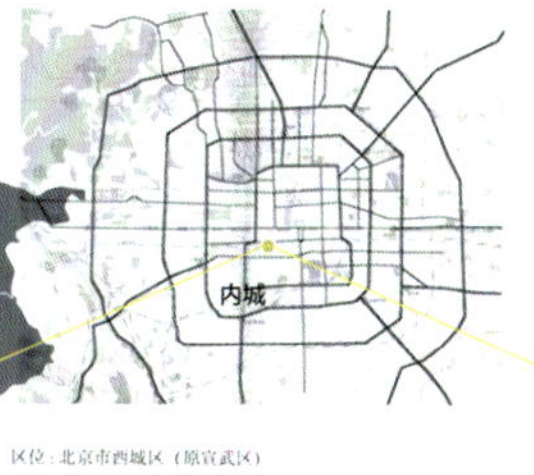

小区位

区位：北京市西城区（原宣武区）
面积：56.07公顷
区位优势
- 在城市中心区，交通便利
- 位于北京南城核心区，可促进城市南部的发展
- 文化气息浓厚，文化遗产值得保护

上位规划

1.世界城市对北京城市的发展要求

世界城市发展原则_可持续部分
- 保护开敞空间和自然环境
- 开发符合使用空间与活动中心
- 创造工作，与多种住宅选择
- 发展多样化的交通网络，高效的社区和区域活动力，经济开发机会
- 共享社区环境，信息交流技术的发展

北京世界城市发展策略_北规院提出

2020年将北京建设成为一个杰出的国际化城市，成为全球社会经济、政治、文化以及科技中心，2050年建成世界城市目标。
- 交通发展策略：利用地铁等快速交通连接城市的多样节点；增强交通发展，连接新城市与城市中心；舒适的步行系统，提供公共交通导向发展模式；实施智能交通管理措施；使用电动混合型汽车作为完整的公共交通系统的一部分；完善的拥堵费用收费管理，以提高公交导向开发的发展。
- 绿色基础设施发展策略：增强供水能力,减少水系统的传输泄露与低效；增加市政管网密度；液态垃圾处理与固体垃圾的处理；加强管理规定；较少垃圾产生量。
- 能源发展策略：提高混合能源的使用，包括电、石油、天然气和可选择能源；通过设计、技术和监管方面的改善减少在能源运输和供给中的损失；通过综合策略缩减在交通运输和建筑中的中的碳排放来减少碳排放密度。

北京区政府对可持续发展提出的要求
- 北京市规划委员会西城分局2010年工作总结及2011年工作思路：广安产业园承载着西城区未来发展的"重任"，是实现可持续发展的重要保证。
- 南城发展计划：结合文化产权交易中心的引进，广安产业园最终将形成以专利、生物医药、文化为支撑的三足鼎立权属交易集散圈，辐射引领区域产业高端化，可持续发展。
- 宣武政府工作报告：强化低碳设计理念，加快编制园区建设规划，积极推动部分地块控规调整，进一步细化确定具体性指标，有计划推进园区市政工程、城市设计、交通组织及地下空间综合利用等规编制工作。全区要建立节能减排统筹推进机制，实施燃煤锅炉改造和建筑节能改造，开展清洁生产审核和能源审计。积极倡导绿色消费，引导低碳经济发展。

2.北京与世界城市差距

交通挑战

交通系统在城市空间结构与土地利用上的应用(TOD)

公共交通的大量普及限制私家车的通行

缩短交通行的时间 交通拥堵减少

建议除小轿车以外的交通方式

北京交通发展策略

1.利用地铁等快速交通连接城市的多样节点

2.增强交通发展，连接新城市与城市中心

3.鼓励发展混合型用地，创造舒适的步行系统，提供公共交通导向发展模式

4.实施智能交通管理措施

5.使用电动混合型汽车作为完整的公共交通系统的一部分

6.完善的拥堵费用收费管理，以提高公交导向开发的发展

保存与再建水环境

水环境管理 资源保护 水的再利用 检测水环境的生态状态

提高可达性 提高水环境的多样性

水环境的管理 重要节点的设计

北京水环境发展策略

1.增加多样的水资源（雨水、中水等），并且考虑含水层的补给

2.拟定关于土地与水环境相互关系的生态系统模型

3.促进公众参与机制，以及滨水区的开发和水质监测

4.注重文化遗产的重生再利用

绿色基础设施挑战

增强供水能力 减少水系统的传输泄露与低效

增加市政管网密度 液态垃圾处理与固体垃圾的处理

加强管理 规定

较少垃圾产生量

北京绿色基础设施发展策略

1.保护二次水供应设施系统

2.提高污水处理能力，注重在城市四环和五环之间的污水回收管网建设

3.开发智能城市水流和洪水控制系统，综合优秀设计并在相应的时机监管

4.通过对水的分类、回收和重新组合，促进水资源节约

5.增强废水处理管理和处理技术的比例

绿色基础设施挑战

改变原有能源供应设施

减少co2的产生量 保证空气质量

健康环境

减少co2排放强度

北京绿色基础设施发展策略

1.提高混合能源的使用，包括电、石油、天然气和可选择能源

2.通过设计、技术和监管方面的改善减少在能源运输和供给中的损失

3.通过综合策略缩减在交通运输和建筑中的碳排放来减少碳排放密度

3.市级上位规划对设计地块的要求

a.北京城市总体规划（2004-2020）

城市性质
北京是中华人民共和国的首都，是全国的政治中心、文化中心，是世界著名古都和现代国际城市。

城市定位与目标
国家首都、国际城市、历史名城、宜居城市以建设世界城市为努力目标。

中心城职能
中心城主要承担国家政治中心、文化中心、国际交往中心、金融管理中心、教育科研中心的职能，同时具有服务全国的会展、旅游、体育、医疗、商业等功能。

北京总体规划对原宣武区的定位：
国家新闻媒体聚集地之一，宣南文化发祥地和传统商业区。

b.《促进城市南部地区加快发展行动计划》2009年

城南地区包括崇文、宣武、丰台、房山和大兴五区，总面积3367.1平方公里，占全市的20.5%；
2008年底常住人口1461.2万，占全市的27.2%；地区生产总值1400.4亿元，占全市的13.4%。

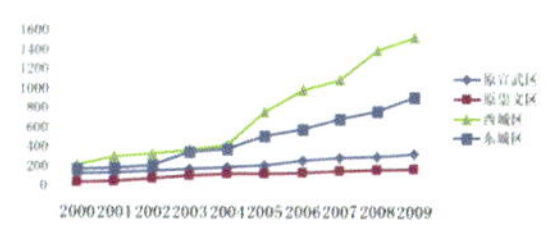

实行城南行动计划的原因：

1、促进城市南部地区的发展，改变城南发展落后的局面。
2、北京北部趋于饱和，未来发展的空间更多的在南部以及东部。
3、北京南部有广阔的发展空间，是京津冀区域合作的门户通道，发展潜力巨大。
4、南北城的协调发展问题。

西城区历年GDP产值（单位：亿元）				
	原宣武区	原崇文区	西城区	东城区
2000	107.7	22.5	195	153.6
2001	121.8	25	279	178.6
2002	134.6	60.5	310	194.7
2003	151.4	86.4	347	329.4
2004	175.8	104.5	397.6	363.7
2005	195	107.92	745	500
2006	244.7	120	962.8	565
2007	268.3	133.84	1077	673.2
2008	285.2	143.1	1373.8	751.6
2009	319.9	156	1509.5	896.6

发展思路
以科学发展观为指导，落实"人文北京、科技北京、绿色北京"的战略部署，为城市南部地区乃至首都经济社会的进一步发展奠定更加坚实的基础。产业布局构建"一轴一带多园区"的城市南部地区产业空间格局。

广安产业园区
充分发挥地处核心区、有空间、交通便利的优势，加快土地一级开发、道路基础设施和配套市政设施建设，同时参照本市支持高端功能区产业发展的政策意见，支持金融机构地区性总部、出版、传媒等企业入驻，将广安产业园区发展成新兴高端产业集聚区。

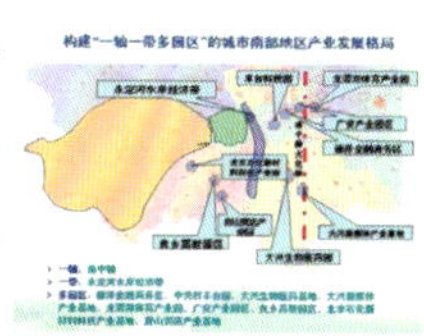

c.北京控制性详细规划（2006）及调整

控规对地块要求
依据《北京中心城控制性详细规划（2006版）》及其后期对规划性质的调整。
规划地块包括宣西，广安片两个片区。

控规调整：
1、宣西片内原规划公建用地面积为1.64公顷，居住用地面积为20.1公顷。拟减少居住，教育，市政等用地面积，增加公建用地面积，适当增加建筑规模及建筑高度。
2、宣西按总体规划及06版控规要求，实现原内城护城河水系。
3、广安片内原规划公建用地面积为6.22公顷，居住用地面积为9.19公顷。拟将地块全部用地性质调整为商业金融用地，适当提高建筑规模及建筑高度。
4、除以上用地变化外，控规改变了路网，增加了绿化面积，以符合用地性质和现代生活的转变。

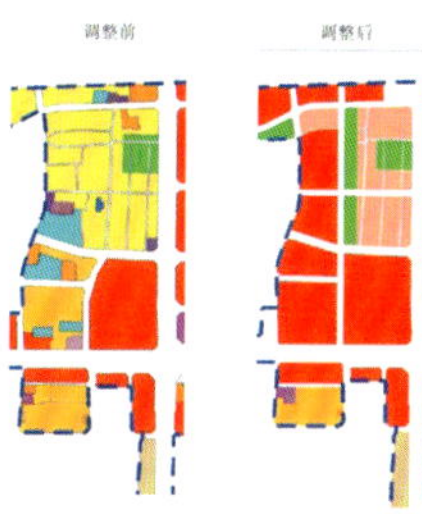

d.金融街南扩

1993年10月，北京市总体规划提出建设金融街概念。

2006年，北京市委提出金融街拓展的构想

2007年10月，北京市市长办公会讨论通过《关于对金融街区域拓展和功能完善的意见》

北京西城区"十二五"规划中，提出将适度扩大金融街拓展范围，南部的广安产业园将与金融街实现对接，形成泛金融街规划。

e.中关村科技产业园辐射区

场地借助中关村国家自主创新示范区辐射带动作用，促进产业聚集和生产要素流动，增强城南地区自主创新能力。

2010年，北京市宣武区政府将投资30亿元，吸引社会投资90亿元，加大广安产业园的建设：
一是将广安产业园纳入中关村国家自主创新示范区；
二是面向国际招投标，引进世界顶级设计机构，以世界城市建设的标准，规划建设广安产业园；
三是细化重点产业的发展内容，大力引进高端产业入住；
四是全面整合各类优惠政策，营造广安园区良好的政策环境；五是积极做好宣传推介，扩大广安产业园的知名度和影响力。

场地位置

f.传媒大道

国际传媒大道，北起宣武门，南至南二环滨河路，紧邻琉璃厂文化产业园区，是弘扬和传承宣南文化，打造产业发展承载空间，落实首都功能核心区发展定位的重要载体。总开发建设用地面积约220公顷，总建筑规模约360万平方米。
其功能定位主要是国际传媒大道将发展成为传媒产业为中心，以金融、商务、商业、娱乐、通讯等相关配套服务产业为支撑的传媒产业社区，为中外各类传媒组织、机构、集团、企业进行传媒信息、传媒产品汇集、编辑、发布、交流、展示、经营、交易提供服务。

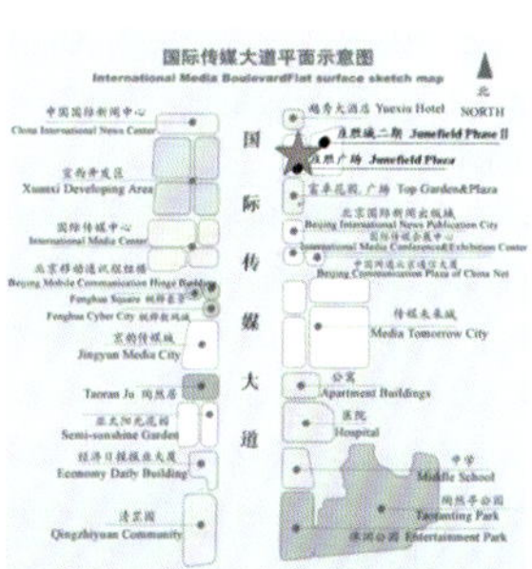

规划指导总结

编号	名称	与规划相关内容	变化
1	**北京市总体规划**（2004～2020）	北京总体规划对原宣武区的定位：国家新闻媒体聚集地之一，宣南文化发祥地和传统商业区。	北京总体规划对宣武区进行了整体定位，城南行动计划对广安产业园做出了比较具体的落实，主要形成金融机构地区性总部、出版、传媒等企业入驻的新兴高端产业集聚区。总规的新闻媒体在这里得到了落实。控规针对总体规划和城南行动计划，做出了调整，以符合广安产业园的转变。
2	城南行动计划（2009）	广安产业园区：充分发挥地处核心区、有空间、交通便利的优势，加快土地一级开发、道路基础设施和配套市政设施建设，同时参照本市支持高端功能区产业发展的政策意见，支持金融机构地区性总部、出版、传媒等企业入驻，将广安产业园区发展成新兴高端产业集聚区。	
3	**控规**（2006）**及调整**	用地性质发生了明显的改变，公建用地成为本地块的主要用地。交通等要做相关调整。	

广安产业园定位

1.融通南北的金融带

北京西城区"十二五"规划中，提出将适度扩大金融街拓展范围，南部的广安产业园将与金融街实现对接,形成泛金融街规划。

2.体现高科产业

借助中关村国家自主创新示范区辐射带动作用，促进产业聚集和生产要素流动，增强城南地区自主创新能力。

3. 发展文化创意产业

宣武区蕴涵着很多传统文化，琉璃厂、会馆文化，饮食文化、广安产业园也将文化创意产业吸纳进来，在整个北京城市发展构架上体现地方特色。

SUSTAINABLE BLOCK URBAN DESIGN

可持续街区城市设计

北京市广安产业园区概念规划及核心地块城市设计

2

广安产业园研究

人口

产业

历史文化

广安产业园研究

1.人口

人口密度

2000年，根据第五次人口普查数据，宣武区辖9个街道，总人口526132人；宣武区人口密度据全市最高，达到每平方公里28133人。高密度的人口带来交通、住房、环境、基础设施建设等一系列问题。要更多去的考虑"集约型"建设。

北京市内城四区人口密度（2005年统计）

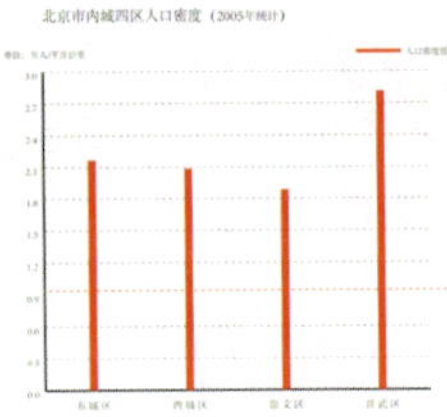

老龄化

60岁以上户籍老年人口已达到11.7万人,占总人口的21.9%。老龄化比例高，老年人的社会保障事业需要考虑纳入规划之中。

北京市内城四区60岁以上老年人口比例（2009年）

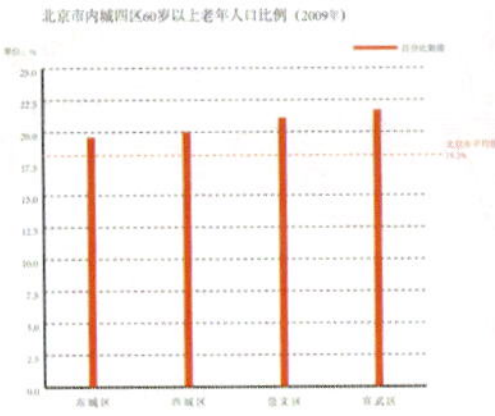

人口概况

广安门内街道辖境内户籍总数31907户，户籍人口86332人，暂住人口14114人，人口密度3.5万人/平方公里，为全市人口最密集地区之一。广内街道现有老年人口2.3万人，占户籍人口的28.75%，为全市老龄化较高地区。场地面临巨大压力，要考虑社会需求，居民的生活需求，而不仅仅是场地自身经济定位需求。

2.产业

产业比重

宣武区地区第三产业比重不断增高，但是生产总值却远远低于西城区。需要引入大型高端企业、调整宣武区经济结构。

宣武区、西城区第三产业比重（2001-2007年）

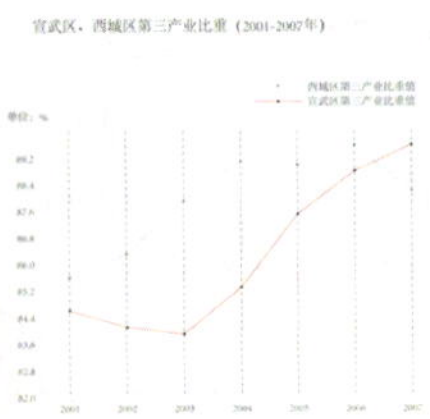

宣武区、西城区GDP总值（2000-2009年）

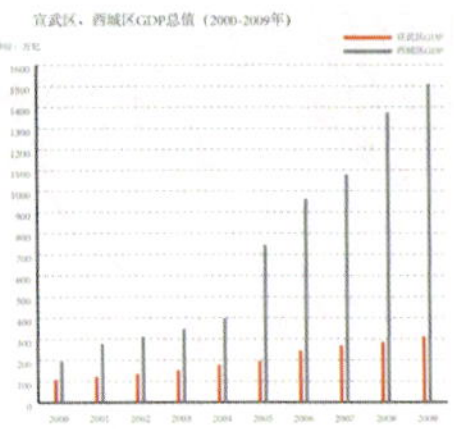

第三产业

西城区金融街建成后，金融业的资产总值有了质的飞跃，并带动房地产、零售业飞速发展，实现了服务领域的高增值化。仅金融业产值就为宣武区的5.5倍之多。

行政区	第三产业	资产总计（亿元）	百分比（%）
西城区	金融业	393642.3	92.44
	房地产业	2242.3	0.52
	批发零售业	2763.9	0.64
	其他产业	27142.4	6.4
总计	425800.9		
宣武区	金融业	7164.6	61.70
	房地产业	706.2	6.08
	批发零售业	839.3	7.23
	其他产业	2898.2	24.99
总计	11608.3		

第三产业中现代服务业逐渐成为中心区产业结构调整的主流方向，即以社会服务业为主的传统服务业比重逐渐降低,以金融保险、房地产、会展、物流等现代性的生产服务业逐渐占据了主导地位。宣武区明显传统社会服务业占很大的比重，需要加快产业结构向金融、高科技、文化创意等产业的调整。

第三产业	宣武区（人）
地质勘查业、水利管理业	40
交通运输、仓储及邮电通信业	1195
批发和零售贸易、餐饮业	5156
金融保险业	613
房地产业	726
社会服务业	3990
卫生、体育和社会福利业	968
教育、文化艺术广播电影电视业	1849
科学研究和综合技术服务业	749
国家机关、政党机关和社会团体	1749
其他行业	444

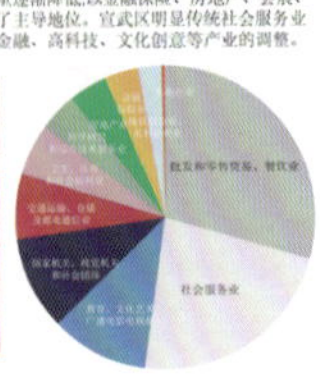

业态分布

场地周边金融、文化产业均已有了一定的发展，SOGO引领的百货零售商业也具有很强商业竞争力，但是均集中于东侧；整体缺乏娱乐及文化休闲商业开发，餐饮业也有很大发展空间；场地内部整体业态与周边相差很远，无大面积改造利用的可能。

场地内部商业属于自发性质，基本为个体经营，以日常用品及副食品为主，效益低，无序。但是具有灵活性及生活的味道。同时其沿街聚集因为建筑历史功能延续或是位置方便（横街）。如果现有道路能够保留，望功能能够得以延续。

商业地产

写字楼	环球财讯中心(2008.6)	租金：6-10元/天/平方米 出售：100000-150000元/平方米
	宣武门大厦(2007.7)	租金：4.7元/天/平方米
	翔达大厦(2010.2)	租金：3.8元/天/平方米
商品房	四合上院(2011.5)	开盘均价：40500元/平方米
	富卓花园广场(2004.8)	开盘均价：8500元/平方米　二手房：48000元/平方米
	枫桦豪景(2002.11)	开盘均价：8200元/平方米　二手房：40800元/平方米
机关宿舍	康乐里小区(2002.6)	二手房：41400元/平方米（中国人民银行总行宿舍）
主要酒店	北京贵都大酒店（5星）	行政间498元/天　豪华间786元/天　套间1318元/天
	海格国际酒店（4星）	标准间388元/天　豪华间438元/天
	汉庭快捷酒店	双床房329元/天　水床房449元/天
	如家快捷酒店	标准双人房299元/天　超豪标准房309元/天
	速8快捷酒店	经济房199元/天　商务房249元/天
旧城	旧城合院	租金：1000-1200/月 均价：50000元/平方米（两年内必拆完）

场地周边房地产发达，整体远高于宣武区平均，已超到西城区平均水平，新开发的四合上院地产具有一定的文化意蕴。写字楼盘则级别差距较大。

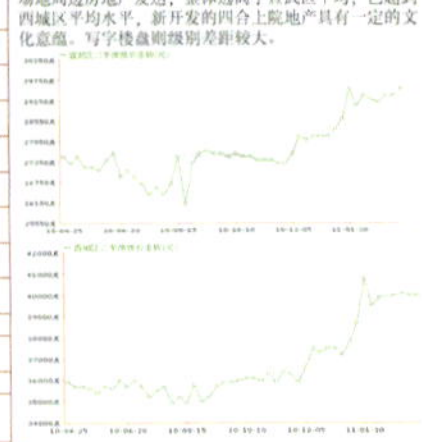

经济案例研究（容积率计算）

总建设用地：56.07ha　　建筑密度：45%（25.2315ha）　　设容积率为r，总建筑面积560700rm2

开发成本（M）									
置地费用（参考朝阳CBD 19524RMB/m²；丽泽金融商务区的两地块成交，楼面价均超过16000RMB；北京市菜市口路的东南角商业配套收购20000RMB/m²）楼面价20000RMB/m²	拆迁补偿（参考基础计算补偿为8600RMB/m²；目前公示补偿为20600RMB/m²；拆迁地块内子房价格为50000RMB/m²）补偿均价为45000RMB/m² 拆迁面积为56.07ha*45%=28.035ha	前期工程 规划设计费3%U 可行性研究费2%U 地质勘绘费0.5%U "三通一平"40RMB/m²	建筑安装工程费（U）（参考包含结构1000-1500RMB/m² 装修800-1000RMB/m² 设备1200-2000RMB/m²）3000RMB/m²	基础设施费（参考一般为建安费的2~10%）考虑此地基础设施条件按8%	公共设施费（停车场1200RMB/m² 变电站500RMB/m²等一般占建安费0.5~3%）	开发间接费（员工工资、福利费、业务招待费、工会经费、职工教育经费、广告费、办公费、展览费及其他费用一般销售收入的3.5%—4.5%）	开发期间税费（包含配套设施建设费>2万m²为建安费5.5%，工程质量监督费为建安费0.4%，供水供电补偿等其他税费0.5~1%估算）	不可预见费（一般为前五项之和5的3~5%）	贷款利息（开发年限：20年 工商银行贷款利率：5年以上6.80）
20000×560700r	126.15亿	0.055U+2242.8万	3000×560700r	0.08U	0.02U	0.035n	0.065U	0.055	--

项目价值(N)	
出售价格（n）（参考环球财讯中心整层售价38000元/平方米）考虑房价波动预计40000 RMB/m²	税费（包含营业税附加、土地增值税等，一般为销售收入6%）
40000*560700r	0.06n

项目利润（m）
m=20%M

计算公式：M=N-m　　　计算结果：r=6.3

3.历史文化

宣南区位演进

宣南地区历经了数个朝代，见证了城市的变迁，保留至今的历史遗迹众多，积累了深厚的文化底蕴。

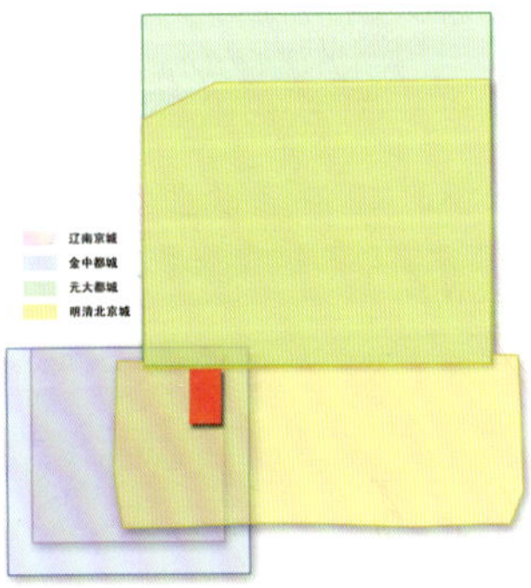

北京25片历史文化保护区分布

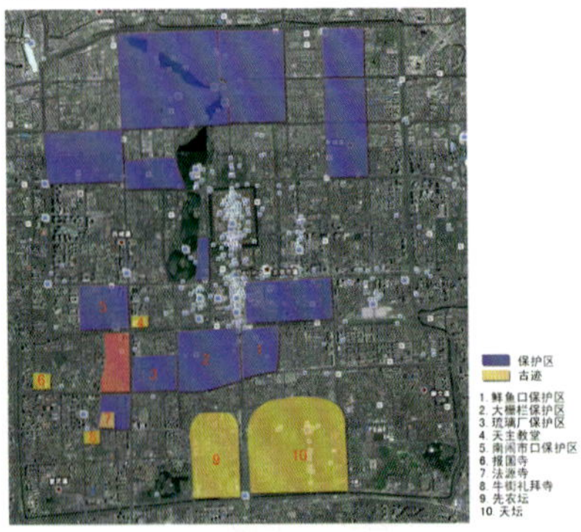

文化特征提炼

宣南位于北京宣武地区，自古以来经历了两千年前战国的蓟州、一千年前唐幽州、辽南京、金中都数个朝代，开始了北京建城定都的历史，同时积累了浓厚的文化底蕴。

宣南文化是指宣南的地域文化,形成、发展于明代至民国，以士人文化、平民文化为主体的丰富多彩、独具特色的小地域文化，是北京文化的重要组成部分。

士人会馆文化：清朝满汉分城居住，来京人员集中于外城，多以进京赶考的士人为主。文人士官的聚集形成了文化中心，宣南成为京城的文学文化中心。

寺庙宗教文化：周边以始建于唐的法源寺和清真寺为主，寺庙以及众多，宗教文化氛围浓厚。

商业文化：广安门内大街自辽以来便是商业中心。清朝内城河道淤积，商业中心由城北转至城南前门，由其辐射形成了外城的诸多集市，众多老字号保留至今。

市井文化：位于外城的宣南是城市平民居住地，中下层百姓与其所处环境共同造就了京城的平民市井文化。

肌理沿革

明万历至崇祯年间
1573-1644年

场地空间：
嘉靖年间加筑外城

重要建筑物：
增寿寺
广惠寺
玉虚观
惜薪司南厂

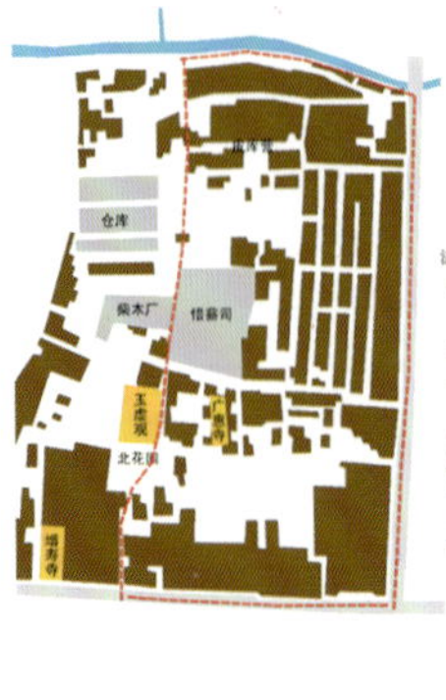

清乾隆十五年
1750年

场地空间：
无明显变化

重要建筑物：
增寿寺
广惠寺
玉虚观
惜薪司

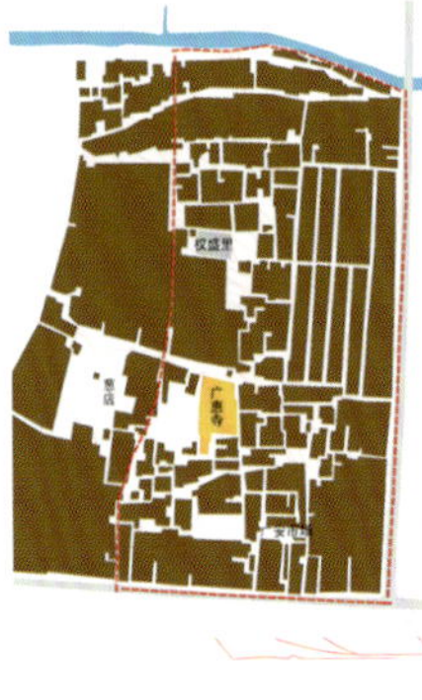

民国三十六年
1947年

场地空间：
南部居住建筑渐密集
北部空场被建筑填满

重要建筑物：
广惠寺
广安市场
权盛里

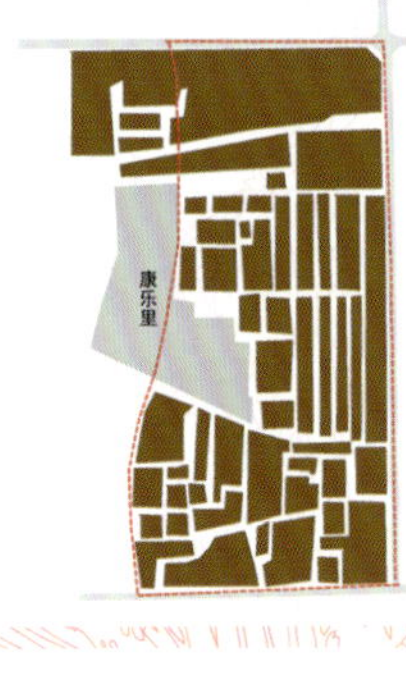

20世纪80年代

场地空间：
60年代，护城河成"盖板河"，修筑宣武门西大街。70年代，修建地铁

重要建筑物：
康乐里小区

可持续街区城市设计

SUSTAINABLE BLOCK URBAN DESIGN

北京市广安产业园区概念规划及核心地块城市设计

3

现状用地

广安产业园研究周边地区定位

案例研究

广安产业园研究

4. 现状用地

肌理空间

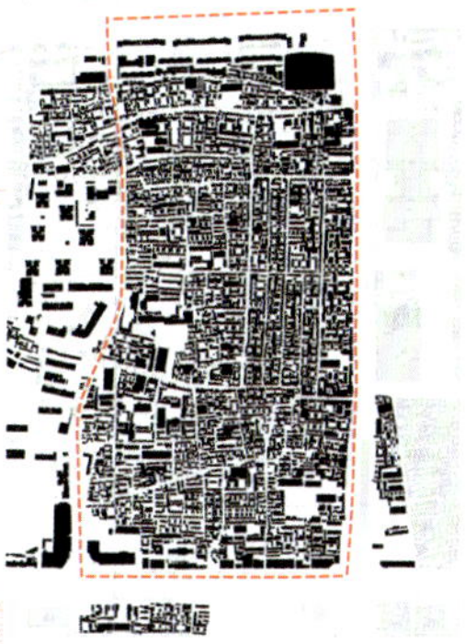

道路多为自发形成，居住建筑肌理不甚规整：北部受过去护城河影响呈曲线形，建筑顺应道路而建；东部肌理较为整齐，多为一进院或两进院；南部建筑肌理多为顺应道路因地势而建的院落，较为凌乱；红线外部肌理有些保存较好，但缺乏连续性。

用地性质

场地内以居住用地为主，商业多集中于宣外大街和广内大街两侧。区内商业集中在主要街巷中有少量办公和文娱用地，配套设施有待完善。

建筑高度

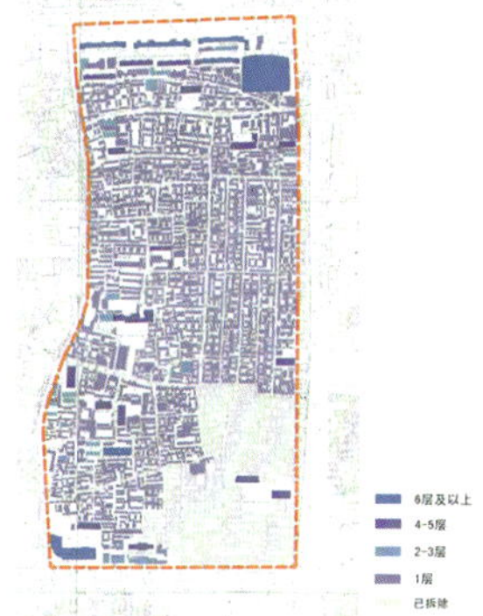

地块内多低矮建筑高度多为4m以下（一层），街道与建筑高度比为1：1.2—1：2之间；周边建筑高层建筑多在路口，适合作为混合功能用途。

建筑质量

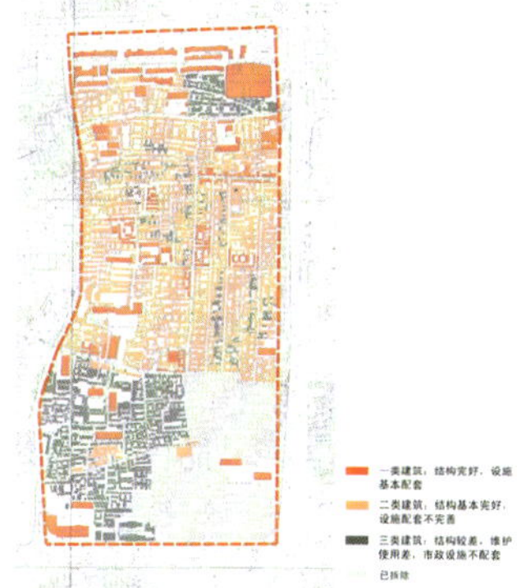

地块内房屋多为民居，建筑结构尚为完好；建筑寿命在百年以上居多，建筑内部缺乏修缮，居住空间狭小、条件简陋；南部地区已多处拆除。

公共空间

区域内部公共空间较少；建筑间的角落空间均被停车位或小贩占据，凹凸肌理均被私搭乱建将胡同占据；空间少，人们无法利用胡同内部空间。

内部交通

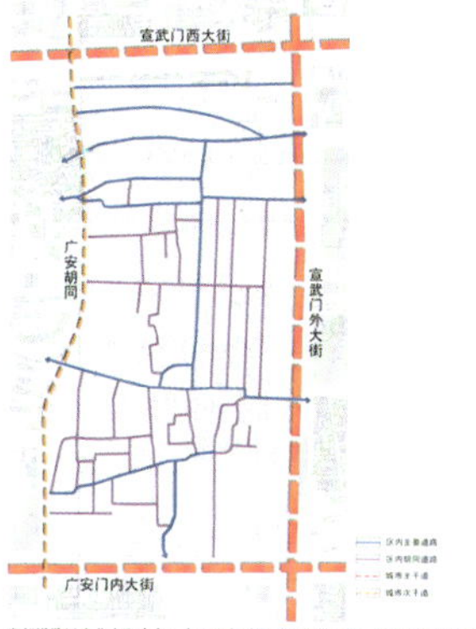

内部道路以南北走向为主；东西走向道路顺应建筑肌理，连接地块东西向交通；北部及东部道路较为规整。

地面公共交通

公交站分布较合理；公交线路多条，通往城市各个方向；过街天桥2处，不便换乘系统的建设；距地铁站点较远（超过100m），衔接不够建筑多在路口，适合作为混合功能用途。

区域轨道交通

地块向北有2号线地铁，贯通南北的4号线已经开通运营，乘坐4号线由场地到达北京南站、北京北站（西直门）十分便捷，同时也连接场地与西单、复兴门金融商业圈，还有在建的7号线地铁，将连接起北京西客站；而宣武门、菜市口均为换乘车站；服务半径合理，完全覆盖地块。

5. 周边地块区域

上位规划定位：金融传媒创意聚集区

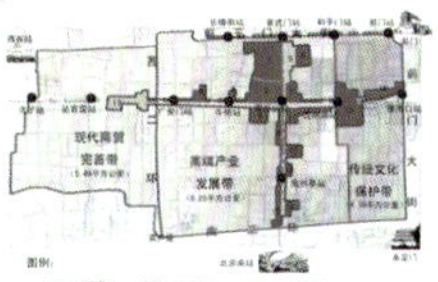

场地内最完整的地块，是最核心的地区，因此功能上应当引领整个产业园，扶至南城的发展。

文保11%

居住27%

传媒6%

金融26%

地块编号	现状用地性质	现状用地问题	地块定位
1&2	居住为主，有三处教育用地，南部沿街布置商业用地	1.现状市政设施用地、基础教育用地、文化娱乐用地、医疗卫生用地、行政办公用地是否保留 2.多处文物古迹，应当妥善处理 3.二环内限高不得破坏	定位为商业金融用地，减少居住、教育、市政等用地面积，增加公建用地和绿地面积，适当提高建筑规模及建筑高度
4	居住用地	1.地块左侧为报国寺，需考虑文物古迹周边风貌，保留缓冲带 2.现状环境差，需改善居住条件和自然环境	定位为居住用地，建筑密度和建筑体量适当缩小
5&6	居住用地	二环内建筑限高80m	定位为商业金融用地，庄胜崇光二期
7	居住用地和闲置地	二环内建筑限高80m	定位为行政办公用地，新闻出版总署及新闻产业中心
8	北部为共建用地，南部为居住用地	1.地块内部居住环境较差 2.位于法源寺北部，注意限高和历史风貌的保护，做到周边环境的协调	定位为保护区外的居住用地，结合地块内保护现状进行规划
9	文物保护区用地	1.临街地块，适当开发 2.位于法源寺保护区东侧，应注意建筑体量和高度	定位为文物保护区用地，适当小规模商业开发
11	居住用地	二环内建筑限高80m	定位为商业金融用地用地，增加地块内公建用地和绿地面积
15	珠市口西大街南侧为居住、商业金融、市政用地等综合用地，珠市口西大街北侧为大栅栏保护区内居住用地	1.保护区内部及周围的风貌保护 2.珠市口西大街南侧现状用地的调整，建筑体量及限高问题	珠市口西大街北侧定位为保护区用地，珠市口西大街南侧定位为商业、居住、公建、市政混合用地，适当提高建筑规模
16	居住用地和闲置地	1.保护区内部及周围的风貌保护 2. 建筑体量及限高问题	定位为商业金融用地，做小型商业开发，适当提高建筑规模，注意建筑限高和传统风貌的延续

功能规划图

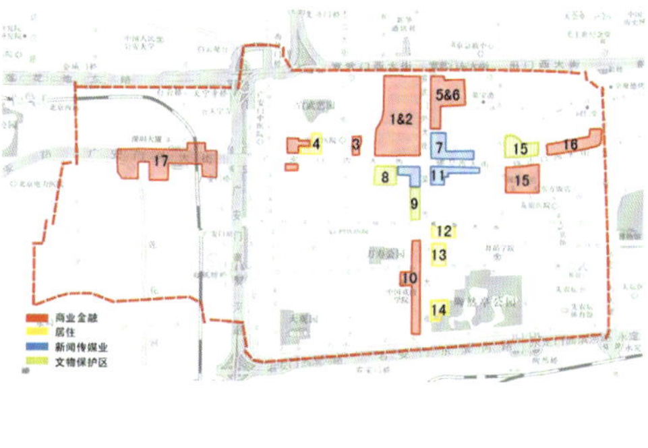

案例研究

英国纽卡斯尔格兰吉尔历史老城保护与复兴　Conservation & Regeneration of Grainger Town Newcastle Upon Tyne, UK

案例选取依据

尊重场地历史，旧有设施再利用获得新生，复合型商业开发。

案例特点

老城区商业中心开发

典型零售商业开发

纽卡斯尔概况

- 英国第六大都市区"泰恩河都市区"（Tyneside Conurbation）中心城市，总人口约90万。
- 英国传统重工业城市之一，曾为英国东北部煤炭、海运、造船业中心。
- 二十世纪七十年代至八十年代经历了产业转型，传统工业衰败，文化、艺术、旅游、教育等现代服务业兴起。
- 目前为英国著名的文化艺术中心城市之一。
- 列入保护名目的建筑有2000座，并有11个老城保护区，其中包括格兰吉尔。

格兰吉尔老城区为欧洲城市复兴的典范

整个复兴计划包括老城区的全面复兴；环境改善；商业开发；住宅；艺术、文化和旅游；公共事业；私人企业合作特点；景观领导力；遗产保护复兴；整体规划与愿景；目标明确与超越

格兰吉尔老城区概况

- 纽卡斯尔中心城区，占地约36公顷，成型于十九世纪中叶。
- 区内共约450幢建筑，包含住宅、办公、商业零售、休闲娱乐等多种功能。
- 40%的建筑具有特殊的建筑或历史价值，其中12.5%被"英国遗产委员会"（English Heritage）认定为I级保护建筑（最高级别），包括一座十三世纪教堂，20%为II级保护建筑。

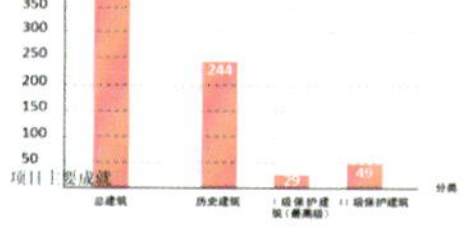

项目主要成就

	目标利润	实际利润
工作岗位数量	1,900	2,300
人工培训时间	5,400	5,100
新商务开发	200	330
底商空间使用面积	74K sq.m	81K sq.m
新住宅使用数量	520	570
建筑再利用数量	70	120
公共投资金额	59.5million(EURO)	67million(EURO)
私人投资金额	199million(EURO)	288million(EURO)

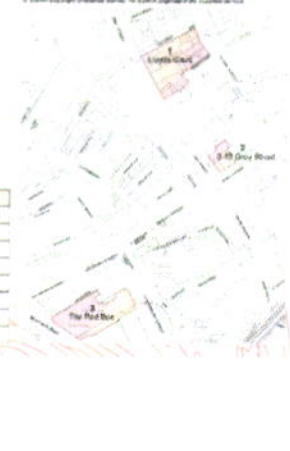

格兰吉尔历史老城保护与复兴项目简介

项目愿景

使该区域重新成为充满活力和具有竞争力的城市中心区域。

区域功能定位

集休闲、文化艺术及商业为一体的，具有特色的混合功能区域。

项目实施目标

1) 环境品质提升：
改善区内公共空间的品质，缓解交通拥堵状况，为吸引投资创造良好条件。
2) 引进商业开发并促进区内企业发展：
推广业已存在的商业项目并吸引新投资。
3) 非住宅项目物业开发：
功能置换，将历史建筑重新整修后转为适合办公、文化艺术及休闲功能的物业。
4) 创造就业机会：
为区内居民提供就业培训以提升他们的就业能力。
5) 艺术、文化及旅游：
将该区域作为一个艺术、文化及旅游中心向市场推广，如举行特色节庆活动等。
6) 管理、市场营销及推广：促进该区域管理及市场营销的整合。

格兰吉尔历史老城保护与复兴配合措施

- 拓展格兰吉尔的核心零售区域；
- 着重在格兰吉尔空置率最高的西部地区开发住宅；
- 强化格兰吉尔中心区域的办公功能；
- 在格兰吉尔历史建筑集中的街区开辟一条"休闲及文化走廊"；
- 推广公共交通的使用，特别是在主要的交通节点及著名的文化、艺术设施周边，从而增加区域内的人流，提升人气；
- 提升建筑之间的城市空间的质量，以达到加强整个区域内建筑之间的联系的作用，并以此吸引游客。

可持续街区城市设计

SUSTAINABLE BLOCK URBAN DESIGN

北京市广安产业园区概念规划及核心地块城市设计

4

- 愿景/理念
- 可持续研究方法
- 可持续设计方法
- 总体规划
- 方案评价

愿景

1. 达成北京市世界城市的可持续发展目标，成为城市商务区的新地标
2. 建立可持续的经济模式，形成高效产业经济，高科技智能技术应用，与国际接轨
3. 创建高密度的现代化创意商务街区，发展新文化，并传承体现南城特色的士人文化
4. 创造高品质的商务办公环境,尽可能利用场地原有资源，促使和激发人与人的交流，建立人性化的尺度
5.设计体现高效、低碳的生活理念，在技术上得到创新

设计地块关键问题：
- 低效慢节奏胡同生活，经济价值低下
- 低容积率传统建筑，不能够适应场地高强度开发
- 新商务文化寻求发展，士人会馆文化亟待传承
- 场地内商务环境的创造，如何有效利用原环境资源
- 落后的配套服务设施与创造节约型城市空间之间的矛盾

理念

在世界城市与“三个北京”的发展契机下，设计将迎合场地特殊环境，将可持续作为引领这项设计的主题。

可持续研究方法

1.先进理论

生态城：生态城（Eco-City）或称作永续性都市（Sustainable city）或生态城市（ecopolis）是一种趋向尽可能降低对于能源、水或是食物等必需品的需求量，也尽可能降低废热、二氧化碳、甲烷与废水的排放的城市。（技术）

紧凑城市：紧凑城市是有效地控制城市蔓延，实现城市可持续发展的空间策略。
1. 高密度的城市开发（空间）
2. 混合的土地利用（经济）
3. 分散化的集中
4. 优先发展公共交通（空间）

新都市主义：修复大城市区域现存的市镇中心，恢复强化其核心作用；整合重构松散的郊区使之成为真正的邻里社区及多样化的社区；保护自然生态环境（环境）珍存建筑遗产（文化）

TOD (Transit-oriented development)：以公共交通为导向的开发（transit-oriented development，TOD）是规划一个居民或者商业区时，使公共交通的使用最大化的一种非汽车化的规划设计方式。（空间）

2.通用Leed标准可持续指标

指标类型	指标名称	指标要求	选取依据
土地混合使用	容积率	居住区>1	保证开发紧凑性，节约土地资源，LEED
	居住区距离	50%的居住用地位于混合使用区1km以内	减少交通出行量，LEED标准
交通方式	路网密度	每平方公里>5公里	LEED标准
	自行车车道比例	>20%	鼓励非机动出行方式，LEED标准
	公交站点位置	每块居住用地500米范围内	鼓励公共交通方式，LEED/GB 50378-2006
	停车面积	<总面积的20%	限制私家车使用，LEED标准
开放空间	公共空间面积	每1000名居民占有1.25公顷	LEED标准
	开放空间可达性	90%的居住用地在250米范围内享有一个开放空间	LEED标准
绿色建筑	建筑朝向	>75%的建筑南北向	LEED标准

可持续设计方法

由以上我们总结出针对地块的可持续设计方法，分为五个方面：

- 可持续的经济：高效的生产；就业／安置
- 可持续的空间：街区尺度；交通可达性
- 可持续的环境：最大化利用场地内外环境资源；环境可达性／绿地率
- 可持续的文化：商务文化创造；创意文化创造；会馆士人文化的传承
- 可持续的技术：太阳能；照明；智能交通路线；垃圾处理

总体规划

方案一　　方案二

结构分析

产业对位。

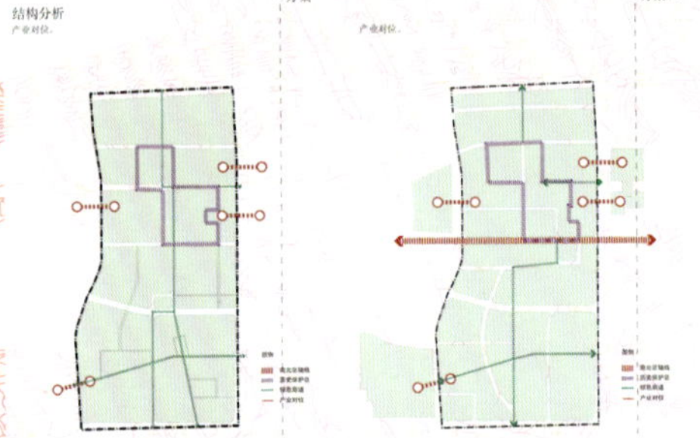

开发强度

开发强度南区高于北区。

南区明显高于北区，开发强的地块包围保护区。

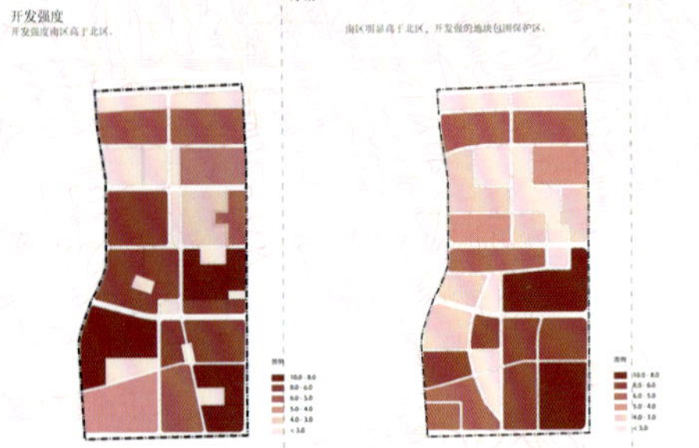

设计元素叠加

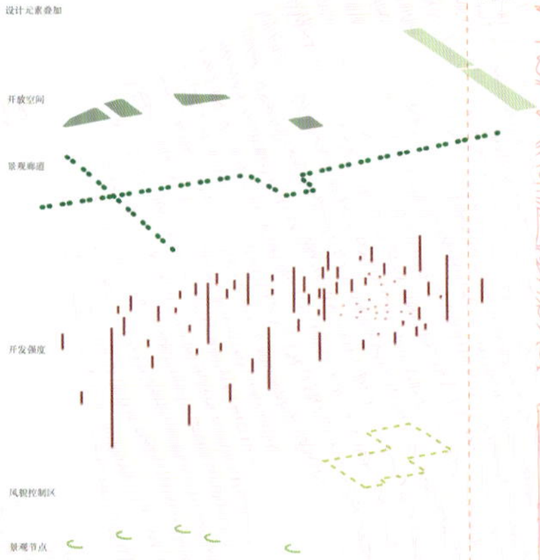

土地利用

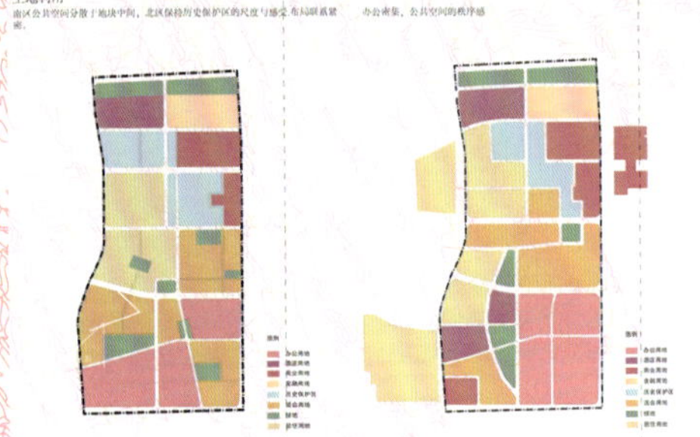

建筑高度

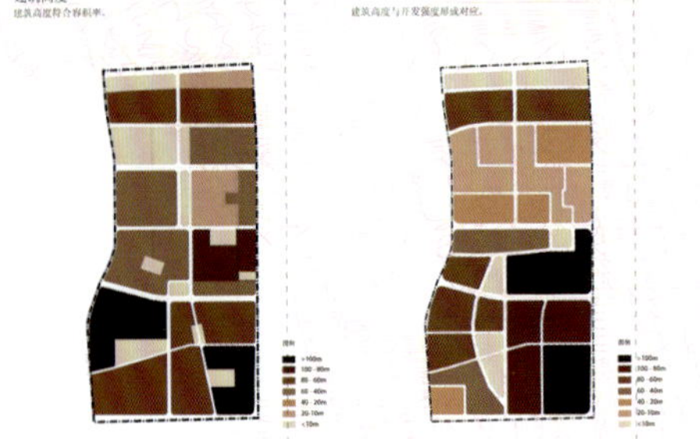

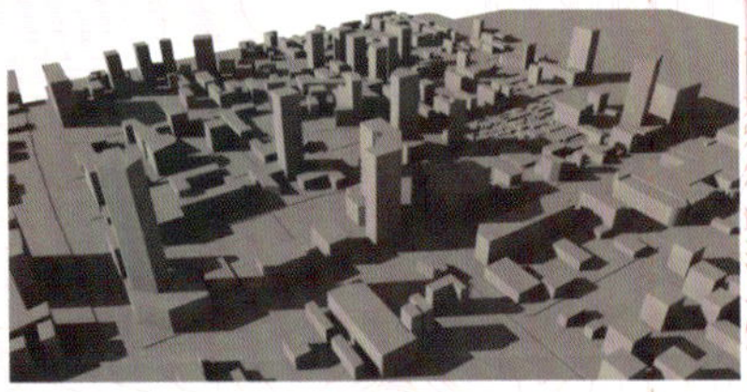

交通分析

鸟瞰图

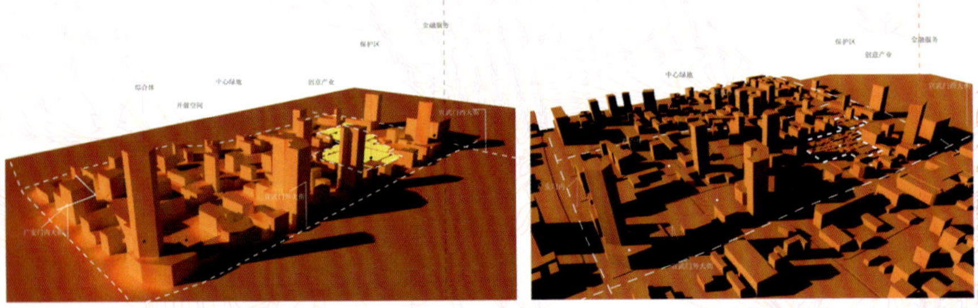

景观分析

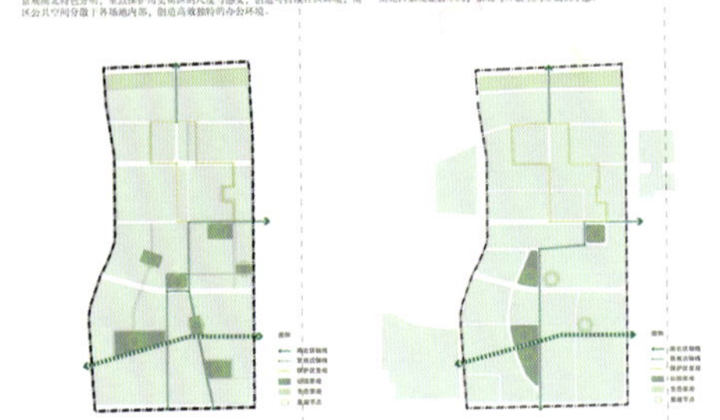

方案评价

方案指标

	方案一	方案二
提供就业率（%）	38%	47%
功能多样性	基准	基准
可达性与交通（200m）	优	优
街区尺度划分（100×100m）	10×20m－150×200m	60×70m－90×150m
士人文化传承	基准	基准
环境连续性	基准	更优
人均公园面积m×m	基准	优
当地服务覆盖率（200m）	基准	基准
第一阶段综合	基准	优

方案比较

方案一	方案二
功能：保护区面积较大，与周边得影响没有考虑	功能：就业率稍高，功能性建筑比例稍多
街道尺度：由控规微调，因此在道路上没有太多考虑，有些形成了10m×150m街区块，不好利用	街道尺度：较合适，须进一步推敲
景观：景观较为分散，利于商务人士的沟通，但土地节约性较差，不宜产生高效经济	景观：具有良好的连续性，可达性较高，集中＋分散绿地结合，土地节约性较好

结论：
由控规延伸的设计没有再设计的方案可持续性能高，因此选择方案二进行优化。

北京市广安产业园区概念规划及核心地块城市设计

5

总平面

总平面图

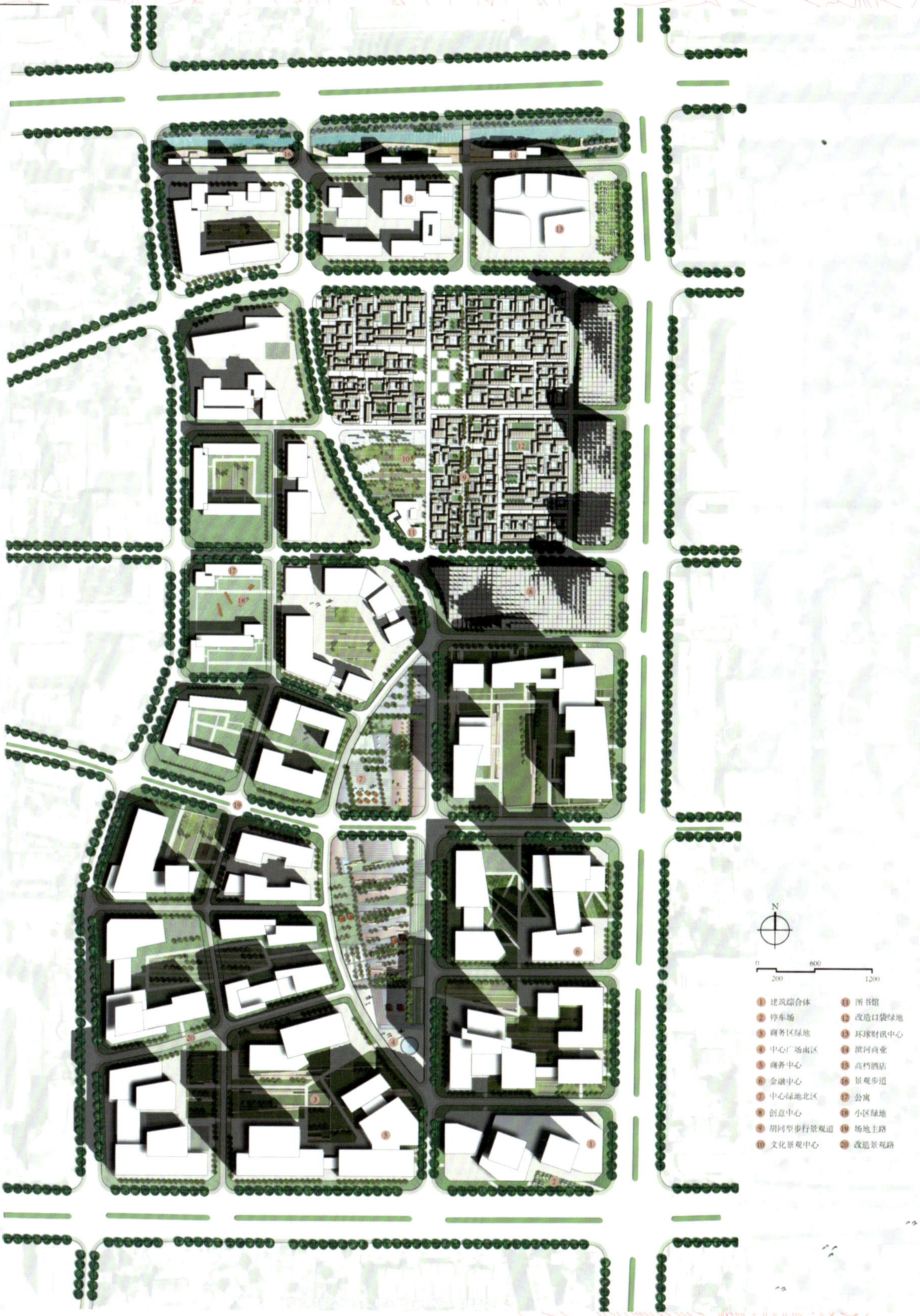

SUSTAINABLE BLOCK URBAN DESIGN

可持续街区城市设计

北京市广安产业园区概念规划及核心地块城市设计

6

- 可持续的经济设计导则
- 经济优化方案

可持续的经济设计导则

1. 高效的生产

高效的生产——开发产业类型多样、产业聚集

产业聚集——混合开发（MIX）：指某种兼容性土地和空间的混合状态

建筑立体功能混合

布局平面功能混合示意

混合开发特征&优势：

美国城市土地协会（urban land institute）对混合功能开发给出了三种特征：

1 三种或三种以上的重要的、能创造税收的使用功能（零售、娱乐、办公、酒店、市民休闲等）
2 项目中各构成部分在形态和功能上保持完整性（结果是相当密度较高、高强度的土地使用）

混合开发的结果，是能够使城市中心提升区域内的活力和多样性，居住、工作以及其他内容的功能在时间和空间上紧密结合。并且通过多个学者黄毅（2008），MVRDV(1998)，以及eric hoppenbrouwer和eric louwe(2005)构建混合功能街区模型，及阿姆斯特丹东港区混合街区模式对居住就业平衡情况实证，越小尺度街区越容易达到就业人口比例的平衡。（100m×100m）

因此，我们将建立混合的空间与用地布局进行高强度的开发，并期望能够达到较为稳定的就业与居住比例。

2. 就业/安置

- 核心地块拆迁人口估算
- 产业园回迁安置
- 地块居住人口预测
- 地块人口就业预测
- 就业分配

优化设计

1. 土地利用

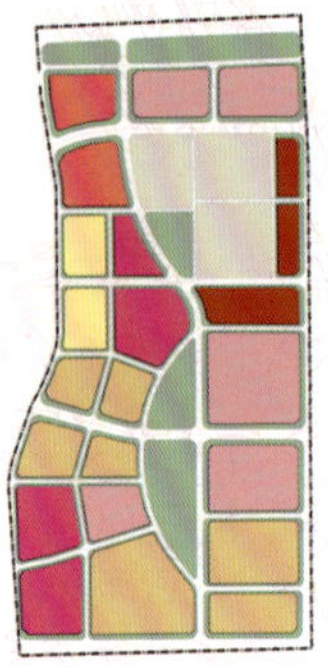

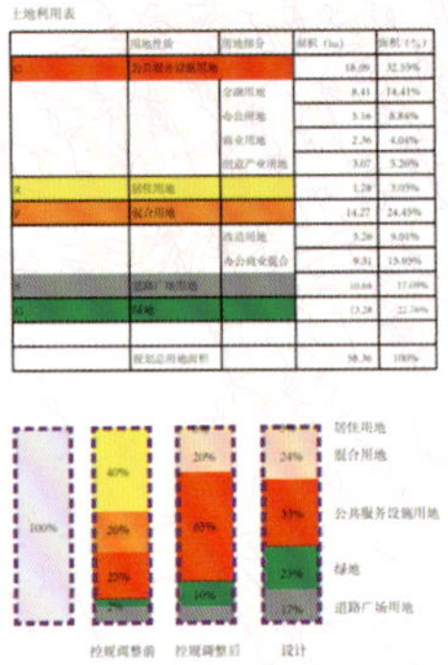

2. 功能分区

复合商务区的功能叠加

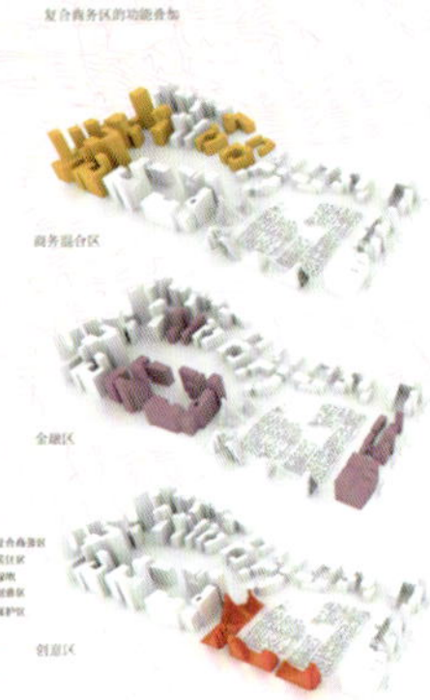

1.保护区与绿地相连，在开发中形成保护的“低谷”，绿地贯穿形成序列

2.居住区与场地外的空间产生对应，共享街道、商业与环境

3.商务区将场地包围，大面积混合开发

空间混合

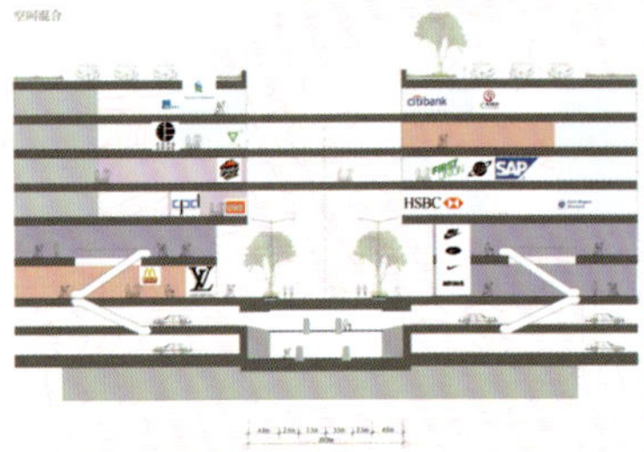

3.容积率

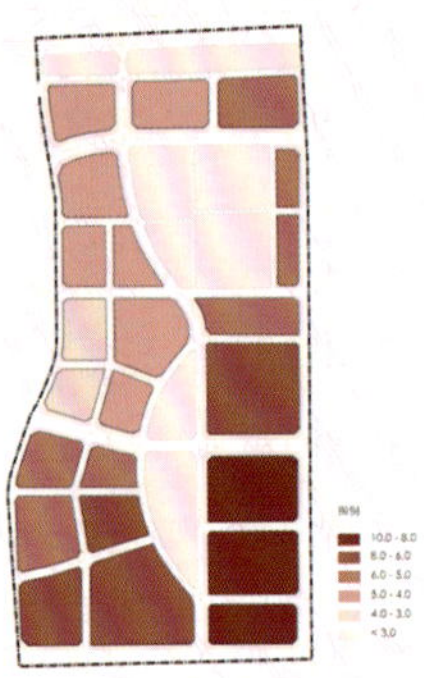

4.高度控制

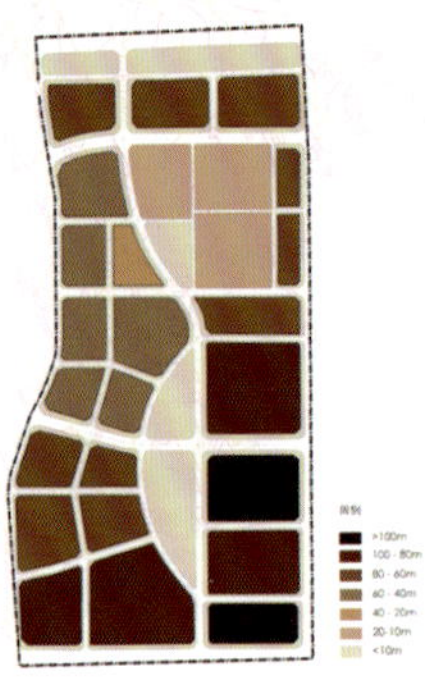

5.混合开发功能示意图

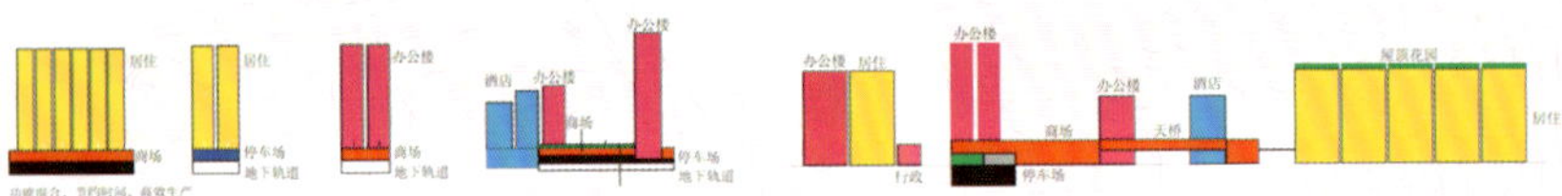

6.建筑高度比较

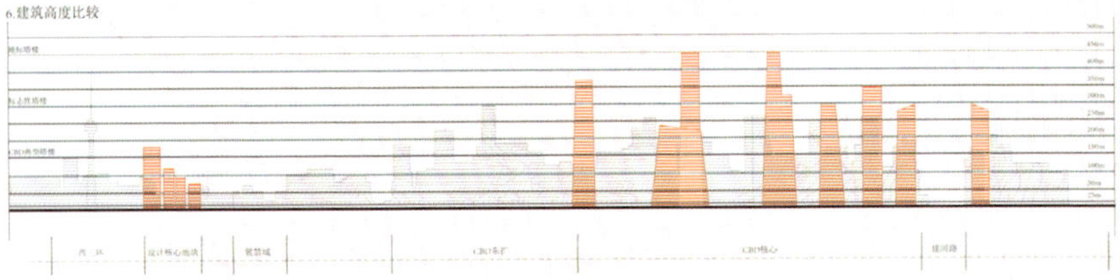

北京中心的开发带来更高质量的标志性建筑，相对于北京旧城和CBD的开发，场地建筑高度设定做比较。

7.地块控制指标

8.人口安置/预测

拆迁安置

核心地块拆迁人口估算：

拆迁面积（26ha）×人口密度（200person/ha）=5200person

产业园回迁安置：

回迁安置面积（2.2+2.4+1.7ha）×人口密度（280person/ha）=1700person

转移安置：3500person（主要为大兴）

地块居住人口预测

区域内的居住性建筑分两类：

一是豪华公寓，供家庭使用，居住者为本地居民，每户建筑面积约120平方米，每户按3人计；目前规划范围内预计规划有居住建筑面积26.5000平方米，提供居住人口约6,300-7,000人左右；

另一类是酒店式公寓（SOHO），供本地常驻商务人士使用，按照每户建筑面积100平方米（含公共部分和服务面积），每户2人计；预计建设酒店式公寓73,000平方米，约拥有750个标准单位，提供居住人口1，500-2，300人左右。

9.就业方式

每种人群都能找到自己适合的就业方式

CBD白领的早餐选择——街饼为早点

根据国内外大多数CBD测算就业岗位的经验，一般平均每就业岗位28平方米/人，本地块容积率为6.3，总面积约为206万平方米，可以提供就业岗位约为80，000个。

就业方式：

行业类型	就业人数	居住民从事职业（文化水平较低）	外来人口从事职业（高学历人才、技之长）
综合办公、金融业	38，000	保洁服务、植物养护、安保工作等	商务办公
旅馆、酒店服务业	3，000	客房服务、安保工作等	酒店经营管理
商业、零售业	11，000	商品销售、仓库管理、卫生保洁等	商场行政、管理等
文化创意产业、文化保护	10，000（含保护区约1，300）	保洁服务、植物养护、安保工作、餐饮服务员等	现代文化创意从业、传统文化从业、饮食文化从业等
产业园区市政服务	约200-300（包含景观保护区）	园林绿化、市政维护管理、环卫等	高新技术操作、维护人员等

10.就业/居住比例

就业与居住平衡的目的在于提升街区的就业程度，体现城市的稳定性与安全性

一般居住区域的就业/居住比例较小，证明在相同的辐射半径下，就业区域稳定

本场地的功能为金融商业等，因此就业能力/居住比例只能与其他相似功能区相比较

本场地就业/居住比例为8/1（8万/1万）

相对旧金山比例为10/1（150万/15万）

拉德芳斯比例为8/1（16万/2万）

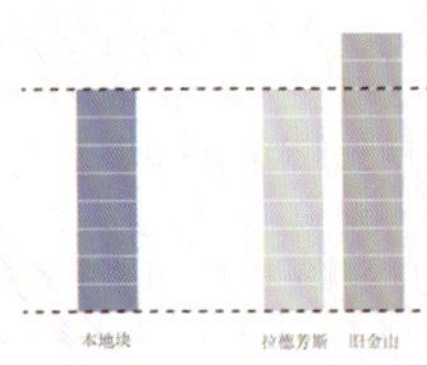

12.东立面效果图

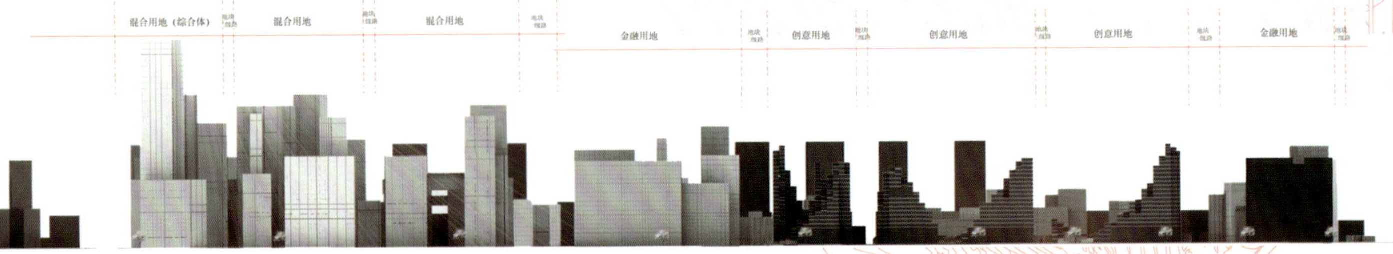

可持续街区城市设计

SUSTAINABLE BLOCK URBAN DESIGN

北京市广安产业园区概念规划及核心地块城市设计

7

可持续的空间设计导则

空间优化方案

可持续的空间设计导则

1.街区尺度

A.存在问题：地块划分尺度过大

B.尺度依据

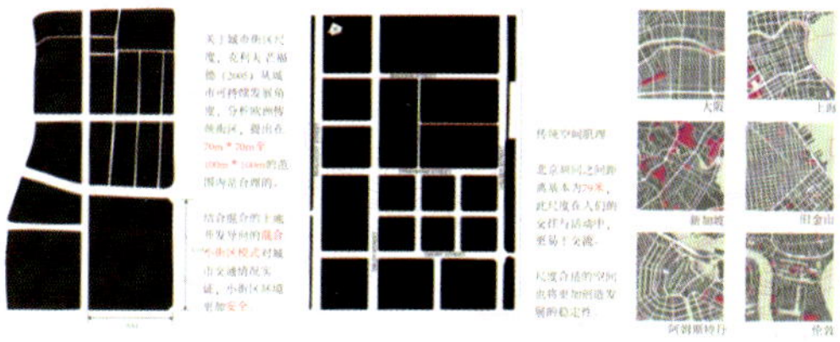

2.交通可达性

存在问题：道路可达性差

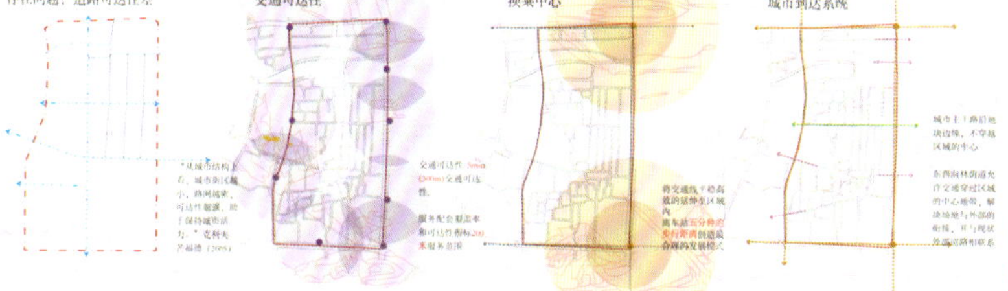

优化设计

1.道路系统规划

2.道路断面

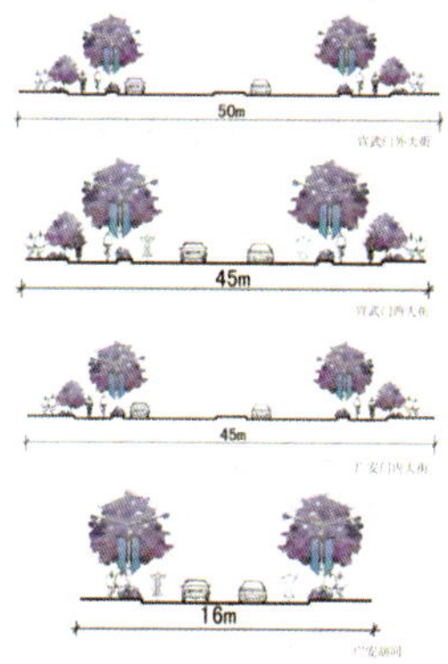

3.街区尺度分析

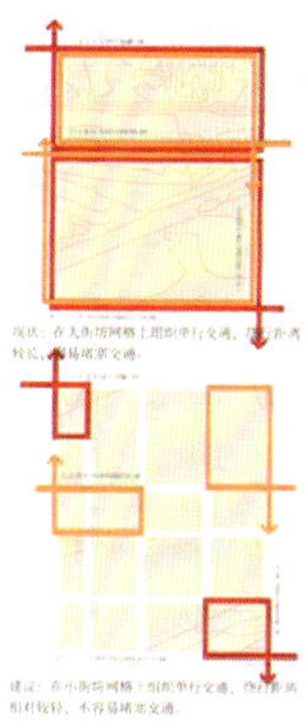

地块尺寸平均值：110m×123m

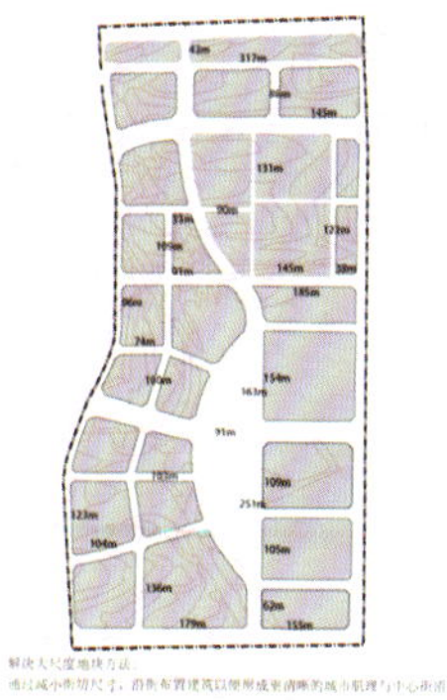

4.交通可达性

辐射半径200m（2分钟步行），最小辐射半径已能够很好的服务场地。

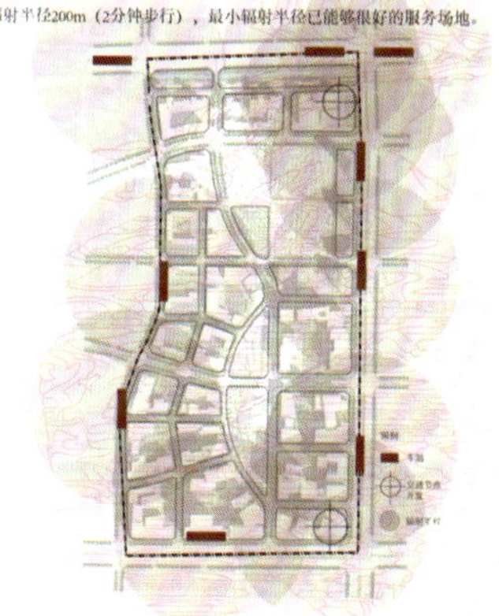

5.道路区域联系

6.主要街道

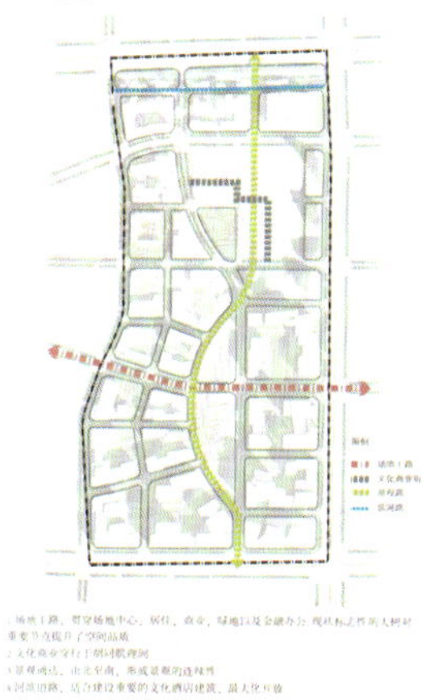

9.场地主路改造

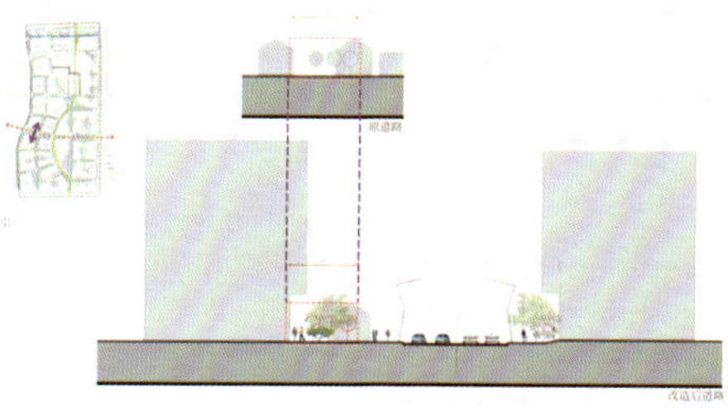

10.场地旧城改造区道路改造

11.场地滨河景观路改造

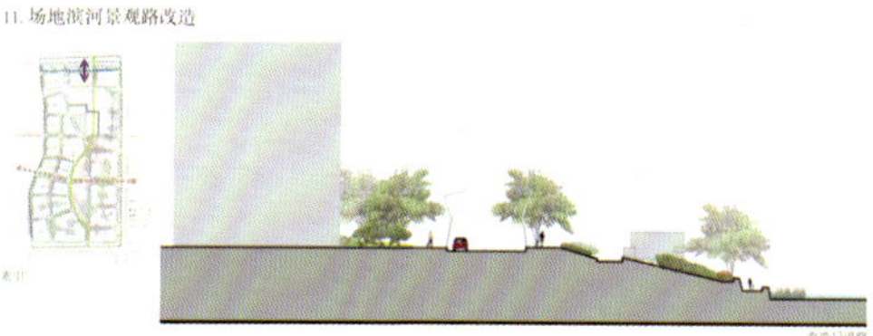

12.次干路改造

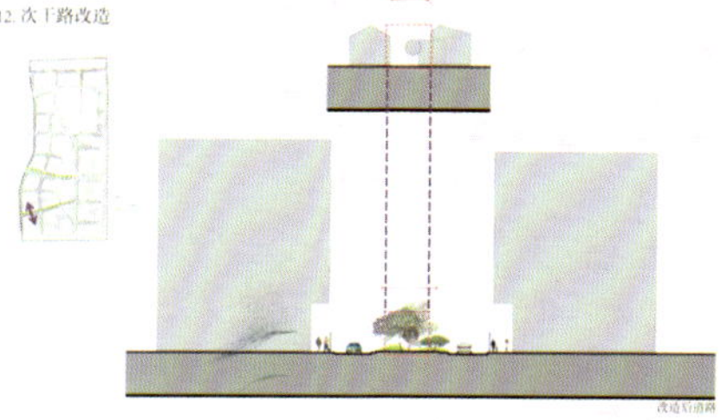

13.交通换乘 建筑综合体

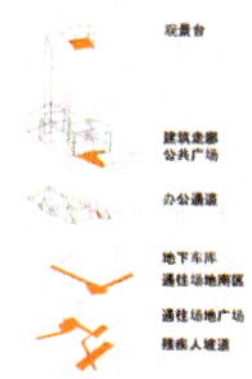

14.建筑群局部断面放大

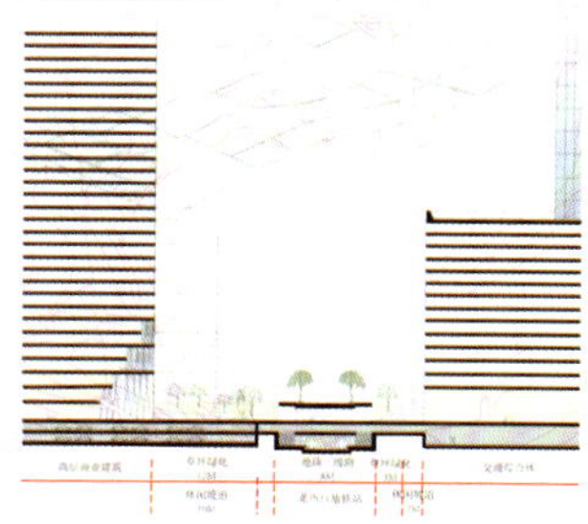

7.慢行路线

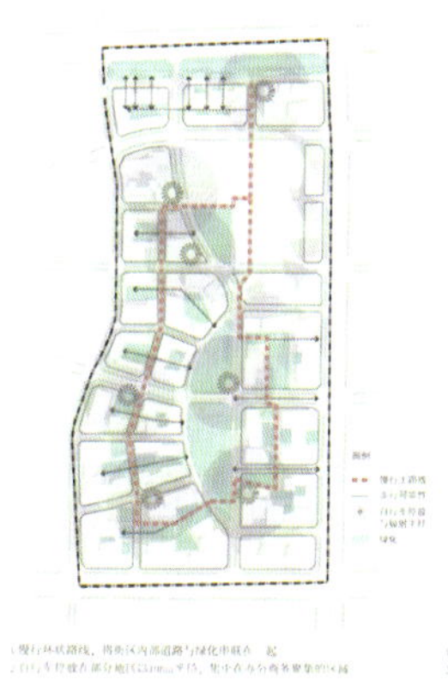

8.交通节点——换乘

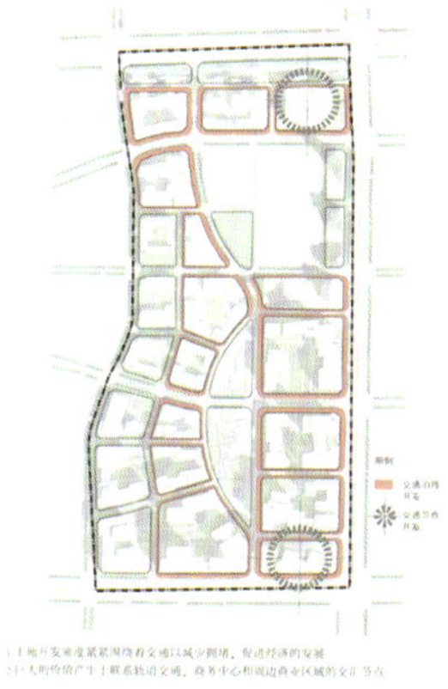

15.重要交通交叉点——疏散

SUSTAINABLE
BLOCK
URBAN
DESIGN

可持续街区
城市设计

北京市广安产业园区概念规划及核心地块城市设计

8

- 可持续的文化设计导则
- 文化优化方案

可持续的文化设计导则

1. 商务文化的创造

通过创造商务活动空间，展现商务文化

会务活动

主要有酒会.年会.商业会务.交流会.茶话会.论坛.晚会.记者招待会.文化节.艺术节.演出等...

商务礼仪

分为庆典，开业庆典.周年庆典等...

分为仪式，开工典礼.奠基仪式.开盘仪式.竣工开产仪式.封顶仪式等...

2.创意文化创造

创意文化的开发定位

地点	现状
纽约SOHO	铸铁建筑历史文物保护区，低密度的建筑改造
香港JCCAC	工厦改造，低密度的建筑改造
上海1933	屠牛场改造，低密度的建筑改造
北京798	电子工业厂房改造，超低密度的建筑改造

地块的开发定位为高密度开发的创意街区，不同于众多创意园模式，建筑形态上注重人的交流的可能性。

3.会馆文化、士人文化的传承

地区内部集中了会馆文化和士人文化，我们所做的即是将它们融合，传承并开发新的文化形式，保留"活的文化"。

文化的传承需要载体，保护区的建立和地块内可持续的设计可以传承传统文化，将传统文化与新的建筑相结合，同时对新的文化形式进行定位，实现文化可持续。

文化要素	文化功能	文化特征	文化转型	文化重新定位
会馆文化	会馆是为在京同乡服务的社会组织，主要安排娱乐、住宿等服务功能，逐渐演变成旧时的驻京机构。	会所内安排住宿、茶室、休息室、会议室和接待厅及辅助娱乐活动院落空间。	会馆相当于现在的会所和宾馆的功能，需要保留其建筑和院落布局。	1.原有会馆内部的功能置换，打造区域休闲中心和传统文化展示厅。 2.会馆文化与创意传媒业同属于文化产业，将新文化元素引进并融合，创造文化多样性社区。
士人文化	士人即为参加科举考试或中举成为仕人，他们是古代的高等知识分子、高技术人才。	古代士人生活规律，生活稳定、惬意。	现代的"士人"即为现代城市中的高科技人才、高知分子，地块中高技术人才的引进需要为他们提供优质工作生活环境。	1.现代的高端人才喜好城市的文化，生活中需要高端服务设施来创造高端生活方式。 2.地块内部开发混合开发区，"以人为本"，在新开发的地区建造休闲会所，融健身房、餐厅、酒店SOHO、图书室于一体的综合休闲中心。

优化设计

1. 文化场所　2.文化节点与集会场所　3. 商务文化的创造　4. 商业空间　5. 夜生活空间

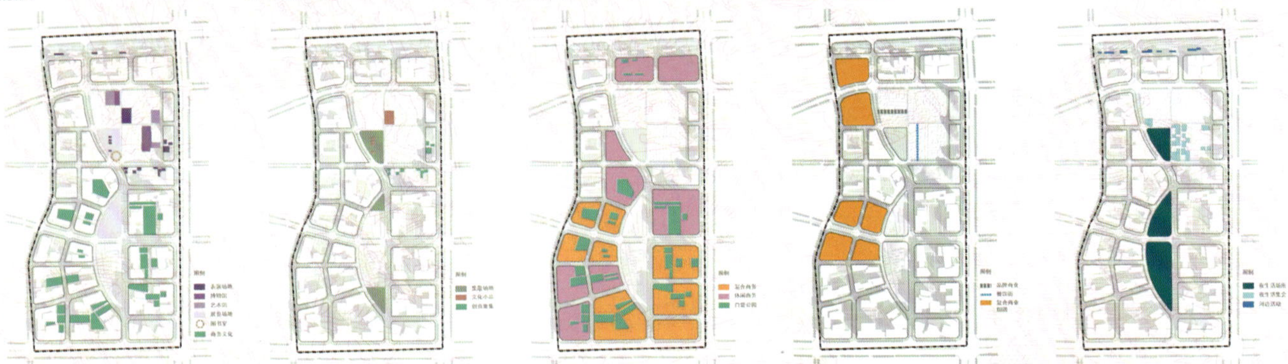

1.商务文化／2.博物馆／3.艺术馆／4.表演场地／5.展览场地／6.图书室

1.开阔的集会场地既有服务休闲功能，也有疏散功能
2.创意文化的表演场所与绿色空间是用于文化与集会
3.旧城改造区域，小品体现宣南文化特色

1.混合型商务街区
2.休闲商务街区
3.pocket park

1.品牌商业街
2.特色餐饮商业街
3.复合型商业组团

1.广场活动
2.河边活动
3.酒吧，夜总会等旧城改造项目

6. 商务／商业环境

7. 创意文化的创造
创意建筑群尺度

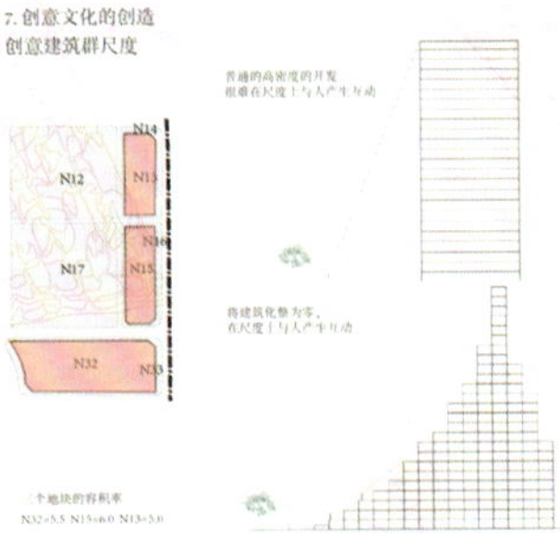

三个地块的容积率
N32=5.5 N15=6.0 N13=3.0

人流/互动

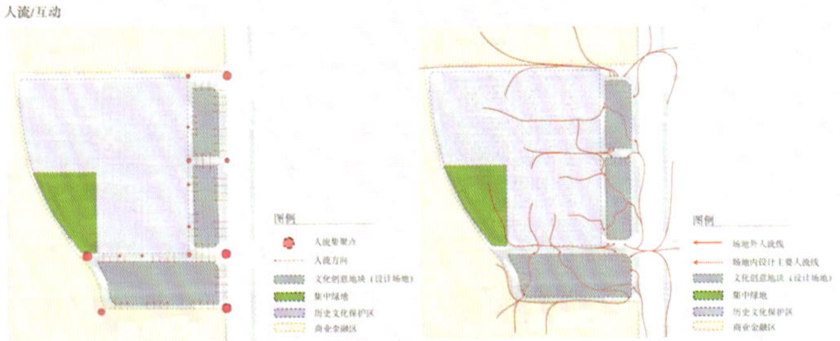

交流空间的创造

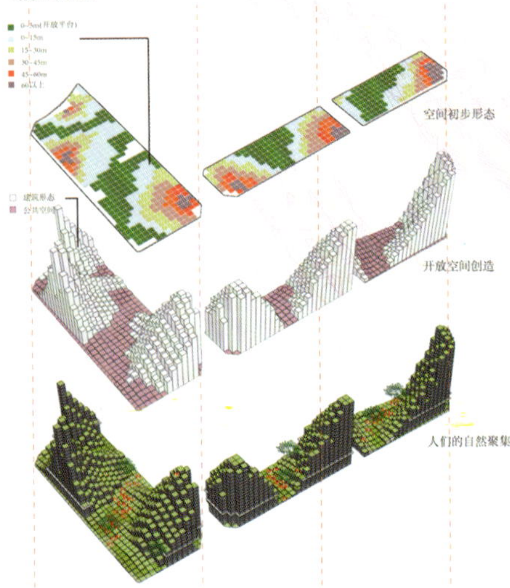

8. 文化空间的置换
现状建筑分类

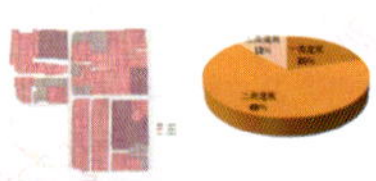

	面积	保护现状	改造方向
一类	----	文保单位或建筑质量、现状肌理保存较好的建筑	博物馆、艺术展示厅
二类	-----	保护一般，院落形制不甚规整，需做一定调整重新利用	四合院宾馆、商业零售、餐厅、书店、茶室
三类	-----	建筑质量较差，院落肌理混乱，需做重新调整或拆除重建	书店、茶室、健身房

确定需保留的建筑

建筑的保护：地区内集中了旧时宣南近40%的会馆和文人故居，大量蕴含文化的建筑需要保留。

确定文化保护区内建筑的功能

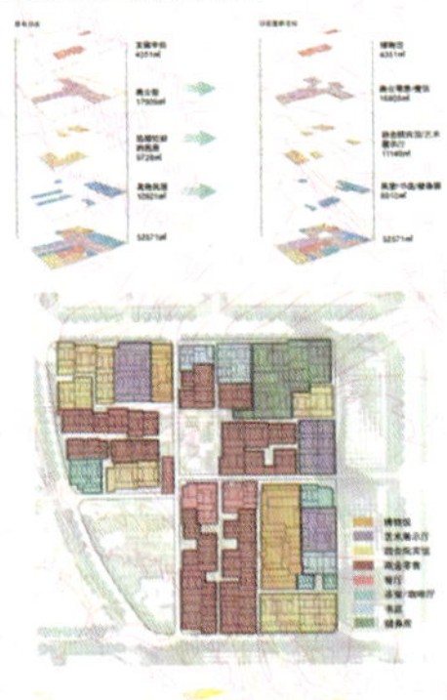

建筑处理手法

	历史建筑的修复性维修及利用	历史建筑内部空间改造	历史建筑的加建
适用情况	主要针对利旧建筑，其建筑活动已修缮为主，旨在恢复建筑原貌。	对于被列入补充名单的历史建筑，并不是所有元素都有充分保留的理由。	由于建筑使用功能的改变，需要有更多的空间满足新的功能的需要。
方法	博物馆式原状保护，按照原有结构形式、尺度比例、装修形式进行修缮。	1.保留体现历史建筑特征的要素(墙&结构) 2.其他要素通过现代技术的改造，营造适应新的使用功能的内部空间。	利用现代建筑元素或旧式建筑风格进行加建，注意加建部分与原有部分的衔接及其对周围城市环境的影响。
可行性	杨椒山祠	[illegible]	[illegible]
形态示意			

建筑改造

1.杨椒山祠　博物馆
采用建筑恢复性维修方法再利用

2.临街商铺　特色商品零售和餐饮
采用建筑内部功能改造方法

3.院落肌理较差建筑——健身房
采用建筑调整，加建改建方法

可持续街区城市设计

SUSTAINABLE BLOCK URBAN DESIGN

北京市广安产业园区概念规划及核心地块城市设计

9

可持续的环境设计导则

1.最大化利用场地内外环境资源

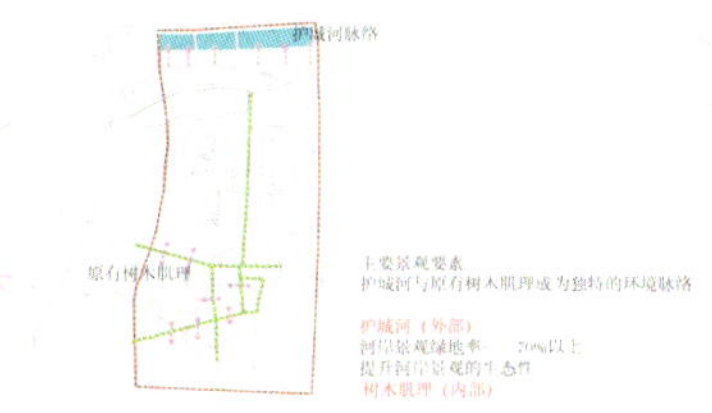

2.环境可达性，绿地率

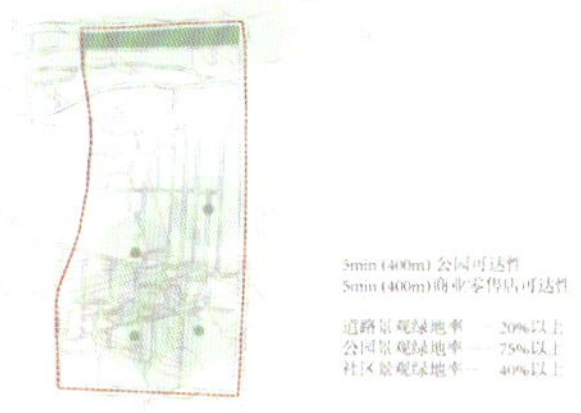

优化设计

1.绿色走廊

2.休闲公园

3.休闲设施带来商业价值

4.主景观

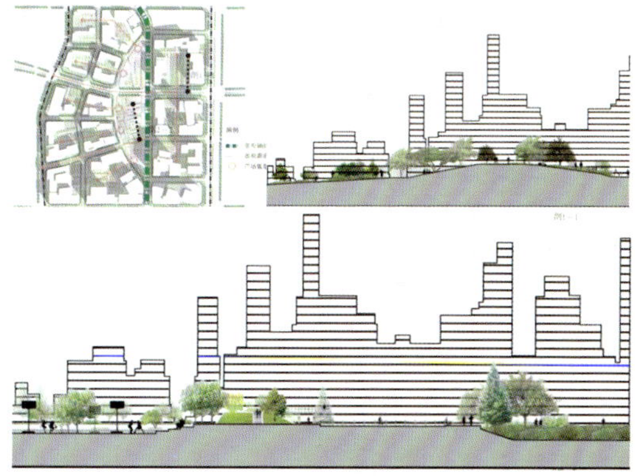

5.滨水步道

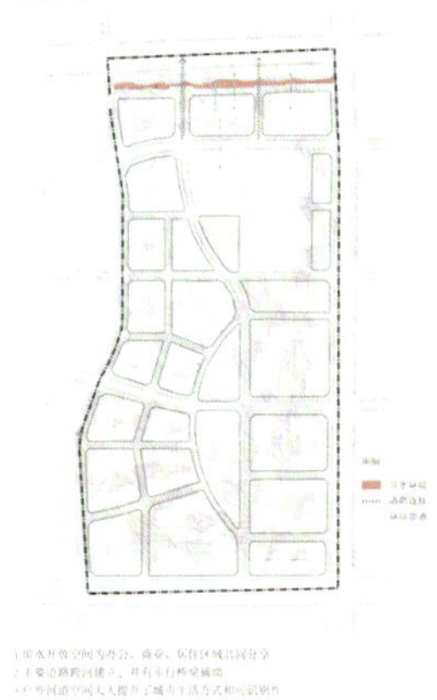

6.利用护城河

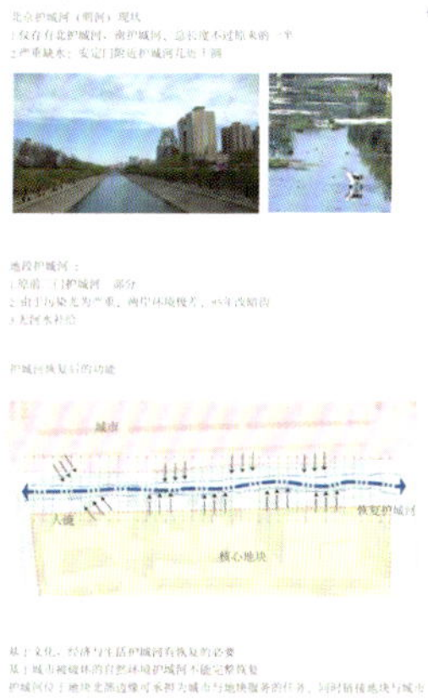

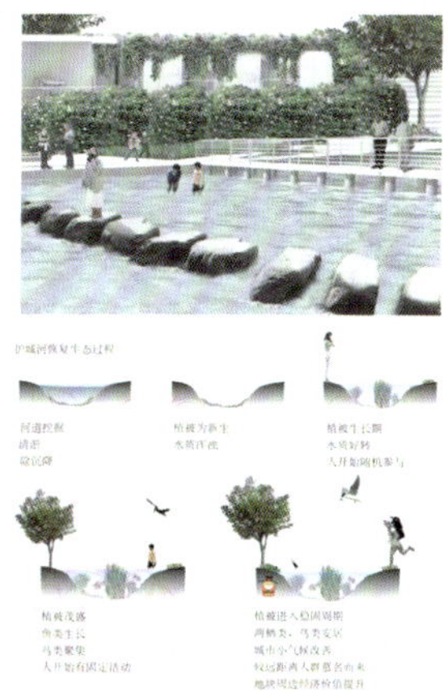

可持续的技术设计

太阳能电池 太阳能屋顶 节能路灯

可持续控制指标方案回馈

通过对规划指标从可持续的角度提出的要求，使方案受到规划指标的控制，能够实现所需的低碳目标。

从LEED、AECOM和国家规范等相关文献与指标中建立规划层面的可持续设计指标，包括：

土地混合使用
交通规划
开放空间规划
绿色建筑

通过与选取指标依据的比较，设计结果可以达到可持续街区的标准。

指标类型	指标名称	指标要求	选取依据	设计结果
土地混合使用	容积率	居住区>1	保证开发紧凑性，节约土地资源，LEED	3.5
	居住区距离	50%的居住用地位于混合使用区1km以内	减少交通出行量，LEED标准	100%的居住用地位于混合使用区1km以内
交通方式	路网密度	每平方公里〉5公里	LEED标准	每平方公里>5公里
	自行车车道比例	>20%	鼓励非机动出行方式，LEED标准	>35%
	公交站点位置	每块居住用地500米范围内	鼓励公共交通方式，LEED/GB 50378-2006绿	每块居住用地200米范围内
	停车面积	<总面积的20%	限制私家车使用，LEED标准	<总面积的20%
开放空间	公共空间面积	每1000名居民占有1.25公顷	LEED标准	每1000名居民占有1.28公顷
	开放空间可达性	90%的居住用地在250米范围内享有一个开放空间	LEED标准	100%的居住用地在250米范围内享有一个开放空间
绿色建筑	建筑朝向	>75%的居住建筑南北向	LEED标准	>85%的居住建筑南北向
	太阳能屋顶比例	>10%	AECOM	>12%

本项设计对设计课题产生的意义在于能够很好的指导设计的发展思路，提供与世界接轨的平台，并为北京的环境与发展所出努力。

北京市广安产业园区概念规划及核心地块城市设计

鸟瞰效果图

10&11

鸟瞰效果

实体模型

实体模型照片

Chaos Block

学校：北京建筑工程学院
指导教师：丁奇 张忠国
小组成员：崔惠 李妍

逻辑框架Framework

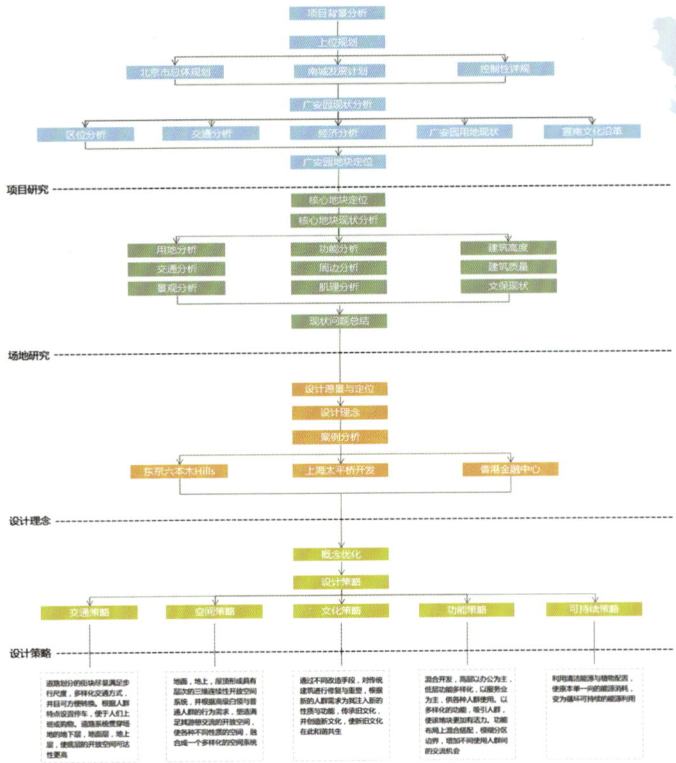

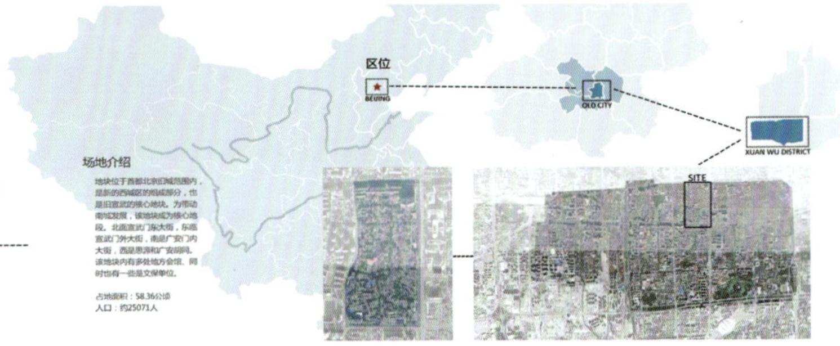

场地介绍

地块位于首都北京旧城范围内，是新的西城区的组成部分，也是旧宣武的核心地块。为带动南城发展，该地块成为核心地段。北面宣武门东大街，东临宣武门外大街，南是广安门内大街，西是思源和广安胡同。该地块内有多处地方会馆，同时也有一些是文保单位。

占地面积：58.36公顷
人口：约25071人

UPPER LEVEL
总体规划

南城发展计划

北京市控规调整

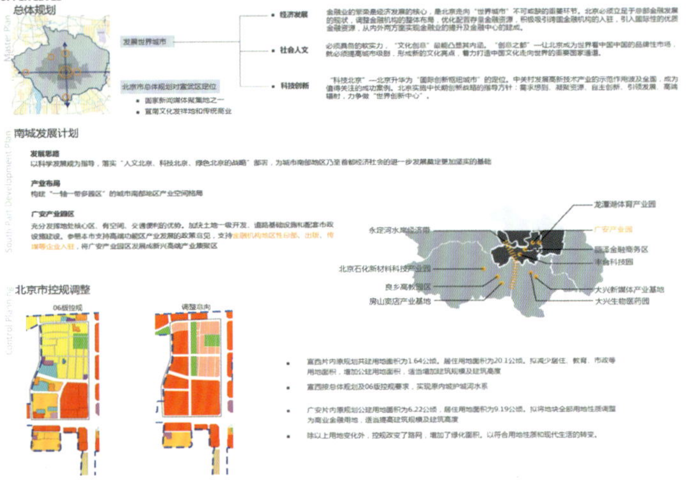

广安园现状分析

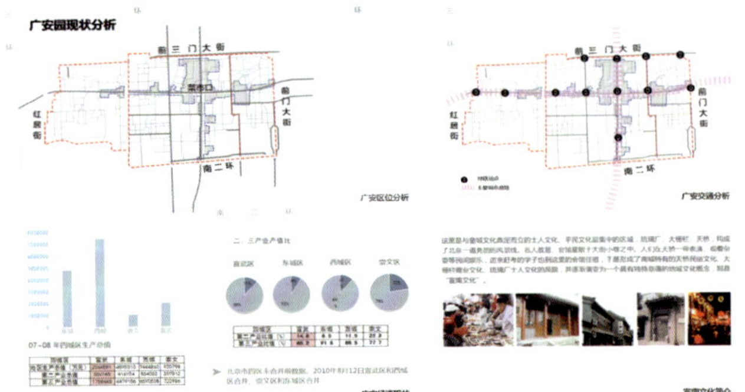

广安园地块定位

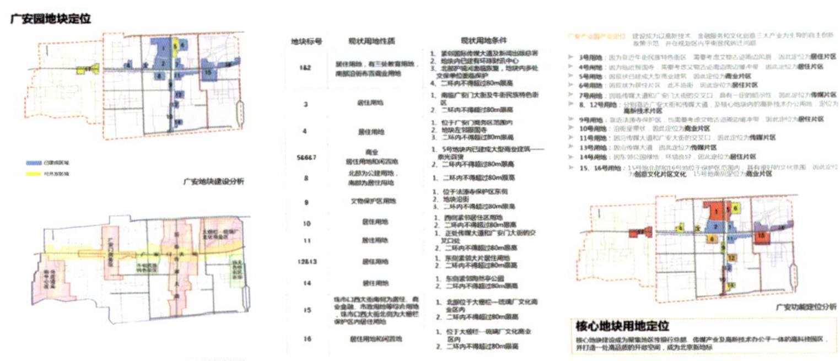

核心地块现状分析

北京市广安产业园区概念规划及核心区城市设计

CHAOS BLOCK
搅拌街区

问题总结

主要矛盾的产生：旧城面临开发，地块的用地性质面临改变

1. 建筑高度由低层为主转变为高层建筑
2. 道路系统由原来的传统肌理，以步行为主，转变为多种交通方式并存的现代道路系统
3. 功能由原来单一的居住转变为多种功能的混合开发的产业聚集模式
4. 人群由原来的低收入原住民转变为以高级白领为主的上班族
5. 宣南历史文化的保留、传承与创新，形成新的白领士人文化

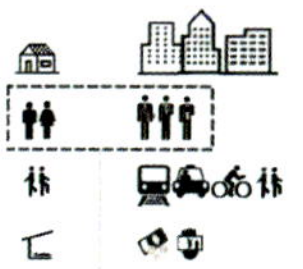

对开发设计的思考

满足不同人群对功能和空间的需求
如何解决传统肌理与现代交通的冲突
如何化解新旧文化的冲突
地块开发需要产业聚集
不同人群间的交流

CEO	S级	1%	>=30
Officer	A级	3%~5%	12~30
Leader	B级	6%~12%	10~20
White Collar	C级	2.4%~6%	5~10
Worker	D级	0~2.4%	2~5

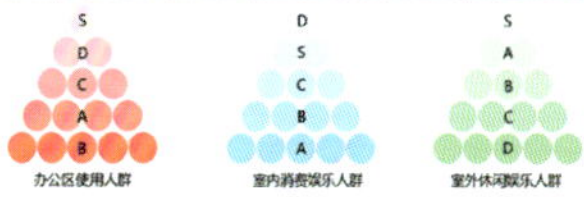

我们的设计希望能满足各阶层的不同需求不光是给高薪阶层使用，也满足大众的使用需求。所以在功能、空间上既有满足高薪层的设计，也有满足大众的设计。同时，我们不希望高薪层与大众完全分层，所以设计中加入能让他们共同使用的混合空间

设计定位与愿景： 引领西城南部经济发展的高端金融业、高新技术办公总部、信息传媒的产业园区；打造高品质空间，满足不同人群需求，成为南城新地标

设计理念

我们的设计希望能使各职业的人群和各层消费层人群都可以来这里，使这里成为高人气活力核心。同时不同职业的人群之间也可以有交流，从而能激发更多的创意想法，更好的推动经济发展。

CHAOS

"万物之先有混沌，然后才产生了宽阔的大地"
混沌是指发生在确定性系统中的貌似随机的不规则运动，一个确定性理论描述的系统，其行为却表现为不确定性，城市亦是如此，其本身就是一个巨大非线性系统，不可预测，不可重复——其特点表现为多样性、混合性、循环性。

设计思路

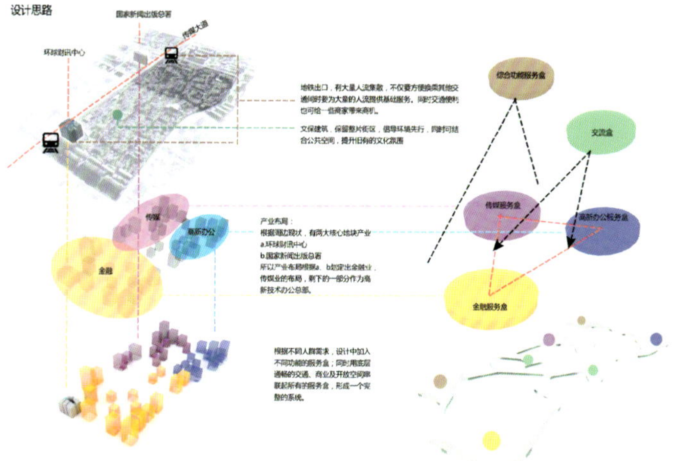

地铁出口，有大量人流集散，不仅要方便换乘其他交通同时要为大量的人流提供基础服务。同时交通便利也可给一些商家带来商机。

文保建筑，保留整片街区，倡导环境先行，同时可结合公共空间，提升旧有的文化氛围

产业布局：
根据周边现状，有两大核心地块产业
a.环球财讯中心
b.国家新闻出版总署
所以产业布局根据a、b划定出金融业、传媒业的布局，剩下的一部分作为高新技术办公总部。

根据不同人群需求，设计中加入不同功能的服务盒；同时用底层通畅的交通、商业及开放空间串联起所有的服务盒，形成一个完整的系统。

城市综合体：东京都港区六本木
占地面积：9公顷
总建筑面积：758，210㎡
容积率：8.4
用途：事务所、共同住宅、酒店、店铺、美术馆、电影院、电视台、学校、寺庙、储备仓库。HOPSCA：酒店（Hotel）写字楼（Office）、公园（Park）购物中心（Shopping Mall）、会议中心（Convention）公寓（Apartment）

占地面积：52公顷
建筑面积：160万平方米
用途：新天地广场、高档商务区、高档商业住宅区、新天地广场、生态湖泊
基本情况：上海新天地项目自东至西藏路，南到合肥路，西临马当路，北达兴安路，耗资人民币250亿，涉及23个街坊，7万人口。

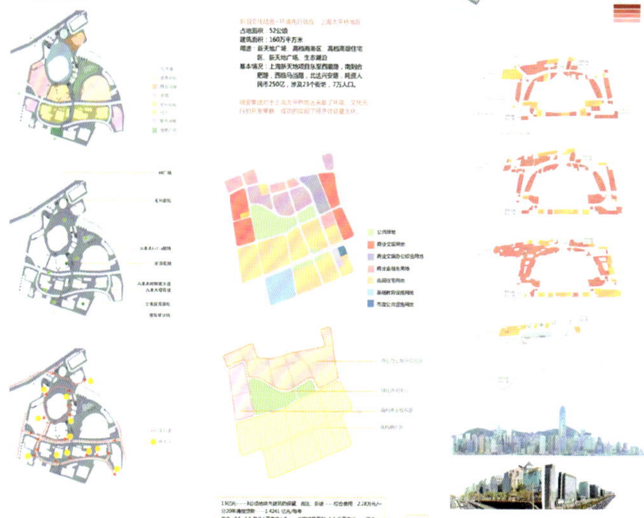

通过案例分析六本木Hills有三大特点可以借鉴：
1. 功能混合度高，所以人气高，效率高
2. 垂直层面的开放空间和绿化系统
3. 连贯的地下交通系统，把更多活力空间留在地面

国际金融中心一期和二期之间的商业裙楼是值得我们借鉴的，它串联起一期和二期，同时中空的设计结合了商业和开放空间
同时从维多利亚港看去，可观赏到良好的城市天际线。

总平面图.

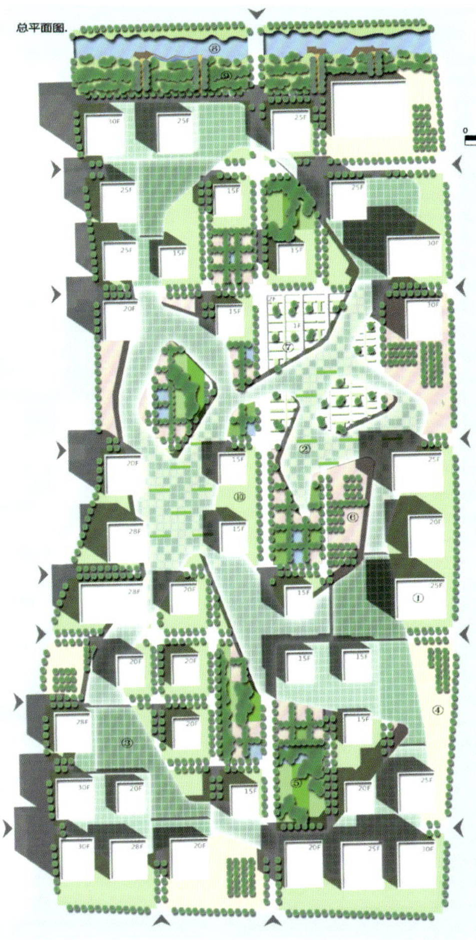

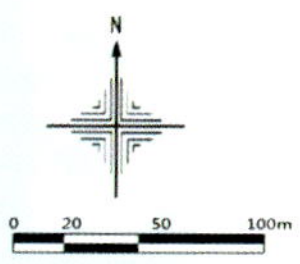

图例：
① 高层办公建筑
② 空中游园
③ 屋顶绿化平台
④ 集散广场
⑤ 商务区游园
⑥ 商业前广场
⑦ 保护街区
⑧ 护城河
⑨ 滨河公园
⑩ 楼前绿地

叠加分析图.

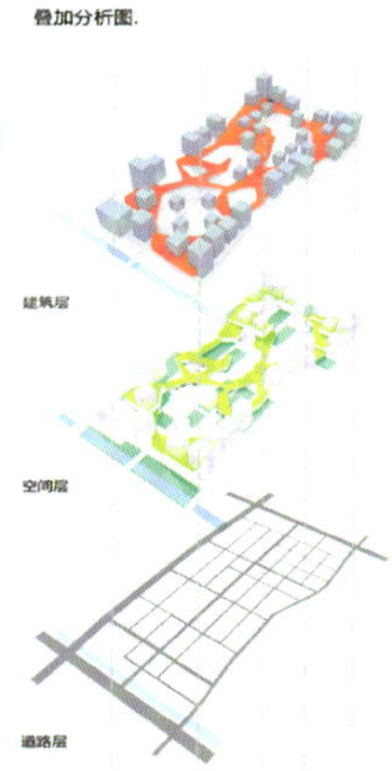

技术经济指标：
基地面积：52公顷
容积率：5.6
绿化率：23%
建筑面积：2906906㎡
保留建筑面积：16975㎡
开放空间面积：194871㎡

鸟瞰图.

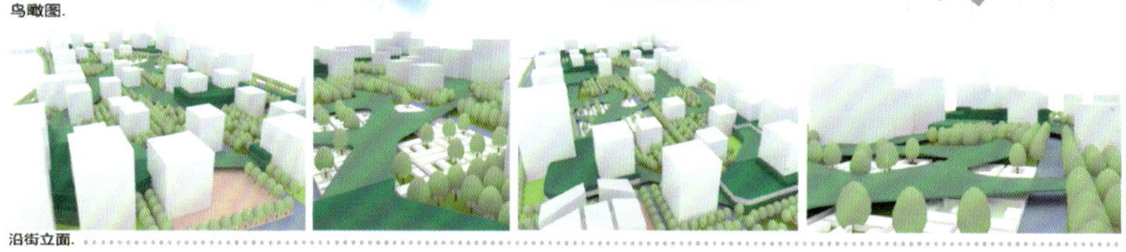

沿街立面.

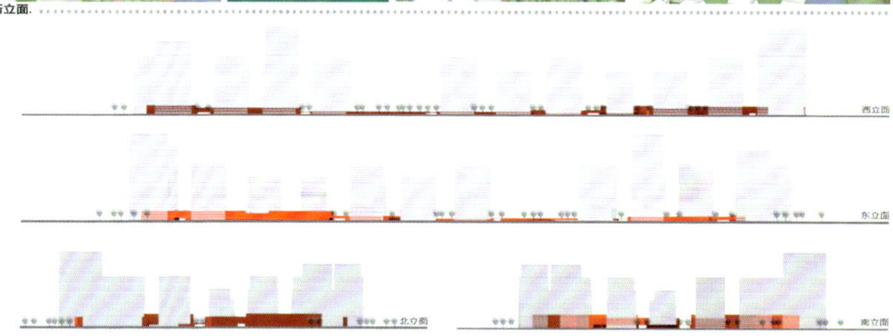

交通策略 TRAFFIC CHAOS

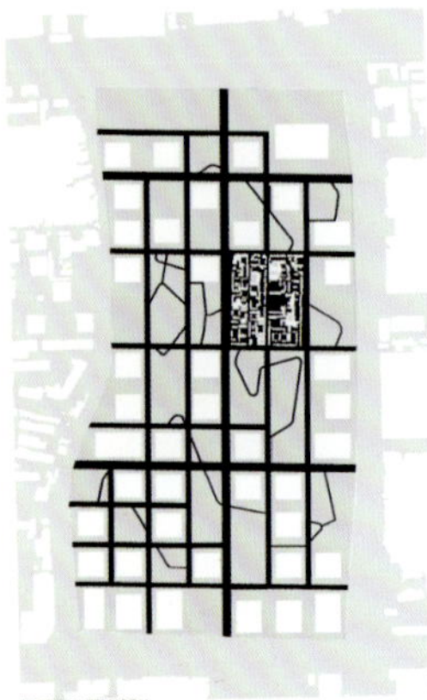

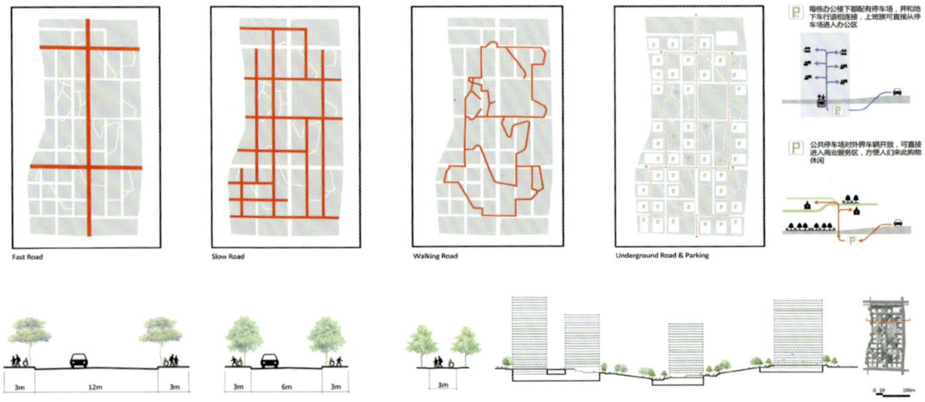

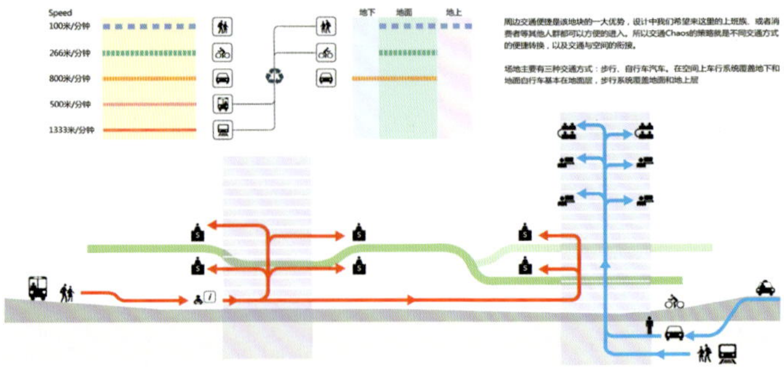

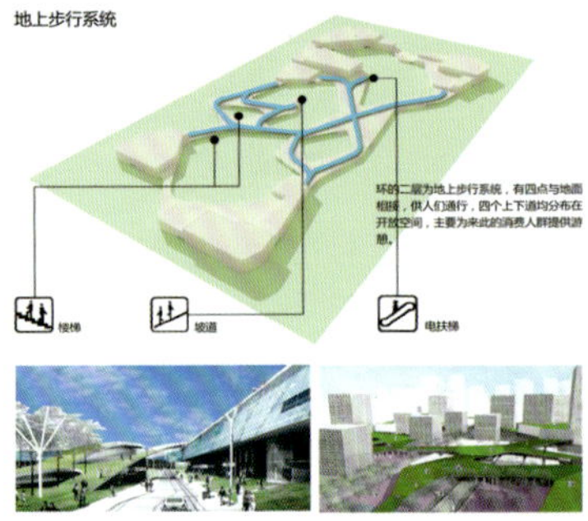

空间策略 SPACE CHAOS

高级白领 & 普通百姓对户外空间的需求.

空间性质.

空间类型	位置	形式	围合度	设施
■	餐饮、咖啡厅等服务业周边	形态随意 规模小	上：露天 遮阳棚	咖啡桌2—10处 遮阳伞
■	办公楼天台 楼层平台	形态随意 规模小	上：露天 四周：以屋顶边缘围合	休息座椅 遮阳伞 屋顶绿化
■	绿地周边 树阵下 景观节点中	沿绿化行列式展开 集中式 规模不定	上：露天 四周：以绿篱形成半围合	绿篱、树阵、独株乔木 坐凳等休憩设施 喷泉等景观小品
■	大型商业前 交通枢纽站前	规模较大	上：露天 四周：绿篱划定下沉空间	乔木、绿篱 坐凳等休憩设施 花坛等景观小品

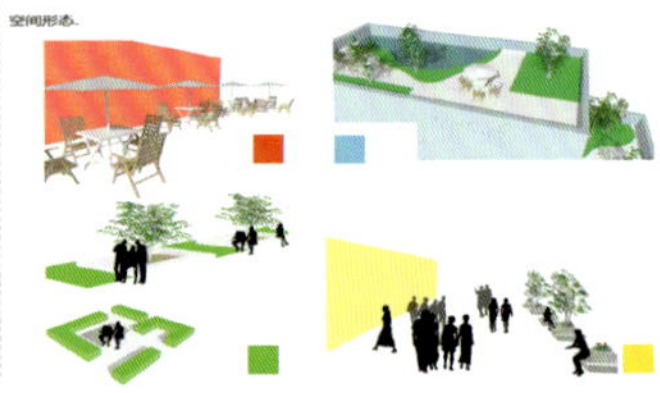

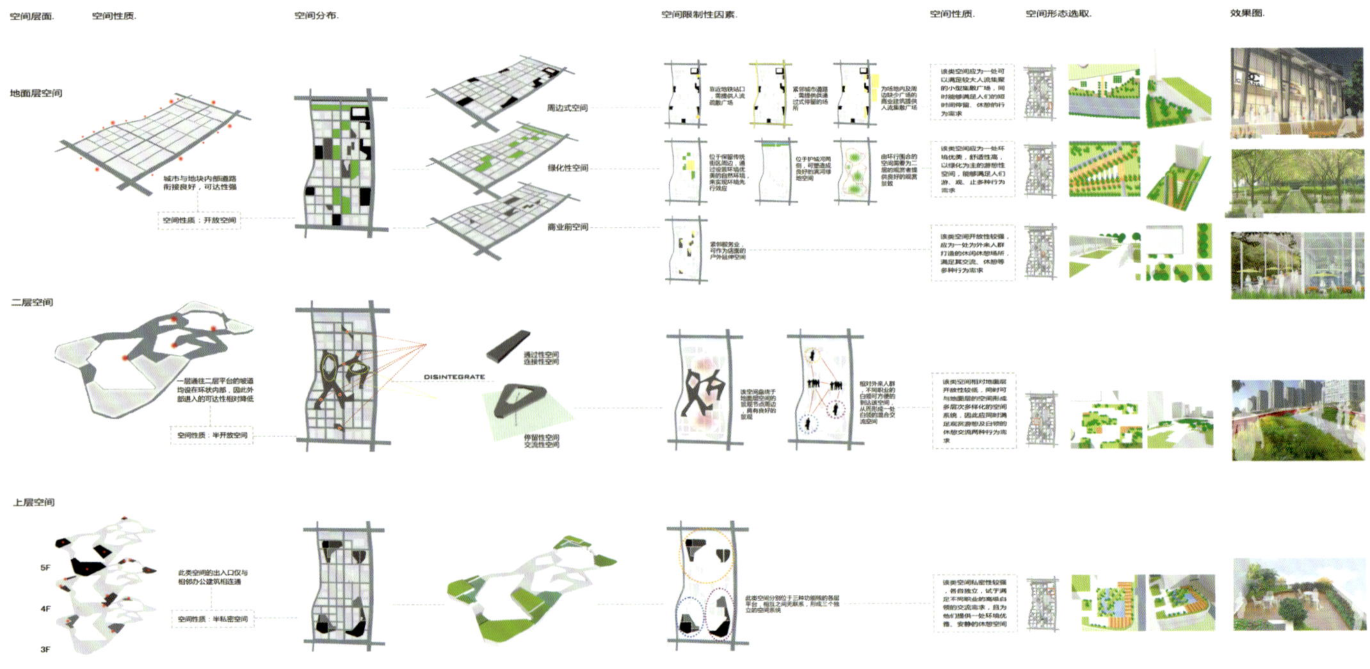

功能结构

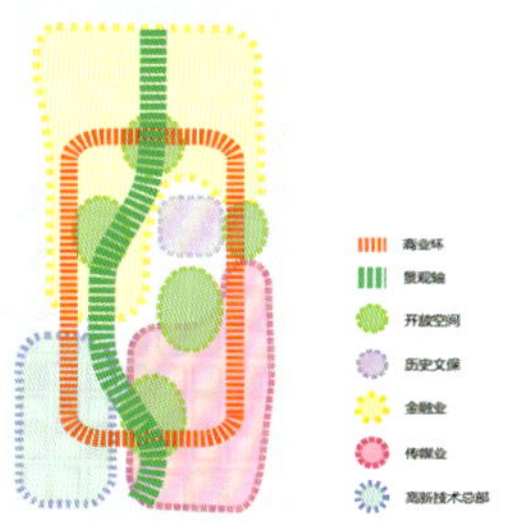

土地利用

业态策略

根据上位规划，及广安产业园分析，该地块为广安产业园的核心地块定位为跨区性金融总部、高新技术总部、信息传媒园区，引领西南南部经济发展，同时为白领上班族打造高品质的工作休闲空间

设计中加入商业环，与开放空间相结合，提高场地的开放性，可吸引更多的人气，成为一个活力核心。同时商业环也为三种不同的办公人群提供服务，根据办公人群的喜好，为他们加入一些更加私密的、高品质的休闲空间、会员制会所等

地块中保留一片历史街区，也是对该场地记忆的保留。用环境先行的理念打造一片人气聚集，富有历史文化氛围的街区，借此提高整个地块的品质

业态分布

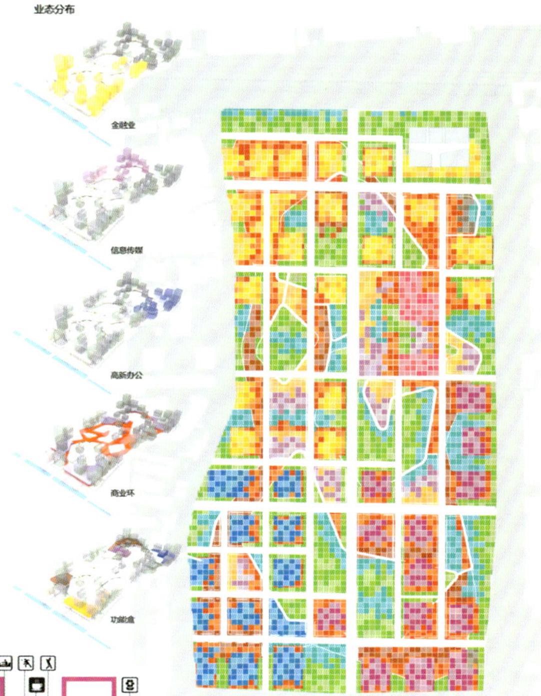

功能策略 FACTION CHAOS

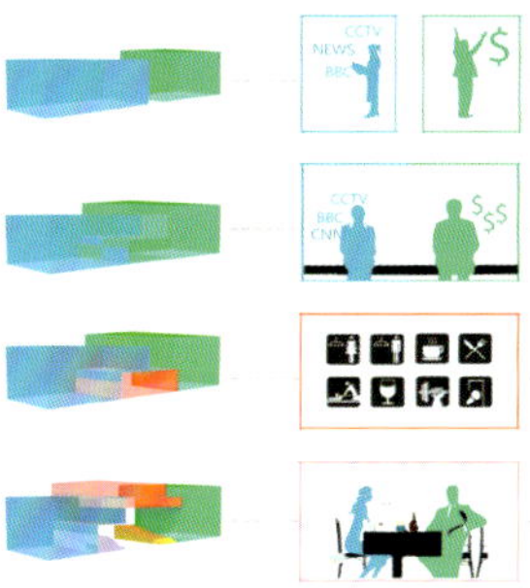

业态配比

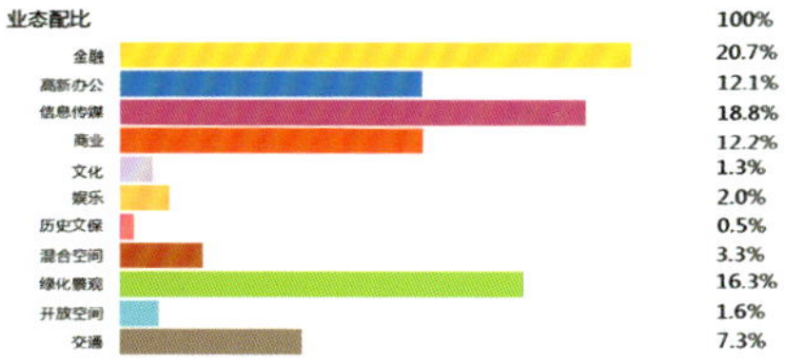

文化策略 CULTURE CHAOS

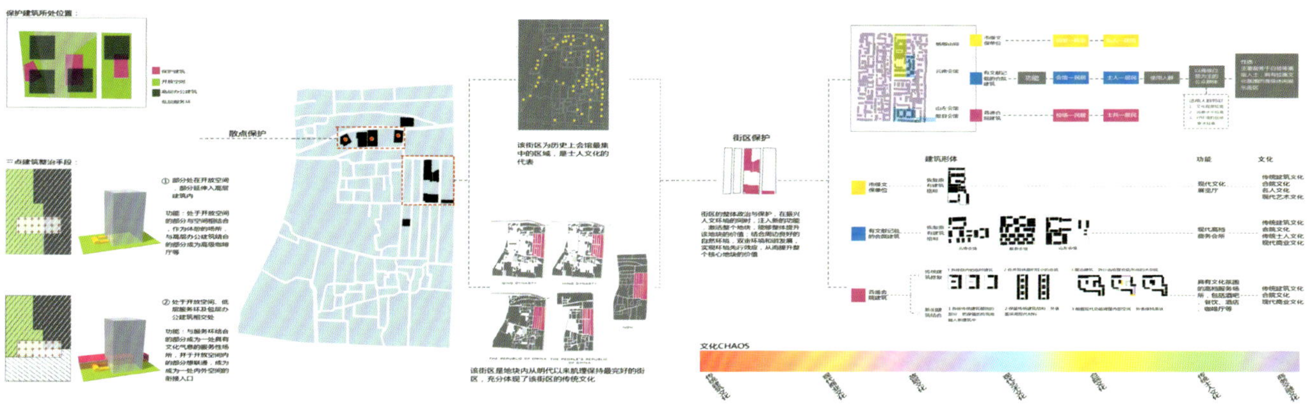

生态策略 ECOLOGY CHAOS

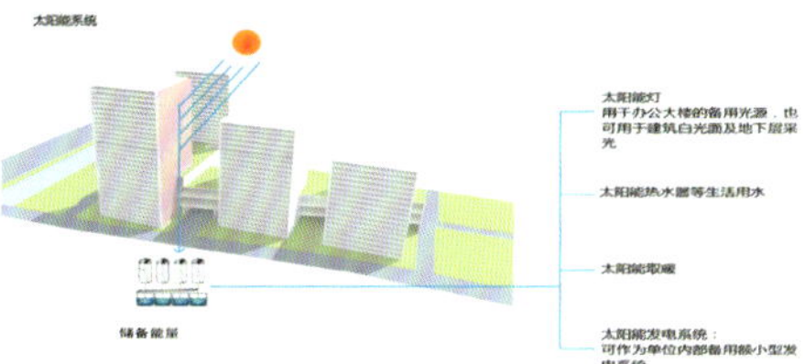

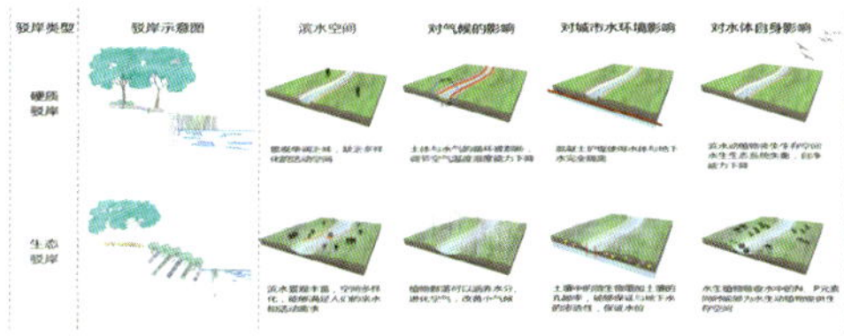

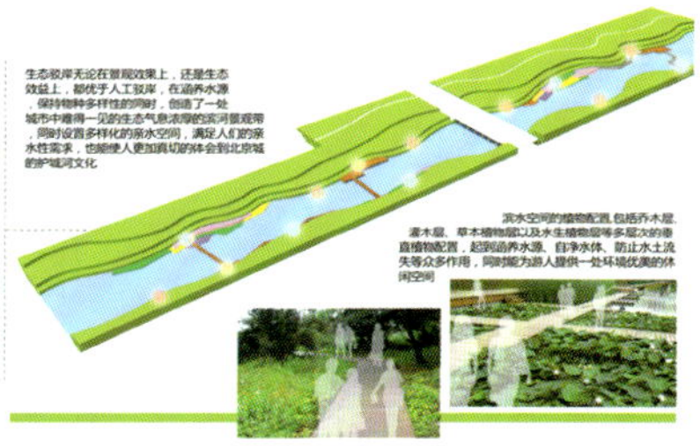

生态水循环系统

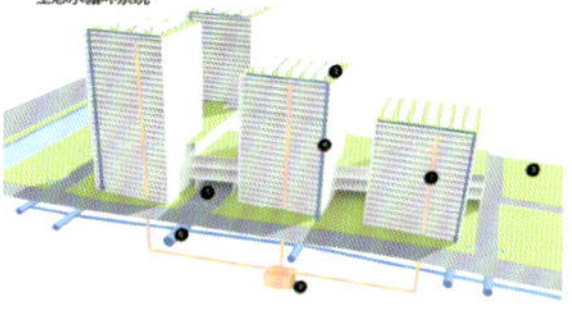

- 生活污水通过管道收集到地下污水处理器中，再污水处理成可循环再利用的中水
- 中水通过管道处理，用于场地内的绿化灌溉及冲厕等用水
- 雨水流入各层屋顶及地面的绿化中，成为天然的灌溉用水
- 屋顶多余的水通过管道流入地下雨水收集管道
- 道路通过纵坡将路面雨水汇入地下雨水收集管道
- 管道将雨水汇集在一起进行处理再利用

生态驳岸类型

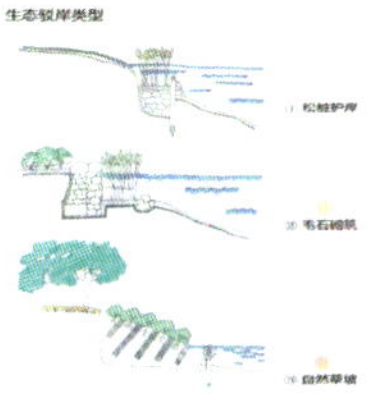

针.脉

学校：北京建筑工程学院
指导教师：丁奇 张忠国　　小组成员：付山 李爽

前期研究

1.上位规划

1.1北京城市总体规划

城市性质	城市定位与目标	中心城职能
北京是中华人民共和国的首都，是全国的政治中心、文化中心，是世界著名古都和现代国际城市。	国家首都、国际城市、历史名城、宜居城市以建设世界城市为努力目标。	中心城主要承担国家政治中心、文化中心、国际交往中心、金融管理中心、教育科研中心的职能，同时具有服务全国的会展、旅游、体育、医疗、商业等功能。

北京总体规划对原宣武区的定位

国家新闻媒体聚集地之一，宣南文化发祥地和传统商业区。

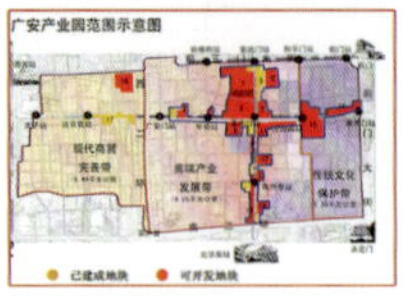

1.3广安产业园控制性详细规划

宣西片内原规划共建用地面积为1.64公顷，居住用地面积为20.1公顷。拟减少居住、教育、市政等用地面积，增加公建用地面积，适当增加建筑规模及建筑高度。宣西按总体规划及06版控规要求，实现原内城护城河水系。广安片内原规划公建用地面积为6.22公顷，居住用地面积为9.19公顷。拟将地块全部用地性质调整为商业金融用地，适当提高建筑规模及建筑高度。除以上用地变化外，控规改变了路网，增加了绿化面积，以符合用地性质和现代生活的转变。

1.2南城发展计划

发展思路 以科学发展观为指导，落实“人文、北京、科技北京、绿色北京”的战略部署，为城市南部地区乃至首都经济社会的进一步发展奠定更加坚实的基础。

产业布局 构建“一轴一带多园区”的城市南部地区产业空间格局。

广安产业园区 充分发挥地处核心区、有空间、交通便利的优势，加快土地一级开发、道路基础设施和配套市政设施建设参照本市支持高端功能区产业发展的政策意见，支持金融机构地区性总部、出版、传媒等企业入驻，将广安产业园区发展成新兴高端产业集聚区。

金融街拓展

北京西城区“十二五”规划中，提出将适度扩大金融街拓展范围，南部的广安产业园将与金融街实现对接。为广场产业园提出了发展方向。

1.4小结

1.北京市总体规划（2004～2020）：
a.国家新闻媒体聚集地之一
b.宣南文化发祥地和传统商业区
2.城南行动计划（2009）：
a.金融机构地区性总部
b.出版、传媒等企业入驻
c.发展成新兴高端产业集聚区
3.控规（2006）及调整：
公建用地成为本地块的主要用地。

→ 形成金融机构地区性总部、出版、传媒等企业入驻的新兴高端产业集聚区。

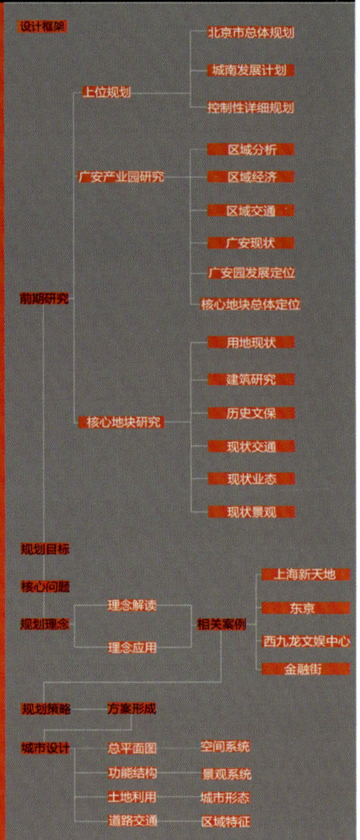

2.广安产业园研究

2.1区位分析

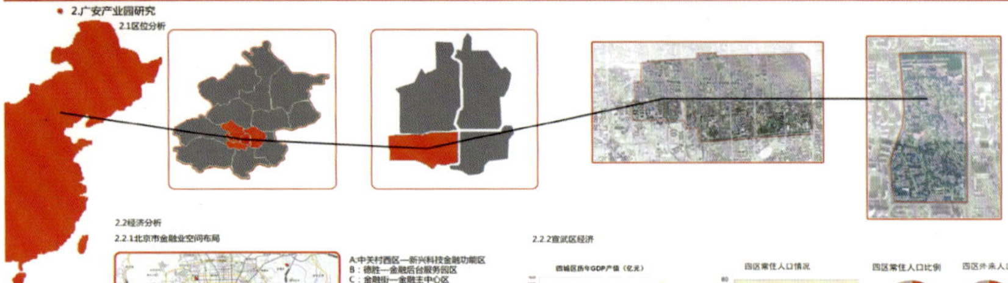

北京：北京市面积16,807.8平方公里。建成区面积1289.3平方公里（中国城市第1名）。

宣武区：北京市辖区，位于北京城区西南部，原4个中心城区之一；总面积约19.04平方公里，总人口约54.4万。

场地位于北京市宣武区，北至宣武门西大街，东至宣武门外大街，南至广安门内大街，西至思源胡同与广安胡同。占地56.07公顷，住宅约25071户，非住宅约99户。

2.2经济分析

2.2.1北京市金融业空间布局

2.2.2宣武区经济

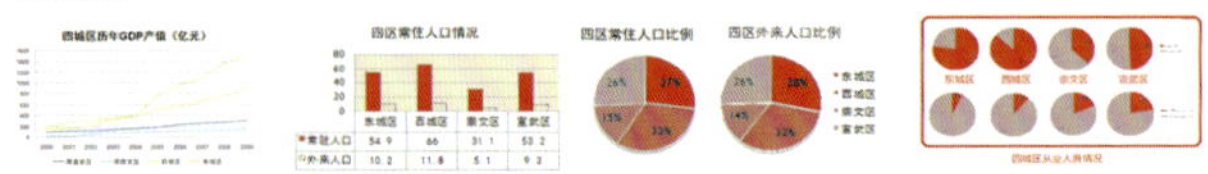

2.2.2.1宣武区二三产业值

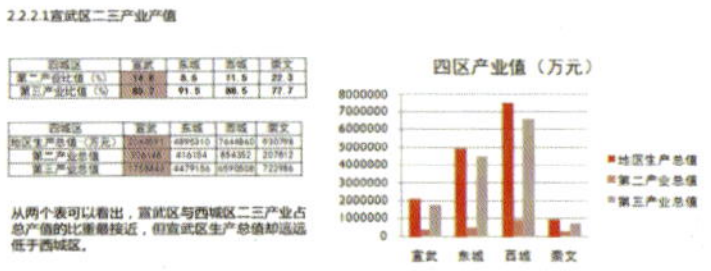

2.2.2.2宣武产业宣武区与西城区比较

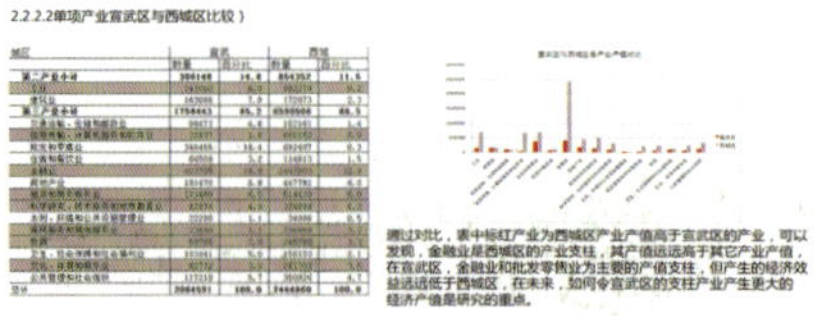

2.3交通分析

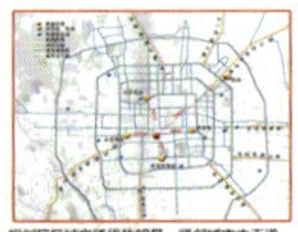

2.4广安产业园现状

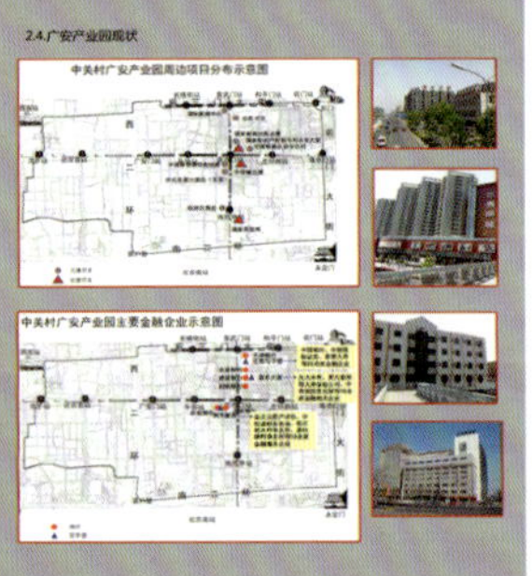

3.核心地块研究

3.1用地研究

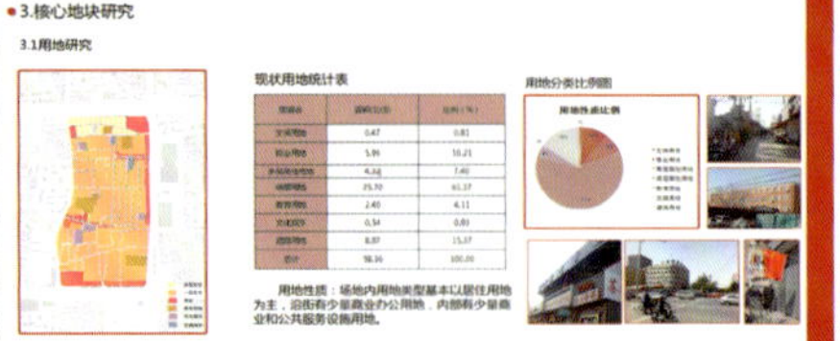

3.2建筑质量

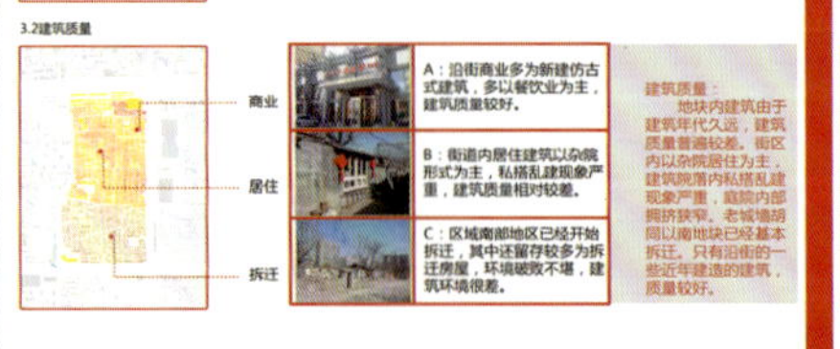

3.3交通分析

3.4业态分析

3.5景观绿化分析

3.6建筑高度

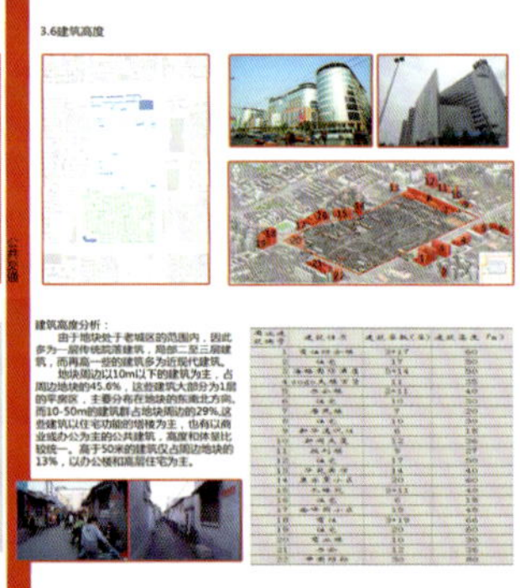

2.5广安产业园核心地块定位

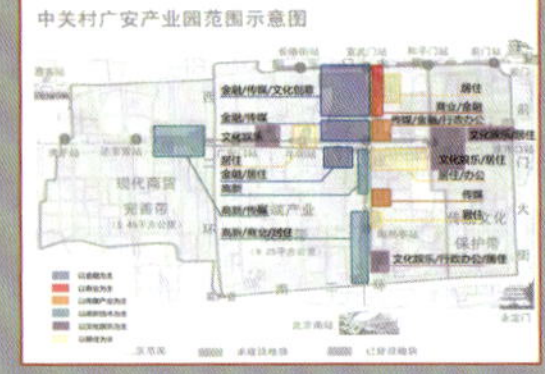

2.6核心地块定位

核心地块将大力发展金融产业、文化传媒产业为主导，产业与服务业有机结合的创新经济，并以此引领广安产业园及区域的发展，推动南城振兴。

3.7历史文保

3.7.1宣南地处空间的变迁

3.7.2空间历史沿革

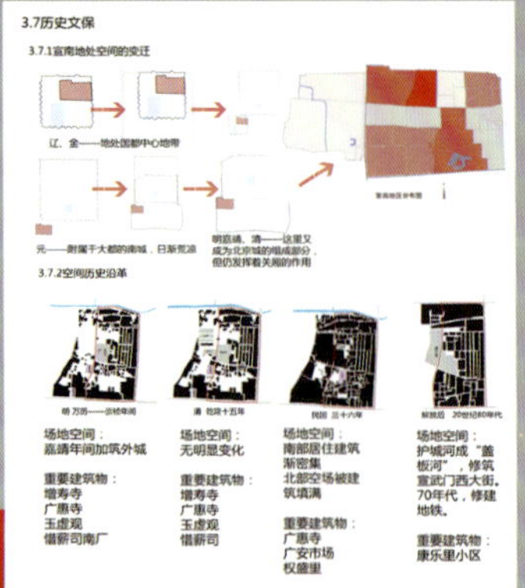

3.7.3历史建筑分布及变迁

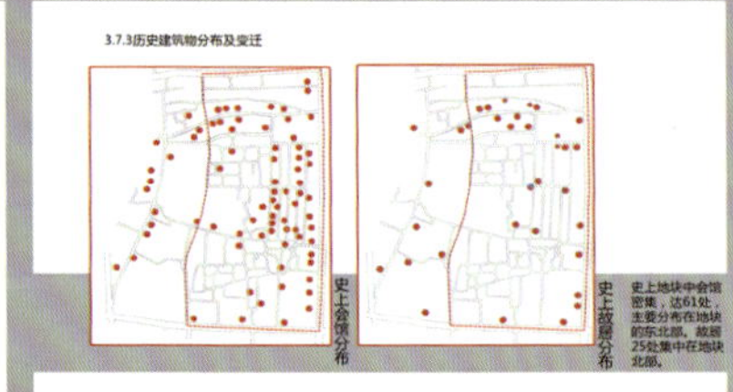

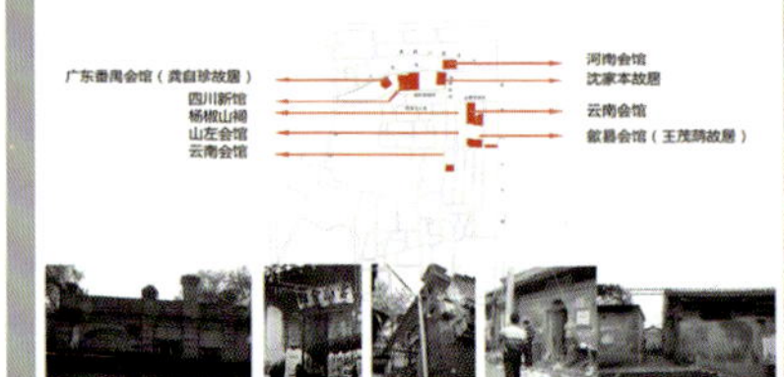

太原会馆（阎若璩祠）

所属性质：山西省
会馆性质：同乡试馆
兴建时间：清
现地址：宣武区广内街道储库营15号
历时曾用地址名称：清——胡同门牌：皮库营4号
民国——胡同门牌：储库营4号
基本格局：
会馆坐北朝南，东侧原为广亮大门，共四进院落。此院的祠堂分南北两院，南院庭院广阔，原为乡贤祠，北院原为一规整四合院，此院先为阎若璩住所，后改为祠堂。
会馆现状：馆舍建筑：基本格局尚存
现用途：民居

3.7.4小结

场地值得保留的文化要素：
人文文化：
1、会馆文化
2、故居文化
3、空间肌理
自然文化：
1、古树古木
2、护城河

人文文化		
会馆文化	文保单位（基本格局未变）	保留院落格局，功能置换，体现原有会馆文化及其公共空间的作用
	格局破坏	根据方案需求适当保留，形成具有文化的公共空间，不予以恢复
故居文化	文保单位	予以保留，恢复原有功能或文化场所
空间肌理		东侧肌理保留较好的地段考虑延续，要求在方案中以多种手法使其得以表达，并赋予新的作用
自然文化		
树木	沿街成列古树	结合调整后的街巷纳入行道树，予以保留
	成片古树或单株	结合公共空间的布置予以最大限度的保留
护城河		恢复护城河，并使其纳入场地环境中，成为自然环境的重要组成部分

北京市广安产业园概念规划及核心区城市设计

针.脉

规划目标

创造带动区域经济的核心地块
创造高度可识别的特色地区
创造平衡商务与生活的理想办公环境
24小时/365天的活力和吸引力

核心问题

经济
如何集聚产业，使核心地块成为广安产业园发展的动力核心，并使广安产业园成为南城发展的龙头。

文化
物质：如何使现存文物更好保留并以新的形式与地块其他高端氛围融合。
非物质：旧的士人文化如何在新的知识分子人群中得到传承和发展。

空间
如何改造旧的居住肌理以满足不同人群对公共空间的要求。
在有限的土地如何利用纵向空间的开发模式，创造最高利益

交通
如何为新的产业需求配套便捷的交通网络，利用轨道交通寻求新的开发模式

规划理念

针.脉——中医针灸中，银针于穴位上的一刺，功效即可通达全身，使经脉通畅，进而调理整个机体。这个过程应用于城市规划中就像是触媒理论，以一点的设计进而影响城市的发展脉络。

$A+B\xrightarrow{d}C$

1.理念解读

触媒（Catalyst）：是化学中的一个概念，它的作用是改变和加快反应速度，而自身在反应过程中不被消耗。

触媒（Catalyst）之于城市：当项目能够对周围城市活动产生正效应时，该项目便可称为城市触媒。城市触媒的目的是“促进城市结构持续与渐进的改革。

2.理念应用

1 发掘地块内触媒体
2 总结触媒体的自身特点，发展方向，规模，结构，速度，分层排序。
3 规划设计以发挥触媒体作用

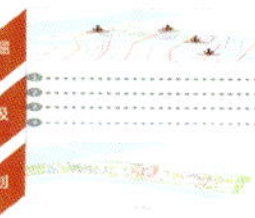

任何一个城市都是一个有机整体，每一部分都是充满活力的“生命体”。城市规划不是重新安排城市的结构，而是寻找各自的触媒体，使每一部分健康发展。

相关设计研究

1.上海新天地

上海新天地是一个具有上海历史文化风貌的都市旅游景点，它以上海独特的石库门建筑旧区为基础改造成的集餐饮、商业、娱乐、文化的休闲步行街……

案例启示：以历史文化保护区作为城市的触媒体，强化地区文化的同时，对地区的可识别性，及地区经济效益有着极有利作用。

2.东京

在东京，由环形铁路向外放射的郊区铁路沿线存在一系列典型的TOD社区。大型社区中心围绕车站布置，有景观良好的步行系统从中心通往附近的居住区……

2.2东京中城

东京六本木的新名所“东京中城(midtown)”……

功能与特色——功能分区
以办公大楼森大厦(Mori Tower)为中心，具备了居住、办公、娱乐、学习、休憩等多种功能及设施，是一个超大型复合性都会地区。

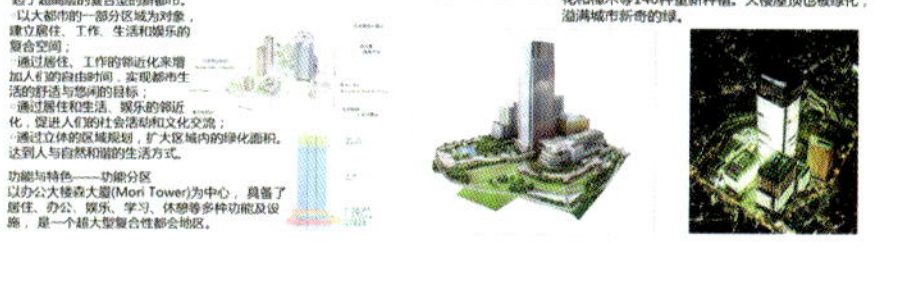

案例启示：TOD作为城市触媒体可将周边土地最大化利用，不但能提高土地利用率更能增大周边公共空间配套，达到区域和谐。

3.北京三里屯village

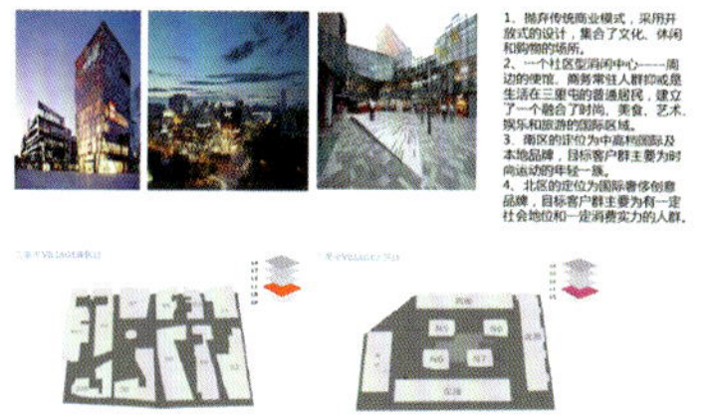

1、抛弃传统商业模式，采用开放式的设计，集合了文化、休闲和购物的场所。
2、一个社区型消闲中心——周边的使馆、商务常驻人群抑或是生活在三里屯的普通居民，建立了一个融合了时尚、美食、艺术、娱乐和旅游的国际区域……

案例启示：利用开放式设计将商业、办公、休憩与城市生活充分互动成为提升区域活力的源动力。

4香港西九龙文娱中心

项目规模
占地面积：40.09公顷
容积率为1.81，总建筑面积为726，285平方米，其中住宅开发上限为20%（145，257平米）提供23公顷的公共休憩地，其中15公顷为地面空间，3公顷为广场，5公顷公共平台花园
主要项目内容
剧院3个
演艺场馆1个
博物馆4个
艺展中心1个
海天剧场1个
广场最少4个，天篷1个，覆盖发展区范围55%以上

案例启示：以公共空间结合建筑及花园形成触媒体，增加地区的活力同时，达到了公共利益与私人利益的双赢。

5.金融街

金融街区域总体规划建筑面积为402万平米，其中，写字楼面积达74%，公寓占3%，酒店占4%，绿地等其他配套占19%。目前，已完成建筑面积322万平米，在建面积为51万平米。全部投资预计为460亿元。

金融街金融资产规模已达49.5万亿元，占北京市的78.4%，占全国的52%。控制着全国90%以上的信贷资金、65%的保费资金，每天的资金流量超过100亿元人民币。金融从业人员17.3万人，占北京市的70.1%，占全国的4%。

金融街用地图

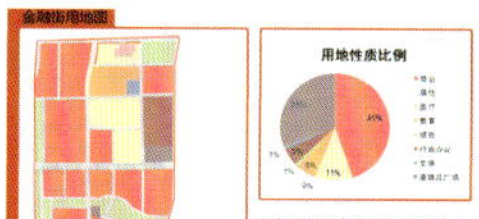

用地性质比例

用地性质	比例
商业金融业	44.70%
居住	10.90%
医疗	0.40%
教育	5.90%
绿地	1.08%
行政办公	5.10%
文保	1.13%
道路及广场	30.79%

金融街以C1商业金融业为主，其中金融业占比例更多，主要为各国家及国有大型银行总部教育及医疗等辅助设施欠缺。

地下交通系统
金融街地下交通工程早在2007年就已经建成全长2.2公里，却一直被废置。

自然	人文	经济	空间	交通

规划策略 • 1.发现触媒体 • 2.触媒体分级

触媒体	现状资源	发展方向	规模
自然		将区内自然要素与空间及建筑结合，形成新的自然景观。	护城河一带保留树木片区规划景观
人文		将风貌质量较好的会馆转变为宣南文化展览馆，较差的加入新的建筑，作为商务会馆之用。	市、区级文保单位部分故居
经济		将金融、传媒、文化创意有机结合，达到相得益彰，并将商业与服务业穿插其中，以起到辅助主要产业的作用。	区内合理分布产业菜市口地铁站处形成组合体
空间		将现存零碎街巷空间整合调整，形成中心大型公共空间，并渗透到各个组团，形成公共空间系统。	中心公共空间及组团空间
交通		借助轨道交通站点形成TOD模式节点，与步行及公交系统组成高效低碳的交通系统。	区内方格路网菜市口地铁站TOD

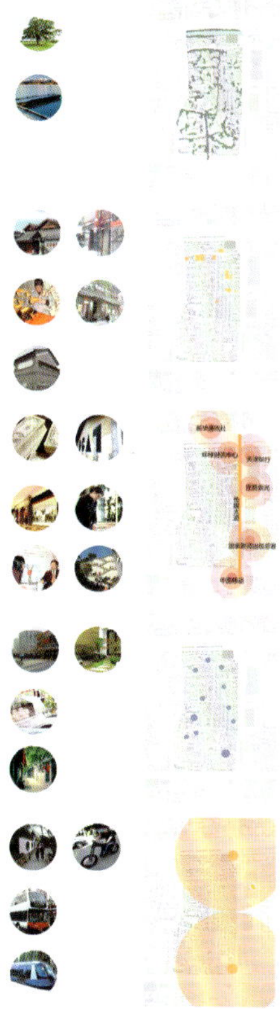

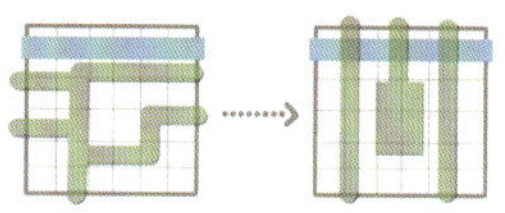

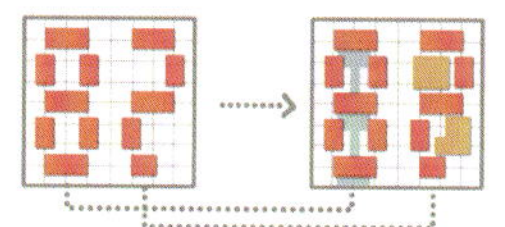

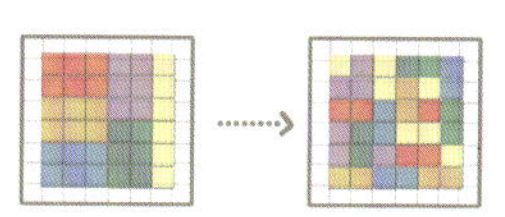

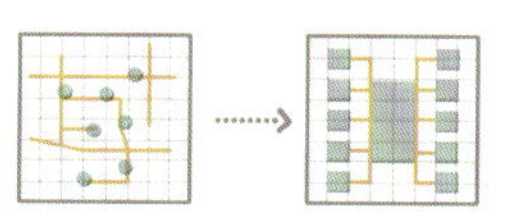

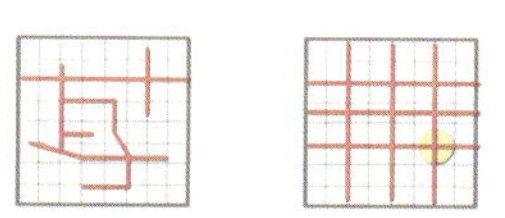

方案形成

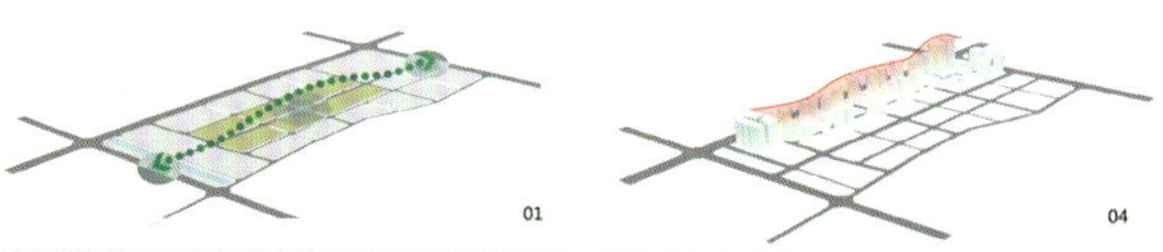

01

中心公园- 连接护城河与内部主要节点的绿色廊道

拥有核心的区位优势，成为各个片区共享的公共空间创造高品质的公共空间，为市民提供休闲娱乐目的地
整合周边开发，提升土地价值
提供有助于修复受污染土壤，空气和水的碳汇空间

04

地铁站周围内的高密度开发- 塑造明晰的城市形态

在公交节点周围形成紧凑的城市形态和清晰鲜明的城市天际线
最高强度的开发集中在轨道站点和公交换乘处以发挥公交的便利性
通过紧凑的街区和高品质的街道环境为行人、自行车提供到达公交站的方便联系

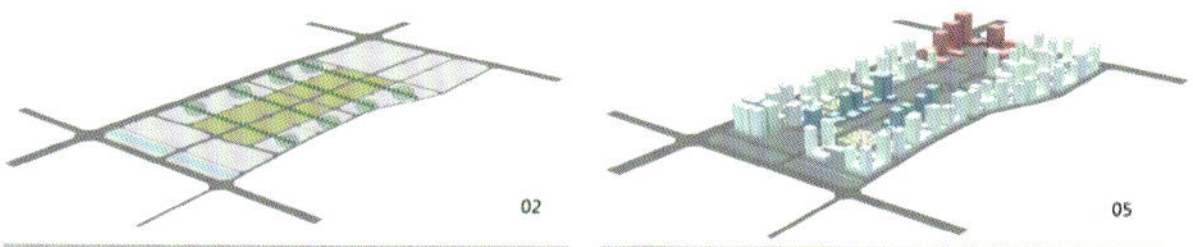

02

街道- 将中心绿化渗透到各个组团中

使场地内具有明晰的方向性与识别性--结合景观节点与场地内的公园，延伸自然景观的价值

05

独特而多元的城市区- 塑造持续的城市魅力

规划区由3个各具特色的区域组成提供多元化的功能来维护各区域的特色与识别性
通过明确的边界、城市形态、建筑、景观和开放空间等要素来强化各个区域的特点

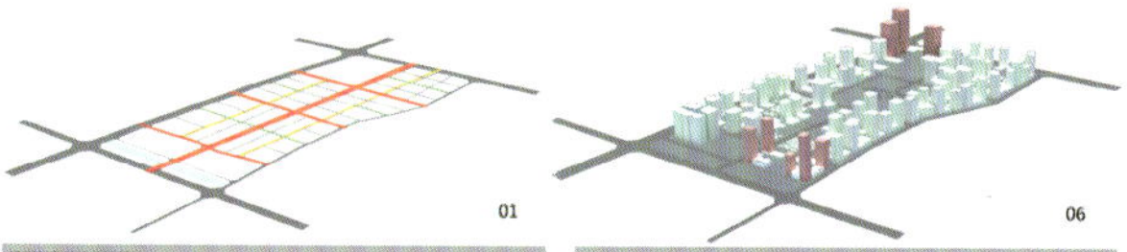

01

清晰和有效的街道网络

保留部分城市纹理，整合街巷
明确道路等级与功能，强化交通的高效流通与分流创造易于步行、更富有活力的街道空间
满足车辆、公交、自行车和行人等多种运输方式有效流通的需求。

06

标志性空间与场所- 城市的名片

在公交站点附近布置高密度的建筑群，塑造城市空间中的制高点
在重要视线处布置鸿标性建筑，强化场地识别性
在开放空间和主要街道旁利用建筑形成连续的界面，界定城市空间

北京市广安产业园概念规划及核心区城市设计

针. 脉

城市设计

开发容量计算

开发用地价格包含方面：购地价格+拆迁补偿价格+开发建设成本+其他
购地价格：按10年北京地产拍卖价格估算 单位面积价格：150000元/平米
购地价格：规划用地面积*150000=780亿元
购地税金：按每平米10元税金计算=520000*10=5200000元
拆迁补偿价格：现状单层面积=用地面积-（公共空间+道路广场等）
=520000—（520000*15%）=442000
规划区内主要以一层住宅为主，估算平均住宅层数为 1.2 层
现状总建筑面积=单层面积*建筑层数
=442000*1.2=530400
拆迁补偿价格：根据，西城区西长安街的拆迁中，首次试点根据拆迁房屋的市场评估价格对被拆迁人进行货币补偿，补偿基础价格定为3.07万/建筑平米。
拆迁补偿价=建筑面积*每平米补偿款
=530400*30000=159.12亿元
建设成本：单位面积成本3000元/平米
建设总成本=3000x
规划后总建筑面积：规划后每平米单价按50000计算

总建筑面积	总占地面积	容积率	单位平米售价	总收益	
X范围 237万平方米——358万平方米	56.2万平方米	4.3—6.4	50000元/平方米	购地价格	780亿元
				购地税金	520万元
				拆迁补偿款	160亿元
				建设成本估算	3000X
				收益	10%—20%

注：利用公式，总建筑面积*单位平米价格=总收益；总建筑面积设为X。

土地利用规划图

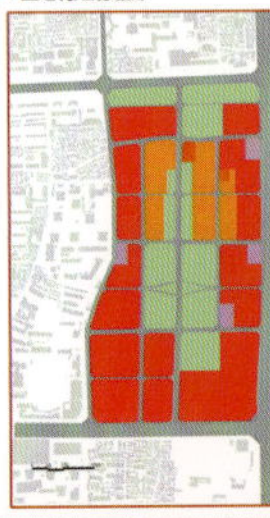

用地平衡表

代码	用地性质	面积 (ha)	百分比
C1	行政办公用地	1.4	2.4%
C2	商业金融业用地	19.96	39.7%
C3	文化娱乐用地	6.23	10.5%
C7	文物古迹用地	0.47	0.8%
G1	公共绿地	19.67	33.7%
S	道路交通用地	7.03	12.9%
	总用地	58.36	100.00%

业态活力分析

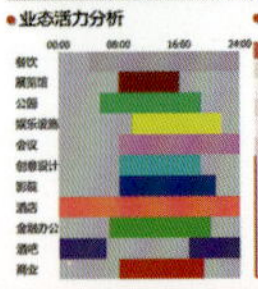

经济技术指标

总建筑面积	2684560㎡
总占地面积	583600㎡
容积率	4.6
绿化率	33.7%
建筑密度	46.4%

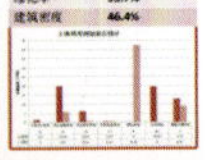

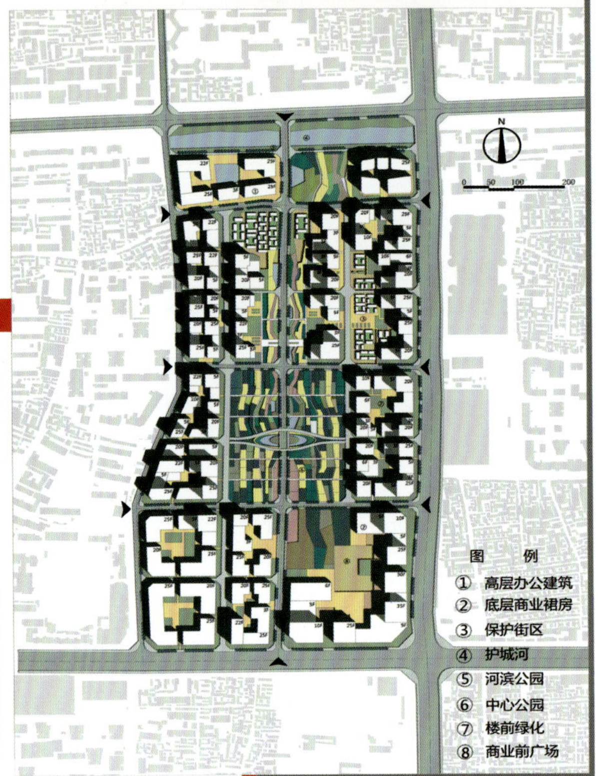

肌理重塑分析

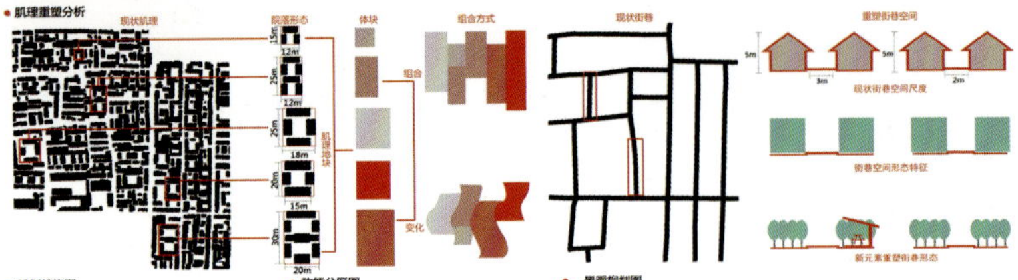

规划结构图

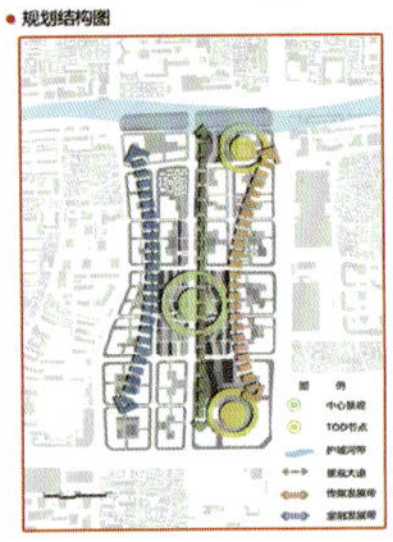

功能分区图

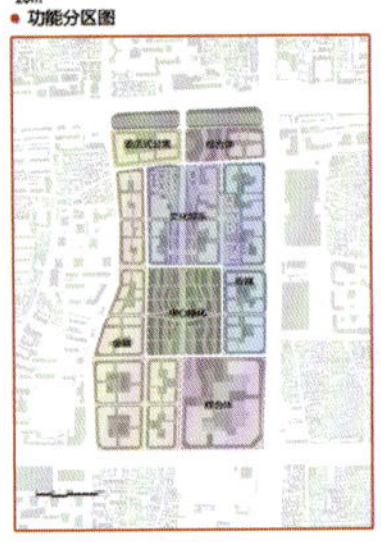

景观规划图

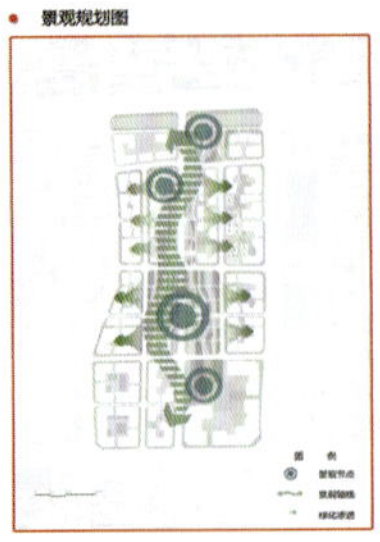

规划结构：一轴两带三中心

一轴：以中心绿地为轴，串联整个规划区。

两带：以传媒产业区，金融产业区为两条发展带。

三中心：中心花园、TOD综合体。

空间系统

1.垂直空间组成

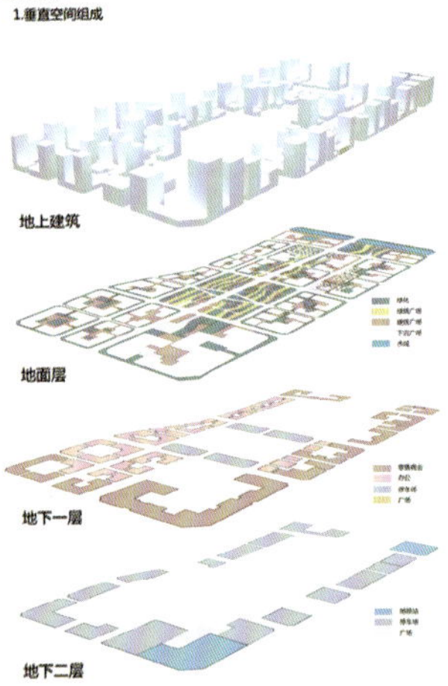

2.空间功能

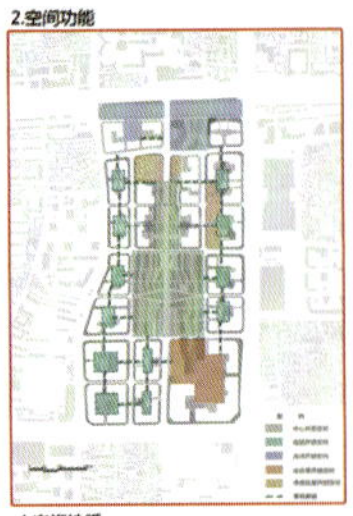

3.空间类型

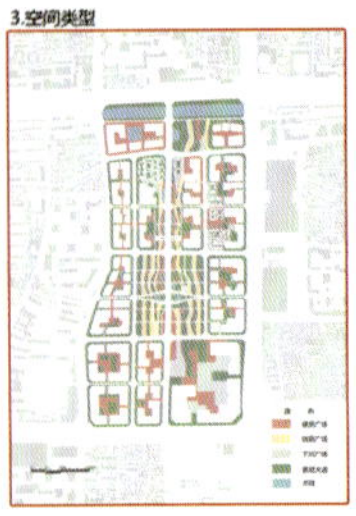

代码	用地性质	面积 (ha)	百分比
	硬质广场	8.5	28.4%
	绿荫广场	2.5	8.5%
	下沉广场	3.2	10.9%
	草地密林	13.8	46.5%
	水域	1.7	1.7%
	总计	29.7	100%

4.空间性质

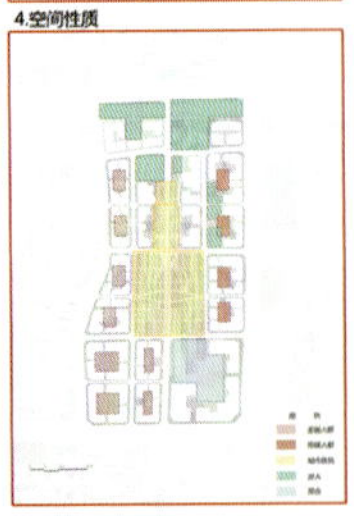

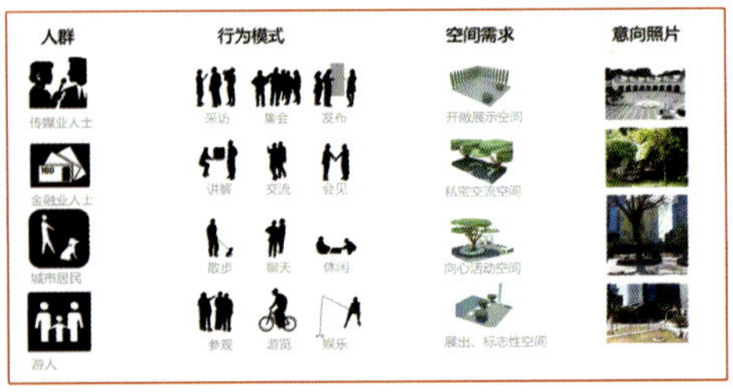

城市形态

1.建筑高度图

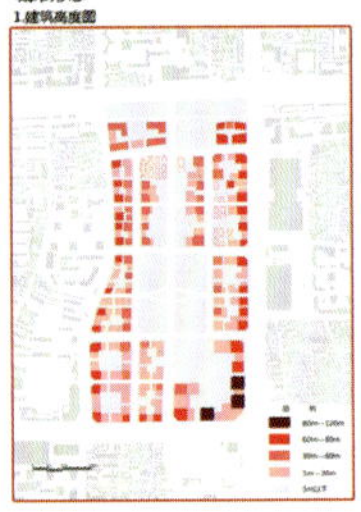

2.街景效果图

3.容积率补偿

本地块在规划后，容积率达到4.7，按城市常规容积率指数判断，此地块为高度密集区，由于北京市旧城保护区内存在建筑高度限制要求，在保证本地块高容积率和最大公共空间同时满足的要求下，我们需要寻求容积率补偿的政策支持，并在此基础上在特定地域寻求限高的突破。
突破限高建筑选址要求：

a：选择轨道交通站点附近，形成TOD开发模式。

b：选择远离文保建筑的区块。

c：选择沿街地段，打造城市新地标。

4.立面图

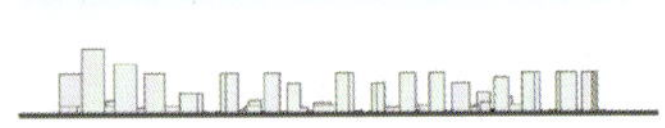

道路交通

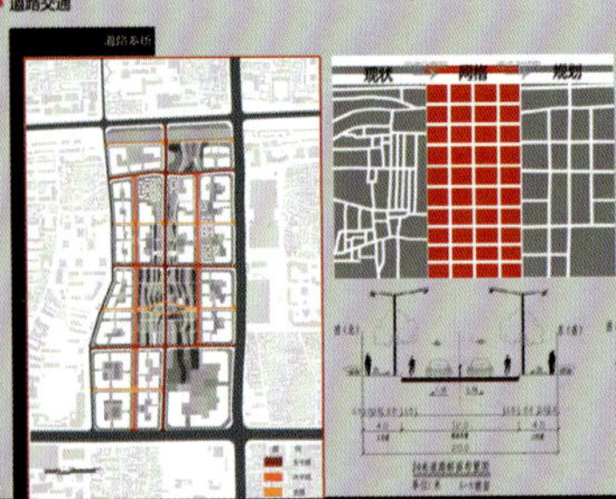

通过对现状道路肌理的研究，利用均值化路网的道路设计方法，规划合理便捷的路网系统。

路网结构：
三横一纵的主干路骨架
两纵四横的次干路网络

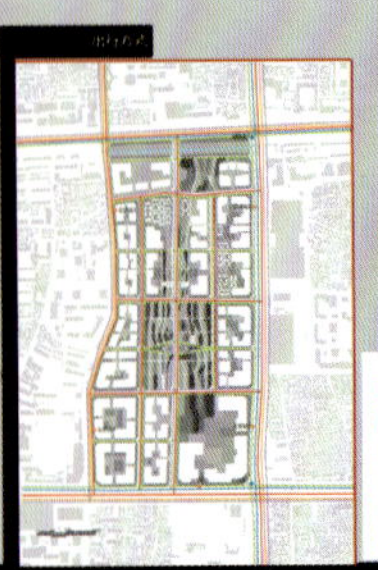

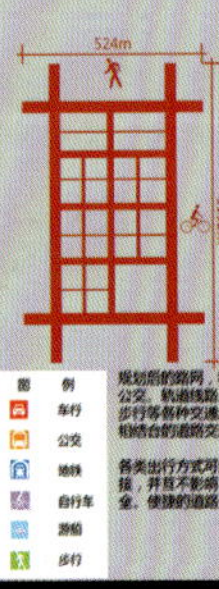

图例
车行
公交
地铁
自行车
游船
步行

规划后的路网，将是车行、公交、轨道线路、自行车、步行等各种交通出行方式相结合的道路交通体系。

各类出行方式可以无缝衔接，并且互不影响，形成安全、便捷的道路系统。

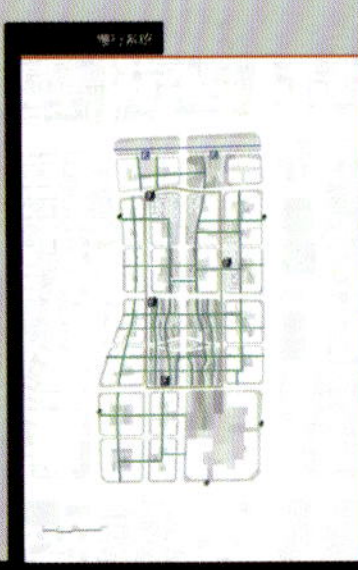

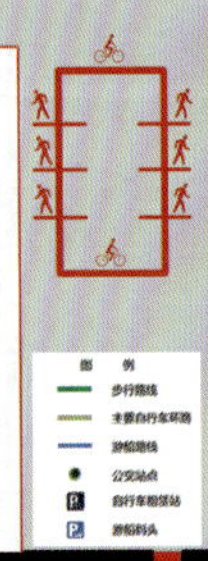

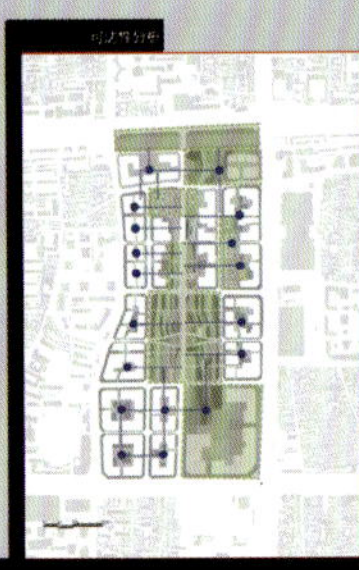

通过对地块尺度的研究，我们发现地块东西向距离500米，是步行的适宜距离，地块南北相距1000米，较为适宜自行车通过。

因此，在设计中，我们对路网进行了出行方式和慢行交通系统设计，我们规划了一条环形自行车游线，并在环线设计了多个自行车租赁停车场与步行系统相结合，通往各个组团将整个地块联系成一个高通达性的整体。

北京市广安产业园概念规划及核心区城市设计

区域特征

1.中心景观

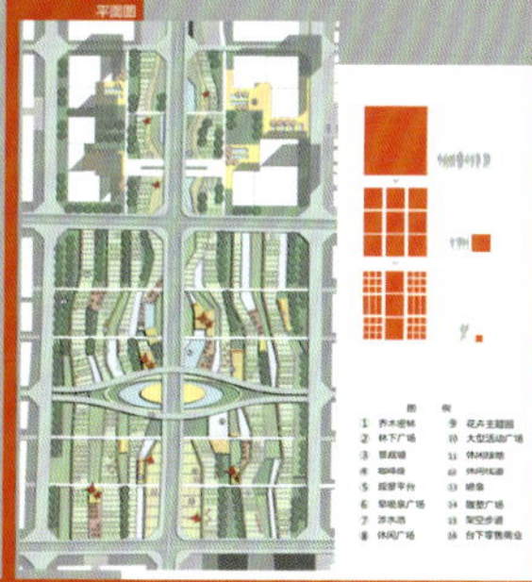

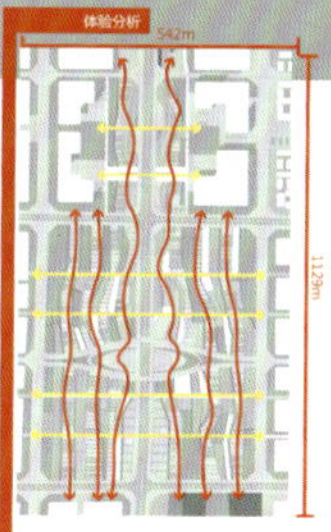

地块东西短，南北长，东西方向主要以直线型道路设计，可以满足直线型的快速穿越需求，而南北方向主要以曲线形的路径相通，形成慢性，富裕变化的条形空间，吸引人流驻留，休憩。

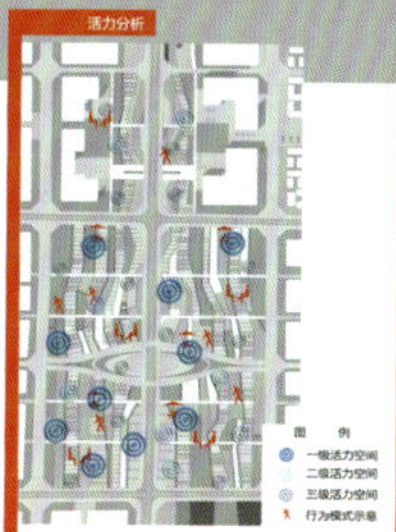

中心花园是整个地块最具活力的区域，我们力求通过规划将中心花园打造成为24小时活力区，花园内设有交流供不同人群活动的相应活力空间，交流、餐饮、购物与景观有机的融为一体。

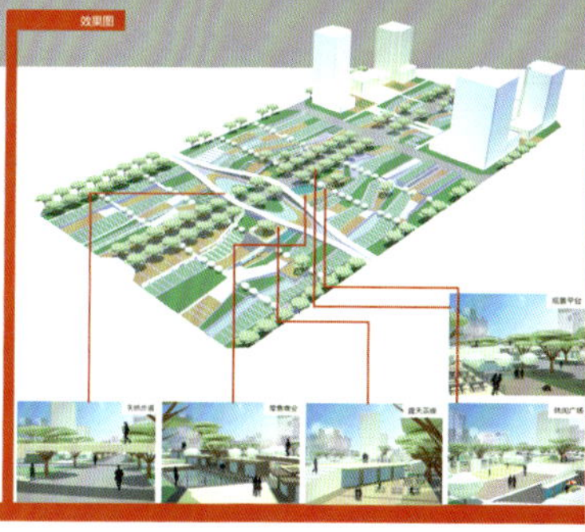

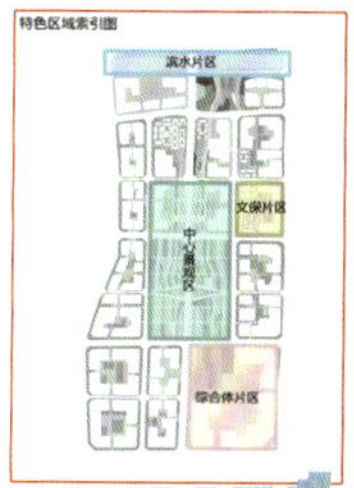

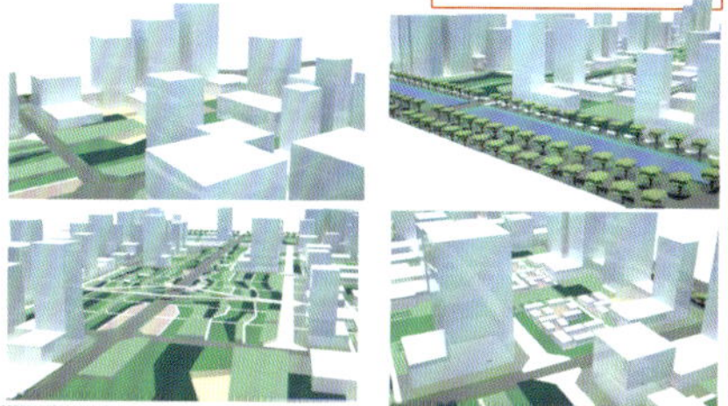

2.综合体

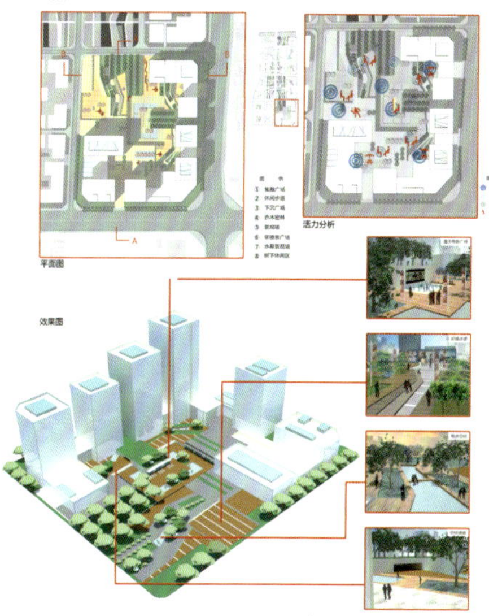

3.文保片区

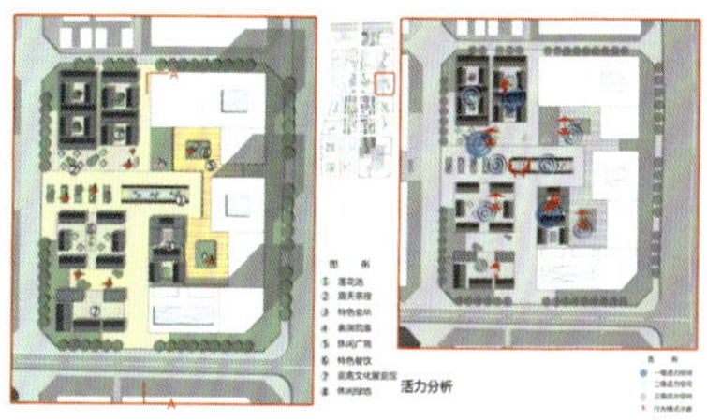

平面图

文保建筑保护措施

	文保单位	位置分布	历史沿革	现状	肌理重塑	规划目标
1	杨椒山祠		故居—祠堂	建筑：格局保存较好 用途：小商铺 级别：市级保护单位		文化展示
2	太原会馆		同乡试馆—故居—祠堂	建筑：格局尚存 用途：普通民居 级别：区级保护单位		特色商业
3	歙县会馆		商业会馆—文人试馆	建筑：原建筑已拆除 用途：普通民居 级别：未定级		展示参观
4	山左会馆		同乡试馆	建筑：格局已破坏 用途：普通民居 级别：未定级		休憩空间
5	四川新馆		同乡试馆	建筑：格局已破坏 用途：普通民居 级别：未定级		[illegible]
6	云南会馆		祠堂—同乡试馆	建筑：格局已破坏 用途：普通民居 级别：未定级		新型餐饮
7	沈家本故居		藏书楼	建筑：格局保存较好 用途：普通民居 级别：区级文保单位		新型餐饮

4.滨水片区

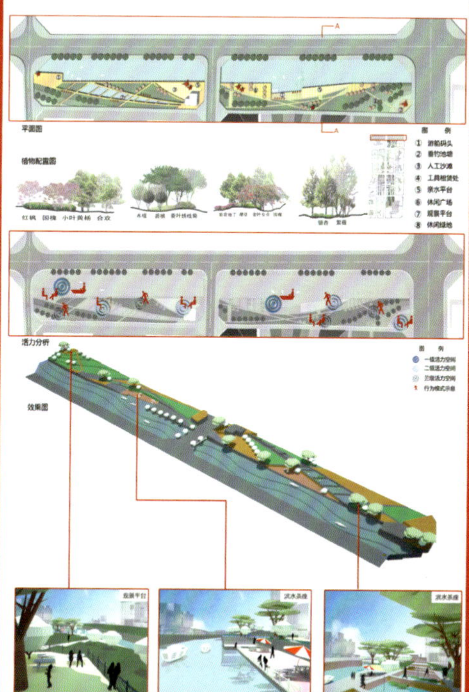

全国城市规划专业联合毕业设计开题研讨会

城市规划专业联合毕业设计开题仪式
城市规划专业联合毕业设计开题仪式
城市规划专业联合毕业设计开题仪式

联合毕业设计开题研讨会

联合毕业设计开题仪式及场地调研

广安门场地深度调研

答辩现场

三校学生答辩过程

三校师生参观游览

三校师生学术交流

大事记

• 2010 年 12 月 24 日

苏州科技学院和山东建筑大学的领导和老师齐聚北京，就城市规划联合毕业设计选题进行专题研讨，并对联合毕业设计的章程和学术管理委员会的构成进行了研讨。

• 2011 年 2 月 28 日

苏州科技学院、山东建筑大学的老师和同学抵达北京，于北京建筑工程学院进行 2011 年城市规划联合毕业设计开题仪式，并参观广安门地块，进行现场调研。

• 2011 年 3 月 1 日——2011 年 4 月 22 日

师生返回各自学校进行“前期分析”和“初步方案设计”。

• 2011 年 4 月 23 日

各校集中于苏州科技学院，进行城市规划联合毕业设计中期答辩，并组织参观“联合毕业设计中期成果展”。

• 2011 年 4 月 24 日

苏州科技学院组织北京建筑工程学院与山东建筑大学进行相关学术交流，参观苏州博物馆及平江路历史街区。

• 2011 年 4 月 25 日——2011 年 7 月 7 日

师生返回各自学校进行“产业园区概念规划及核心区城市设计”,优化设计方案 ,完善图纸制作 ,满足成果要求。

• 2011 年 7 月 8 日

各校集中于山东建筑大学，进行城市规划联合毕业设计终期答辩，并组织参观“联合毕业设计终期成果展”。

• 2011 年 7 月 9 日

山东建筑大学组织北京建筑工程学院与苏州科技学院进行相关交流，参观趵突泉、大明湖和济南芙蓉街核心街区。

• 2011 年 8 月 3 日

由北京建筑工程学院组织编辑 2011 年城市规划联合毕业设计作品集，由中国建筑工业出版社出版。

后 记

本书是 2011 年首届全国城市规划专业联合毕业设计一次成果的展示和记录。参与活动的三所院校全部学生分成 11 组，于 2011 年 2 月底聚集在首都北京，开始了联合毕业设计的开题和调研工作。早在去年年底，由北京建筑工程学院提出联合毕业设计这个建议，得到了其他两所院校的积极响应和支持。2011 年 1 月，三校老师聚集在北京的九华山庄开始联合毕业设计的选题和日程安排等事宜。通过 2011 年上半年 15 周的教学活动，期间三校师生在 4 月和 6 月两次聚首在苏州和济南，共同参与了中期答辩和期末答辩，这些内容即是本书的主要编排内容。

本次选题是从北京建筑工程学院张忠国教授和丁奇副教授共同主持的一个真实项目中虚拟而来的，两位老师为我们搜集了大量政府报告和相关地块的第一手资料，为联合毕业设计同学们工作的顺利开展提供了良好的平台和保障。

北京建筑工程学院的学生在去年年底便开始毕业设计的资料搜集工作，利用寒假时间进行场地初次调研和照片的拍摄，为各校提供了较为完整的基础资料。由于地理位置的原因，其他两校同学不能在毕业设计进行过程中经常到场地内进行更加细致的调研考证，因此，北京建筑工程学院的同学们通过业余时间多次到场地内部进行走访调研，搜集了资料和照片后与各个学校师生以 QQ 的形式进行共享。同时，在教学进行中，各校师生通过网络进行联络，交流设计进程和思想。

本书主要编辑各校各组学生提交上来的 A1 展板。需要说明的是，由于本书版面的限制，本次编辑对学生成果排版进行了或多或少的修改。

最后，衷心感谢苏州科技学院杨新海教授、王雨村教授、郑皓教授、彭锐教授，山东建筑大学刘甦教授、张军民教授、陈有川教授、赵亮教授和北京建筑工程学院刘临安教授、张忠国教授、丁奇教授的支持，感谢诸位老师给三校学生提供这个交流设计的平台。私下里，同学们建立起很好的友谊，交流生活和学习。因此，此次三校联合毕业设计不仅是一次教学活动，更是一次很好的社会实践活动。

本书的最终版样是由北京建筑工程学院的崔惠同学、张昊同学在各组学生 A1 展板的基础上修改后完成的，在此一并表示衷心的感谢。

编者

2011 年 8 月 17 日星期三